高等院校材料类创新型应用人才培养规划教材

热加工测控技术

主　编　石德全　高桂丽
副主编　马旭梁　王利华　郭立伟
主　审　李大勇

北京大学出版社
PEKING UNIVERSITY PRESS

内 容 提 要

本书对热加工(铸造、锻造、焊接和热处理)领域中的自动检测和控制技术进行了系统的介绍,全书共分12章,第1~7章为热加工领域中常用检测技术,第8~11章为自动控制技术,第12章以实例的形式给出了自动检测与控制技术在热加工领域中的应用,具体包括电测量的基础知识、常用传感器、温度测量技术、常用显示和记录仪表、流体流量及压力检测技术、热分析测试技术、微机检测系统的输入/输出通道、自动控制系统基础、控制规律和控制器、执行器、热加工中的智能控制技术概论及自动检测与控制技术在热加工领域中的应用。在本书编写过程中,编者力求理论联系实际,突出实际应用,通过大量工程实际应用案例对理论加以阐述,增强学生对相关知识点的理解和掌握;书中给出形式多样的综合习题和阅读材料供学生参考,以便于学生巩固所学知识,同时拓宽视野。

本书可作为全国高等院校材料成型与控制工程专业和金属材料工程专业的本科教材;由于本书收集了很多实用性和工程性很强的应用实例,因此,也可作为从事热加工测试与控制的工程技术人员的参考书。

图书在版编目(CIP)数据

热加工测控技术/石德全,高桂丽主编. —北京:北京大学出版社,2010.8
(高等院校材料类创新型应用人才培养规划教材)
ISBN 978 - 7 - 301 - 17638 - 2

Ⅰ. ①热… Ⅱ. ①石… ②高… Ⅲ. ①热加工—测量系统:控制系统—高等学校—教材 Ⅳ. ①TG3

中国版本图书馆 CIP 数据核字(2010)第 155316 号

书 名:	热加工测控技术
著作责任者:	石德全 高桂丽 主编
策 划 编 辑:	童君鑫
责 任 编 辑:	周 瑞
标 准 书 号:	ISBN 978 - 7 - 301 - 17638 - 2/TG · 0008
出 版 者:	北京大学出版社
地 址:	北京市海淀区成府路 205 号 100871
网 址:	http://www.pup.cn http://www.pup6.com
电 话:	邮购部 010- 62752015 发行部 010-62750672 编辑部 010-62750667
电 子 邮 箱:	pup_6@163.com
印 刷 者:	北京虎彩文化传播有限公司
发 行 者:	北京大学出版社
经 销 者:	新华书店
	787 毫米×1092 毫米 16 开本 22.5 印张 524 千字
	2010 年 8 月第 1 版 2023 年 1 月第 8 次印刷
定 价:	52.00 元

前　　言

　　本书是为我国高等院校材料成型与控制工程专业和金属材料工程专业本科生而编写的创新型应用人才培养规划教材。编写的指导思想是适当降低理论深度，增强实际应用，力求将热加工领域中自动检测与控制技术的相关理论与工程实际应用相结合，用更新、更准、更多的工程应用实例和科学研究结果来阐述问题。

　　热加工测控技术主要研究热加工（铸造、锻造、焊接和热处理）过程中有关参量的检测原理与方法，进而通过一定的控制算法使其参量保持在最佳状态，达到最优控制的目的。自动检测与控制技术在热加工领域中占有重要地位，测控技术的完善和发展将推动着热加工技术的不断进步。

　　本书吸收了编者长期进行工程创新应用型人才培养的教学与教改实践经验，参考了大量的文献、工程应用实例及科学研究成果，注重理论联系实际，结合工程应用实例和科研成果来阐述理论。

　　全书共分 12 章。第 1 章主要介绍电测量的基础知识，为学习以后知识打下基础。第 2 章主要阐述了热加工领域中常用的传感器，重点对应变式传感器、差动电感式传感器、压电式传感器和霍尔传感器进行了介绍。第 3 章主要介绍温度测量技术，这是本书的重点，因此，独立成章介绍。其中热电偶和热电阻测温技术是热加工领域中最为重要也是最为常用的测温方法，该章对这两种方法进行了重点阐述。除此之外，该章还对其他测温方法（膨胀式、辐射测温和集成温度传感器测温）进行了阐述。第 4 章主要介绍常用的显示和记录仪表，包括磁电动圈式仪表、直流电位差计、自动平衡记录仪、数字式显示仪表和无纸记录仪。第 5 章主要介绍流体流量及压力的检测技术，分别阐述了毕托管流量计、涡街流量计、涡轮流量计、电磁流量计和浮子流量计，并介绍了流量计的选用原则；根据压力计的不同分类分别阐述了活塞压力计、弹性压力计和真空计（压缩式、热传导式和电离式）。第 6 章主要介绍热分析测试技术，主要阐述了铸造热分析法、热重法、差热分析和差示扫描量热法。第 7 章主要介绍微机检测系统的输入/输出通道的组成和基本电路，同时阐述了 A/D 和 D/A 转换器的工作原理。第 8 章主要介绍自动控制系统基础知识，包括组成、工作过程、过渡过程和评价指标以及对自动控制系统的要求。第 9 章主要介绍控制规律和控制器，分别阐述了位式控制、P 控制、PI 控制、PD 控制、PID 控制的规律，并对控制器的参数整定方法进行了介绍，在此基础上，对常用的模拟控制器、数字控制器和 PLC 控制器进行了详细阐述。第 10 章主要介绍执行器，包括气动执行器、电动执行器、气动阀门定位器和电-气转换器等。第 11 章主要介绍热加工中的智能控制技术——模糊控制、专家系统和神经网络控制，并举例说明在热加工中的应用（该章标题加注星号，表示可作为选学章节）。第 12 章主要介绍自动检测与控制技术在热加工领域中的应用，是对所学知识的总结，以工程应用实例的形式阐述了测控技术在铸造、锻造、焊接和热处理上的应用。书中提供了热加工（铸造、锻造、焊接和热处理）领域中与自动检测和控制有关的大量工程实际案例（包括导读、导入案例和实物照片）、阅读材料、例题和形式多样的综合习题，以供读者阅读、训练使用，便于学生对所学知识的巩固和工程创新应用能力的培养。

本书的编写特点如下：

（1）本着培养工程实际创新应用型人才的目标，适当降低理论深度，增加大量自动检测与控制技术在热加工领域中的应用背景及工程应用实例。为体现工程应用性较强的特点，书中提供大量的导读案例、阅读案例和实物图片供读者研读，培养学生或读者工程应用能力和创新能力，同时给出各种阅读材料，以便加深和拓展读者的视野，提供形式多样的综合习题，以便读者巩固和运用所学知识。因此，本书内容体系不同于以往的同类教材。

（2）教材内容完整、系统，侧重点分明，重点突出热加工领域中经常遇见的温度物理量的测量和控制，所用资料绝大部分来源于工程实践和科学研究结果，力求更新、更准确地解读问题。本书将理论知识和实际应用内容结合在一起，强调理论知识的工程应用性。

（3）知识框架组织上显得更加合理、流畅，可分为检测和控制两部分。在检测部分，先阐述电测量的基础知识，然后按照组成检测系统的各部分逐一阐述，重点突出温度检测，最后构成完整的计算机检测系统。在控制部分，先阐述自动控制基础，然后介绍控制规律和控制器、执行器以及智能控制算法。最后，以实例阐述自动检测和控制技术在热加工中的应用。这样的编排顺序既使得知识点相互独立，又构成一个有机整体，始终贯穿于教材之中。

本书由石德全和高桂丽负责全书结构的设计、组织编写工作和最后统稿定稿，由哈尔滨理工大学李大勇教授主审。各章具体分工如下：第 1、4、6、11、12 章和附录由石德全（哈尔滨理工大学材料科学与工程学院）编写，第 3、5、7、10 章由高桂丽（哈尔滨理工大学材料科学与工程学院）编写，第 2、8 章由王利华（哈尔滨理工大学材料科学与工程学院）编写，第 9 章由郭立伟（哈尔滨理工大学材料科学与工程学院）编写。

本书在编写过程中，参考了各类有关书籍、学术论文及网络资料，在此向其编者表示衷心的感谢！本书在出版过程中，得到北京大学出版社的大力支持，在此一并表示衷心的感谢！

由于编者水平所限，书中难免存在疏漏之处，敬请读者批评指正。

编　者

2010 年 7 月

目 录

第1章
电测量的基础知识

本章知识构架

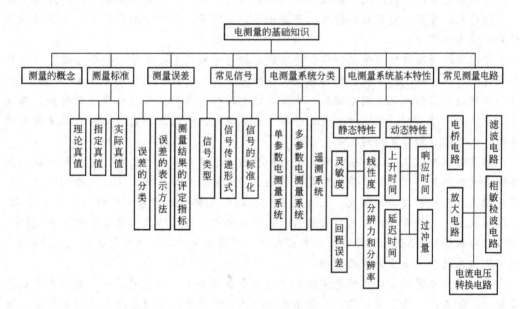

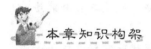
本章教学目标与要求

- 了解测量的概念，掌握测量的标准——真值；
- 熟悉测量误差的定义和产生误差的原因，掌握误差的表示方法和测量结果的评定指标；
- 了解常见信号的传递形式，熟悉常见信号的类型和信号的标准化；
- 了解电测量系统的分类和组成；
- 掌握电测量系统的基本特性——静态特性和动态特性及评价指标；
- 掌握电桥电路，熟悉放大器、滤波电路、电流/电压转换电路和相敏检波电路。

导入案例

在科学技术和工程上所要测量的参数大多数为非电物理量，如机械量(长度、位移、速度、角度、应变力等)、热工量(温度、压力、流量等)、状态量(透明度、颜色、裂纹等)等。最初，人们多采取用直接测量方法，如用标准长度(尺)来测量长度，用标准容积(升、斗)来测量容积，用标准重量的杠杆比例来称重等。但是，用直接测量方法测量这些物理量往往存在很大困难。

随着工业和科学技术的发展，人们将一些参量转换成不同的量纲来进行测量，这就是间接测量方法，如利用水银的膨胀(体积)来测量温度，利用金属的变形来检测重量等。然而，当载有信息的载体不是电量时，需要直接对这些载体进行检测，仍存在很大的不便之处，在测量的精确度、速度、动态变化过程以及远距离测量等方面，很难达到较高的要求。因此，必须采用非电量的电测量技术，即将载有信号的非电量载体转换为电量载体，并经过适当的处理即可进行检测、传输、显示和记录。

一个典型的非电量电测量系统一般包括传感器、中间变换电路、显示或记录装置等部分。

传感器是借助于检测元件接收一种形式的信息，并按一定的规律将它转换成另一种形式的信息的装置。它获取的信息，可以是各种物理量、化学量和生化量，而转换后的信息一般为电信号。

中间变换电路的作用是把传感器的输出转换为电压或电流信号，必要时还需进行放大或其他处理，如阻抗变换、隔离屏蔽、调制与解调、滤波、A/D 转换和 D/A 转换等，以供终端设备显示或记录测量结果。中间变换电路的种类不仅与传感器类型有关，而且要从系统的角度考虑。根据被测量的种类及对测量结果的要求，测量电路可能是简单的电路，也可能是相当复杂的电路。

随着近代测试技术的发展，非电量电测量技术也得到了很大发展。电测量系统从静态测量发展到动态测量；从单纯测量发展到自动测量、信号处理，从而使检测技术从孤立地研究一次仪表、二次仪表、三次仪表过渡到研究整个测试系统的功能和特性上来。在测试技术中，许多共性问题突出起来，如信号分析、系统特性、信号中间变换(提取、调节、转换等)和记录、测量结果的数据处理、误差分析等，而这些都是研究动态测试、研究测试系统不可缺少的理论基础。

为了更好地掌握非电量的电测技术及电测量在热加工中的应用，有必要对测量的基本概念、测量误差及数据处理、测量系统的特性、信号中间变换电路等方面的理论及工程方法进行学习和研究，只有了解和掌握了这些基本理论，才能更有效地学习热加工中的测控技术。

问题：

(1) 测量误差具有哪些表征方法？如何来评价一组测量数据的好坏？

(2) 在测量时，经常提到精度，应该如何理解精度的含义？

(3) 电测量系统具有哪些基本特性？

(4) 常用的中间变换电路有哪些？它们主要应用在哪些场合？

1.1 测量的基本概念

所谓测量就是借助于专门的设备或技术工具，通过必要的实验和数据处理求得被测量值的过程。从计量学的角度而言，测量就是利用实验手段，把待测量与已知的同类量进行直接或间接的比较，以已知量为计量单位，求得比值的过程。因此，测量的实质在于以同性质的标准量与被测量比较，并确定两者之间的比值。为此，测量必须有一个标准作参考，这个参考标准常常被称为真值。一般可以将真值分为以下三种类型：

1. 理论真值 A_0

理论真值又称定义值，它是人们根据测量需要所定义的参考标准，只存在于纯理论定义中，是一个不可量知的真值，所以在测量时只能无限的逼近理论真值。如三角形三内角和恒等于 180°；又如安培作为计量电流计的计量标准，其定义为：若在真空中有两根截面可忽略的相距 1m 的无限长的平行导线，在其上通过恒定电流，当两导线间相互作用力为 $2×10^{-7}$N 时，这两根导线的电流为 1A。

2. 指定真值 A_S

指定真值是国际上约定的或由国家设立的各种尽可能维持不变的实物基准或标准器的数值。如指定长度单位为 m，1m 为氪 86 原子的 $2p_{10}$ 和 $5d_5$ 能级之间跃迁所对应的辐射在真空中持续 1650763.73 个波长的长度。又如指定时间单位为 s，1s 是铯 133 原子基态的两个超精细能级之间跃迁所对应的辐射的 9192631770 个周期所持续的时间。

3. 实际真值 A

实际真值又称相对真值。在实际测量中，人们把高一级的计量标准器的数值认为是"真值"，可供低一级的计量标准器或普通仪器仪表测量时参考。因此，这种真值是相对的。

1.2 测量误差

测量的最终目的是求得被测量的真值。如果测量工作可在理想的环境和条件下进行，则所测数值将十分准确。但是，事实上任何测量仪器对测量值都不可能完全准确的等于被测量的真值。在测量过程中，由于各种因素的影响，无论如何完善测量方法和测量设备都会使得测量的示值 x 与真值之间存在一定差异，这个差异称为测量误差。

1.2.1 测量误差的分类

就电测量而言，其装置质量的高低或测量结果的好坏是以测量误差的大小来衡量的。测量误差的分类方法有很多，根据造成测量误差特征不同，可作如下分类。

1. 装置误差和方法误差

由于元器件和测量装置本身质量不高而产生的测量误差称为装置误差，这是难以消除

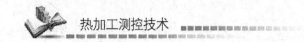

的。如测量电路中，变阻器式传感器的阻值不仅受被测量变化的影响，还受环境温度变化的影响，从而使测量结果产生误差。

在使用理想元器件或测量装置的条件下，由于测量方法不当而产生的测量误差称为方法误差，该类误差可通过改正测量方法消除。如用热电偶测温，尽管采用了高精度热电偶元件，但对热电偶冷端不做补偿处理，也会使测量结果产生较大误差。

2. 基本误差和附加误差

任何一种测量装置，均在变化的条件下应用，测量现场有各种干扰源存在，而测量装置的使用说明书中一般只允许干扰信号在很窄的范围内变化，这种限定称为参比条件。在参比条件下，由于干扰信号影响而产生的测量误差称为基本误差。

在装置的使用过程中，由于现场条件偏离参比条件而产生的测量误差称为附加误差，这种误差往往大于基本误差。

3. 系统误差和随机误差

在测量过程中，凡误差数值固定或按一定规律变化的测量误差都称为系统误差。其中数值固定的称为恒值误差，按一定规律变化的称为变值误差。系统误差可能是由于测试理论的近似性或测试方法的不完善造成的；也可能是由于温度、湿度、电磁场等的环境影响造成的。由于系统误差具有一定的规律性，因此，多数情况下可通过实验或引入修正值的方法加以抵偿或减弱。

系统误差决定了测量的准确度，系统误差越小，测量结果越准确。

随机误差又称偶然误差，是由大量偶然因素影响而引起的测量误差。它是测量过程中不可避免的，其数值和性质均不固定。但就总体来说，随机误差有一定的统计规律，因此，应用统计学的一些方法可以掌握随机误差的一些规律，从理论上估测对测量结果的影响。

随机误差决定了测量的精密度。在这里随机误差和系统误差是可以相互转化的。当人们的认识能力不足时，会把系统误差当作随机误差处理；但当认识能力提高以后，又可把原先当作随机误差处理的某项误差明确为系统误差，并进行适当的处理，使其减弱或消除。

4. 静态误差和动态误差

与被测量变化速度无关的测量误差称为静态误差。当被测量随时间迅速变化时，由于元件具有一定的惯性，故输出量在时间上不能与被测量变化精度相吻合，由此造成的测量误差称为动态误差。

5. 粗大误差

粗大误差又称疏失误差，是由于读数错误、记录错误、操作不正确、测量过程中的失误及计算错误造成的。这类误差显然应当从测量数据中剔除。

1.2.2 测量误差的表示方法

按照测量误差的表示方法，测量误差通常分为绝对误差、相对误差、均方根误差、概率误差和极限误差等。与按照造成测量误差特征的不同而分类的测量误差相比，这类分类方法的测量误差可用来表征误差的大小。

1. 绝对误差

由测量所得到的被测量值 x 与其真值 A_0 的差值称为绝对误差，用 Δx 表示，即

$$\Delta x = |x - A_0| \tag{1-1}$$

实际上，真值是很难得到的，通常用高一级或数级的标准仪器或计量器具所测得的数值代替。因此，这时绝对误差可以写成

$$\Delta x = |x - A| \tag{1-2}$$

绝对误差不能用来表征测量的准确度，如同样 1℃ 的绝对误差，测 1000℃ 的温度时，就比测量 100℃ 温度时的精确度高。为了解决这个问题，必须引入相对误差的概念。

2. 相对误差

测量的绝对误差与测量的真值之比称为相对误差，常用 δ 来表示，即

$$\delta = \frac{\Delta x}{A_0} \times 100\% \tag{1-3}$$

同样，将上式中的 A_0 用 A 代替，可得实际相对误差 δ_A，即

$$\delta_A = \frac{\Delta x}{A} \times 100\% \tag{1-4}$$

在误差较小，要求不太严的场合，也可以用仪器的测量值代替实际值，这时的相对误差称为示值相对误差，用 δ_x 表示：

$$\delta_x = \frac{\Delta x}{x} \times 100\% \tag{1-5}$$

3. 均方根误差

均方根误差又称标准偏差，是表示实验精密度的较好方法，应用比较广泛。当测量次数 n 较大（通常 $n \geq 15$）时，均方根误差 σ 的计算公式为

$$\sigma = \sqrt{\frac{1}{n} \sum_{i=1}^{n} (x_i - \bar{x})^2} \tag{1-6}$$

式中：x_i 是第 i 次测量结果；$\bar{x}$ 是 n 次测量结果的平均值，$\bar{x} = \frac{1}{n} \sum_{i=1}^{n} x_i$。

当测量次数 n 较小（通常 $n < 10$）时，方均根误差 σ 的计算公式为

$$\sigma = \sqrt{\frac{1}{n-1} \sum_{i=1}^{n} (x_i - \bar{x})^2} \tag{1-7}$$

均方根误差 σ 在概率论中是表征分布的一个重要特征数字，它能把对测量影响较大的误差充分反映出来。

4. 极限误差

通过概率论与数理统计可知：单次测量值的随机误差 δ 落在整个分布范围 $(-\infty, +\infty)$ 的概率为 1；落在分布范围 $(-\sigma, +\sigma)$ 的置信概率为 68.26%；落在分布范围 $(-2\sigma, +2\sigma)$ 的置信概率为 95.44%；落在分布范围 $(-3\sigma, +3\sigma)$ 的置信概率达 99.73%。因此，通常将 $\Delta = \pm 3\sigma$ 作为随机误差的误差界限，即极限误差：

$$\Delta = 3\sigma \tag{1-8}$$

若某次测量的残余误差 $\Delta x > 3\sigma$，则认为该测量出现了粗大误差，测量结果应予以剔除。此即粗大误差的判别与剔除的 3σ 准则。

5. 概率误差

概率误差又称或然误差，通常用符号 γ 表示。它表示在一组观测值中，误差落在 $-\gamma$ 与 $+\gamma$ 之间的观测次数为总观测次数的一半。可以证明概率误差与均方根误差有如下关系：

$$\gamma = 0.6475 \times \sigma \tag{1-9}$$

确定概率误差的另一种方法是将各误差取绝对值，按数值大小顺序排列，其中间的误差（中位值）即为概率误差。

1.2.3 测量结果的评定指标

由于测量结果是实际值和各种误差的总和，因此，评定测量结果时，不能只用某一类误差大小来衡量。为了正确的说明测量结果，通常用准确度、精密度和精度来评定。

准确度是指测量值与真值的接近程度。通常用准确度来反映系统误差，并以绝对误差 Δx 表征。Δx 越大，准确度就越低；反之，Δx 越小，准确度就越高。

精密度是指对同一量进行多次测量中所测数值重复一致的程度，即重复性。它是随机误差的反映，常以标准偏差或均方根误差 σ 来表征。

通常人们所指的精度往往包括精密度与准确度两种意思。

从图 1.1 可以看出三个概念之间的关系。图中 A_0 表示被测量的真值，各小黑点表示测量值的位置。图 1.1(a) 表示了精密度和准确度都差；图 1.1(b) 表示了精密度好，但准确度差；图 1.1(c) 表示了精密度和准确度都好，因而精度也好。因此，准确度和精密度不能单独用来评价测量装置或测量结果的好坏，必须用精度来评价。

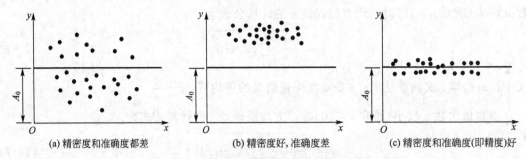

(a) 精密度和准确度都差   (b) 精密度好，准确度差   (c) 精密度和准确度（即精度）好

图 1.1　准确度、精密度和精度之间的关系

在工程上，为了方便，引入了一个仪表精度等级的概念，用它来表示仪表测量结果的可靠程度，这个仪表精度等级通常用 D 来表示。它是指在仪表规定的条件下，仪表最大绝对误差值相对于仪表测量范围的百分数，即

$$D = \frac{\Delta x_{max}}{x_{max} - x_{min}} \times 100\% \tag{1-10}$$

式中：Δx_{max} 是仪表在全刻度范围内最大绝对误差；x_{max} 是仪表量程上限值；x_{min} 是仪表量程下限值。

1.3 常见信号及分类

所谓信号，是指为了传递信息而使用的量。其中包括实际存在于自然界中的各种物理量，也包括为了传递信息而人工设置的各种信号（如文字、标记等）。

在热加工测控技术中仅需考虑那些利用电、磁、光、声、热、辐射、流体、机械以及各种化学能来传递信息的信号。根据信息—能量理论，在测量装置中传递信息的工具是能量流。如果没有能量进入测量装置的输入端，则测量信息的传递过程是不可能实现的。在工业检测中，携带有被测信息的被测信号，可能具有各种各样的能量形式。如热气，一般是非电量，其进入测量装置的输入端后，必须转变成便于测量、转换、传输和显示的能量形式。也就是说，在测量系统中流动的信号，并不一定是原始的被测信号，而是与被测信号呈一定单值函数关系的信号，两者的能量形式很可能是不相同的。现将测量系统中流动的常见信号种类和传递形式简要介绍如下。

1.3.1 常见信号类型

作用于测量装置输入端的被测信号，通常要转换成以下几种便于传输和显示的信号。

1. 位移信号

位移信号包括直线位移和角位移两种形式，它属于一种机械信号。在测量力、压力、质量、振动等物理量时，通常都首先把它们转换成位移量，然后再做进一步处理。如当被测参数是力或压力时，可以通过适当的弹性元件转换成位移。在测量系统中，位移信号可利用杠杆、齿轮副等机构进行机械放大和传送，也可以利用一定的元件转换为气压信号或电信号。

2. 压力信号

压力信号包括气压信号和液压信号，热加工过程中主要是气压信号。在气动检测系统中，以净化的恒压空气为能源，气动传感器将被测参数转换为与之相适应的气压信号。在测量系统中，气压信号可以通过气动功率放大器放大，也可通过气动计算单元进行加、减、乘、除、开方等数学运算，还可输送给显示单元进行指示、记录、报警或用于自动调节，采用气—电转换器，可将气压信号转换成电信号。

3. 电气信号

常用的电气信号有电压信号、电流信号、阻抗信号和频率信号。

电气信号可以远距离传递，便于和计算机连接，易于实现检测自动化，而且响应速度快。因此，将被测的非电参数转换成电信号进行测量的方法应用越来越广，并已逐渐形成一个重要分支。将被测参数的变化直接或间接地转换成电信号的传感器，近年来也发展很快。

4. 光信号

光信号包括光通量信号、干涉条纹信号、衍射条纹信号、莫尔条纹信号等。随着激光、光导纤维和计量光栅等新兴技术的发展，光学检测技术也得到了很大的发展，特别是在高精度、非接触测量方面占有十分重要的地位。利用各种光学元件构成的光学系统可将光信号进行传递、放大和处理。

在热加工领域中，利用光电元件可以将光信号转换成电信号，如非接触式测温仪就是这样一种装置。光信号和电信号的形式，既可以是连续的，又可以是断续或脉冲式的。

1.3.2 信号的传递形式

从传递信号连续性的观点来看，在测控系统中传递的信号形式可以分为模拟信号、数字信号和开关信号。

1. 模拟信号

在时间上是连续变化的，即在任何瞬时都可以确定其数值的信号称为模拟信号。生产过程中常遇到的各种连续变化的物理量和化学量都属于模拟信号。模拟信号转换为电信号就是平滑地、连续地变化的电压或电流信号。如连续变化的温度信号可以利用热电偶转换成与它成比例的连续变化的电压信号。

2. 数字信号

数字信号是一种以离散形式出现的不连续信号，通常用二进制即"0"和"1"组合的代码序列来表示。数字信号转换成电信号就是一连串的窄脉冲和高、低电平交替变化的电压信号。

连续变化的模拟信号可以通过数字式传感器直接转换成数字信号。然而，大多数情况是首先把这些参数转换成电参量的模拟信号，然后再利用 A/D 转换技术把电模拟量转换成数字量。将一个模拟信号转换为数字信号时，必须用一定的计量单位使连续参数整量化，即用最接近的离散值（数字量）来近似表示连续量的大小。由于数字量只能增大或减小一个单位，因此，计量单位越小，整量化所造成的误差也就越小。

3. 开关信号

用两种状态或用两个数值范围表示的不连续信号称为开关信号。如用水银触点温度计来检测温度的变化时，可利用水银触点的"闭合"和"断开"来判断温度是否达到给定值。可以利用开关式传感器将模拟信号转换成开关信号。

1.3.3 信号的标准化

在自动测控系统中，往往需要同时应用多种自动化仪表，为了便于仪表间的互相通信，必须采用统一标准信号。如在单元组合式自动化仪表中，常用的标准电气信号为 0～10mA 或 4～20mA 的直流电流信号。

1.4 电测量系统的分类和组成

电测量系统是一种具有标定特性并用于测量的装置，它的输出量能够反映测量信息并直接通过显示装置为操作者所接受，它由若干个测量装置与辅助装置组成。它们之间具有通信联系,用来进行信息采集并发出便于传递、处理、显示或用于控制目的信号。其中最简单的是单参数电测量系统。

1.4.1 单参数电测量系统

单参数电测量系统的组成如图1.2所示。

图1.2 单参数电测量系统组成框图

图1.2中所示各环节的作用如下:

传感器:将被测非电物理量转换成电量。

信号调节器:将传感器输出的电信号变换成为测试装置所需要的电量(电压、电流或频率等)。

模拟记录仪:以指针或图形的方式显示或记录被测物理量的数值。

A/D转换器:将模拟量转换为数字量,以便输入计算机进行数据采集与处理。

微型计算机:完成信号的采集、数据处理以及对外围设备的管理等工作。

数字显示器:将测量结果直接以数字形式显示,可采用液晶显示、发光二极管显示或荧光屏显示等。

微型打印机:对测试结果进行数据打印或图形打印。

1.4.2 多参数电测量系统

一些电测量系统能够同时检测和处理两个或两个以上的传感器信号,称为多参数电测量系统。被测信号可以是相同性质的,也可以是不同性质的,如温度、压力、位移、成分等非电信号。不管传感器形式和量程如何,经过信号调节器,均可实现模拟信号输出的标准化。多参数电测量系统组成如图1.3所示。

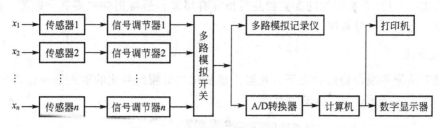

图1.3 多参数电测量系统组成框图

1.4.3 遥测系统

有些情况下,测量结果需要远距离显示或记录,具有这种功能的测量系统一般称为遥测系统。但实际上遥测系统多指那些用调制高频载波传送测量数据的多路数据测量系统,通常的遥测系统组成如图1.4所示。

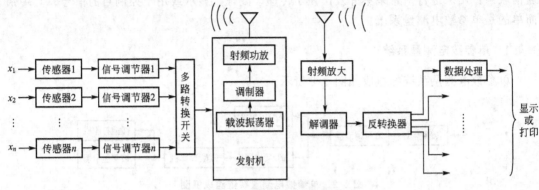

图 1.4 遥测系统组成框图

1.5 电测量系统的基本特性

电测量系统的基本特性是指电测量系统的输出与输入的关系，其基本特性包括静态特性和动态特性。

1.5.1 电测量系统的静态特性

电测量系统的静态特性就是指，当被测量 x 不随时间变化或随时间变化程度远慢于电测量系统固有的最低阶运动模式的变化程度时，电测量系统的输出量 y 与输入量 x 之间的函数关系，通常可以描述为

$$y = \sum_{i=0}^{n} a_i x^i = a_0 + a_1 x + a_2 x^2 + \cdots + a_n x^n \qquad (1-11)$$

式中：a_0，a_1，a_2，$\cdots$，a_n 均为常数，反映了电测量系统静态特性曲线的形态；y 为输出量；x 为输入量。

描述式(1-11)静态特性的参数和品质指标有很多，最常用的主要有灵敏度、线性度、回程误差、分辨力和分辨率。

1. 灵敏度

灵敏度是指系统在稳定状态下，其输出量变化与引起此变化的输入量变化之比，用 K 表示，如图 1.5 所示，其关系表达式为

$$K = \frac{\Delta y}{\Delta x} = \frac{\mathrm{d}y}{\mathrm{d}x} \qquad (1-12)$$

当静态特性为直线时，其斜率即为灵敏度，且为常数。如果输入与输出的量纲相同，则灵敏度无量纲，常用"放大倍数"代替灵敏度一词。当静态特性是非线性特性时，灵敏度不是常数。

应该指出，测量范围越窄，灵敏度越高时，电测量系统的稳定性就会越差。因此，应合理的选择电测量系统的灵敏度，在选择或构建电测量系统时，并不是灵敏度越高越好。

这里应注意到电测量系统的输出不仅取决于输入量，还取决于环境的影响。环境温

度、大气压力、相对湿度以及电源电压等都可能对系统的输出造成影响。环境变化将或多或少地影响某些静态特性参数。如改变电测量系统的灵敏度或使装置产生零点漂移，这将影响系统的实际工作曲线，静态特性变化情况示意如图1.6所示。图中直线为原系统特性，曲线为产生零点漂移和不同分段的灵敏度改变。

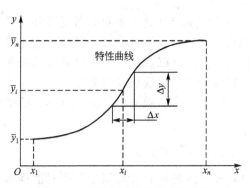

图 1.5 电测量系统的静态灵敏度   图 1.6 灵敏度和零点漂移对静态特性的影响

2. 线性度

当 $a_i=0(i=2, 3, \cdots, n)$ 时，式(1-11)变为 $y=a_0+a_1x$，故为线性，a_0 为零偏，a_1 为系统的灵敏度。当 $a_i \neq 0$ 时，系统是非线性的。但是，从应用角度而言，一般总希望系统为线性的。因此，经常选一条参考直线来代替此曲线，这样必然会造成误差，这种误差称为非线性误差或线性度，用 δ_L 表示。

综上，线性度说明了输出量与输入量的实际关系曲线偏离参考直线的程度，如图1.7所示，计算公式为

$$\delta_L = \frac{|\Delta y_{LM}|}{Y_{FS}} \times 100\% = \frac{|\bar{y}_i - y_i|_{max}}{\bar{y}_{max} - \bar{y}_{min}} \times 100\% \tag{1-13}$$

式中：$|\Delta y_{LM}|$ 为实际关系曲线与参考直线间的最大偏差；Y_{FS} 为电测量系统的满量程输出。

选取不同的参考直线，将得到不同的线性度。下面介绍几种常用的线性度计算方法。

1) 理论线性度

理论线性度又称绝对线性度，其参考直线是预先规定好的，与实际标定过程和标定结果无关。通常该参考直线过坐标原点(0，0)和所期望的满量程输出点(x_n，$\bar{y}_n$)，如图1.8所示。

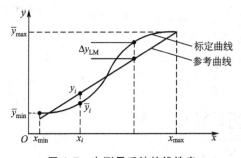

图 1.7 电测量系统的线性度

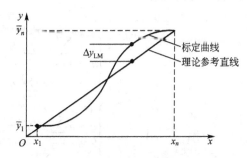

图 1.8 理论参考直线

2）端基线性度

端基线性度所用的参考直线是标定过程中获得的两个点$(x_1, \bar{y}_1)$与$(x_n, \bar{y}_n)$的连线，如图1.9所示。端基参考直线表达式为

$$y = \bar{y}_1 + \frac{\bar{y}_n - \bar{y}_1}{x_n - x_1}(x - x_1) \tag{1-14}$$

端基参考直线只考虑了实际标定的两个点，对于其他测量点的实际分布情况并没有考虑，因此，实测点对上述参考直线的偏差分布也不合理。为了尽可能减小最大偏差，可将端基参考直线平移，以使最大正、负偏差绝对值相等。这样就可以得到"平移端基参考直线"，如图1.10所示，按此直线计算得到的线性度就是"平移端基线性度"。

假设上述n个偏差中的最大正偏差为$\Delta y_{P,max} \geqslant 0$，最大负偏差为$\Delta y_{N,max} \leqslant 0$，则平移端基参考直线表达式为

$$y = \bar{y}_1 + \frac{\bar{y}_n - \bar{y}_1}{x_n - x_1}(x - x_1) + \frac{1}{2}(\Delta y_{P,max} - \Delta y_{N,max}) \tag{1-15}$$

n个测点的标定值对于平移端基参考直线的最大正偏差与最大负偏差的绝对值是相等的，均为

$$\Delta y_M = \frac{1}{2}(\Delta y_{P,max} - \Delta y_{N,max}) \tag{1-16}$$

因此，平移端基线性度为

$$\delta_L = \frac{\Delta y_M}{Y_{FS}} \times 100\%$$

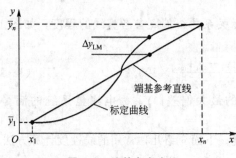

图1.9　端基参考直线

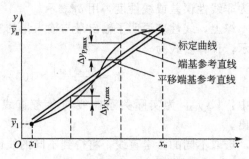

图1.10　平移端基参考直线

3）最小二乘线性度

基于所得的n个标定点$(x_i, \bar{y}_i)(i=1, 2, \cdots, n)$，根据偏差平方和最小的原则，最小二乘直线可描述为

$$y = a + bx \tag{1-17}$$

$$\begin{cases} a = \dfrac{\sum\limits_{i=1}^{n} x_i^2 \sum\limits_{i=1}^{n} \bar{y}_i - \sum\limits_{i=1}^{n} x_i \sum\limits_{i=1}^{n} x_i \bar{y}_i}{n \sum\limits_{i=1}^{n} x_i^2 - \left(\sum\limits_{i=1}^{n} x_i\right)^2} \\[4mm] b = \dfrac{n \sum\limits_{i=1}^{n} x_i \bar{y}_i - \sum\limits_{i=1}^{n} x_i \sum\limits_{i=1}^{n} \bar{y}_i}{n \sum\limits_{i=1}^{n} x_i^2 - \left(\sum\limits_{i=1}^{n} x_i\right)^2} \end{cases} \tag{1-18}$$

第 i 个测点的偏差为

$$\Delta y_i = \bar{y}_i - y_i = \bar{y}_i - (a + bx_i) \qquad (1-19)$$

因此，可以求得最大偏差，从而求出最小二乘线性度。

3. 回程误差

理想电测量系统的输出/输入有完全单调的一一对应关系，而实际电测量系统有时会出现一个输入量对应多个不同输出量的情况。在同样的测量条件下，定义全程范围内当输入量由小增大或由大减小时，对于同一输入量所得到的两个数值不同的输出量之间差值最大者与最大输出值的比值为回程误差，即

$$\delta_H = \frac{|\Delta y_{HM}|}{Y_{FS}} \times 100\% \qquad (1-20)$$

式中：$|\Delta y_{HM}|$ 为同一输入量在由小变大或由大变小过程中所对应输出量的最大差值；Y_{FS} 为电测量系统的满量程输出。

产生回程误差的原因可归为系统内部各种类型的摩擦、间隙以及某些机械材料（如弹性元件）和电、磁材料（如磁性元件）的滞后性。回程误差示意图如图 1.11 所示，其值一般由试验确定。

4. 分辨力和分辨率

电测量系统的输入/输出关系在整个测量范围内不可能做到处处连续，输入量变化太小时，输出量不会发生变化，而当输入量变化到一定程度时，输出量才有变化。因此，从微观来看，实际电测量系统的输入/输出特性有许多微小的起伏，如图 1.12 所示。

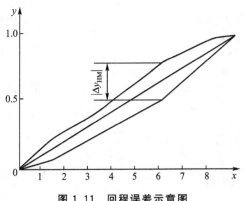

图 1.11　回程误差示意图

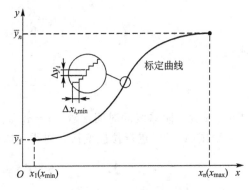

图 1.12　分辨力示意图

对于实际测量过程的第 i 个测点 x_i，当 $\Delta x_{i,\min}$ 有变化时，输出就可观察到变化，那么 $\Delta x_{i,\min}$ 就是该测点处的分辨力，对应的分辨率为

$$r_i = \frac{\Delta x_{i,\min}}{x_{\max} - x_{\min}} \qquad (1-21)$$

显然，各测点处的分辨力是不一样的。在全部工作范围内，都能产生可观测输出变化的最小输入量的最大值 $|\Delta x_{i,\min}|_{\max}$（$i=1, 2, \cdots, n$）就是该电测量系统的分辨力，其分辨率为

$$r = \frac{|\Delta x_{i,\min}|_{\max}}{x_{\max} - x_{\min}} \qquad (1-22)$$

因此，分辨力可定义为表征电测量系统能够有效辨别最小输入变化量的能力，又称"灵敏度阈"，一般为系统或仪表最小分度值的 $1/5 \sim 1/2$。对于由数字显示的测量系统，其分辨力是当最小有效数字增加一个数字时，相应示值的改变量。数字仪表能够稳定显示的位数越多，它的分辨力也就越高。

1.5.2　电测量系统的动态特性

电测量系统的动态特性是指在动态测量时，输出量与随时间变化的输入量之间的关系。

大部分模拟式测量系统输出与输入之间的关系可以用微分方程来描述。如果该微分方程是一阶微分方程，则称为一阶测量系统；若是二阶微分方程，则称为二阶测量系统；依此类推。但人们常用的测量系统多为一阶和二阶系统，或者是由若干一阶、二阶组成的系统。

用微分方程或传递函数来分析研究系统的动态特性直观性很差，也很难用实验方法求得。因此常用典型输入信号和给定初始条件下的特解来描述测量系统的动态特性。常用的典型信号有阶跃信号、斜坡信号、正弦信号。

这里仅简要介绍一阶和二阶电测量系统在阶跃输入时的动态特性的描述方法。在动态性能分析中，灵敏度 K 仅起输出相对输入增大 K 倍的作用，因此，在分析动态特性时均取 $K=1$。

1.　一阶系统的动态特性

在灵敏度 $K=1$ 的条件下，一阶系统的输出输入方程可表示为

$$a_1 \frac{\mathrm{d}y(t)}{\mathrm{d}t} + a_0 y(t) = b_0 x(t) \tag{1-23}$$

或

$$\tau \frac{\mathrm{d}y(t)}{\mathrm{d}t} + y(t) = x(t) \tag{1-24}$$

式中：τ 为一阶系统的时间常数，$\tau = a_1 / a_0$。

对式（1-24）进行拉氏变换，可得一阶传递函数为

$$H(s) = \frac{Y(s)}{X(s)} = \frac{1}{1 + \tau s} \tag{1-25}$$

一些 RC 滤波器、LC 谐振电路和热电偶测温系统都是一阶系统。

当输入信号 $x(t)$ 为单位阶跃函数 $u(t)$ 时，即

$$u(t) = \begin{cases} 0 & t < 0 \\ 1 & t \geqslant 0 \end{cases} \tag{1-26}$$

其拉氏变换为 $X(s) = 1/s$，代入式（1-25）可得

$$Y(s) = \frac{1}{1 + \tau s} \times \frac{1}{s} \tag{1-27}$$

对上式进行拉氏反变换可得瞬态响应关系式为

$$y_u(t) = 1 - \mathrm{e}^{-\frac{t}{\tau}} \tag{1-28}$$

图 1.13 所示为一阶系统的阶跃响应曲线，它说明系统的实际输出量是按指数规律上升至最终稳定态值的，而理想的响应应该是阶跃输出，因此，一阶系统的动态误差为

$$\varepsilon_u(t) = y_u(t) - u(t) = -e^{-\frac{t}{\tau}} \qquad (1-29)$$

可见，当 $t = \tau$，2τ，3τ，4τ 时，输出量仅为稳态输出值的 63.2%、86.5%、95%、98.2%。当 t 趋于无穷时，$\varepsilon_u(t)$ 趋于零。

时间常数 τ 是按指数规律上升至最终值的63.2%所需要的时间。时间 $t = 0$ 时，响应曲线的初始斜率为 $1/\tau$，要使斜率大，输出与输入之间相差小，就要求 τ 值小。所以，一阶系统的时间常数越小，响应越快。

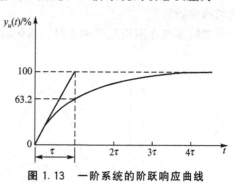

图 1.13　一阶系统的阶跃响应曲线

2. 二阶系统的动态特性

典型二阶系统的传递函数为

$$H(s) = \frac{\omega_n^2}{s^2 + 2\xi\omega_n s + \omega_n^2} \qquad (1-30)$$

或

$$H(s) = \frac{1}{T^2 s^2 + 2\xi T s + 1} \qquad (1-31)$$

式中：ω_n 为二阶系统的固有角频率，$\omega_n = 1/T$；ξ 为二阶系统的阻尼率。

当输入信号为阶跃输入信号时，二阶系统输出信号的拉氏变换为

$$Y(s) = \frac{\omega_n^2}{s^2 + 2\xi\omega_n s + \omega_n^2} \times \frac{1}{s} \qquad (1-32)$$

(1) 当 $\xi < 1$ 时，系统呈欠阻尼状态，系统特征方程式的根为一对共轭复根，故输出响应为

$$y_n(t) = 1 - \frac{e^{-\xi\omega_n t}}{\sqrt{1-\xi^2}} \sin(\sqrt{1-\xi^2}\,\omega_n t + \varphi) \qquad (1-33)$$

可见，二阶系统在稳态值附近作衰减的正弦振荡。

(2) 当 $\xi = 1$ 时，系统处于临界阻尼状态，系统特征方程式的根为一对重根，其输出响应为

$$y_n(t) = 1 - \frac{1}{2\sqrt{\xi^2-1}} \left[(\xi + \sqrt{\xi^2-1})e^{-(\xi - \sqrt{\xi^2-1})\omega_n t} - (\xi - \sqrt{\xi^2-1})e^{-(\xi + \sqrt{\xi^2-1})\omega_n t} \right]$$

$$(1-34)$$

可见，系统没有振荡，输出量 $y_n(t)$ 以指数规律逼近稳态值，而响应的快慢取决于二阶系统的固有频率 ω_n，这是从欠阻尼到过阻尼的转折点。

(3) 当 $\xi > 1$ 时，系统呈过阻尼状态，系统特征方程式的根为两个负实根，输出响应为

$$y_n(t) = 1 - \frac{1}{2\sqrt{\xi^2-1}} \left[(\xi + \sqrt{\xi^2-1})e^{-(\xi - \sqrt{\xi^2-1})\omega_n t} - (\xi - \sqrt{\xi^2-1})e^{-(\xi + \sqrt{\xi^2-1})\omega_n t} \right]$$

$$(1-35)$$

可见，系统没有振荡，是非周期性过渡过程。

(4) 当 $\xi = 0$ 时，系统呈无阻尼状态，系统特征方程式的根为一对纯虚根，输出响应为

$$y_n(t) = 1 - \cos(\omega_n t) \qquad (1-36)$$

可见，输出量 $y_n(t)$ 围绕稳态值作等幅振荡，振荡频率为 ω_n，它完全由二阶系统本身的结构参数确定。

二阶系统在不同阻尼率 ξ 时，系统对阶跃输入的响应曲线如图 1.14 所示。

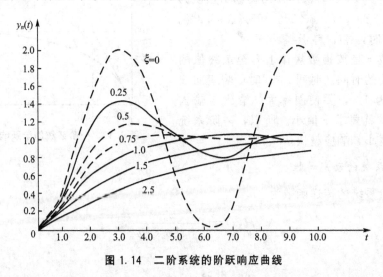

图 1.14   二阶系统的阶跃响应曲线

1.5.3   电测量系统的动态性能指标

电测量系统的动态性能指标一般用阶跃输入时系统的输出响应曲线上的特性参数来表示。

一阶系统的动态性能指标如图 1.15 所示，一般用时间常数 τ、响应时间 t_s、上升时间 t_r 和延迟时间 t_d 来表征。

(1) 时间常数 τ。输出量上升至稳态值的 63.2% 所需的时间称为时间常数，响应曲线的初始斜率为 $1/\tau$。

(2) 响应时间 t_s。响应时间也称调节时间，在响应曲线上，系统输出响应达到一个允许误差范围的稳态值，并永远保持在这一允许误差范围内所需的最小时间，称为响应时间。

根据允许误差范围的不同有不同的响应时间。当系统输出响应到达稳态值的 98%、95% 及 90%（也即允许误差为 2%、5% 及 10%）时的响应时间为：$t_{0.02} = 4\tau$，$t_{0.05} = 3\tau$ 及 $t_{0.10} = 2.3\tau$。由此可见，一阶电测系统的时间常数越小，系统的响应越快。

(3) 上升时间 t_r。系统输出响应值从 15%（或 10%）到达 95%（或 90%）稳态值所需的时间称为上升时间。由一阶系统实际输出量，即式（1-28）可得上升时间 t_r 为 2.25τ 或 2.2τ。

(4) 延迟时间 t_d。一阶系统输出响应值达到稳态值的 50% 所需的时间称为延迟时间。由式（1-28）可得 $t_d = t_{0.5} = 0.7\tau$。

对于二阶电测量系统，当 $\xi > 1$ 时，在阶跃输入作用下，其输出响应曲线是非周期型的，也以按一阶系统同样进行。$\xi < 1$ 的二阶系统的动态性能指标示意图如图 1.16 所示。

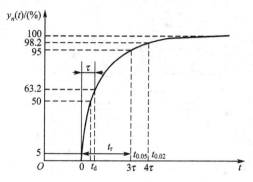
图 1.15 一阶系统的动态性能指标示意图

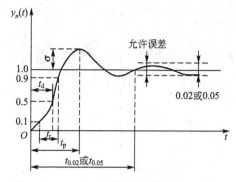
图 1.16 二阶系统的动态性能指标示意图

除了上面讨论的延迟时间 t_d、上升时间 t_r 和响应时间 t_s 外，还有如下动态性能指标。

(1) 峰值时间 t_p。输出响应曲线达到第一个峰值所需的时间称为峰值时间。因为峰值时间与超调量相对应，所以峰值时间等于阻尼振荡周期的一半，即 $t_p = T/2$。

(2) 超调量 σ。超调量为输出响应曲线的最大偏差与稳态值比值的百分数，即

$$\sigma = \frac{y(t_p) - y(\infty)}{y(\infty)} \times 100\%$$

(1-37)

1.6 常用测量电路

1.6.1 电桥电路

电桥电路是将电阻、电容或电感等参数的变化转换成电流或电压输出的一种桥型测量电路，与记录仪或显示仪表相配合，可以完成多种参数的测量。电桥电路具有灵敏度高、测量范围宽和容易实现温度补偿等特点，因而得到了广泛应用。根据电源的性质，电桥可分为直流电桥和交流电桥两大类。

1. 直流电桥

1) 工作原理

直流电桥的基本形式如图 1.17(a) 所示，它的四个桥臂由电阻 R_1、R_2、R_3 和 R_4 组成，R_L 为仪表内阻，I 为总电流，I_L 为仪表内流过的电流，AB 两端接直流电源 E，CD 两端为输出电压 U_L。根据电路学等效电路原理，可将 R_L 两端等效为一个内阻为 R_0、电压为 U_0 的电压源，如图 1.17(b) 所示。

等效电压 U_0 为

$$U_0 = \frac{E}{R_1 + R_2} \cdot R_1 - \frac{E}{R_3 + R_4} \cdot R_4$$

(1-38)

等效电阻 R_0 为

$$R_0 = \frac{R_1 R_2}{R_1 + R_2} + \frac{R_3 R_4}{R_3 + R_4}$$

(1-39)

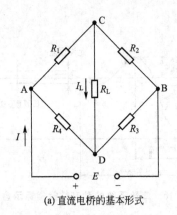
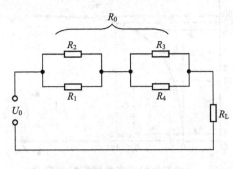

(a) 直流电桥的基本形式　　　　　　　　(b) 直流电桥的等效电路

图 1.17　直流电桥及等效电路

因此，流过 R_L 的电流 I_L 为

$$I_L = \frac{U_0}{R_0 + R_L} = \frac{R_1 R_3 - R_2 R_4}{R_L (R_1 + R_2)(R_3 + R_4) + R_1 R_2 (R_3 + R_4) + R_3 R_4 (R_1 + R_2)} \cdot E \qquad (1-40)$$

R_L 两端的电压为

$$U_L = I_L \cdot R_L \qquad (1-41)$$

当电桥输出端 CD 接上输入阻抗极大的仪表或放大器时，则可以认为 $R_L \to \infty$，因此，由式(1-40)和式(1-41)得

$$U_L = \frac{R_1 R_3 - R_2 R_4}{(R_1 + R_2)(R_3 + R_4)} \cdot E \qquad (1-42)$$

由此可见，欲使电桥平衡，即 $U_L = 0$，应满足 $R_1 R_3 = R_2 R_4$，为了简化桥路设计，通常使四臂电阻相等，即 $R_1 = R_2 = R_3 = R_4$。电桥四臂中任一只电阻阻值发生变化都会破坏电桥平衡，即有不平衡电压输出。因此，只要测出电桥的输出电压 U_L 的变化量，就可以测知桥臂电阻的变化，这就是直流电桥的工作原理，根据需要，可以单臂、双臂或四臂工作。

2) 电桥的和差特性

在 $R_1 = R_2 = R_3 = R_4 = R$ 时，如果被测物理量的变化使得桥臂电阻 R_i 发生微小变化 ΔR_i，且 $\Delta R_i \ll R_i$，经适当整理和变换后桥路输出电压 U_L 为

$$U_L = \frac{E}{4R}(\Delta R_1 - \Delta R_2 + \Delta R_3 - \Delta R_4) \qquad (1-43)$$

上式称为直流电桥的和差特性公式，下面分别讨论不同桥臂工作时的桥路输出情况。

(1) 单臂工作。只有一臂的电阻值发生微小变化，其余三臂均为固定电阻，此时 R_L 两端的电压为

$$U_L = \frac{E}{4R}\Delta R \qquad (1-44)$$

(2) 邻臂工作。R_i 和 R_{i+1} 为工作臂，且阻值变化分别为 ΔR_i 和 ΔR_{i+1}，其余两臂为固定电阻 R，此时 R_L 两端的电压为

$$U_L = \frac{E}{4R}(\Delta R_i - \Delta R_{i+1}) \qquad (1-45)$$

显然，若 $\Delta R_i = \Delta R_{i+1} = \Delta R$，则 $U_L = 0$；若 $\Delta R_i = -\Delta R_{i+1} = \Delta R$，则 $U_L = (E/2R)\Delta R$。

（3）对臂工作。R_i 和 R_{i+2} 为工作臂，且阻值变化分别为 ΔR_i 和 ΔR_{i+2}，其余两臂为固定电阻 R，此时 R_L 两端的电压为

$$U_L = \pm \frac{E}{4R}(\Delta R_i + \Delta R_{i+2}) \tag{1-46}$$

与邻臂工作相仿，若 $\Delta R_i = \Delta R_{i+2} = \Delta R$，则 $U_L = (E/2R)\Delta R$；若 $\Delta R_i = -\Delta R_{i+2} = \Delta R$，则 $U_L = 0$。

（4）四臂工作。R_1、R_2、R_3 和 R_4 均为工作臂，若电阻变化能够满足 $\Delta R_1 = \Delta R_2 = \Delta R$，$\Delta R_3 = \Delta R_4 = -\Delta R$，则 R_L 两端的电压为

$$U_L = \frac{E}{R}\Delta R \tag{1-47}$$

可见，增加桥路电阻的工作臂数，可使输出信号增大，从而提高测量系统的灵敏度。

2. 交流电桥

为了克服零点漂移，常采用正弦交流电压作为电桥的电源，这样的电桥称为交流电桥。由于是交流电桥，所以连接导线之间存在着分布电容和分布电感。实践表明，分布电容的影响比分布电感大得多，因此，一般只考虑分布电容的影响，而忽略分布电感的影响。

对于纯电阻交流电桥，由于导线之间存在分布电容，相当于在桥臂上并联了一个电容，如图 1.18 所示。

供桥电压 U 为

$$U = U_m \sin\omega t \tag{1-48}$$

式中：U_m 为供桥交流电压的最大振幅；ω 为供桥交流电压的角频率。

每个臂的阻抗分别为

$$Z_i = \frac{1}{\dfrac{1}{R_i} + j\omega C_i} \quad (i=1, 2, 3, 4) \tag{1-49}$$

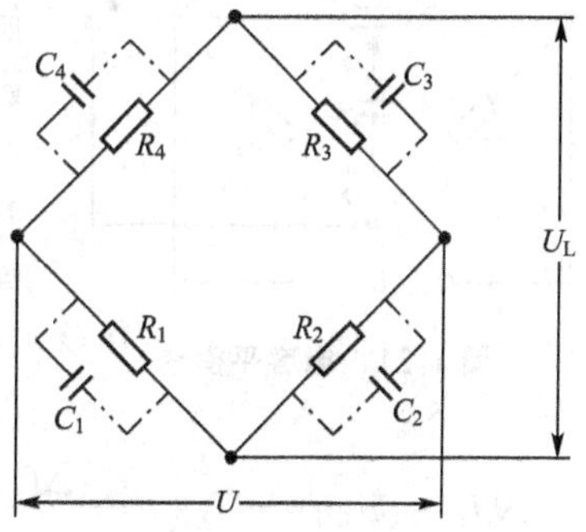

图 1.18 交流电阻电桥

交流电桥输出电压与直流电桥相似，即

$$U_L = \frac{Z_1 Z_3 - Z_2 Z_4}{(Z_1 + Z_2)(Z_3 + Z_4)} \cdot U_m \sin\omega t \tag{1-50}$$

其平衡条件是

$$Z_1 Z_3 = Z_2 Z_4 \tag{1-51}$$

3. 电桥的调平衡和温度补偿

在测量前，必须使电桥平衡，即输出为零。对于直流电桥，只要使电阻平衡就可以了，而对于交流电桥，不仅对电阻要进行平衡而且还要使电容平衡。

1）电阻平衡

常用的电阻平衡法有串联法和并联法，图 1.19 所示为电阻串联平衡法，在桥臂 R_1 和 R_2 间接入一个电位器 R_P，调节 R_P 时相当于改变串联在两臂间的电阻大小，以实现电桥的平衡。图 1.20 所示为电阻并联平衡法，调节电位器 R_P，相当于改变并联在 R_1 和 R_2 桥臂上的电阻大小，从而使电桥平衡。

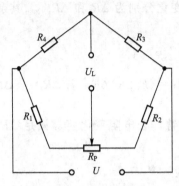

图 1.19　电阻串联平衡法

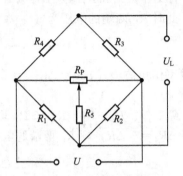

图 1.20　电阻并联平衡法

2）电容平衡

电容平衡电路如图 1.21 所示，它是由一个固定电容 C 和电位器 R_P 组成。改变电位器 R_P 上滑动触点的位置，使并联到桥臂上的电阻、电容变化，实现电容平衡。

3）电桥的温度补偿

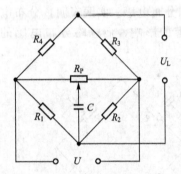

图 1.21　电容平衡法

当环境温度发生变化时，桥路的电阻阻值会发生变化，使电桥失去平衡，进而引起输出量的变化，产生了一定的误差。为了消除这一误差，需要在桥路上加一环节，使其在环境温度发生变化时产生与原来桥路误差相反的影响，并使之与温度变化产生的影响相互抵消，这种处理称为温度补偿。

假定环境温度为 T 时，桥路各臂电阻值变化量为 $(\Delta R_i)_T$，则由此引起的输出量变化为

$$\Delta U_L = (U_L)_T - U_L \approx \frac{R_1(\Delta R_3)_T + R_3(\Delta R_1)_T - R_2(\Delta R_4)_T - R_4(\Delta R_2)_T}{(R_1 + R_2)(R_3 + R_4)} \tag{1-52}$$

显然，欲使 $\Delta U_L = 0$，需满足：

$$\begin{cases} R_1 R_3 = R_2 R_4 \\ R_1(\Delta R_3)_T + R_3(\Delta R_1)_T - R_2(\Delta R_4)_T - R_4(\Delta R_2)_T = 0 \end{cases} \tag{1-53}$$

对于平衡电桥，前者显然成立，而后一式可改为

$$\frac{(\Delta R_3)_T}{R_3} + \frac{(\Delta R_1)_T}{R_1} = \frac{(\Delta R_4)_T}{R_4} + \frac{(\Delta R_2)_T}{R_2} \tag{1-54}$$

式中：$\dfrac{(\Delta R_i)_T}{R_i}$ 实际上是电阻 R_i 的温度系数 α_{R_i}。上式可写为

$$\alpha_{R_1} + \alpha_{R_3} = \alpha_{R_2} + \alpha_{R_4} \tag{1-55}$$

显然，只要选取四个温度系数相同或相近的电阻，并保证 $R_1 R_3 = R_2 R_4$ 就可以实现温度的自动补偿。

1.6.2　放大器

由传感器输出的信号通常需要进行电压放大或功率放大，以便对信号进行检测，因此必须采用放大器。根据被测物理量情况的不同，选择不同的放大器。如对变化缓慢、非周

期性、微弱的信号(如热电偶测温度时热电势信号),可选用直流放大器或调制放大器;对压电式传感器常配用电荷放大器等。

一个理想的放大器应满足下列要求:

(1) 放大倍数足够大,且线性好。

(2) 抗干扰性能强,内部噪声低。

(3) 动态响应快,具有极小的时间常数,相位移要小。

(4) 具有很高的输入阻抗,以保证测量精度,同时具有低的输出阻抗,使之有足够的输出功率。通常信号源电阻为 $1k\Omega$ 时,要求放大器的输入电阻在 $1M\Omega$ 以上。

由于一般的放大器在电子学中有专门介绍,这里不再重复。目前在测量装置中广泛采用运算放大器,它是一种高增益、高输入阻抗、低输出阻抗,用反馈来控制其响应特性的直接耦合的直流放大器。

表1-1列出了几种常用直流放大电路的基本形式。

表1-1　常用直流放大电路的基本形式

序号	放大电路名称	电路的基本形式	输出/输入关系
1	电压跟随器		$U_o = U_i$
2	同相放大器		$U_o = \left(1 + \dfrac{R_f}{R_1}\right) U_i$
3	反相放大器		$U_o = -\dfrac{R_f}{R_1} U_i$
4	求和放大电路		$U_o = -R_f \left(\dfrac{U_{i1}}{R_1} + \dfrac{U_{i2}}{R_2} + \dfrac{U_{i3}}{R_3}\right)$
5	差分放大电路		$U_o = \dfrac{R_f}{R_1}(U_{i2} - U_{i1})$

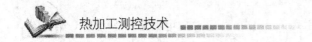
1.6.3　滤波电路

滤波电路的作用是使信号中特定的频率成分通过，抑制或衰减其他的频率成分。根据通带和阻带所处频率范围不同，可分为低通滤波、高通滤波、带通滤波和带阻滤波；而根据电路结构不同，又可分为有源滤波和无源滤波。

无源滤波器中，有 LC 滤波器、RC 滤波器及 LRC 滤波器。由于电感器件价格较贵且不易制作，因此，应用最广的是 RC 滤波器。图 1.22(a)、(b)、(c) 所示分别为 RC 低通、RC 高通和 RC 带通滤波器的基本电路。RC 滤波电路的时间常数为 $\tau = RC$，低通滤波电路与高通滤波电路的截止频率为 $f_c = \dfrac{1}{2\pi RC}$。带通滤波电路是高通及低通滤波电路的合成，在 $R_2 \gg R_1$ 时，低通滤波部分对前面的高通滤波部分影响极小，其截止频率为 $f_{c1} = \dfrac{1}{2\pi R_1 C_1}$ 和 $f_{c2} = \dfrac{1}{2\pi R_2 C_2}$。

在 RC 滤波器中，接入有源器件(如晶体管或运算放大器等)，可得到与 LRC 滤波器相同或其难以获得的特性，如调整方便、隔离性好等。

图 1.23 所示为最简单的二阶低通有源滤波器电路，被称为巴特沃思低通滤波器，其截止频率为 $f_c = \dfrac{1}{2\pi\sqrt{R_1 R_2 C_1 C_2}}$。显然，如果选 $R_1 = R_2 = R$，$C_1 = C_2 = C$，则 $f_c = \dfrac{1}{2\pi RC}$。

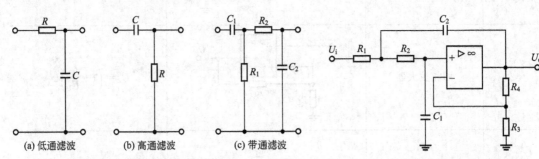

(a) 低通滤波　　　　(b) 高通滤波　　　　(c) 带通滤波

图 1.22　RC 滤波器基本电路　　　　图 1.23　巴特沃思低通滤波器电路

1.6.4　电流/电压转换电路

在电测量系统中，常常用到电流/电压转换技术。

一方面，有许多传感器产生的信号为微弱的电流信号，这有利于信号传输，电流传输时一般采用 4~20mA 电流环。全标度电流规定是 4mA 作为 0%，20mA 作为 100%，受信端变为电压信号处理。图 1.24 所示为一个基本的电流/电压转换电路，电路的本质是一个反相放大器，只是没有输入电阻。输入电流 I_i 直接接到运算放大器的反相输入端。由于输入电流也要流过反馈电阻 R，如果能保证运算放大器偏置电流 I_b 远远小于输入电流 I_i，则输出端电压为 $U_o = I_i R$，从而实现了由电流向电压的转换。

另一方面，在长距离传送模拟电压信号时，因信号源内阻及电缆电阻产生压降，受信端输入阻抗越低，相对压降越大，误差也越大。若要高精度传送电压信号，必须把电压信号先变为电流信号，即进行电流传送，这是一种恒流输出电路。假设电缆阻抗为 100Ω，因电路中传送电流相等，则没有电流损耗，不会产生电压误差，一般把将电压变为 $4\sim20\text{mA}$ 电流进行传送。图 1.25 所示为一个反相电压/电流转换电路，流过负载的电流为 $I_L = U_i / R_1$。

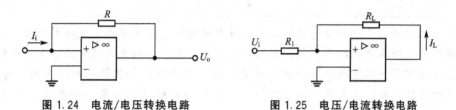

图 1.24　电流/电压转换电路　　　　图 1.25　电压/电流转换电路

1.6.5　相敏检波电路

相敏检波电路与普通检波电路的区别在于：普通检波电路仅有单向的电压输出和电流输出，不可能辨别正负号，而相敏检波电路能根据放大器输出信号的相位，辨别被测信号的极性，进而判别被测物理量的变化方向。

图 1.26 所示是由二极管构成的环式相敏检波电路。图中 D_1、D_2、D_3 和 D_4 组成闭合环路，通过变压器 B_1 和 B_2 分别从 1、2 端输入来自放大器的信号 U_{sr}，从 3、4 端输入来自振荡器的基准电压 U_j。检波后的信号由 5、6 两端输出。U_j 一般比 U_{sr} 大一倍多，与 U_{sr} 同频，其作用是控制二极管的导通与截止。

基准电压 U_j'、输入电压 U_{sr}' 与输出电压 U_o 三者之间的波形关系如图 1.27 所示。当 U_j' 与 U_{sr}' 同相位时，U_o 为一个正极性的全波整流单向脉动电压，而当 U_j' 与 U_{sr}' 反相位时，U_{sr} 为一个负极性的全波单向脉动电压。因此，相敏检波电路具有鉴别信号相位的能力。

此外，相敏检波电路有多种形式，如单管相敏电路、集成运算放大器相敏检波电路等，其原理与二极管环式相敏电路相似，这里不做一一介绍。

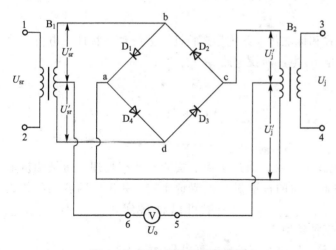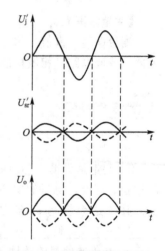

图 1.26　环式相敏检波器电路　　　　图 1.27　相敏检波器波形图

小　结

测量的实质在于以同性质的标准量与被测量比较，并确定两者之间的比值。其中，这个同性质的标准量被称为真值。真值可分为理论真值、指定真值和实际真值三种。

在测量过程中不可避免地会产生测量误差。根据造成测量误差特征不同可分为装置误差和方法误差、基本误差和附加误差、系统误差和随机误差、静态误差和动态误差等。系统误差决定了测量的准确度，随机误差决定了测量的精密度。

误差的大小可用绝对误差、相对误差、均方根误差、概率误差、极限误差等来表征。均方根误差又称标准偏差，是表示测量精密度的较好方法。精密度是指对同一量进行多次测量中所测数值重复一致的程度，即重复性。准确度是指测量值与真值的接近程度，并以绝对误差表征。通常，精度往往包括精密度与准确度两种含义。在工程上，一般引入精度等级来表示测量结果的可靠程度。

信号是指为了传递信息而使用的量。常用的信号类型有位移信号、压力信号、电气信号、光信号等。根据传递的形式信号可以分为模拟信号、数字信号和开关信号。常用的标准电气信号为 0～10mA 或 4～20mA 的直流电流信号。

电测量系统可分为单参数测量系统、多参数测量系统和遥测系统。无论何种电测量系统都是由传感器、信号调节电路、A/D 转换器等组成。

电测量系统的基本特性包括静态特性和动态特性。描述静态特性的品质指标主要有灵敏度、线性度、回程误差、分辨力和分辨率等；动态性能指标一般用阶跃输入时系统的输出响应曲线上的特性参数来表示。这些参数主要有时间常数、上升时间、响应时间、延迟时间、峰值时间、超调量等。

常用的测量电路包括电桥、放大器、滤波器、电流/电压转换电路和相敏检波电路等。

【关键术语】

测量误差　真值　信号传递形式和标准化　系统静态特性　系统动态特性　电桥　放大器　滤波电路　相敏检波电路　电流/电压转换电路

 综合习题

一、填空题

1. 测量是借助于专门的设备或技术工具，通过必要的实验和数据处理求得被测量值的过程。因此，测量的实质在于以同性质的标准量与被测量比较，并确定两者之间的比值。其中这个参考标准常常被称为_____。一般可以将它分为_____、_____和_____三种类型。

2. 从传递信号连续性的观点来看，传递的信号形式可以分为_____、和_____。

3. 描述电测量系统静态特性的品质指标有很多，但最常用的主要有_____、

_____、_____、_____。以二阶测量系统而言，电测量系统的动态响应特性一般用_____、_____、_____、_____等来表示。

4. 电测量系统可分为_____、_____和_____。

5. 在用电子自动平衡记录仪记录数据时，由于没有进行调零而造成了很大的误差，这一误差称为_____。

6. 直流电桥实现平衡的条件是_____，直流电桥实现温度自动补偿的条件是_____。

7. 滤波电路的作用是_____。根据通带和阻带所处频率范围不同，可分为_____、_____、_____、_____。

8. 通常以_____来反映系统误差，并以_____表征。_____是随机误差的反映，常以_____来表征。

9. 在电桥测量中，由于电桥接法不同，输出电压的灵敏度也不同，_____接法可以得到最大灵敏度输出。

二、简答题

1. 测量误差是如何定义的？

2. 画出常用直流运算放大器的四种基本形式，说明其名称，并表明其输出/输入关系。

3. 什么是系统误差和随机误差？

4. 日常生活中，我们经常用精度来评价测试结果或测试装置的好坏，那么我们应该如何来合理地解释精度？再者，经常听见诸如传感器为0.1%、0.2%的说法，又应该如何解释呢？

5. 相敏检波电路与普通检波电路的区别是什么？

6. 测得某检测装置的一组输入/输出数据如表1-2所示，试用最小二乘法拟合直线，求其线性度和灵敏度。

表1-2 测量的数据

x	0.9	2.5	3.3	4.5	5.7	6.7
y	1.1	1.6	2.6	3.2	4.0	5.0

三、论述题

推导直流电桥的和差特性公式。

第2章

常用传感器

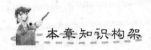

本章知识构架

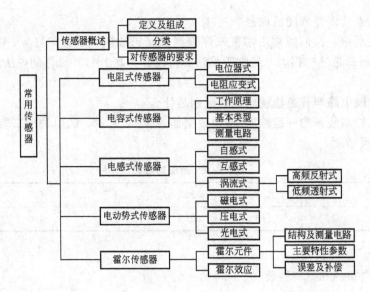

本章教学目标与要求

- 了解传感器的定义、组成、分类和对传感器的要求；
- 了解非线性线绕电位器，掌握线性线绕电位器的阶梯特性和电位器的负载特性；
- 掌握电阻应变式传感器的原理、工作特性参数和温度补偿方法；
- 了解电容式传感器和磁电式传感器，熟悉自感式和涡流式传感器，掌握互感式传感器；
- 掌握压电式传感器的原理、等效电路和测量电路，了解压电式传感器的应用；
- 熟悉光电式传感器的原理，掌握常用的光电元件；
- 掌握霍尔传感器。

导入案例

随着电子计算机、生产自动化、现代信息、遥感和宇航技术等科学的发展，对传感器的需求量与日俱增，其应用领域已渗入到国民经济的各个部门以及我们的日常文化生活中。可以说，从太空到海洋，从各种复杂的工程系统到我们日常生活的衣食住行，都离不开各种各样的传感器。当今，传感器技术对国民经济的发展起的作用日益增大。下面举例说明传感器在日常生活中的应用。

1. 电饭锅——热电传感器的应用

电饭锅是日常生活中最为常用的家用电器之一，其电原理如图2.1所示。S_1是一个按钮开关，手动闭合，当此开关的温度达到居里点（103℃）时会自动断开；S_2是一个自动温控开关，当温度低于70℃时会自动闭合，温度高于80℃时会自动断开；红灯是加热状态时的指示灯，黄灯是保温状态时的指示灯，限流电阻$R_1 = R_2 = 500\Omega$，电热板$R_3 = 50\Omega$。

电加热部分结构如图2.2所示。开始煮饭时，用手压下按钮开关S_1，永磁体与感温磁体相吸，手松开后，按钮不再恢复到图2.2所示状态，则触点接通，电热板通电加热，水沸腾后，由于锅内保持100℃不变，故感温磁体仍与永磁体相吸，继续加热，直到饭熟后，水分被大米吸收，锅底温度升高，当温度升至居里点（103℃）时，感温磁体失去铁磁性，在弹簧作用下，永磁体被弹开，触点分离，切断电源，从而停止加热。随后，当温度降至70℃以下时，自动控温开关S_2闭合，电热板加热；当温度升高至80℃时，控温开关S_2断开，此时，电流流过R_2、R_3和R_1，由于R_1的分压作用，温度不再升高，反而降低；当温度低于70℃时，S_2又闭合，从而将温度保持在70～80℃。

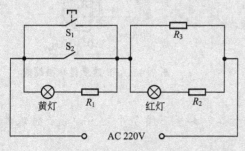

图2.1　电饭锅电原理图

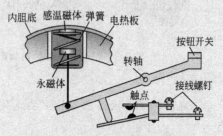

图2.2　电饭锅加热部分结构图

2. 机械式鼠标——光电传感器的应用

鼠标是我们最常用的计算机设备之一，它的发明被IEEE列为计算机诞生50年来最重大的事件之一，至今已有40多年的历史。鼠标的使用代替了键盘的烦顼指令，使得操作计算机更加简便。

按照其工作原理，鼠标可分为机械式鼠标和光电式鼠标两大种类。图2.3是机械式鼠标的结构图，它主要由滚球、压力滚轴、编码器（码盘）、红外发射管和红外接收管等组成。滚球安装在机械式鼠标的底部，可自由滚动；两个压力滚轴分别安装在滚球的后方及右方，滚轴上带有编码器，并互成90°角。

机械式鼠标工作原理如下：当移动鼠标时，滚球随之滚动，从而通过压力滚轴带动旁边的编码器转动，后方的滚轴代表前后滑动，右方的滚轴代表左右滑动，两轴一起移动则代表非垂直及水平方向的滑动。当两个编码器转动时，红外接收管就收到断续的红外线脉冲，输出相应的电脉冲信号传给计算机，计算机分别统计 x、y 两个方向的脉冲信号，以确定光标在屏幕上的正确位置。

3. ABS 防抱死制动(系统)——电磁传感器的应用

现代汽车在制动时，有一种 ABS，它能阻止制动时车轮抱死变为纯滑动。纯滑动不但制动效果不好，而且易使车辆失控。为此，需要一种测定车轮是否还在转动的装置。如果检测出车辆不再转动就会自动放松制动装置，让轮子仍保持缓慢转动状态。这种检测装置称为速度传感器。用于 ABS 的速度传感器主要有电磁式和霍尔式两种。这里仅介绍电磁式速度传感器。

如图 2.4 所示，它由永久磁铁、磁极、感应线圈和齿圈等组成。齿圈旋转时，齿顶和齿隙交替对向磁极。在齿圈旋转过程中，感应线圈内部的磁通量交替变化从而产生感应电动势，此信号通过感应线圈末端的导线输入 ABS 的电控单元。当齿圈的转速发生变化时，感应电动势的频率也变化。ABS 电控单元通过检测感应电动势的频率来检测车轮转速，从而控制制动机构。ABS 可有效防止车轮被抱死。

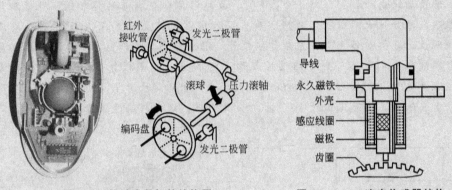

图 2.3　机械式鼠标的结构图　　　图 2.4　ABS 速度传感器结构

问题：

(1) 电饭锅中温度传感器的主要元件是什么？如果不闭合开关 S_1，能否将饭煮熟？为什么？

(2) 如果用电饭锅烧水，能否在水沸腾后自动断电？

(3) 在机械式鼠标中，哪个元件是传感器？你知道 ABS 中，霍尔速度传感器的原理吗？

资料来源：闫想明. 传感器在日常生活中的应用. 物理通报，2008，(8).

2.1　传感器概述

2.1.1　传感器的定义及组成

传感器是一种能把特定的被测量信息(包括物理量、化学量、生物量等)按一定规律转换成某种可用信号输出的器件或装置。唯有便于处理和传输的信号才是"可用信号"。由于电信号是最易于处理和传输的，传感器通常被认为是能够将非电量转换为电量的器件。凡是能接受一种物理形式的信息，并按一定规律将它转换成另一种或同一种物理形式信息的器件都称为传感器，有时也称为变化器、换能器、检测器等。它是实现自动检测和控制的首要环节，也是对测量系统与被测对象直接发生联系的环节，因而也是测试系统中最重要的环节。

传感器一般由敏感元件、转换元件和变换电路三部分组成，有时还需要加上辅助电源。通常可用框图来表示，如图 2.5 所示。

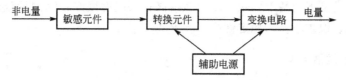

图 2.5　传感器组成框图

敏感元件是直接感受被测量(一般为非电量)，并输出与被测量有确定关系的其他量(也可以包括非电量)的元件，如膜片和波纹管，可以把被测压力变成位移量。

转换元件是直接感受被测非电量或与被测量有确定关系的其他非电量，输出与被测量有确定关系的电量。如差动变压器式压力传感器，并不直接感受压力，只是感受与被测压力对应变化的衔铁位移量，然后转换成电量输出。它是传感器的重要组成元件。

变换电路是把转换元件输出的信号转换为便于显示、记录、控制和处理的信号的电路。变换电路视转换元件的类型而定，使用较多的是电桥电路，也可使用其他特殊电路。由于转换元件的输出信号一般比较小，为了便于显示和记录，大多数测量电路还包括了放大器。

有些元件既是敏感元件又是转换元件，能直接输出电量，如热电偶。还有些新型传感器，如压阻式和谐振式压力传感器、差动变压器式位移传感器等，其敏感元件与转换元件已完全合为一体了。

传感器制作有简单的，也有很复杂的，有带反馈的闭环系统，也有不带反馈的开环系统，其组成将依不同情况而异。

2.1.2　传感器的分类

各领域生产中所涉及的被测对象千差万别，采用的传感器也不相同。目前，还没有统一的分类方法，但一般可将传感器分为如下几类。

(1) 按非电量形式分类。依据被测非电量的不同形式，传感器一般可分为位移传感器、速度传感器、温度传感器、压力传感器、湿度传感器和流量传感器等。

(2) 按工作原理分类。传感器按其工作原理分类有电阻式、电容式、电感式、压电式、光电式和热电式等。

(3) 按能量传递形式分类。传感器按其能量传递形式可分为有源传感器和无源传感器两大类。有源传感器为能量变换器，它能将非电能量转化为电能而不需要辅助能源，如压电式、热电式、磁电式、光电式传感器等。无源传感器不是一种换能器，它需要有辅助能源(电源)，被测的非电量只能对传感器中的辅助能量起控制和调节的作用。

（4）按输出信号性质分类。按其输出信号性质，传感器可分为模拟式和数字式两种。模拟式传感器与数字计算机配合时，需要模/数转换环节，目前所应用的传感器大部分属于模拟式传感器。如果采用数字式传感器，则可使电测量系统大为简化，从而为计算机自动检测带来方便。此外，数字式传感器还具有抗干扰能力强、适应远距离传输等优点。

2.1.3 对传感器的要求

传感器是获取信息的重要手段，是非电测量系统的重要组成部分。传感器性能不好，将使信号产生严重失真，从而失去测试的实际意义。因此，传感器必须具有优良的性能，一般说来，应能满足下列基本要求：①灵敏度高；②线性度好；③测量范围大；④分辨能力强；⑤精度高、误差小；⑥稳定性好。

2.1.4 传感器的发展方向

1. 向高精度发展

随着自动化生产程度的不断提高，对传感器的要求也在不断提高。现在要求必须研制出具有灵敏度高、精确度高、响应速度快、互换性好的新型传感器，以确保生产自动化的可靠性。目前能生产精度在万分之一以上的传感器的厂家为数很少，其产量也远远不能满足要求。

2. 向高可靠性、宽温度范围发展

传感器的可靠性直接影响到电子设备的抗干扰性能，研制高可靠性、宽温度范围的传感器将是永久性的方向。提高温度范围历来是大课题，大部分传感器的工作范围都在 $-20 \sim +70 ℃$，在军用系统中要求工作温度在 $-40 \sim +85 ℃$ 范围，而在汽车、锅炉等场合要求传感器的温度要求更高，因此发展新兴材料（如陶瓷）的传感器将很有前途。

3. 向微型化发展

各种控制仪器设备的功能越来越大，要求各个部件体积所占位置越小越好，因而传感器本身体积也是越小越好，这就要求发展新的材料及新的加工技术。传统的加速度传感器是由重力块和弹簧等制成的，体积较大、稳定性差、寿命也短，而目前利用激光等各种微细加工技术制成的硅加速度传感器体积非常小、互换性可靠性都较好。

4. 向微功耗及无源化发展

传感器一般都是非电量向电量的转化，工作时离不开电源。在野外现场或远离电网的地方，往往是用电池供电或用太阳能等供电。因此，开发微功耗的传感器及无源传感器是必然的发展方向，这样既可以节省能源又可以提高系统寿命。目前，低功耗损的芯片发展很快，如 T12702 运算放大器，静态功耗只有 1.5mA，而工作电压只需 $2 \sim 5V$。

5. 向智能化数字化发展

随着现代化的发展，传感器的功能已突破传统的功能，其输出不再是一个单一的模拟信号（如 $0 \sim 20mV$），而是经过微型计算机处理好后的数字信号，有的甚至带有控制功能，这就是所说的数字传感器。

2.2 电阻式传感器

被测非电量的变化引起电阻器阻值改变的变换元件称为电阻式传感器。电阻式传感器应用较早,由于其结构简单、价格便宜,工作可靠性高,输出信号大,至今仍有比较广泛的应用。

导线的电阻值 R 与导线长度 L 及电阻率 ρ 成正比,与导线横截面积 S 成反比,即

$$R = \rho \frac{L}{S} \qquad (2-1)$$

改变 S、L 和 ρ 中的任何一个数值,都将引起电阻 R 的变化。因此,电阻式传感器的基本类型有以下三种:

(1)利用电刷来回移动,改变电路中电阻器长度 L,从而实现电阻值 R 的改变。这种传感器称为电位器式传感器,一般用于测量线位移和角位移等参量。

(2)利用应力应变使电阻丝产生变形,使电阻丝长度 L、截面积 S 和电阻率 ρ 均发生改变,从而实现电阻值 R 改变。这种传感器称为电阻应变式传感器,一般用于测量应力、应变等参量。

(3)利用热或光等辐射能量使传感器的电阻率 ρ 发生变化,从而使电阻值 R 发生改变。这种传感器称为热电阻或光敏电阻传感器,一般用于测定温度和光通量及其派生量。

2.2.1 电位器式传感器

电位器式传感器(本书以下简称电位器)的种类很多(见图 2.6),按其结构形式不同可分为线绕式、薄膜式、光电式、磁敏式等;而按其输出特性不同,又可分为线性电位器和非线性电位器。这里仅讨论线绕式电位器。

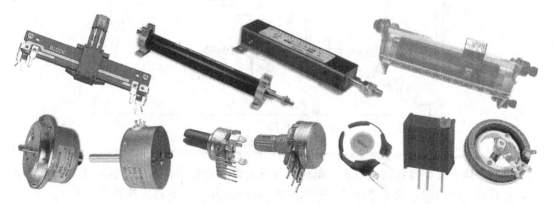

图 2.6 各种电位器式传感器

线绕式电位器由电阻丝、骨架和电刷构成,基本结构如图 2.7 所示。电阻丝一般为铜镍合金丝、铜锰合金丝和铂铱合金丝;骨架一般由陶瓷、酚醛树脂和工程塑料制成;电刷多由磷青铜或铂铱合金片制成。

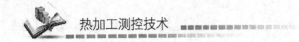

1. 线性线绕电位器

线性线绕电位器由材料均匀的导线按等间距在截面处处相等的骨架上绕制而成，如图 2.8 所示。对于理想线性线绕电位器，电阻丝单位长度上的电阻值相等，当电刷行至 x 处时，对应输出电压为

$$u_o = \frac{r}{R}u_i = \frac{u_i}{R} \cdot \frac{x \cdot R}{L} = \frac{u_i}{L}x \qquad (2-2)$$

即输出电压与行程 x 成正比，但实际电位器中，由于工艺因素的影响使输出具有非线性。

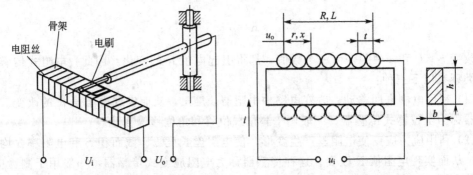

图 2.7　线绕式电位器的基本结构　　　图 2.8　线性线绕电位器

此外，更为重要的是，电刷在来回移动中，位移 x 不是线性变化的，而是成阶梯状运动，即传感器输出具有阶梯特性，如图 2.9 所示。现将阶梯特性分析如下：

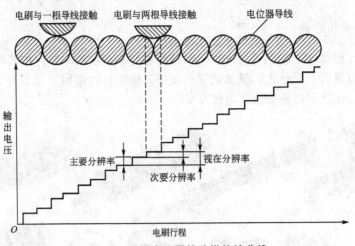

图 2.9　线绕电位器的阶梯特性曲线

设一个绕有 n 圈导线的电位器，电刷在导线上滑移过程中，输出电压 u_o 不是连续变化的，每移过一个节距，输出电压产生一次阶跃 $\Delta u = u_i/n$，Δu 被称为视在分辨率。

当电刷沿导线由 x 圈移到 $x+1$ 圈的过程中，必会使两圈导线短路，使电位器总圈数由 n 减为 $n-1$，从而产生了一个小的阶梯脉冲 Δu_n，该阶梯脉冲被称为次要分辨率。其计算公式为

$$\Delta u_n = \frac{u_i}{n-1} - \frac{u_i}{n} = u_i\left(\frac{1}{n-1} - \frac{1}{n}\right) \qquad (2-3)$$

设

$$\Delta u_m = \Delta u - \Delta u_n = u_i \frac{n-2}{n(n-1)} \qquad (2-4)$$

Δu_m 称为主要分辨率。

Δu_m 与 Δu_n 的延续时间比取决于电刷与导线之比，电刷直径太小，易磨损，太大会使导线被短路的圈数增加，从而使 Δu_n 增大，降低了电位器的精度。一般电刷与导线直径比为 10 可获得满意的效果。

线绕式电位器的阶梯特性是由于工作原理的不完善而引起的，减小阶梯误差的主要方法就是增加总匝数，如当骨架长度一定时，就要减少导线直径；当导线直径一定时，就要增加骨架长度。多圈螺旋电位器就是基于这一原理设计的。

2. 非线性线绕电位器

非线性线绕电位器是指输出电压(或电阻)与电刷行程之间具有非线性关系的一种电位器。这种电位器可以实现指数函数、对数函数、三角函数及其他任意非线性函数的输出，故又称函数电位器。这种电位器有时与其他元件适当配合，可获得线性输出。

常用的非线性线绕电位器有变骨架式和变节距式，其结构原理如图 2.10 所示。

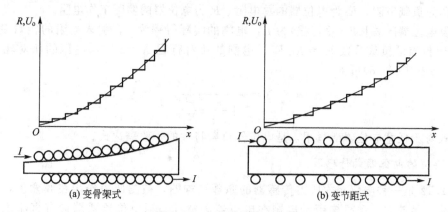

图 2.10　非线性线绕电位器

变骨架式非线性线绕电位器是在保持导线电阻率 ρ、截面积 S、节距 t、骨架宽度 b 等结构参数不变的条件下，通过改变骨架高度 h 的方法来实现非线性函数关系变换的。如：输入量为 $f(x)$，且 $f(x) = kx^2$（x 为电刷行程），若要使输出电阻 $R(x)$ 与输入量 $f(x)$ 呈线性关系，变阻器的骨架应做成直角三角形。

一般的情况下，骨架的形状应根据输入量而定，具体的求法如下：

假设输入量为 $f(x)$，简写为 f，电刷的行程为 x，则

$$\frac{\mathrm{d}f}{\mathrm{d}x} = \lim_{\Delta x \to 0} \frac{\Delta f}{\Delta x} = \lim_{\Delta x \to 0} \frac{\Delta R \cdot I}{\Delta x} = \lim_{\Delta x \to 0} I \cdot \frac{2\rho(b+h)}{S} \cdot \frac{1}{t} = \frac{2\rho(b+h)I}{St} \qquad (2-5)$$

所以

$$h = \frac{St}{2\rho I}\left(\frac{\mathrm{d}f}{\mathrm{d}x}\right) - b \qquad (2-6)$$

可见，骨架高度 h 随特性函数 $\mathrm{d}f/\mathrm{d}x$ 而变化。

变节距是指在保持电阻率 ρ、截面积 S、骨架宽度 b、骨架高度 h 不变的条件下，通过

改变节距 t 来实现非线性函数的输出。由式(2-5)不难得出

$$t = \frac{2\rho I(b+h)}{S\left(\dfrac{\mathrm{d}f}{\mathrm{d}x}\right)} \tag{2-7}$$

利用此种方法制作骨架容易，但绕线困难，故适合于特性曲线斜率变化不大的情况。

3. 电位器的负载特性

前面讨论的都是在电位器空载情况下的特性，即电位器的输出端接至输入阻抗非常大的放大器时的特性，称为电位器的空载特性。当电位器输出端带有有限负载时所具有的特性就是电位器的负载特性。负载特性将偏离理想的空载特性，它们之间的偏差称为电位器的负载误差。无论是线性电位器还是非线性电位器，在带载工作时都会产生负载误差，这一点在使用时要特别注意。

由图 2.11 可以得到负载电位器的输出电压为

$$U_{\mathrm{o}} = \frac{\dfrac{R_{\mathrm{f}}R}{R+R_{\mathrm{f}}}}{\dfrac{R_{\mathrm{f}}R}{R+R_{\mathrm{f}}}+(R_0-R)}U_{\mathrm{i}} = \frac{RR_{\mathrm{f}}U_{\mathrm{i}}}{R_{\mathrm{f}}R_0+RR_0-R^2} \tag{2-8}$$

式中：R_{f} 为负载电阻；R_0 为电位器的总电阻；R 为电位器的实际工作电阻。

假设电位器的总长度(总行程)为 L，电刷的实际行程为 x，引入电阻的相对变化 $r = R/R_0$，电位器的负载系数 $K_{\mathrm{f}} = R_{\mathrm{f}}/R_0$，电刷的相对行程 $X = x/L$，电压的相对输出 $Y = U_{\mathrm{o}}/U_{\mathrm{i}}$，则由式(2-8)可得

$$Y = \frac{r}{1+\dfrac{r}{K_{\mathrm{f}}}-\dfrac{r^2}{K_{\mathrm{f}}}} \tag{2-9}$$

上式对于任意电位器都适用，是电位器负载特性的一般表达式。

4. 典型的电位器式传感器

图 2.12 是一种电位器式压力传感器的原理结构图，被测压力作用在膜盒上，使膜盒产生位移，经放大传动机构带动电刷在电位器上滑动。当电位器两端加有直流工作电压时，则可从电位器电刷与电源地之间得到相应的输出电压，该输出电压的大小即可反映出被测压力的大小。

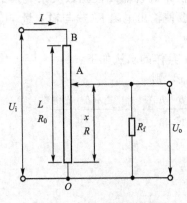

图 2.11　带负载的电位器

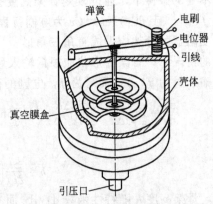

图 2.12　电位器式压力传感器的原理结构图

当忽略弹簧刚度时，膜盒系统中心位移与均布压力 p 的关系可以描述为

$$W = K \cdot p \qquad\qquad (2-10)$$

式中：W 为膜盒系统的中心挠度；K 为膜盒系统的灵敏系数，与波纹膜片结构参数、材料的弹性模量、泊松比等有关。

于是电位器电刷位移与被测均布压力 p 的关系为

$$l = W\frac{l_{\mathrm{p}}}{l_{\mathrm{c}}} = \frac{Kl_{\mathrm{p}}}{l_{\mathrm{c}}} \cdot p \qquad\qquad (2-11)$$

式中：l 为电位器电刷位移；l_{p} 为连接电位器的力臂；l_{c} 为连接膜盒的力臂。

2.2.2　电阻应变式传感器

电阻应变式传感器(见图 2.13)是将应变量输入转换为电量输出的转换器件，可以测量力、位移、速度、加速度、扭矩等。

图 2.13　电阻应变式传感器实物图

图 2.14 是柱式电阻应变传感器的结构示意图，它由电阻应变片、弹性元件和粘接剂组成，在传感器的弹性元件上一般均匀的贴有 4～8 片应变片，并连接成电桥形式。电桥由稳压电源供电，当桥臂中应变片的电阻值发生变化时，电桥就会有电信号输出。由于电阻应变式传感器的敏感元件是应变片，是由它将应变转换成电量的，因此，在这里重点对应变片进行介绍。

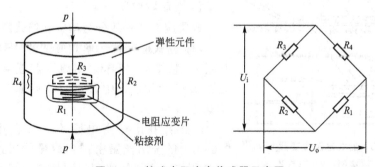

图 2.14　柱式电阻应变传感器示意图

1. 应变片的工作原理

众所周知，横截半径为 r、长为 L 的柱形电阻丝的电阻值为

$$R = \frac{\rho L}{S} = \frac{\rho L}{\pi r^2} \qquad (2-12)$$

在外力作用下，电阻丝发生变形，电阻率 ρ、导线长度 L、导线截面积 S 或截面半径 r 均发生改变，变化量分别为 $d\rho$、dL、dS，此时引起的电阻增量为 dR，即

$$dR = \frac{\partial R}{\partial L}dL + \frac{\partial R}{\partial \rho}d\rho + \frac{\partial R}{\partial S}dS = \left(\frac{dL}{L} + \frac{d\rho}{\rho} - 2\frac{dr}{r}\right) \cdot R \qquad (2-13)$$

因此，电阻 R 的相对变化率为

$$\frac{dR}{R} = \frac{dL}{L} + \frac{d\rho}{\rho} - 2\frac{dr}{r} \qquad (2-14)$$

式中：dL/L 为电阻丝轴向相对变形，即 $\varepsilon = dL/L$；dr/r 为电阻丝径向相对变形；$d\rho/\rho$ 为电阻丝电阻率的相对变化率，与电阻丝轴向所受正应力 σ 有关，$d\rho/\rho = \lambda\sigma = \lambda E\varepsilon$（$E$ 为电阻丝材料的弹性模量，λ 为压阻系数，与材质有关）。

当电阻丝沿轴向伸长时，必沿径向缩小，根据材料力学可知，二者之间的关系为

$$\frac{dr}{r} = -\mu\frac{dL}{L} \qquad (2-15)$$

式中：μ 为电阻丝材料的泊松比。

所以

$$\frac{dR}{R} = (1+2\mu)\varepsilon + \lambda E\varepsilon \qquad (2-16)$$

式中：$(1+2\mu)\varepsilon$ 是由几何尺寸变化引起，对同一材料 $1+2\mu$ 是常数；$\lambda E\varepsilon$ 是由电阻丝电阻率变化引起，通常称为压阻效应。

2. 应变片的种类及构造

电阻应变片一般由敏感元件、基底、覆盖片和引出线四部分组成。电阻应变片的核心是电阻敏感元件，基底和覆盖片起保护作用，并可使电阻丝和弹性元件之间绝缘，引出线为连接测量电路之用。

根据电阻敏感元件的材料及制造工艺不同，电阻应变片可分为金属应变片和半导体应变片两种。

1）金属应变片

金属应变片一般分为丝式和箔式两种。

（1）丝式应变片。丝式应变片一般由敏感栅 5、基底 2、粘接剂 1 和 3、引线 6 和覆盖片 4 等组成，如图 2.15 所示。图中 L 称为敏感栅基长，a 称为线栅宽度。

5 通常用具有高电阻率，其直径为 $0.015 \sim 0.05\text{mm}$ 的金属丝紧密排列成栅状形式而成。通过 1、3 固定在 2 及 4 之间。制作应变栅的常用材料如表 2-1 所示。

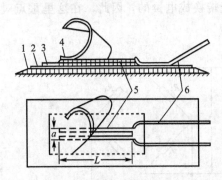

图 2.15　丝式电阻应变片

1、3—粘接剂；2—基底；

4—覆盖片；5—敏感栅；6—引线

表 2-1　制作应变栅的常用合金材料

合金类型	铜镍合金		镍铬合金	镍铬铝合金		铁铬铝合金
成分	康铜	铜 55% 镍 45%	镍 80% 铬 20%	6J22　镍 74% 铬 20% 铝 3% 铁 3%	6J23　镍 75% 铬 20% 铝 3% 铜 2%	铁 70% 铬 25% 铝 5%
电阻率/$10^{-6}\Omega \cdot m$	0.45~0.52		1.0~1.1	1.24~1.42		1.3~1.5
电阻温度系数/$(10^{-6}/℃)$	±20		110~130	±20		30~40
灵敏度系数(K)	1.9~2.1		2.1~2.3	2.4~2.6		2.8
线膨胀系数/$(10^{-6}/℃)$	15		14	13.3		14
对铜热电势/$(\mu V/℃)$	43		3.8	3		2~3
抗拉强度/(MPa)	450~700		650~1000	1000~1300		600~800
最高使用温度/℃	300(静态) 400(动态)		450(静态) 800(动态)	450(静态) 800(动态)		700(静态) 1000(动态)

表 2-1 中所列材料，以康铜应用最为广泛。用康铜作线栅的应变片测量范围大，温度系数小，因此，测量时因温度变化而引起的误差较小。静态测量时的使用温度可达 300℃；动态测量时可达 400℃，也可用于测量大应变(高达 22%)，且价格较低廉。镍铬合金具有较高的电阻率，但温度系数大，主要用于动态应变测量，使用温度可达 800℃。在这种合金中掺入少量的其他元素，可以制成 6J22 合金(卡马合金)和 6J23 合金（伊文合金），其电阻率比原来有所提高，电阻温度系数可以减少，如果采用适当的冷加工与热处理工艺，可以控制其电阻温度系数，用来制作温度自补偿应变片。铁铬铝合金的特点是电阻率较高，对铜引线的热电势小，灵敏度系数较大。

基底的作用是保证将构件上的应变准确地传递到敏感栅上，因此基底做得很薄，并具有良好的绝缘性能及抗潮和耐热性能，其厚度为 0.02~0.04mm。基底有纸基、纸浸胶基和胶基等种类。纸基应变片制造简单、价格便宜、便于粘贴，但耐热和耐潮性较差，一般只在短期的实验中使用，使用温度一般在 70℃ 以下。用酚醛树脂、聚酯树脂等胶液将纸浸透、硬化处理的纸浸胶基，其特性得到较大改善，使用温度可达 180℃，抗潮性能也较好，可长期使用。

覆盖片起到保护敏感栅的作用，其材料与基底基本相同。粘接剂分为有机和无机两大类。有机粘接剂用于低温、常温和中温。常用的有聚丙烯酸酯、有机硅树脂、聚酰亚胺等。无机粘接剂用于高温，常用的有磷酸盐、硅酸盐、硼酸盐等。

敏感栅电阻丝两端焊接有 6，用以和外接电路相接，常用的直径为 0.1~0.15mm 的镀锡铜线，或其他合金材料制成。根据不同用途，栅长可为 0.2~200mm。

(2) 箔式应变片。箔式电阻应变片是用厚度为 3~10μm 极薄的康铜或镍铬金属片腐蚀而成的。制造时，先在康铜薄片上的一面涂上一薄层聚合胶，使之固化为基底，箔片的另一面涂感光胶，用光刻技术印刷上所需的丝栅形状，然后放在腐蚀剂中将多余部分腐蚀掉，焊上引出线就成了箔式电阻应变片。常见的箔式应变片如图 2.16 所示。其中图 2.16(a)所示应变片常用于单应力测量，图 2.16(b)所示应变片常用于扭矩测量，图 2.16(c)所示应变片一般用于压力测量。

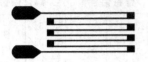 

(a) 单应力应变片　　　　　　　(b) 扭矩应变片　　　　　(c) 压力传感器专用应变片

图 2.16　箔式电阻应变片

箔式应变片由于采用先进的制造技术，能保证敏感栅尺寸准确、线条均匀，且可以根据测量要求制成任意形状，易于大批量生产。应变片与试件接触面积大，粘贴牢固，机械滞后小，散热性能较好，允许通过较大的工作电流，从而增大了输出信号。由于箔式应变片的诸多优点，使它获得了日益广泛的应用。

2）半导体应变片

丝式及箔式应变片由于价格低廉、性能较好，在很多领域得到广泛应用。但二者存在共同的缺点：灵敏度较低，不适于作微小应变或应力信号的精确测量。20 世纪 50 年代中期出现了半导体应变片，其灵敏度要比常规应变片高出近 50 倍，从而为电阻应变式传感器开辟了新途径。

半导体应变片工作原理在于半导体单晶具有压阻效应，即对一块半导体的某一轴向施加一定载荷而产生应力时，其电阻率会发生一定变化。不同类型半导体，或施加载荷方向不同，压阻效应也不一样。目前使用最多的是单晶硅半导体，对于 P 型硅半导体，(111)晶轴方向的压阻效应最大，而对于 N 型硅半导体，(100)晶轴方向的压阻效应最大。半导体应变片的结构如图 2.17 所示。

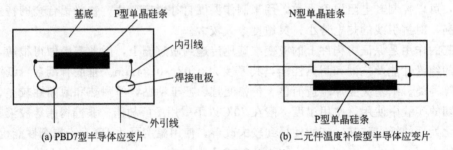

(a) PBD7型半导体应变片　　　　　　　(b) 二元件温度补偿型半导体应变片

图 2.17　半导体应变片

半导体应变片突出的优点是灵敏度高、机械滞后小、横向效应小、体积小、蠕变小，因此适于作动态测量。它的主要缺点是温度稳定性差，电阻值和灵敏度系数的分散度大。因此，应用时必须采取温度补偿和非线性校正。

3．应变片的工作特性参数

1）灵敏度系数

应变片的应变效应一般都用相对灵敏度系数 K 来表示，表征应变片的应变电阻相对变化率与其长度的相对变化率的比值，即

$$K = \frac{\varepsilon_R}{\varepsilon_L} = \frac{\Delta R/R}{\Delta L/L} \tag{2-17}$$

金属丝应变片的应变灵敏度系数 K 为

$$K = 1 + 2\mu + C(1-2\mu) \tag{2-18}$$

式中：μ 为泊松比；C 为取决于金属丝材料结构的比例系数，一般在 -12(镍)到 $+6$(铂)之间。K 值一般为 $2.0\sim3.6$。

半导体应变片的应变灵敏度系数为

$$K = 1 + 2\mu + \lambda E \approx \lambda E \tag{2-19}$$

式中：λ 是压阻效应系数，它与半导体导电类型、所掺杂质的浓度、受力方向及半导体材料电阻率有关；K 值一般为 $100\sim170$，比金属丝应变片高出 50 倍左右。

2）横向效应

当应变片受到纵向拉伸时，其横向将出现缩短现象。纵向拉伸使电阻值增加，横向缩短又使电阻值减小，其综合结果使得应变数值偏小或者说应变片的灵敏度系数减小，这种现象称为横向效应。横向效应可以用横向灵敏度表示，它已经包含在灵敏度系数中。

3）应变极限

应变片电阻相对变化与应变的相互关系，一般认为是线性的，但把应变片粘贴在被测试件上时，粘接剂和基片材料的特性对应变片的变形有很大影响。当应变片承受较大应变时，胶和基底传递应变的能力减弱，弹性元件真实应变不能全部作用在应变片敏感栅上，从而使测出的应变值比实际值偏低。此外，当应变值超过敏感栅弹性极限时，也破坏应力和应变的正比关系。

当温度一定的条件下，指示应变与真实应变的相对误差值不超过一定数值时的最大真实应变值称为应变极限，一般定义该相对误差为 10%，即指示应变值为真实应变值的 90% 时的真实应变值为应变极限，如图 2.18 所示。

4）机械滞后

应变机械滞后是指在一定温度下，对已粘贴应变片的弹性元件加载或卸载时，其 $\Delta R/R-\varepsilon$ 特性曲线不相重合，而是一条封闭曲线，如图 2.19 所示，这种现象称为应变片的机械滞后。产生机械滞后的原因主要是敏感栅、粘接剂和基片在承受机械应变后都留有残余变形。

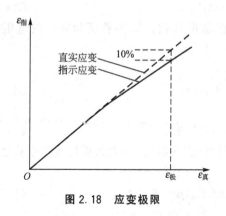

图 2.18 应变极限

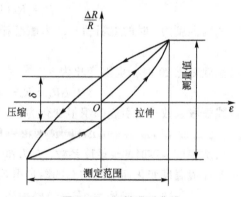

图 2.19 机械滞后曲线

为了减小机械滞后，要选择性能良好的粘接剂和基片，以及对金属丝进行适当的热处理，而且在将应变片贴在弹性元件上以后，最好先进行几次加载、卸载循环，然后再标定。

5）零漂和蠕变

粘贴在试件上的应变片，在恒定的应变及恒定的温度环境中，应变片的电阻值随时间变化的特性，称为应变片的蠕变。应变片的蠕变主要是由于粘接层引起的，如应变胶种类选择不当、粘接层受潮、在接近应变胶软化温度下进行测量、粘接层过厚或固化不充分等因素均能使应变片产生蠕变。

应变片的零漂是指试件在不受力的情况下，在恒定的温度环境中，应变片的指示应变值随时间而变化的特性。零漂测定试验一般进行 3h。常温下工作的一个应变片不允许进行此特性的测定。零漂主要是由于应变片的绝缘电阻过低和通过电流后产生热电势等原因造成的。

6）疲劳寿命

应变片疲劳寿命是应变片在试件的某一应变变化幅度下所能经受的变化循环次数。超过这个循环次数，应变片就不能继续工作，或者测出的应变比开始服役时减小 5％，这种现象称为疲劳破坏。应变片产生疲劳破坏的主要原因有：应变片电阻敏感元件已达到疲劳极限；应变片敏感元件与引出线连接点损坏；应变胶损坏；基底与试件（弹性元件）局部脱开；等等。

7）允许电流及电阻值

应变片工作时，有电流 I 通过，将产生一定的热量，它使应变片的温度不断升高。当电流达到一定数值时，可能使应变片的敏感栅烧毁，因此对通过应变片的电流应加以限制。在静态下测量时，为了保证测量精度，允许电流一般为 25mA；在动态下测量时，允许电流为 75～100mA。允许电流一般由生产厂家提供，使用时不要超过此值。

应变片的电阻值是指应变片尚未粘贴，未受外力情况下，在室温下测定的电阻值。其值有 60Ω、120Ω、350Ω、600Ω、1000Ω，其中 120Ω 是最为常用的阻值。

8）温度特性

理想中的应变片，其阻值仅与应变有关，但实际上，没有外加载荷时，其阻值也发生变化。其原因有两个：其一是温度变化引起敏感栅的电阻率 ρ 发生变化；其二是应变片敏感栅与弹性元件的线膨胀系数不同，产生了附加变形。

敏感栅电阻值随温度变化的关系为

$$R_a = R_0(1 + \alpha_0 \Delta t) \qquad (2-20)$$

式中：R_a 为温度为 t 时的电阻值；α_0 为敏感栅电阻温度系数；R_0 为温度为零时的电阻值；$\Delta t = t - t_0$。

故温度变化 Δt 时，电阻变化为

$$\Delta R_a = R_a - R_0 = R_0 \alpha_0 \Delta t \qquad (2-21)$$

因线膨胀系数不同引起的阻值变化为

$$\Delta R_\beta = R_0 K_0 \varepsilon_\beta = R_0 K_0 (\beta_g - \beta_s) \Delta t \qquad (2-22)$$

式中：K_0 为温度为零时的灵敏度系数；β_g 为弹性元件线膨胀系数；β_s 为敏感栅线膨胀系数。

由于环境温度变化而引起的总的附加电阻为

$$\Delta R_t = \Delta R_a + \Delta R_\beta = R_0 \left[\alpha_0 + K_0 (\beta_g - \beta_s) \right] \Delta t \qquad (2-23)$$

4. 应变片的温度补偿

1）桥路补偿

由电桥和差特性公式可知，电桥相邻两臂若同时产生大小相等、符号相同的电阻增

量，电桥的输出将保持不变。利用这个性质，可将应变片的温度影响相互抵消。其方法是：将两个特性相同的应变片，用同样方法粘贴在相同材质的两个试件上，置于相同的环境温度中，一个承受应力为工作片，一个不承受应力为补偿片，把两个应变片分别安置在电桥的相邻两个臂。测量时，若温度发生变化，这两个应变片将引起相同的电阻增量，但这时电桥的输出值不受这两个增量的影响，电桥的输出只反映工作片所承受的应力大小。

使用桥路进行补偿较简单，在常温下使用效果好。

2）应变片自补偿

使用特殊的应变片，使其温度变化时的电阻增量等于零或相互抵消，从而不产生测量误差，这种应变片称为自补偿应变片。

（1）选择式自补偿应变片。当环境温度变化 Δt 时，应变片电阻值的增量 ΔR_t 可用式（2-23）来表示，由此可知，使应变片实现自补偿的条件是

$$\alpha_0 = -K_0(\beta_g - \beta_s) \tag{2-24}$$

由此可见，只要电阻丝材料和被测件材料配合恰当，就能满足上式，使应变片温度的变化的电阻增量等于零。选择不同电阻温度系数的电阻丝材料来实现温度补偿而制成的应变片称为选择式温度自补偿应变片。它的优点是成本低，且在一定的温度范围内，补偿效果可达 $\pm 2\mu\varepsilon/℃$；缺点是一种 α_0 值的应变片，只能在一种材料上使用，且 α_0 值并不随温度作直线变化，因而使用温度范围受限制。

（2）组合式自补偿应变片。利用某些电阻材料的电阻温度系数有正负的特性，将两种不同的电阻丝栅串联制成一个应变片，以实现温度补偿，这种应变片称为组合式自补偿应变片。

这种应变片的自补偿条件是两段电阻丝栅随温度变化而产生的电阻增量大小相等，符号相反。由于这种应变片是用两种不同长度的丝栅来实现温度补偿的，故补偿效果较好，在使用温度范围内可达 $\pm 0.45\mu\varepsilon/℃$。

温度补偿的方法还很多，如热敏电阻法等，但是一种温度补偿法只适用于一个较狭窄的范围和一定的温度环境，即使这样，也很难达到"完全"补偿。因此，在实际测量中，首先要尽量创造恒温或温度变化较小的环境，以减小温度对测量精度的影响，其次是选用恰当的温度补偿方法。

2.2.3 电阻式传感器应用举例

在铸造生产过程中，铸件产生应力几乎是不可避免的，无论是临时应力还是残留应力。铸造应力对铸件质量影响甚大，它是铸件在冷却过程中，以及在加工和使用时引起变形和产生裂纹等缺陷的根本原因，此铸造应力的测量就可以借助于应变式传感器获得。

图 2.20 是动态铸造应力测定装置的示意图，该装置由"E"形试样、应力传感器和测量仪器三部分组成。

"E"形试样由一个横梁和三个互相平行的圆杆组成，其中两侧细杆为 $\phi10$，中央粗杆为 $\phi20$，并分别与三个测头相铸接。测头、应力传感器和横梁通过螺纹紧固在一起，"E"形试样的端部有直浇口，当金属液浇入直浇口，并充满铸型以后，"E"形试样与传感器及横梁便构成一个整体的应力框。于是应力框试样所产生的热应力、相变应力和机械受阻应力等都通过应力传感器变为电信号输出，此信号经测量仪器被完整地记录下来，从而得到了凝固和冷却过程的动态应力曲线。

测量铸造应力采用电阻应变式传感器。传感器弹性元件的材料为弹簧钢,如27SiMnMoV 形状为空心圆柱,如图 2.21 所示。在弹性元件的圆周上,对称地贴上四片箔式应变片,应变片的阻值为 120Ω,四片阻值相同的应变片接成全桥电路。当金属液浇满铸型冷却时,由于"E"形试样的粗、细杆冷却速度不同,收缩时互相制约,因而产生了应力。该应力分别传给传感器,使传感器的弹性元件发生弹性变形,随之贴于表面上的应变片电阻值发生了变化:竖片 R_1、R_3 变为 $R_1+\Delta R_1$ 和 $R_3+\Delta R_3$;横片 R_2、R_4 由于横向长度变化甚微,其阻值变化可以忽略。这样,原有的电桥平衡被破坏,B、D 两端有电信号输出。输出信号的大小与弹性元件的受力成正比,即与"E"形试样粗、细杆的应力大小成正比。

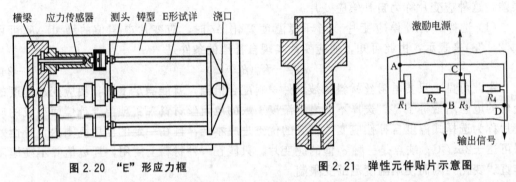

图 2.20 "E"形应力框　　　　　图 2.21 弹性元件贴片示意图

为了消除温度对应变片电阻值的影响,传感器的弹性元件采用中空水冷。

2.3　电容式传感器

电容式传感器的作用是将被测工件尺寸的微小变化或将被测工件间的电容介质介电系数的微小变化转换成电容量的变化,然后通过一定的测量电路,将电容量的变化以一定的电信号形式反映出来,从而实现非电量电测量的目的。它具有结构简单、体积小、分辨率高,可实现非接触测量的特点,广泛应用于位移、液位、振动及湿度等参量的测量中。

2.3.1　电容式传感器的工作原理

从物理学可知,两块平行平板组成一个电容器,忽略其边缘效应时的电容量为

$$C=\frac{\varepsilon S}{\delta}=\frac{\varepsilon_r \varepsilon_0 S}{\delta} \tag{2-25}$$

式中:ε 为电容极板间介质的介电常数;ε_0 为真空介电常数 $\varepsilon_0=8.85\times10^{-12}$ F/m;ε_r 为极间的相对介电常数;S 为两平行极板覆盖的有效面积;δ 为两平行极板之间的距离。

由式(2-25)可知,任意改变 ε_r、S、δ 中的某一个量,则电容 C 都会随之改变。

2.3.2　电容式传感器的基本类型

根据电容式传感器的工作原理电容式传感器可分为三种类型,即变极距型电容传感器、变面积型电容传感器和变介电常数型电容传感器。

1. 变极距型电容传感器

图 2.22 中,使极板 P_1 固定,P_2 沿水平方向移动,则电容 C 就要随间隙 δ 的改变而变

化。若电容器极板距离由初始值 δ 变化 $\Delta\delta$，且在极距为 δ 和 $\delta\pm\Delta\delta$ 时，其电容量分别为 C_0 和 C'，则

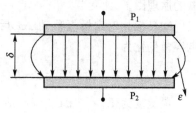

图2.22 变极距型电容传感器

$$\begin{cases} C_0 = \dfrac{\varepsilon S}{\delta} \\ C' = \dfrac{\varepsilon S}{\delta \pm \Delta\delta} = \dfrac{\varepsilon S}{\delta\left(1\pm\dfrac{\Delta\delta}{\delta}\right)} = \dfrac{\varepsilon S\left(1\mp\dfrac{\Delta\delta}{\delta}\right)}{\delta\left(1-\dfrac{\Delta\delta^2}{\delta^2}\right)} \end{cases} \qquad (2-26)$$

当 $\Delta\delta \ll \delta$ 时，$1-\dfrac{\Delta\delta^2}{\delta^2}\approx1$，此时：

$$C' \approx \frac{\varepsilon S\left(1\mp\dfrac{\Delta\delta}{\delta}\right)}{\delta} = C_0 \mp C_0\frac{\Delta\delta}{\delta} \qquad (2-27)$$

要使 C' 与 $\Delta\delta$ 有近似的线性关系，即使 $dC\sim d\delta$ 为近似的线性关系，必须规定 $\Delta\delta$ 在较小的间隙范围内变化，通常取 $\Delta\delta/\delta = 0.1$。另外也可以看出，当 δ 较小时，同样的 $\Delta\delta$ 引起的电容变化量 ΔC 较大，使传感器的灵敏度提高。但 δ 过小时，容易引起电容击穿，一般可以在极板间放置云母片来改善。

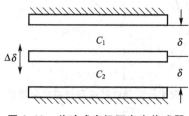

图2.23 差动式变极距电容传感器

在实际应用中经常采用差动式，如图2.23所示，以提高变极距电容传感器灵敏度和线性度。

当动极板位于中间时：$C_1 = C_2$

假设动极板向下移动 $\Delta\delta$ 后，则两组电容分别为

$$\begin{cases} C_1 = \dfrac{\varepsilon S}{\delta + \Delta\delta} \\ C_2 = \dfrac{\varepsilon S}{\delta - \Delta\delta} \end{cases} \qquad (2-28)$$

此时，电容量信号的检测方法如下。在两块固定极板间加交流电压 u，测定加于两组电容器上的电压差值 $u_1 - u_2$。根据库仑定律可知：

$$\begin{cases} u_1 = \dfrac{Q}{C_1} = \dfrac{\delta + \Delta\delta}{\varepsilon S}\cdot Q \\ u_2 = \dfrac{Q}{C_2} = \dfrac{\delta - \Delta\delta}{\varepsilon S}\cdot Q \end{cases} \qquad (2-29)$$

而

$$Q = C\cdot u = \frac{\varepsilon S}{\delta + \delta}\cdot u \qquad (2-30)$$

所以

$$\Delta u = u_1 - u_2 = \frac{\Delta\delta}{\delta}\cdot u \qquad (2-31)$$

可见，动极板的移动距离 $\Delta\delta$ 与 Δu 呈线性关系，若测定出 Δu 就得到了 $\Delta\delta$ 的大小，同时也消除了小范围移动的限制条件。

2. 变面积型电容传感器

变面积型电容传感器的特点是测量范围大，输出与输入呈线性关系。变面积型电容传感器有四种类型，即平板电容器、圆柱形电容器、角位移电容器和容栅式电容器。下面以平板电容器和角位移电容器为例说明其结构和原理。图2.24为变面积型线位移电容传感

器的原理图。

动极板相对定极板移动 Δx 后，引起两极板有效面积变化，从而引起电容量的变化，电容量变化为

$$\Delta C = C - C_0 = \frac{\varepsilon_0 \varepsilon_r (a - \Delta x) b}{\delta} - \frac{\varepsilon_0 \varepsilon_r ab}{\delta} = -\frac{\varepsilon_0 \varepsilon_r b}{\delta} \Delta x \qquad (2-32)$$

灵敏度为 $K_g = -\Delta C / \Delta x = \varepsilon b / \delta$，即 ΔC 与 Δx 呈线性关系。

图 2.25 为变面积型角位移电容传感器原理图。当 $\theta = 0$ 时，$C_0 = \frac{\varepsilon_0 \varepsilon_r S_0}{\delta}$；当动极板相对定极板有一个角位移，即 $\theta \neq 0$ 时，

$$C = \frac{\varepsilon_0 \varepsilon_r \left(1 - \dfrac{\theta}{\pi}\right) S_0}{\delta} = C_0 - C_0 \frac{\theta}{\pi} \qquad (2-33)$$

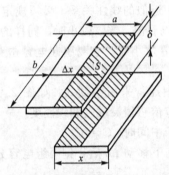

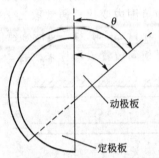

图 2.24　变面积型线位移电容传感器原理图　　　图 2.25　变面积型角位移电容传感器原理图

电容量的变化量为

$$\Delta C = C - C_0 = -C_0 \frac{\theta}{\pi} \qquad (2-34)$$

灵敏度为 $K_g = -\dfrac{\Delta C / C_0}{\theta} = \dfrac{1}{\pi}$，即 ΔC 与 θ 呈线性关系。

3. 变介电常数型电容传感器

这种传感器一般用于测定混合物中某种成分的多少，也用于检测液位的高低。改变介电常数的电容式传感器已经成功应用于铸造中检测湿型砂的含水量，介绍如下。

1）原理

图 2.26 中，由两同轴心圆柱的电极（探头和砂斗）与两电极之间的介质（型砂）组成电容器，该电容器的电容量为

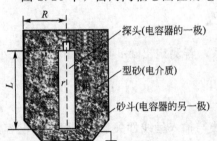

图 2.26　电容法测水分原理图

$$C = \frac{2\pi \varepsilon L}{\ln \dfrac{R}{r}} \qquad (2-35)$$

式中：ε 为型砂介电系数；L 为两电极与型砂的公共长度；R 为砂斗半径；r 为探头半径。

对于一个具体的电容器，R、r、L 为定值，电容量 C 仅取决于极板间介质的介电系数 ε。

在湿型砂中，主要含有石英砂、黏土、水分、

煤粉(或 α 淀粉),这些物质中除水的介电系数 ε 为 81 外,其余的物质的介电系数 ε 均小于 5,因此,湿型砂中含水量的微小变化就会引起介电系数 ε 的变化。实践证明湿型砂湿度与介电系数 ε 之间有线性关系,即含水量的微小变化会引起电容值按线性规律发生较大变化,从而可通过快速测得电容量来反映湿型砂的含水量。

2)传感器的基本形式

传感器有两种基本形式:①筒形电容传感器,适用于有中间砂斗的铸造车间,如图 2.26 所示;②同心圆环电容传感器,适用于没有中间砂斗的铸造车间,将传感器安装于混砂机上,旁侧采样,结构如图 2.27 所示。

3)测量电路

实际测量中,不是测量传感器的电容变化量,而是测其输出电压值。电容量向电压的转换是通过高频发生器实现的,如图 2.28 所示,它主要由电容和石英晶体组成振荡器,该振荡器可产生 3~15MHz 的稳定高频信号,向 LC 并联谐振回路输出电压 u_C

$$u_C = \frac{I}{\omega_0 C} \tag{2-36}$$

式中:ω_0 为高频信号发生器固有频率;I 为射极输出电流。

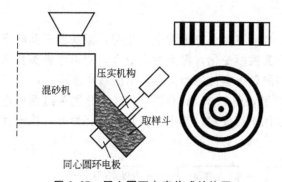

图 2.27 同心圆环电容传感结构图

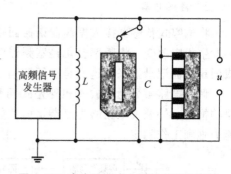

图 2.28 电容法测水分测量电路示意图

由于 ω_0 和 I 为定值,只有 C 的变化才能引起谐振输出电压 u_C 的变化。当含水量增加时,电容 C 增大,输出电压 u_C 减小,因此,只要测出 u_C 的变化即可间接求得湿型砂的含水量。高频信号发生器的固有频率对电容法测水分的灵敏度影响很大。采用 3MHz 信号源时,当湿型砂含水量达到 3.5% 以上时,电容量将不随含水量的增加而变化(湿型砂可能从绝缘体变为非绝缘体),因而限制了电容法测水分的应用范围。如果改用 13.65MHz 信号源,则曲线在含水量 3.5%~4.0% 处出现转折后继续上升,即电容量仍随含水量增加而增大,只是灵敏度有所变化而已,如图 2.29 所示。

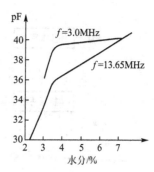

图 2.29 水分与灵敏度关系曲线

2.3.3 电容式传感器的测量电路

1. 桥式测量电路

图 2.30(a)所示为单臂接法的桥式测量电路,高频电源经变压器接到电容桥的一个对

角线上，电容 C_1、C_2、C_3、C_x 构成电桥四臂，C_x 为电容传感器，电桥平衡时有：$C_1/C_2 = C_x/C_3$，$U_o = 0$。当 C_x 发生变化时，$U_o \neq 0$，即有电压输出，此种电路多用于料位的检测。

图 2.30(b)所示电路中，接有差动电容传感器，其空载输出电压可表示为

$$U_o = \frac{(C_0 - \Delta C) - (C_0 + \Delta C)}{(C_0 + \Delta C) + (C_0 - \Delta C)} \cdot U = -\frac{\Delta C}{C_0} \cdot U \qquad (2-37)$$

式中：U 为工作电压；C_0 为传感器平衡时的电容值；ΔC 为传感器电容变化值。

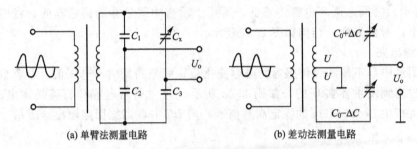

(a) 单臂法测量电路　　　　　　　　(b) 差动法测量电路

图 2.30　电容信号的桥式测量电路

2. 调频电路

将电容式传感器接入振荡器谐振回路，当电容器电容量发生变化时，振荡器振荡频率会发生相应改变。将频率变化经鉴频器变换为振幅变化，再经适当放大，即可用表头指示或记录仪器记录下来，这就是利用调频电路测量电容传感器信号输出的基本原理。

调频电路可分为直放式和外差式两种类型，图 2.31(a)和图 2.31(b)分别为这两种电路的框图。外差式电路略为复杂，但性能远优于直放式，其主要优点是选择性好、抗干扰能力强和工作稳定。

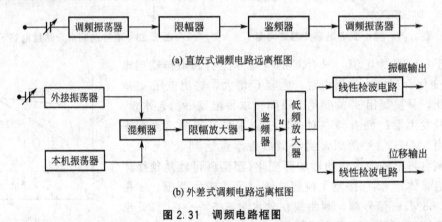

(a) 直放式调频电路远离框图

(b) 外差式调频电路远离框图

图 2.31　调频电路框图

3. 脉冲电路

图 2.32 所示为电容传感器单臂接法脉冲测量电路。当 S 合向右方时，电源经电阻 R 向电容传感器 C_x 充电，电流流过整流器、表头及电源，电容器充电电压值为

$$U_x = E(1 - e^{-\frac{t}{\tau}}) \qquad (2-38)$$

式中：τ 为电路时间常数，$\tau = RC$；R 为充电回路总电阻；t 为充电时间。

如果选充电时间 t 比电路时间常数 τ 大 4～6 倍，则在 t 时间内，C_x 上的电压基本上可以达到 E 值。

将开关合向左方时，C_x 经同样的电阻 R 放电，如果能保持充电和放电时间相同，则充电和放电电流大小相同，它们的平均电流值 I_M 为

$$I_M = \frac{2Q}{T} = \frac{2C_x E}{T} = 2C_x E f \qquad (2-39)$$

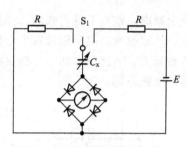

图 2.32　电容传感器单臂接法
脉冲测量电路

式中：Q 为充电电荷；E 为电源电压；f 为开关切换频率。

如果 E 和 f 固定不变，则 I_M 可反映 C_x 的大小，且 I_M 与 C_x 呈线性关系。

4. 谐振电路

谐振电路如图 2.33(a) 所示，高频电源经变压器向由 L、C 和 C_x 构成的谐振回路供电，振荡回路输出的电压 U_o 经放大器放大后，由仪表显示或记录。调节调谐电容 C，使振荡回路工作在与谐振频率 ω 相近的频率上，并使其输出电压 U_o 为谐振电压 U_m 的一半，此时振荡器工作点处于特性曲线 N 点上，如图 2.33(b) 所示。N 点处于特性曲线右半直线段中间处，因此可以保证仪表指示与电容变化量 ΔC_x 之间的线性关系。假如 ΔC_x 的变化范围不超出特性曲线右半段，则又保证了输出量与输入量之间的单值函数关系。

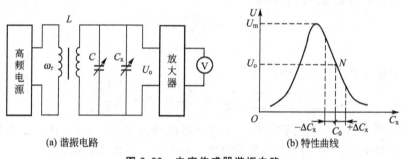

(a) 谐振电路　　　　　　　　(b) 特性曲线

图 2.33　电容传感器谐振电路

2.4　电感式传感器

电感式传感器是利用电磁感应原理，将被测量的变化转换为线圈的自感或互感变化的装置，它常用来检测位移、压力、振动、应变、流量和密度等参数。

电感式传感器种类较多，根据转换原理的不同，可分为自感式、互感式、电涡流式等。按照结构形式不同，自感式传感器分为变气隙式、变截面积式和螺管式；互感式传感器分为变气隙式和螺管式；电涡流传感器分为高频反射式和低频透射式。

2.4.1　自感式传感器

1. 结构和工作原理

图 2.34 为自感式传感器的结构图，其中铁心和活动衔铁由导磁材料如硅钢片或波莫

合金制成。铁心上绕有线圈,并加交流激励。铁心与衔铁之间有空气隙。当衔铁上下移动时,气隙改变,磁路磁阻发生变化,从而引起线圈自感的变化。这种自感量的变化与衔铁位置有关,因此只要测出自感量的变化,就能获得衔铁位移量的大小,这就是自感式传感器的变换原理。

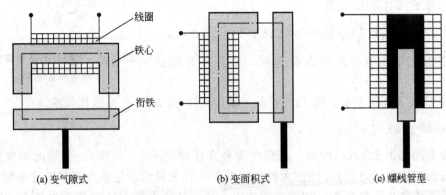

（a) 变气隙式 （b) 变面积式 （c) 螺线管型

图 2.34　自感式传感器的结构图

假设匝数为 W 的电感线圈通以交流电激励,磁路的总磁阻为 $\sum\limits_{i=1}^{n} R_{mi}$,则根据物理学的相关知识可知,电感线圈的自感值 L 为

$$L = \frac{W^2}{\sum\limits_{i=1}^{n} R_{mi}} \tag{2-40}$$

而铁心、衔铁和空气的总磁阻为

$$\sum_{i=1}^{3} R_{mi} = \sum_{i=1}^{3} \frac{l_i}{\mu_i S_i} = \frac{l_1}{\mu_1 S_1} + \frac{l_2}{\mu_2 S_2} + \frac{2\delta}{\mu_0 S_0} \tag{2-41}$$

式中:μ_0,δ,S_0 分别为气隙的磁导率、气隙的厚度和截面积;μ_1,l_1,S_1 分别为铁心的磁导率、长度和截面积;μ_2,l_2,S_2 分别为衔铁的磁导率、长度和截面积。

当忽略铁心和衔铁的磁阻时,电感值 L 为

$$L = \frac{W^2}{\sum\limits_{i=0}^{n} R_{mi}} \approx \frac{W^2 \mu_0 S_0}{2\delta} \tag{2-42}$$

从上式可以看出,当线圈的匝数确定后,只要气隙厚度或气隙截面积发生变化,电感即发生变化,即 $L = f(\delta, S)$,因此,电感式自感传感器从结构上可分为变气隙式和变面积式。此外,在圆筒形线圈中放圆柱形衔铁,当衔铁上下移动时,电感量也发生变化,可构成螺线管型电感传感器。在各类应用中,使用最广泛的是变气隙式自感传感器。

2. 变气隙式自感传感器的特性

1) 简单变气隙式自感传感器

变气隙式自感传感器的 $L-\delta$ 曲线如图 2.35 所示。假设衔铁处于初始位置时传感器的初始电感为 L_0,即

$$L_0 = \frac{W^2 \mu_0 S_0}{2\delta_0} \tag{2-43}$$

当衔铁上移 $\Delta\delta$ 时，传感器的气隙减小 $\delta_0 - \Delta\delta$，电感量的变化为

$$\Delta L = L - L_0 = \left(\frac{\Delta\delta}{\delta_0 - \Delta\delta}\right)L_0 \tag{2-44}$$

因此，电感量的相对变化为

$$\frac{\Delta L}{L_0} = \frac{\Delta\delta}{\delta_0 - \Delta\delta} = \frac{\Delta\delta}{\delta_0} \cdot \frac{1}{1 - \dfrac{\Delta\delta}{\delta_0}} \tag{2-45}$$

在实际应用中 $\Delta\delta/\delta_0 \ll 1$，可将式(2-45)展成傅里叶级数形式

$$\frac{\Delta L}{L_0} = \frac{\Delta\delta}{\delta_0} + \left(\frac{\Delta\delta}{\delta_0}\right)^2 + \left(\frac{\Delta\delta}{\delta_0}\right)^3 + \cdots \tag{2-46}$$

同理，当衔铁下移 $\Delta\delta$ 时，传感器的气隙增大 $\delta_0 + \Delta\delta$，电感量的相对变化展成傅里叶级数为

$$\frac{\Delta L}{L_0} = \frac{\Delta\delta}{\delta_0} - \left(\frac{\Delta\delta}{\delta_0}\right)^2 + \left(\frac{\Delta\delta}{\delta_0}\right)^3 - \cdots \tag{2-47}$$

在式(2-46)和式(2-47)中，忽略掉包括二次项以上的高次项，则 ΔL 和 $\Delta\delta$ 呈线性关系。由此可见，高次项是造成非线性的主要原因。$\Delta\delta/\delta_0$ 越小，高次项也越小，非线性得到改善。这说明了输出特性和测量范围之间存在矛盾，故电感式传感器用于测量微小位移量要更精确些。为了减少非线性误差，实际测量中一般都采用差动式电感传感器。

2) 差动变气隙式自感传感器

差动变气隙式自感传感器的结构特点是两个完全对称的简单电感传感元件合用一个活动衔铁，衔铁通过导杆与被测位移量相连。当被测体上下移动时，导杆带动衔铁也以相同的位移上下移动，使两个磁回路中磁阻发生大小相等、方向相反的变化，导致一个线圈的电感量增加，另一个线圈的电感量减小，形成差动形式。原理结构图如图2.36所示。

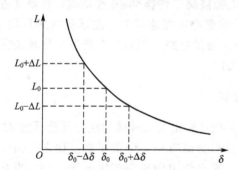

图 2.35 变气隙式自感传感器的 $L-\delta$ 曲线

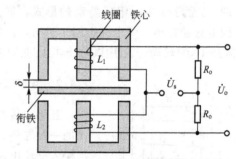

图 2.36 差动变气隙式自感传感器

衔铁处于初始位置时：

$$L_1 = L_2 = L_0 = \frac{W^2 \mu_0 S_0}{2\delta_0} \tag{2-48}$$

衔铁移动 $\Delta\delta$ 时：

$$\left.\begin{aligned}
\Delta L_1 &= L_0 \cdot \frac{\Delta\delta}{\delta_0}\left[1 + \left(\frac{\Delta\delta}{\delta_0}\right) + \left(\frac{\Delta\delta}{\delta_0}\right)^2 + \left(\frac{\Delta\delta}{\delta_0}\right)^3 + \cdots\right] \\
\Delta L_2 &= L_0 \cdot \frac{\Delta\delta}{\delta_0}\left[1 - \left(\frac{\Delta\delta}{\delta_0}\right) + \left(\frac{\Delta\delta}{\delta_0}\right)^2 - \left(\frac{\Delta\delta}{\delta_0}\right)^3 - \cdots\right]
\end{aligned}\right\} \tag{2-49}$$

差动变气隙式自感传感器总的电感变化量为

$$\Delta L = \Delta L_1 + \Delta L_2 = 2L_0 \frac{\Delta\delta}{\delta_0}\left[1+\left(\frac{\Delta\delta}{\delta_0}\right)^2+\left(\frac{\Delta\delta}{\delta_0}\right)^4+\cdots\right] \qquad (2-50)$$

忽略二次项以上的高次项可得：

$$\frac{\Delta L}{L_0} = 2\frac{\Delta\delta}{\delta_0} \qquad (2-51)$$

可见，差动变气隙式自感传感器为简单变气隙式自感传感器灵敏度的 2 倍；非线性误差由原来的 $\Delta\delta/\delta_0$ 减为 $(\Delta\delta/\delta_0)^2$。

3. 自感式传感器的实际结构

自感式传感器的结构形式有轴向自感式传感器和旁向自感式传感器。图 2.37 为一轴向自感式传感器的结构图。

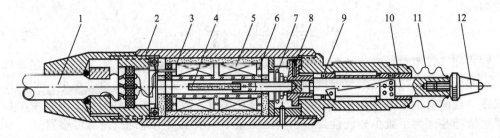

图 2.37　轴向自感式传感器结构图

1—引出线套管；2—外壳；3—筒形磁铁；4—铁心；5—绕组；6—线圈骨架；
7—弹簧；8—防转销；9—钢球导轨；10—测杆；11—密封套；12—可换测量头

12 通过螺纹连接在 10 上，端部有一耐磨材料组成的极硬的柱体或球体，10 可在 9 上做轴向移动，10 的另一端固定着 4，当测量端接触被测工件推动 10 移动时，带动 4 在 5 中移动，5 置于 3 中，组成差动的形式，即当活动磁心向左移动时，左部的电感量增加，右部的电感量减小。两个绕组用 1 引出，以便装入测量电路。测力由 7 产生，防转装置由 8 来限制 10 的转动，11 用以防止尘土进入测量头内。

2.4.2　互感式传感器

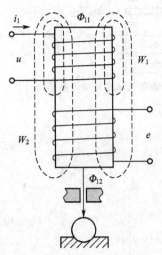

图 2.38　互感式传感器工作原理图

互感式传感器是把位移量变化转换为绕组互感系数 M 变化的一种器件，就其本身而言是一个变压器。在它的初级绕组接入交流电源后，次级绕组即感应产生电压输出。当互感有变化时，输出电压作相应变化。由于这种传感器常做成差动形式，故又称差动变压器式传感器，它具有结构简单、测量精度高、灵敏度高、测量范围广等优点。

图 2.38 所示为互感式传感器的工作原理图。当匝数为 W_1 的初级绕组通入激励交流电流 i_1 时，它将产生磁通 Φ_{11}，这时有一部分磁通 Φ_{12} 穿过匝数为 W_2 的次级绕组，因而在绕组 W_2 中将产生互感电动势 $\dot{E}$，即

$$\dot{E} = \frac{\mathrm{d}\Phi_{12}}{\mathrm{d}t} = M\frac{\mathrm{d}\dot{I}_1}{\mathrm{d}t} \qquad (2-52)$$

式中：M 为绕组 W_1 对 W_2 的互感系数，$M = \mathrm{d}\Phi_{12}/\mathrm{d}\dot{I}_1$。

设 $\dot{I}_1 = I_{1M}e^{-\mathrm{j}\omega t}$，则 $\mathrm{d}\dot{I}_1/\mathrm{d}t = -\mathrm{j}\omega I_{1M}e^{-\mathrm{j}\omega t}$，故次级绕组开路输出电压 $\dot{U}_\mathrm{o}$ 为

$$\dot{U}_\mathrm{o} = \dot{E} = -\mathrm{j}\omega M \dot{I}_1 = -\mathrm{j}\omega M \frac{\dot{U}}{r_1 + \mathrm{j}\omega L_1} \tag{2-53}$$

式中：r_1 和 L_1 分别为初级绕组的有效电阻和自感值。

由此可见，输出电压信号随互感变化而变化，这就是互感式传感器的工作原理。

互感式传感器按其改变电感量的方式主要有两种基本形式。

1. 改变气隙厚度的互感式传感器

它与改变气隙厚度的自感式传感器极为相似，其工作原理如图 2.39 所示。它是由铁心 1、衔铁 2、初级绕组 W_{1a}、W_{1b} 和次级绕组 W_{2a}、W_{2b} 组成。

设初级绕组 W_{1a} 和 W_{1b} 的有效电阻分别为 r_{1a}、r_{1b}，自感分别为 L_{1a}、L_{1b}；磁路 a 和磁路 b 的总磁阻分别为 R_{ma} 和 R_{mb}，初级绕组与次级绕组互感系数为 M_a 和 M_b，δ_a 和 δ_b 为气隙厚度，S 为气隙磁通截面积，根据物理学知识可知：

$$\begin{cases} L_{1a} = \dfrac{W_{1a}^2}{R_{\mathrm{ma}}} \quad M_a = \dfrac{W_{2a}W_{1a}}{R_{\mathrm{ma}}} \quad R_{\mathrm{ma}} = \dfrac{2\delta_a}{\mu_0 S} \\ L_{1b} = \dfrac{W_{1b}^2}{R_{\mathrm{mb}}} \quad M_b = \dfrac{W_{2b}W_{1b}}{R_{\mathrm{mb}}} \quad R_{\mathrm{mb}} = \dfrac{2\delta_b}{\mu_0 S} \end{cases} \tag{2-54}$$

当对初级绕组施加交流电时，电源电压 $\dot{E}$ 加在 W_{1a} 和 W_{1b} 绕组上，因此，初级绕组内流过电流 $\dot{I}_1$，由于 $\dot{I}_1$ 存在，将在次级绕组中产生感应电压 $\dot{U}_{2a}$ 和 $\dot{U}_{2b}$。当把两次级绕组反相串接后 [见图 2.39(b)]，输出电压 $\dot{U}_\mathrm{o}$ 为

$$\dot{U}_\mathrm{o} = \dot{U}_{2a} - \dot{U}_{2b} = \mathrm{j}\omega \frac{\dot{E}}{r_{1a} + r_{1b} + \mathrm{j}\omega L_{1a} + \mathrm{j}\omega L_{1b}}(M_b - M_a) \tag{2-55}$$

若 $W_{1a} = W_{1b} = W_1$，$W_{2a} = W_{2b} = W_2$，且考虑 $r \ll \omega L$ 可得：

$$\dot{U}_\mathrm{o} = \frac{W_2(\delta_a - \delta_b)}{W_1(\delta_a + \delta_b)} \cdot \dot{E} \tag{2-56}$$

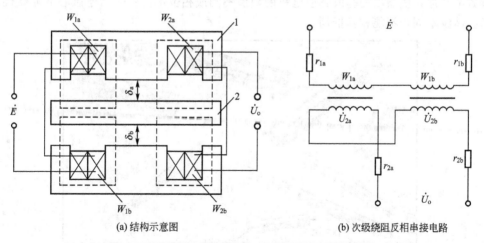

(a) 结构示意图　　　　　　　　(b) 次级绕阻反相串接电路

图 2.39　改变气隙厚度的互感式传感器工作原理图

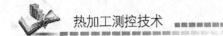
(1) 当衔铁处于中间位置时，则 $\delta_a = \delta_b = \delta_0$，此时 $\dot{U}_o = 0$；

(2) 当衔铁向上偏移 $\Delta\delta$ 时，则 $\delta_a = \delta_0 - \Delta\delta$，$\delta_b = \delta_0 + \Delta\delta$，此时 $\dot{U}_o = -\dfrac{W_2\Delta\delta}{W_1\delta_0} \cdot \dot{E}$；

(3) 当衔铁向下偏移 $\Delta\delta$ 时，则 $\delta_a = \delta_0 + \Delta\delta$，$\delta_b = \delta_0 - \Delta\delta$，此时 $\dot{U}_o = \dfrac{W_2\Delta\delta}{W_1\delta_0} \cdot \dot{E}$。

从上面的分析可知，输出电压 $\dot{U}_o$ 与传感器变压比 W_2/W_1、衔铁偏移量 $\Delta\delta$、激励电压 $\dot{E}$ 成正比，与磁路气隙厚度 δ_0 成反比。

2. 螺线管型差动变压器式传感器

图 2.40 所示为美国 Schaevitz 公司生产的螺线管型差动变压器式传感器，其结构如图 2.41 所示，工作原理与改变气隙厚度的互感式传感器相似，它主要由绕组、绕组框架、铁心等组成。在绕组框架上绕有一组初级绕组作为输入绕组，在框架的另一部分绕上两组次级绕组作为输出绕组，在它们的芯部放入铁心。当初级绕组通以适当频率的激励电压时，那么在两个次级绕组中，由于变压器的互感作用就会产生感应电压。

初级绕组通电激励所引起的磁场分布规律与铁心所处的位置有关。当铁心向左移动时，在次级绕组 W_{21} 内所穿过的磁通比穿过次级绕组 W_{22} 的磁通多一些，因此互感也大一些，反之亦然。次级绕组各自感生的电压随铁心偏离中心位置的大小而不同，当铁心在中心位置时，两个次级绕组各自感生出大小相等方向相反的电压。因此，现只研究一个次级绕组和初级绕组的关系，如图 2.42 所示，当铁心位于两个绕组的中间位置时，感应电压最大；当铁心逐渐偏离中心位置时，感生电压随偏离中心增加而逐步减小，最后接近空心状态时的电压为 e_0。当两个次级绕组反向串接时，空载输出电压 $e_o = e_1 - e_2$，并且具有"V"字特性。

差动变压器的两组次级绕组反向串接，当铁心处在中间位置时，输出电压应该为零，如图 2.43 所示，但实际上输出特性曲线"V"字端部不是零，而有一个很小的电压 e_o，这个电压称为"零点残余电压"。零点残余电压的存在对测量极为不利，必须尽力加以消除或克服到最小限度。互感传感器产生零点残余电压的原因主要有两点：①两次级绕组等效参数不对称，使输出的基波感应电势的幅值不同或相位不同；②由于磁心的非线性，产生高次谐波不同，不能相互抵消。

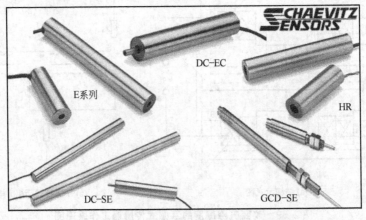

图 2.40 Schaevitz 差动变压器式传感器

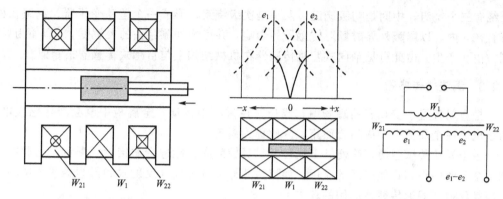

图 2.41　螺线管型差动变压器式传感器结构　　图 2.42　螺线管型差动变压器式传感器输出特性

　　减小或消除零点残余电压可采用如下措施：①从设计和工艺上尽量保证传感器绕组和磁路对称；②采用拆圈实验的方法减小零点残余电压。这种方法的理论依据是两个次级绕组的等效参数不相等，用拆圈的方法进行调整，以改善绕组的对称性，减小零点残余电压；③在电路上进行补偿，这是既简单又行之有效的办法。通常在输出端接一个电位器 R_P，电位器的动点接两个次级绕组的公共点，如图 2.44 所示。调节电位器，使两绕组接入不同负载，可使两绕组不同的感应电势产生大致相同的输出电压，以达到减小零点残余电压的目的。

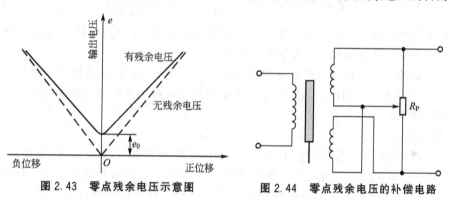

图 2.43　零点残余电压示意图　　　　　图 2.44　零点残余电压的补偿电路

3. 互感式传感器的实际结构

轴向互感式传感器的结构如图 2.45 所示，1 通过 3 与 5 相连，7 固定在 5 上，绕组架

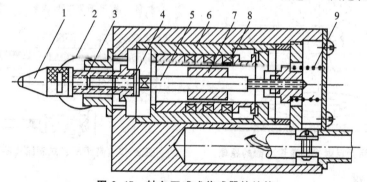

图 2.45　轴向互感式传感器的结构

1—测量头；2—防尘套；3—轴套；4—圆片弹簧；5—测杆；6—磁筒；7—衔铁；8—绕组；9—测力弹簧

上绕有三个绕组，中间是初级绕组，两头是次级绕组，形成一个差动变压器。绕组及框架放置在 6 内，以屏蔽外界磁场对传感器的影响，并可增加测量头的灵敏度。5 以 4 为导轨，测力由 9 产生。由此可见轴向式互感传感器在机械结构上与自感式传感器很相似。

2.4.3 涡流式传感器

把金属板置于变化着的磁场中，或让其在磁场中运动，金属板中就会产生感应电流，由于电流在金属板中构成闭合回路，因此称为涡流。

由于涡流传感器使用简便、工作可靠、灵敏度高，能进行非接触式测量，因此在机械和冶金工业中得到日益广泛的应用。涡流传感器可分为高频反射式和低频透射式两种，其中高频反射式涡流传感器应用的较多。

1. 高频反射式涡流传感器

1) 工作原理

高频反射式涡流传感器的基本原理如图 2.46 所示。高频激励电源 $e_n(\omega)$ 施加于电感线圈 L 上，所产生的高频磁场作用于金属板表面。由于集肤效应，高频磁场不能透过具有一定厚度的金属板，只能作用于其表面薄层内。在金属板表面感应的涡流 i，又会产生交变电磁场反作用于线圈 L 上，并在线圈中产生感应电动势，从而引起线圈自感系数 L 或线圈阻抗 Z_L 的变化，即

$$Z_L = R + r\,\frac{\omega^2 M^2}{r^2 + \omega^2 l^2} + j\left(\omega L - \omega l\,\frac{\omega^2 M^2}{r^2 + \omega^2 l^2}\right) \qquad (2-57)$$

式中：R 为线圈电阻；L 为线圈电感；r 为涡流回路电阻；l 为涡流回路电感；M 为线圈与被测物体涡流回路间互感；ω 为电源角频率。

显然，高频回路阻抗与被测金属材料电阻率 ρ、磁导率 μ 以及传感器与被测金属之间的距离 x 有定量关系。因此，高频反射式涡流传感器既可用于检测位移又可用于检测材料电阻率和磁导率。

2) 结构形式

高频反射式涡流传感器的结构比较简单，主要部件是一个安置在框架上的线圈。图 2.47 为一种高频反射式涡流传感器结构图，导线绕在聚四氟乙烯框架上。线圈可绕成扁平圆形，粘贴于框架上，也可以在框架上开一条槽，导线在槽内绕制而形成一个线圈。线圈用导线一般为高强漆包铜线，在要求较高时，也可用银线或银合金线。高温环境下应用时，应采用高温漆包线。

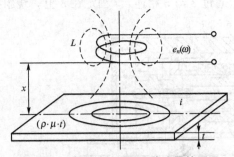

图 2.46 高频反射式涡流传感器的原理

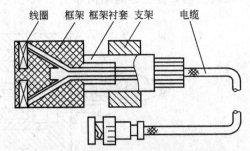

图 2.47 高频反射式涡流传感器结构图

3) 测量电路

高频反射式涡流传感器的测量电路主要有调频式和调幅式两大类。

（1）调频测量电路。如图 2.48 所示，将传感器接于振荡电路，其振荡频率为 $f = 1/(2\pi\sqrt{LC})$。当传感器与被测导体的距离变化时，在涡流的影响下，传感器线圈的电感 L 发生变化，导致输出频率变化。输出频率可直接用数字频率计测量，也可通过鉴频器变换，将频率变为电压，通过电压表测出。

（2）调幅测量电路。稳频稳幅的高频激励电流对并联 LC 电路供电，测量原理如图 2.49 所示。无被测体时，LC 回路处于谐振状态，LC 回路阻抗最大，输出电压最大。被测体靠近线圈时，由于被测体内产生涡流，使线圈电感值减小，回路失谐，回路阻抗下降，输出电压下降。输出电压为高频载波的等幅电压或调幅电压。

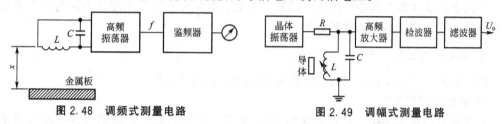

图 2.48　调频式测量电路　　　　　　图 2.49　调幅式测量电路

2. 低频透射式涡流传感器

低频透射式涡流传感器主要用于测量材料厚度，其原理如图 2.50 所示。图中的发射线圈 L_1 和接收线圈 L_2 均绕于胶木棒上，分别置于被测金属板的上下方。由振荡器产生的音频电压 U 加到 L_1 的两端后，线圈中有交流电流流过，产生一个交变磁场。假如两线圈间没有被测金属 M，L_1 的磁场会直接贯穿线圈 L_2，在 L_2 中将感生出交变电动势 e。e 的大小与 U 的幅值、频率以及 L_1、L_2 的匝数、结构及相对位置有关。

在 L_1 与 L_2 之间放置金属板 M 后，L_1 产生的磁感线将透过 M，并在其中产生涡流 i，因此损耗了部分能量，从而使 L_2 上的磁感线减少，导致感应电动势 e 下降。M 的厚度 d 越大，e 值就越小。所以，e 值反映了 M 的厚度变化，这就是低频透射式涡流传感器的基本工作原理。

实际上，M 中的涡流大小，还与 M 的电阻率 ρ、化学成分及物理状态等有关，可能导致相应的测试误差，因而限制了测量的应用范围。对于这种情况，一般要采取一定校正措施加以解决。

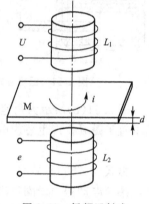

图 2.50　低频透射式
涡流传感器原理

2.5　电动势式传感器

电动势式传感器能够将被测量转换为电动势信号，该信号直接来源于传感器而非外部电源。它主要包括磁电式传感器、压电式传感器、光电式传感器等。

2.5.1　磁电式传感器

1. 磁电式传感器工作原理

磁电式传感器是利用电磁感应定律，将被测量转变成感应电动势而进行测量的。它不需要供电电源，电路简单，性能稳定，频率响应范围宽，适用于动态测量。这种传感器通常可用于振动、转速、扭矩等参数的测量。

根据电磁感应定律，对于一匝数为 W 的线圈，当穿过该线圈的磁通 Φ 发生变化时，其感应电动势可表示为

$$e=-W\frac{\mathrm{d}\Phi}{\mathrm{d}t} \tag{2-58}$$

由式(2-58)可见，线圈中感应电动势 e 的大小，取决于匝数 W 和穿过线圈的磁通变化率 $\mathrm{d}\Phi/\mathrm{d}t$，磁通变化率是由磁场强度、磁路磁阻及线圈的运动速度决定的。所以改变其中一个因素，就会改变线圈的感应电动势。因此，电磁变换器只要配备不同的结构就可以组成测量不同物理量的磁电式传感器。

2. 磁电式传感器的分类

按工作原理磁电式传感器可分为恒磁阻式和变磁阻式两种。

1) 恒磁阻式传感器

恒磁阻式传感器的结构原理图如图 2.51 所示。它是由线圈、运动部件和永久磁铁组成。图 2.51(a)所示为线速度型恒磁阻式传感器。当线圈在磁场中作直线运动时，设线圈垂直于磁场，它所产生的感应电动势 e 为

$$e=WBlv \tag{2-59}$$

式中：B 为磁场的磁感应强度；l 为线圈的有效长度；v 为线圈与磁场的相对运动速度。

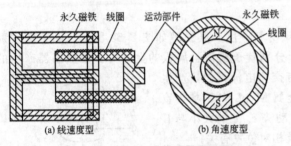

图 2.51 恒磁阻式传感器原理图

图 2.51(b)所示为角速度型恒磁阻式传感器，线圈在磁场中以角频率 ω 转动时，设线圈垂直于磁场，产生感应电动势 e 为

$$e=WBS\omega \tag{2-60}$$

由式(2-59)和式(2-60)可以看出，当传感器的结构一定时，B、W、S 均为常数，因此感应电动势与线圈对磁场的相对运动的线速度 v 或线圈相对磁场的角速度 ω 成正比。所以，这种传感器可以用来测量线速度和角速度。由于速度与位移具有积分的关系，与加速度之间具有微分关系，因此如果在信号转换电路中接一个积分电路或微分电路，也可以测量位移或加速度。

2) 变磁阻式传感器

变磁阻式传感器的线圈与磁铁之间没有相对运动，由运动着的被测物体(一般是导磁材料)来改变磁路的磁阻，引起磁通量变化，从而在线圈中产生感应电动势。变磁阻式检测元件一般做成转速式，产生的感应电动势的频率作为输出。

变磁阻式转速传感器在结构上可分为开磁路式和闭磁路式两种。

(1) 开磁路式。该传感器主要由永久磁铁、衔铁和感应线圈组成，如图 2.52 所示。齿轮装在被测转轴上，与转轴一起转动。当齿轮旋转时，由齿轮的凸凹引起磁阻的变化，从而使磁通量发生变化，进而在线圈中感应出交变电动势，该电动势的频率 f 等于齿轮齿数 z 和转轴转速 n 的乘积，即 $f=nz$。当齿数 z 一定时，通过测定 f 即可求出被测转轴的

转速 n。这种传感器结构简单，但输出信号小，转速高时信号失真较大。

（2）闭磁路式。闭磁路式转速传感器的结构原理如图2.53所示。它是由安装在转轴上的内齿轮和永久磁铁，外齿轮及线圈构成的。内外齿轮的齿数相等，测量时，转轴与被测轴相连。当转轴旋转时，内外齿轮的相对运动使磁路气隙发生变化，导致磁阻发生变化，并使穿过线圈的磁通发生变化，在线圈中产生感应电动势。与开路式相同，这种传感器可通过测量感应电动势的频率得到被测轴的转速。在振动信号或转速高的场合，其测量精度高于开磁路式的。

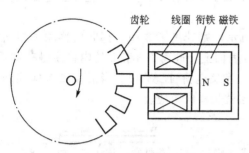

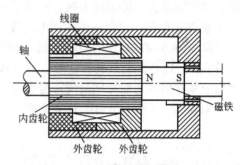

图 2.52　开磁路式转速传感器原理图　　　图 2.53　闭磁路式转速传感器原理图

变磁阻式传感器的输出电动势取决于线圈中磁场的变化速度。当转速过低时，输出电动势太小，会导致无法测量，所以该传感器有一个下限工作频率，一般为 50Hz。闭磁路转速检测元件的下限频率可低至 30Hz。

3. 测量电路

磁电式传感器是速度型传感器，它输出电动势的大小与运动速度成正比，但在实际测量中，常常用来测量运动位移和加速度，因此必须将速度信号通过一积分或微分线路。

图2.54所示电路就是能达到上述目的的运算电路，当转换开关 S 在位置 1 时，经过一个积分电路，可测量位移的大小；当开关 S 在位置 2 时，不必经过运算线路直接输出，因此用来测量速度；当开关 S 在位置 3 时，信号通过微分电路，可以测量加速度。

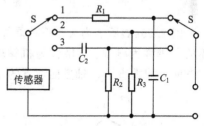

图 2.54　磁电式传感器的测量电路

2.5.2　压电式传感器

压电式传感器是一种以压电效应为转换原理的传感器。某些晶体在受力后其表面将产生电荷，压电晶体就是这种机电转换元件，可以测量一些通过检测元件或其他方法能变换成力的参数，如加速度、位移等。

1. 压电效应及压电材料

1）压电效应

某些晶体，在沿着一定方向对其施加拉力或压力使其变形时，晶体表面便产生电荷，当除去外力时，晶体又重新回到不带电状态，这种现象称为压电效应。具有这种压电效应的晶体被称为压电晶体或压电元件。常见的有石英晶体、钛酸钡、锆钛酸铅等。

现以石英晶体来介绍压电晶体产生压电效应的原理。石英晶体（SiO_2）在一个分子中有三个硅离子和六个氧离子，氧离子是成对的，如图 2.55 所示，构成了六边棱柱形晶体〔见图 2.55(a)〕，因为硅离子带四个正电荷，氧离子带两个负电荷，所以就一个单晶体而言，电荷是平衡的，即外部没有带电现象。

当沿 x 轴方向施加压力时，硅离子 1 挤入氧离子 2 与 6 之间，氧离子 4 挤入硅离子 3 与 5 之间，其结果使表面 A 上呈现负电荷，而在表面 B 上呈现正电荷〔见图 2.55(b)〕；相反，当沿 x 轴方向施加拉力时，硅离子 1 和氧离子 4 外移使表面 A 上呈现正电荷而在表面 B 上呈现负电荷，这就是纵向压电效应。

当沿 y 轴方向施加压力时，如图 2.55(c)所示，则硅离子 3 和 5 都向内移动了相同数值，故在 C、D 表面上不呈现电荷，而在 A、B 表面上，硅离子 3 和 5 的内移使得硅离子 1 和氧离子 4 挤向外边而分别呈现正电荷(A 表面)和负电荷(B 表面)。当沿 y 轴方向施加拉力时，则在 A、B 表面的电荷符号恰好相反，这就是横向效应。

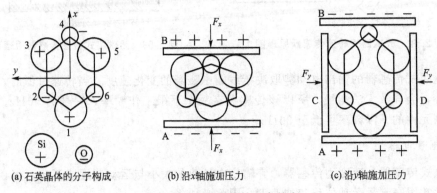

(a) 石英晶体的分子构成　　(b) 沿x轴施加压力　　(c) 沿y轴施加压力

图 2.55　石英晶体的压电效应

图 2.56(a)所示为天然石英晶体，为了说明压电效应的大小，把石英的六边棱柱形晶体的 x 轴称为电轴、y 轴称为机械轴、z 轴称为光轴，如图 2.56(b)所示。把沿着晶体 y 轴方向，即垂直于 x 轴方向切下的薄片称之为晶体切片，如图 2.56(c)所示。

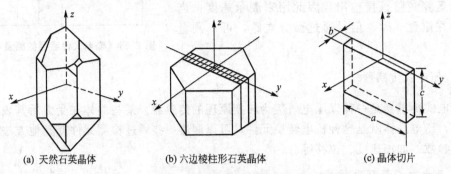

(a) 天然石英晶体　　(b) 六边棱柱形石英晶体　　(c) 晶体切片

图 2.56　石英晶体与切片示意

如果沿着切片的 x 轴方向给一作用力 F_x 时，在与电轴垂直的平面上产生电荷 q_x，它的大小为

$$q_x = d_x F_x \qquad\qquad (2-61)$$

式中：d_x 为 x 轴方向受力的压电系数。

电荷 q_x 的符号由 F_x 是受压还是受拉决定，从式(2-61)可以看出，切片产生的电荷大小与切片的几何尺寸无关。

如果沿切片的机械轴方向施加作用力 F_y 时，其电荷仍在与电轴相互垂直的平面上产生，而极性相反，若使施加外力 $F_y = F_x$ 时，电荷大小 q_x 为

$$q_x = d_y \cdot \frac{ac}{bc} \cdot F_y = -d_x \cdot \frac{a}{b} F_x \qquad\qquad (2-62)$$

式中，a 为晶体切片长度；b 为晶体切片厚度；c 为晶体切片宽度；d_y 为 y 轴方向受力的压电系数，$d_y = -d_x$。

从式(2-62)可以看出，当力沿着 y 轴方向作用在晶体上时，产生的电荷 q_x 与晶体切片的几何尺寸有关。式中的负号说明沿 y 轴的压力 F_y 所引起的电荷极性与沿 x 轴的压力 F_x 所引起的电荷极性相反。

晶体切片上的电荷与受力方向的关系如图 2.57 所示。

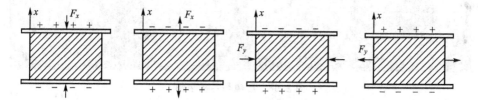

图 2.57　晶体切片上电荷符号与受力方向的关系

如果在压电晶体的两个电极面上施加交流电，压电晶体切片将产生振动，即在压电晶体的电极方向有伸缩的现象，这种现象称为电致伸缩效应。因为这个现象与压电效应是相反的，故又称逆压电效应。这是压电式超声波换能器的理论依据，该超声波换能器广泛用于以固体和流体为介质的超声波探伤中。

2) 压电材料

石英晶体在 20～200℃ 的范围内压电系数变化很小。到 576℃ 时就完全丧失了压电性质。它的灵敏度很低，介电常数小，因而逐渐被其他压电材料所代替，但其机械强度很高。

除了天然的石英晶体外，压电陶瓷也具有很好的压电效应。压电陶瓷是人工制备的多晶材料，它需经外加电场极化，使其内部电畴排列趋向电场方向，当电场强度达到饱和后，即使去除极化的电场，电畴还会基本保持，余下很强的剩余极化，因此有很强的压电效应。常用的压电陶瓷有二元系的钛酸钡类、锆钛酸铅系(PZT)、铌酸盐系，三元系的铌镁酸铅、钛酸铅、锆酸铅等。

与石英相比，压电陶瓷的压电系数和介电常数高，居里点低，机械强度低，且制造上可通过选择组成，如调整添加物和烧结工艺等，在较大范围内控制其特性和应用性，价格也低廉。不过其材料有多孔性，在重复性和均匀性上有问题。

此外，某些天然高分子化合物，由于本身分子排列的单轴性，使其具有切向压电效应；某些合成高分子聚合物薄膜经延展拉伸和电场极化后也具有压电性，如聚氟乙烯(PVF)、聚偏氟乙烯(PVDF)、聚氯乙烯(PVC)等，它们质轻柔软，具有抗拉强度较高、

蠕变小、耐冲击、体电阻高等优点,适合大范围使用和批量生产;在高分子化合物中掺杂压电陶瓷 PZT 或 BaTiO$_3$ 粉末制成的高分子压电薄膜,为一种复合的压电材料,它既有上述材料的柔软性又具有很高的压电性。

2. 压电式传感器的连接方式及等效电路

1) 压电式传感器的连接方式

在压电式传感器中,利用压电材料纵向效应的居多,压电元件多制成圆片形(图 2.58 为压电晶片实物图),在压电晶片的两个工作面上进行金属蒸镀,形成金属膜,构成两个电极,如图 2.59 所示。当施加外力 F 时,两金属膜之间形成电场,相当于一个极板电容器,此时电容量为

$$C = \frac{\varepsilon_0 \varepsilon_r S}{\delta} \qquad (2-63)$$

图 2.58 压电晶片实物图

若外力不变且无泄露时,电荷不变;外力终止,电荷消失。

实际的压电式传感器中,常常采用两片或两片以上压电元件通过串联接法,或并联接法粘接在一起。

串联时,正极与负极接在一起,如图 2.60 所示。根据式(2-63)可知,δ 增大,C 减小,由于电荷量 Q 不变,所以输出电压变大,适合于以电压作为输出信号。

并联时,负极与负极接一起,如图 2.61 所示。电容变大,电荷量大,适合于以电荷量作为输出信号。

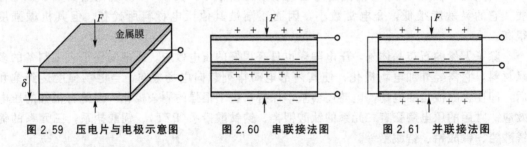

图 2.59 压电片与电极示意图   图 2.60 串联接法图   图 2.61 并联接法图

2) 等效电路及输出特性

由于压电式传感器本身是一个电容器,因而是一个具有一定电容的电荷源。电容器开路电压 e_0 与电荷量 Q、电容 C_a 存在下列关系式:

$$e_0 = \frac{Q}{C_a} \qquad (2-64)$$

式中:电荷量 Q 与压电传感器的压电系数 D、作用力 $F = F_0 \cdot \sin\omega t$ 大小有关,即

$$Q = D \cdot F_0 \sin\omega t = Q_0 \sin\omega t \qquad (2-65)$$

当压电式传感器接入电路后，等效电路如图 2.62
所示。图中 Q 为压电元件在外力 F 作用下产生的电
荷；C_a 为传感器电容；C_c 为电缆电容；R_0 为后续电路
的输入阻抗和传感器中的漏电阻形成的泄漏电阻；C_i
为外接电路的输入端电容；i 为泄漏电流。

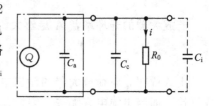

图 2.62　压电传感器等效电路

令 $C = C_a + C_c + C_i$，则由电荷平衡可知：

$$\begin{cases} Q = (C_a + C_c + C_i)e + \int i \, dt \\ e = R_0 i \end{cases} \qquad (2-66)$$

因此，求解上述方程可得电容上的电压值为

$$e = R_0 i = \frac{Q_0 \omega R_0}{\sqrt{1 + (\omega C R_0)^2}} \sin(\omega t + \varphi) = \frac{Q_0}{C} \frac{1}{\sqrt{1 + \left(\frac{1}{\omega C R_0}\right)^2}} \sin(\omega t + \varphi) \qquad (2-67)$$

从式(2-67)可以看出：

(1) 测量静态参数，即 $\omega = 0$ 时，则 $e = 0$，压电传感器没有输出，因此它不能测量静
态参数。

(2) 输出电压与时间常数 $R_0 C$ 有关，当 $R_0 C$ 很大时，$\omega C R_0 \gg 1$，此时：

$$e = \frac{Q_0}{C} \sin(\omega t + \varphi) = \frac{Q}{C} \qquad (2-68)$$

即输出电压与电荷量成正比，与频率无关。因此，这时若增大 C，则灵敏度减小，而 C 中
还包含连接导线电容 C_c，而连接导线电容随连接导线的使用情况的不同而不同，这样就会
引起测量误差。为减小误差，一般需要接入一个固定电容，并固定导线的长度和规格。

(3) 测量低频时，即在 $\omega C R_0 \ll 1$ 时，$e = Q R_0 \omega$，即输出电压是频率的函数，且随频率
下降而下降。

3. 压电式传感器的测量电路

由于压电式传感器是一个能产生电荷的高内阻发电元件，其电荷很小，如果采用一般
仪器测量，该电荷就会通过测量电路的输入电阻释放掉，因此必须采用高阻抗的仪器测量
电荷的变化。目前这样的仪器有两种，一种是直接测量电荷，称为电荷放大器；另一种是
把电荷转变成电压，然后测定电压值，即电压放大器。

1) 电荷放大器

图 2.63 所示为电容反馈的电荷放大器，它是一种输出电压与输入电荷量成正比的前
置放大器。A 为电荷放大器开环增益，C_f 为反馈电容，如将反馈电容折算到输入端，其值
等于 $(1+A)C_f$，当忽略电荷放大器的输入电阻和传感器的
漏电阻时，放大器的输入电压为

$$U_i = \frac{Q_a}{C + (1+A)C_f} \qquad (2-69)$$

式中：Q_a 为传感器产生的电荷量；C 为等效电容，$C = C_a + C_c + C_i$。

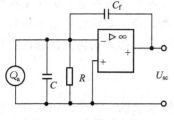

图 2.63　电荷放大器

由放大器的输入电压 U_i 可得放大器的输出电压 U_o：

$$U_o = -AU_i = -\frac{AQ_a}{C+(1+A)C_f} \tag{2-70}$$

若放大器的开环增益 A 足够大，则 $(1+A)C_f \gg C$，上式变为

$$U_o = -\frac{Q_a}{C_f} \tag{2-71}$$

上式说明，电荷放大器的输出电压与传感器发出的电荷量 Q_a 成正比，与反馈电容 C_f 成反比，而与电缆电容无关。因此在长距离测量和经常需要改变输入电缆长度的场合，采用电荷放大器。

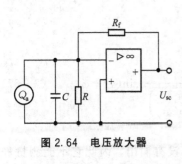

图 2.64　电压放大器

2）电压放大器

图 2.64 所示是具有电阻反馈的电压放大器，它的作用是放大传感器的微弱输出信号，并把传感器的高输出阻抗转换成较低值。

电压放大器的输出电压取决于电容值 C，而该电容值除电路中 C_i、C_a 不变之外，还随电缆电容 C_o 的改变而变化，如果改变电缆长度，则必须重新校正灵敏度。因此，在设计时应该把电缆长度定为常值。

4. 压电式传感器的应用

1）压电引信

压电引信是一种利用钛酸钡压电陶瓷的压电效应制成的军用弹丸启爆装置。它具有瞬发度高，不需要配置电源等优点，常应用于破甲弹上，对提高弹丸的破甲能力起着重要的作用，其结构如图 2.65 所示。

整个引信由压电元件和启爆装置两部分组成。压电元件安装在弹丸头部，启爆装置设置在弹丸的尾部，通过导线互连。压电引信的工作原理如图 2.66 所示。平时电雷管 E 处于短路保险安全状态，压电元件即使受压，其产生的电荷也通过电阻 R 释放掉，不会使电雷管引爆。

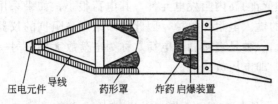

图 2.65　装甲弹压电引信结构图

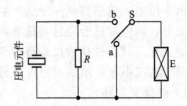

图 2.66　压电引信的工作原理

弹丸发射后，引信启爆装置解除保险状态，开关 S 从 a 处断开与 b 接通，处于工作状态。当弹丸与装甲目标接触时，碰撞压力使压电元件产生电荷，经过导线传递给电雷管使其启爆，引起弹丸爆炸，锥孔炸药爆炸形成的能量使药形罩熔化，形成高温高流速的能量流将坚硬的钢甲穿透，达到摧毁目标的目的。

2）压电式加速度传感器

在铸造生产中经常会遇到需要测量振动的情况。如测量造型机、落砂机的振幅、频率、加速度等，以求最佳设计参数。接触式振动测量目前大量采用压电式加速度传感器。

典型的压电式加速度传感器结构如图 2.67 所示。一根导线通过导电片一端与压电片相接，另一端直接与基座相连。压电片上面放一块用高密度金属制成的质量块，用一弹簧压紧。整个组件装在有基座的金属壳体中，壳体和基座约占整个传感器质量的一半。弹簧的作用是给晶片施加一定的预应力，保证在受力时晶片可以始终受到压力，同时也保证压电片的电压与作用力之间的线性关系。虽然压电片在加工时研磨得很好，但也很难保证全面、均匀地接触，因此接触电阻在最初阶段不是常数，而是随着压力变化的。但预应力也不能太大，否则将影响传感器的灵敏度。

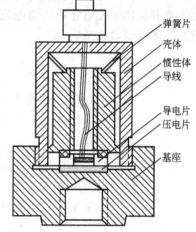

测量时，通过基座底部的螺孔将传感器与测试对象刚性地固定在一起，传感器感受与测试对象相同频率的振动。由于弹簧的刚度很大，因此质量块也感受与测试对象相同的振动。质量块就有一正比于加速度的交变力作用在压电片上，由于压电效应，在压电片两个表面产生电荷。传感器的输出电荷与作用力成正比，亦即与被测对象的加速度成正比。

图 2.67 压电式加速度传感器结构

弹簧片
壳体
惯性体
导线
导电片
压电片
基座

2.5.3　光电式传感器

光电式传感器是将光信号转换为电信号的传感器。光电式传感器具有结构简单、工作可靠、精度高、反应快和非接触工作的特点，被广泛应用在非电量电测量中。

1. 光电效应

因光照而引起物体电学特性改变的现象称为光电效应。光电效应可分为外光电效应和内光电效应两种。

光照物体向真空发射电子的现象称为外光电效应。金属中存在大量的具有一定能量的自由电子，在平常温度条件下不能离开金属表面。当受光辐射时，金属吸收光子，使内部的电子被激发到高能状态，并向表面运动。到达表面的电子能克服位垒而逸出，从而将光辐射能转换为逸出电子的电磁能。利用外光电效应制成的变换元件一般为光电管和光电倍增管。

光照物体的电导率发生变化或产生电动势的现象称为内光电效应。内光电效应分为光导效应和光生伏特效应。

物体在光照下吸收一部分光能，而使内部的原子释放出电子，导致物体导电性增加的现象称为光导效应。基于光导效应而制成的电阻称为光敏电阻，用光敏电阻制成的器件称为光导管。

光照使不均匀半导体或半导体与金属组合的不同部位之间产生电位差的现象称为光生伏特效应。依据光生伏特效应而制成的光电器件称为光电池。

2. 光敏元器件

1）光电管和光电倍增管

光电管的种类很多，图 2.68 所示为其典型结构，它是在真空玻璃泡内装入两个电极——光阴极和光阳极，光阴极可以是柱面形金属板，也可以是涂在玻璃泡内壁上的阴极涂料。在阴极前置入环形金属丝或柱形金属丝即为光阳极。

当光阴极受到适当波长的光线照射时便会发射电子，这些电子被加有一定电位的阳极吸收，从而在光电管内形成空间电子流。如果在外电路中串入适当阻值的电阻，则在此电阻上将有正比于光电管中空间电流的电压降，如图 2.69 所示，其幅值与光电管阴极受光照的亮度成函数关系。

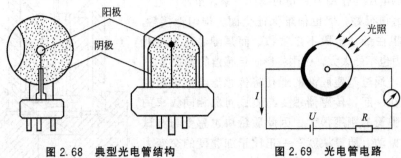

图 2.68 典型光电管结构　　　　　图 2.69 光电管电路

制造光电阴极常用的材料有锑-铯、银-氧-铯、银-铋-氧-铯等，光阴极对不同波长的光线有不同的灵敏度，称为频谱灵敏度。如氧-银-铯光电阴极在红光和红外光区具有较高的灵敏度，而锑-铯光电阴极频谱灵敏度的峰值在紫外光区。

当入射光极其微弱时，光电管产生的电流很小，即使光电流能被放大，但信号和噪声也会同时被放大，为此可采用光电倍增管。光电倍增管的工作原理如图 2.70 所示。它由光电阳极 A、阴极 C 和若干倍增极 D_i 组成。倍增极的数目为 4～14 个，在各倍增极上加一定电压，可使电子逐步加速。入射光首先使光阴极激发出电子，发射的电子轰击第一倍增极。放出电子，被 D_1、D_2 间电场加速，射向第二倍增极 D_2，并再次产生二次电子发射。如此下去，每经一次二次电子发射，电子数量有所增加，最后被阳极吸收，在光电阴极和光电阳极之间形成电流。

2）光敏电阻

光敏电阻是一种匀质半导体光敏元件。它是由一块两边带有金属电极的光电半导体组成，如图 2.71 所示。在黑暗的环境下，其阻值很高，但受到足够强的光照时，其导电性大大增强，并且光照越强，阻值越低；光照停止，阻值又恢复原值。

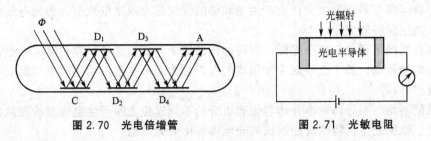

图 2.70 光电倍增管　　　　　图 2.71 光敏电阻

在可见光范围内应用最为广泛的光敏电阻有硫化镉、硒化镉光敏电阻，紫外波段大多用氧化锌、硫化锌光敏电阻等，红外波段用硫化铅、硒化铅光敏电阻等。光敏电阻在使用时不能使光电流超过额定值，以免烧坏器件。由于它具有体积小、质量小的优点，被广泛应用于自动检测与控制技术中。

3）光电池

光电池是一种直接将光能转换成电能的器件，其工作原理是基于光生伏特效应。常用的光电池有两种：一种是金属半导体型，如硒光电池；另一种是 PN 结型，如硅光电池。除此之外，还有硅太阳能电池、硫化镉太阳能电池等。它们光谱响应曲线如图 2.72 所示。

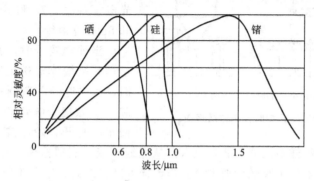

图 2.72　硅、硒、锗光电池的光谱响应曲线

4）光敏晶体管

光敏晶体管又称光电晶体管，包括光敏二极管和光敏三极管。

光敏二极管是一种用 PN 结单向导电性的结型光电器件，与一般半导体二极管相似，其 PN 结装在管的顶端，以便接受光照。光敏二极管在电路中通常工作在反向偏压状态。原理和接线如图 2.73 所示。在无光照射时，处于反偏的光敏二极管工作在截止状态；在有光照射时，PN 结附近的光子受到轰击，吸收光子能量而产生电子空穴对，它们在 PN 结处的内电场作用下作定向运动，P 区的少数载流子越过阻拦层进入 N 区，而 N 区的少数载流子越过阻拦层进入 P 区，从而使通过 PN 结的反向电流大为增加，形成光电流。而且光照越强，光电流越大。因此，可以认为在无光照射时，光敏二极管处于截止状态，在有光照射时，光敏二极管处于导通状态。

光敏三极管的结构与普通三极管相似，也分为 PNP 型和 NPN 型两种，其符号如图 2.74 所示。工作原理与光敏二极管相同，只过内部有两个 PN 结，在此不做介绍。

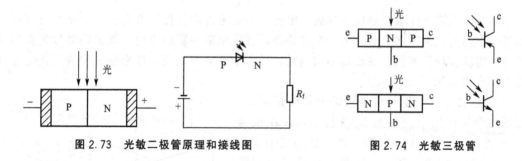

图 2.73　光敏二极管原理和接线图　　　　图 2.74　光敏三极管

3. 光电传感器的应用——型砂水分控制仪

图 2.75 所示为型砂水分控制仪的工作原理图，控制仪是利用测定型砂的过筛性来控制混砂机混制型砂时的水分。工作时，从混砂机中取出的砂样被送入振动器 1 的振动槽内，砂样从上层振动槽 2 不均匀前进，并落入带有宽、窄缝隙的中层槽 3 内；当砂子较干时，它经过窄缝 5 漏下；湿度继续增加，砂样将越过窄缝从宽缝 6 漏下；湿度再增加，砂

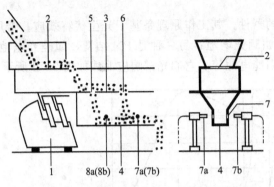

图 2.75　型砂水分控制仪工作原理图

样将越过窄、宽缝从中层槽前端流出。从窄缝 5 及宽缝 6 漏下的砂样进入底层槽 4 中。在底层槽底部的两侧臂前后各开设一对圆孔，圆孔外侧位置各装一套光电管装置，7a 和 8a 是聚焦光源，7b 和 8b 是光电管。

当砂样较干时，其从窄缝 5 流入底层槽并被槽体输送到底层槽 4 前端，这时，砂样遮断前后圆孔，即切断光源 7a 和 8a，致使光电管 7b 和 8b 无信号，电磁水阀打开，砂样被补充加水。当砂样湿度逐渐增加时，砂样不能从窄缝 5 流入而从宽缝 6 流入底部槽体，7a 和 7b 的光电装置有光电信号，控制电磁水阀减少加水量。当砂样湿度再提高，它已不能从窄缝、宽缝流入底层槽体，7a 和 7b、8n 和 8b 光电装置全部有光电信号，控制电磁阀完全停止加水。这就是型砂水分控制仪利用光电管控制水分的基本原理。

2.6　霍尔传感器

霍尔传感器是利用霍尔效应原理实现磁电转换，从而将被测物理量转换为电动势的传感器。1879 年霍尔在金属材料中发现霍尔效应，由于金属材料的霍尔效应太弱，未得到实际应用。直到 20 世纪 50 年代，随着半导体和制造工艺的发展，人们才利用半导体元件制造出霍尔元件。我国从 20 世纪 70 年代开始研究霍尔元件，现在已经能生产各种性能的霍尔元件。由于霍尔传感器具有灵敏度高、线性度好、稳定性高、体积小等优点，它已经广泛应用于电流、磁场、位移、压力、转速等物理量的测量。

2.6.1　霍尔效应

将导体或半导体置于磁场中并通入电流，若电流方向与磁场方向正交，则在与磁场和电流两者都垂直的方向上会出现一个电势差，该现象称为霍尔效应，该电动势称为霍尔电动势。实验和理论表明，在磁场不太强时，霍尔电动势与电流和磁感应强度成正比，与载流体厚度成反比。

霍尔效应的产生是由于运动电荷受磁场力、电场力作用的结果。如图 2.76 所示，一块长为 l、宽为 b、厚为 d 的半导体，置于磁感应强度为 B、方向为 z 的外磁场中。在与 x 轴相垂直的两个端面 C 和 D 上做两个金属电极，称为控制电极。控制电极上外加电压 U，在材料中便形成一个沿 x 轴方向的电流 I，称为控制电流。

假设材料是 N 型半导体，则导体的载流子是电子，电子沿与 I 相反的方向以速度 v 运动。在

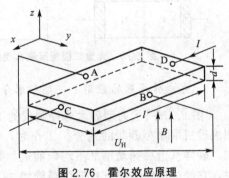

图 2.76　霍尔效应原理

z 轴方向的磁场作用下，电子将受到一沿 y 轴负方向的力的作用，这个力就是洛伦兹力 F_L，其大小为

$$F_L = evB \qquad (2-72)$$

式中：e 为电子电荷量，$e = 1.602 \times 10^{-19}$ C；v 为载流子运动速度；B 为磁感应强度。

在洛伦兹力作用下，电子向一侧偏转，使该侧形成负电荷的积累，另一侧形成正电荷的积累。这样，A、B 两端面因电荷积累而建立了一个电场 E_H，称为霍尔电场。该电场对电子的作用力为 $F_E = -eE_H$，式中的负号表示电场方向与规定方向相反。由于电场力与洛伦兹力相反，即阻止电荷的继续积累，当电场力与洛伦兹力相等时，电子的积累便达到动态平衡，即 $eE_H = evB$，由此得到霍尔电场的强度为

$$E_H = vB \qquad (2-73)$$

在 A 与 B 两点间建立的电势差称为霍尔电压，用 U_H 表示，其大小为

$$U_H = E_H b = vBb \qquad (2-74)$$

若 N 型半导体中的电子浓度（即单位体积中的电子数）为 n，则流过材料的电流为 $j = -nev$，负号表示电子运动速度方向与电流方向相反。而电流 $I = j \cdot bd = -nev \cdot bd$，从而得

$$v = \frac{I}{nebd} \qquad (2-75)$$

将式（2-75）代入式（2-74）得

$$U_H = -\frac{1}{ned} IB = R_H \frac{IB}{d} = k_H IB \qquad (2-76)$$

式中：$k_H = R_H / d$ 为霍尔灵敏度系数，它与载流材料的物理性质和几何尺寸有关，表示在单位磁感应强度和单位控制电流下霍尔电动势的大小；$R_H = -1/(ne)$ 为霍尔系数，由载流材料的物理性质决定。一般载流子电阻率 ρ、磁导率 μ 和霍尔系数的关系为

$$R_H = \rho\mu \qquad (2-77)$$

由于电子的迁移速率大于空穴的迁移速率，因而霍尔元件多用 N 型半导体材料。虽然金属导体的载流子迁移率很大，但其电阻率较低；而绝缘材料的电阻率较高，但载流子迁移率很低，所以两者不适宜于做霍尔元件。此外，由式（2-76）可知，元件的厚度 d 对灵敏度的影响也很大，元件的厚度越薄，灵敏度就越高。

2.6.2 霍尔元件的结构及测量电路

霍尔元件是一个四端器件，由霍尔片、四根引线和壳体组成。霍尔片是一块矩形半导体单晶薄片，在它的长度方向两端面焊有两根控制电流引线通常为红色导线。另两侧端面焊出的引线为霍尔输出，通常为绿色导线。霍尔元件的壳体一般用非导磁金属、陶瓷或环氧树脂封装。

霍尔元件的符号及基本测量电路如图 2.77 所示。图中，控制电流（激励电流）由电源 E 供给，其大小可调节电位器 R_P 来实现，霍尔元件输出端接负载 R_L，R_L 可以是一般电阻，也可以是放大器的输入电阻或指示器的内阻。

由于建立霍尔效应所需的时间很短（$10^{-14} \sim 10^{-12}$ s 之间），因此，控制电流用交流电时，频率可以很高。

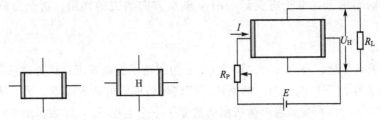

图 2.77 霍尔元件的符号及测量电路

2.6.3 霍尔元件的主要特性参数

（1）输入电阻 R_i 和输出电阻 R_o。R_i 为控制电极之间的电阻值，R_o 是指霍尔元件输出电极之间的电阻。测量时，应在无外磁场和室温变化的条件下，用电阻表测量。

（2）额定激励电流和最大允许控制电流。当霍尔元件通过控制电流使其在空气中产生 10℃ 的温升时，对应的控制电流值称为额定控制电流。元件的最大温升限制所对应的控制电流值称为最大允许控制电流。由于霍尔电动势随着激励电流的增大而增大，所以在实用中，在满足温升的条件下，尽可能地选用较大的工作电流。改善霍尔元件的散热条件可以增大最大允许控制电流值。

（3）不等位电动势 U_o 和不等位电阻 R_o。在额定控制电流下，不加外磁场时，霍尔输出电极空载输出电动势为不等位电动势。不等位电动势产生的主要原因是两个霍尔电极没有安装到同一等位面上所致。一般要求不等位电动势小于 1mV。不等位电动势 U_o 与额定控制电流 I_o 之比，称为霍尔元件的不等位电阻 R_o。

（4）寄生直流电动势。无外加磁场，霍尔元件通以交流控制电流时，霍尔电极的输出除了交流不等位电动势外，还有一个直流电动势，称寄生直流电动势。该电动势是由于霍尔元件的两对电极非完全欧姆接触形成整流效应，以及两个霍尔电极的焊点大小不等、热容量不同引起温差所产生的。因此，在霍尔元件制作和安装时，应尽量使电极欧姆接触，并做到有良好的散热条件。

2.6.4 霍尔元件的误差及补偿

1. 不等位电动势误差的补偿

不等位电动势是一个主要的零位误差。在制造霍尔元件时，由于制造工艺限制，两个霍尔电极不能完全位于同一等位面上，如图 2.78 所示。因此，当有控制电流 I 流过时，即使外加磁应强度为零，霍尔电极上仍有电动势存在，该电动势为不等位电动势。另外，由于霍尔元件的电阻率不均匀、厚度不均匀及控制电流的端面接触不良，也会产生不等位电动势。

为了减小不等位电动势，可以采用电桥平衡原理加以补偿。由于霍尔元件可以等效为一个四臂电桥，如图 2.79 所示。$R_1 \sim R_4$ 为电极间的等效电阻。理想情况下，不等位电动势为零，电桥平衡，相当于 $R_1 = R_2 = R_3 = R_4$。如果不等位电动势不为零，相当于四臂电阻不全相等，此时应根据霍尔输出电极两点电位的高低，判断应在哪一个桥臂上并联电阻，使电桥平衡，从而消除不等位电动势。图 2.80 所示为不等位电动势补偿电路原理，为了消除电动势，一般在阻值较大的桥臂上并联电阻。

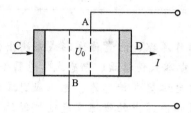

图 2.78 霍尔元件的不等位电动势

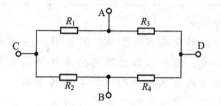

图 2.79 霍尔元件的等效电路

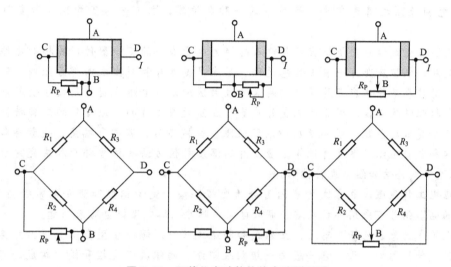

图 2.80 不等位电动势补偿电路原理图

2. 温度误差及其补偿

当温度变化时,霍尔元件的载流子浓度 n、迁移率 μ、电阻率 ρ 及灵敏度 k_H 都将发生变化,致使霍尔电动势变化,产生温度误差。

根据 $U_H = k_H IB$ 可知,只要保持 $k_H I$ 的乘积不变就可实现温度补偿。方法是用一个分流电阻与霍尔元件的控制电极并联,采用恒流源供电。当霍尔元件的输入电阻随着温度的升高而增加时,一方面,霍尔灵敏度增大,使霍尔电动势输出有增大趋向;另一方面,其输入电阻增大,旁路分流电阻自动加强分流,减小了控制电流 I,使霍尔电动势输出有减小趋向,使 $k_H I$ 基本不变,达到补偿的目的。图 2.81 所示为采用恒流源加并联补偿电阻温度补偿电路。

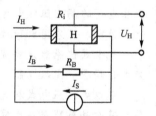

图 2.81 恒流源加并联电阻补偿法

小　结

　　传感器是一种能把特定的被测量信息(包括物理量、化学量、生物量等)按一定规律转换成某种可用信号输出的器件或装置,它一般由敏感元件、转换元件和变换电路三部分组成。

传感器分类方法很多，可按非电量形式、工作原理、能量传递形式或输出信号性质等分类。按其工作原理可分为电阻式传感器、电容式传感器、电感式传感器等。

电阻式传感器按其改变参数的不同，可分为电位器式传感器、电阻应变式传感器和热电阻或光敏电阻传感器三种类型。电位器式传感器中的线性线绕电位器的输出具有阶梯特性，非线性线绕电位器是根据特定测量要求设计的，是指其输出电压（或电阻）与电刷行程之间具有非线性关系的一种电位器，它可分为变骨架式和变节距式两种。

电阻应变式传感器是将应变量输入转换为电量输出的变换器件，其核心元件是电阻应变片。电阻应变片一般由敏感元件、基底、覆盖片和引出线四部分组成，可分为金属应变片和半导体应变片两种。两者的最大区别是：金属应变片是由于金属丝的变形而引起阻值改变，而半导体应变片是基于压阻效应工作的。应变片的工作特性参数一般包括灵敏度系数、横向效应、应变极限、机械滞后、零漂和蠕变、疲劳寿命、允许电阻和电流值以及温度特性等。应变片的温度补偿方法有桥路补偿和应变片自补偿（包括选择式补偿和组合式补偿）两种。

根据工作原理，电容式传感器可分为变极距型、变面积型和变介电常数型三种。输出的电容信号可采用桥式电路、调频电路、脉冲电路或谐振电路来测量。

电感式传感器包括自感式、互感式和涡流式三种。螺线管型差动变压器式传感器是互感式传感器的一种，它一般由一组初级绕组、两组次级绕组和铁心构成，其输出呈 V 字特性，但具有零点残余电压。涡流式传感器又包括高频反射式和低频投射式两种。

磁电式传感器是一种速度型传感器，它基于电磁感应定律而工作。压电式传感器是基于压电效应而工作的，只能用于测量动态参数，而不能用于测量静态参数。常用的压电材料有石英晶体、钛酸钡类、锆钛酸铅系（PZT）等。由于压电传感器是一个能产生电荷的高内阻发电元件，其电荷很小，因此必须采用高阻抗的仪器测量电荷的变化。目前，可采用电荷放大器，也可采用电压放大器作为前置放大器。

光电式传感器是将光信号转换为电信号的传感器。常用的光敏元器件有光电管、光电倍增管、光敏电阻、光电池和光敏晶体管等。

磁电式、压电式和光电式传感器都属于电动势式传感器，不需要辅助电源即可工作。霍尔传感器是基于霍尔效应工作的。将导体或半导体置于磁场中并通入电流，若电流方向与磁场方向正交，则在与磁场和电流两者都垂直的方向上会出现一个电势差，这种现象称为霍尔效应，该电动势称为霍尔电动势。

根据霍尔效应，霍尔元件常用 N 型半导体制作，它是一个四端器件。由于制作工艺等因素的制约，霍尔元件存在一个不等位电动势；同时，由于温度的影响产生温度误差，因此，霍尔元件一般需要进行不等位电动势误差和温度误差的补偿。

【关键术语】

电阻式传感器　电容式传感器　电感式传感器　磁电式传感器　光电式传感器　压电式传感器　霍尔传感器　应变片

综合习题

一、填空题

1. 按传感器传递能量的形式分类，可将传感器分为＿＿＿＿＿＿＿＿＿＿和＿＿＿＿＿＿＿＿＿＿两种，其中＿＿＿＿＿＿＿＿＿＿需要辅助能量，而被测量只能对传感器中的辅助能量起控制和调节的作用。

2. 电位器式传感器的输出具有＿＿＿＿＿＿特性。

3. 粘贴在试件上的应变片，在恒定的应变及恒定的环境中，应变片的电阻值随时间变化的特性称为应变片的＿＿＿＿＿＿；试件在不受力的条件下，在恒定的环境中，应变片的指示值随时间变化的特性称为应变片的＿＿＿＿＿＿。

4. 应变片电阻值是指应变片在尚未粘贴、未受力情况下，在室温下测定的值。其中以＿＿＿＿＿＿ Ω 最为常用。

5. 对应变片的温度补偿通常有两种方法，分别为＿＿＿＿＿＿＿和＿＿＿＿＿＿＿。

6. 电容式传感器的常用测量电路有＿＿＿＿＿＿、＿＿＿＿＿＿、＿＿＿＿＿＿和＿＿＿＿＿＿。

7. 由压电式传感器的频率响应特性可知，它只能用于测量＿＿＿＿＿＿＿＿＿＿参数。

8. 对于压电式晶体切片，当沿＿＿＿＿＿轴施加压力时，产生的电荷与切片尺寸无关。

9. 压电传感器相当于一个能产生电荷的高内阻发电元件，因其电荷量很小，一般测量该电荷时可用两种前置测量电路，其一是＿＿＿＿＿＿＿＿＿＿，其二是＿＿＿＿＿＿＿＿＿＿。

10. 涡流传感器的线圈与被测物体的距离减小时，互感系数 M 将＿＿＿＿＿＿＿＿。

二、选择题

1. 下列哪个光敏元器件是根据光导效应原理制成的？（　　）

A. 光电管
B. 光敏电阻
C. 光电倍增管
D. 光电池

2. 在下列传感器的分类中，哪一个不是基于工作原理分类的。（　　）

A. 热电传感器
B. 电感式传感器
C. 压力传感器
D. 电容式传感器

3. 如图 2.82 所示是磁电式传感器的测量电路，当开关 S 拨向位置 1 时，可测得以下哪个物理量？（　　）

A. 速度
B. 加速度
C. 位移

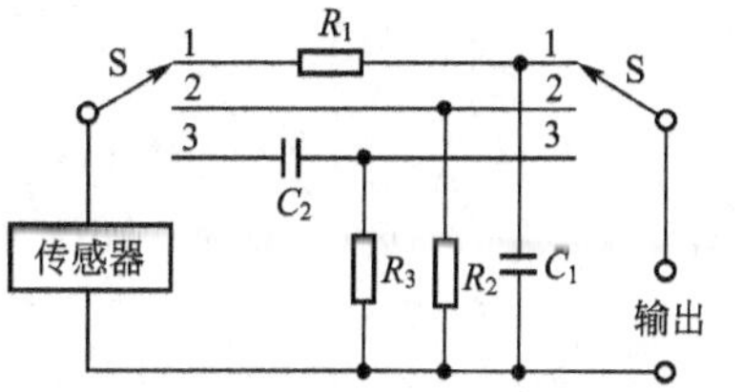

图 2.82 磁电式传感器的测量电路

4. 变面积式自感传感器，当衔铁移动使磁路中空气缝隙的面积增大时，铁心上线圈的电感量（　　）。

A. 增大
B. 减小
C. 不变

5. 在光的作用下，电子吸收光子能量从键合状态过渡到自由状态，引起物体电阻率的变化，这种现象称为（　　）。

A. 磁电效应   B. 声光效应

C. 光生伏特效应   D. 光电导效应

三、简答题

1. 金属丝应变片与半导体应变片的工作原理有何区别？

2. 如何消除差动变压器式传感器的零点残余电压？

3. 应变片的工作特性参数有哪些？如何实现应变片的温度补偿？

4. 常用的光敏元器件有哪几种类型？

5. 以高频反射式涡流传感器为例简述电涡流式传感器的工作原理。

6. 简要说明霍尔传感器的工作原理及典型应用。

7. 为什么大多数的霍尔元件都是用 N 型半导体制作的，而不用 P 型和金属？

8. 已知应变片的电阻 $R=20\Omega$，$k=2.0$，贴于受轴向拉伸的碳钢试样表面，应变片的轴线与试件轴线平行，试件的弹性模量 $E=2.1\times10^{11}\mathrm{N/m^2}$。若加载到应力 $\sigma=2.1\times10^{8}\mathrm{N/m^2}$，试求应变片阻值的变化。如果采用 120Ω 的半导体压阻式应变片（$k_0=100$），将其也贴于上述试件上，试求其电阻的变化。

四、名词解释

零点残余电压　压电效应　压阻效应　光电效应　霍尔效应

五、思考题

任选一种被测量对象，用你所熟悉的传感器组成测量系统进行测量，阐述测量过程及测量系统，重点阐述传感器部分。

第 **3** 章
温度测量技术

 本章知识构架

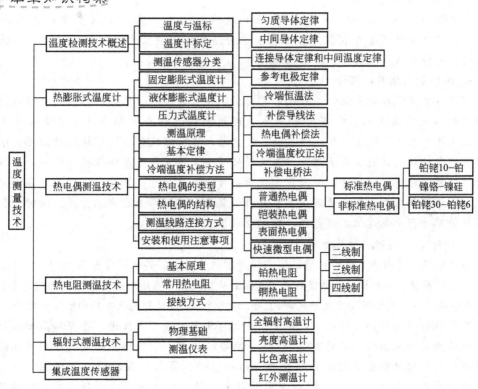

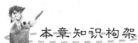 本章教学目标与要求

- 了解温标的建立过程和温度计的标定方法，熟悉测温传感器的分类；
- 了解热膨胀式温度计和集成温度传感器，熟悉辐射式测温技术，掌握热电偶测温技术和热电阻测温技术；
- 掌握热电偶测温的原理、基本定律、冷端温度补偿方法、类型和结构，熟悉热电偶测温的线路连接方式及热电偶的安装和使用注意事项；
- 掌握金属热电阻和半导体热敏电阻的测温原理，掌握常用热电阻和热电阻的接线方式；
- 了解辐射式测温的物理基础，熟悉常用的辐射式测温仪表；
- 了解 AD590、AD592、LM35 等集成温度传感器。

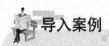

导入案例

高温盐浴炉温度的测量

某公司的高温盐浴炉主要用于各种刀具的淬火，其加热方式为高频电加热，炉内熔质为 $BaCl_2$，热处理温度($1220\sim1260℃$)依材料不同而不同，允差为 $±10℃$。对于这类过程的温度检测，曾采用过以下几种方式。

1. 金属保护管热电偶

最先选用的热电偶丝是铂铑10－铂，该热电偶丝的特点是熔点高，并具有良好的抗氧化性。保护管选用金属不锈钢(1Cr18Ni9Ti)，它具有机械强度高、导热性能好的特点。但使用两次后，保护管因耐热性差被严重腐蚀，且多处被蚀穿，造成热电偶丝严重腐蚀而损坏。

2. 非金属保护管热电偶

热电偶丝仍选用铂铑10－铂，保护管改用非金属的高纯氧化铝管，其熔点为 $2050℃$，正常使用温度为 $1700℃$。但在实际使用中因温差太大而导致的保护管经常性的断裂，同样会造成热偶丝严重腐蚀而损坏。

3. 非接触式辐射高温计

WFT－202型辐射高温计是非接触式辐射测温仪表，它是根据物体的热辐射效应原理测量物体表面温度的。它不会对测量点附近的温度场产生影响，在环境温度超过 $80℃$ 或空气介质中含有水蒸气、烟雾时，可借助水冷、通风等装置降低环境温度，吹净测量通道中的烟气以减小测量误差。在实际使用中发现它易受现场环境的干扰。如操作者对热处理工件进行操作时，会严重干扰辐射计的光路信号；另外，由于熔质在高温阶段产生的烟雾相当大，即使盐浴炉安装有抽风装置，其烟雾依然存在。以上两种干扰在盐浴炉使用过程中都是难以避免的，因而造成很大的测量误差。

4. WR*TY 高温抗蚀热电偶

该热电偶与普通热电偶的主要区别在保护管的选材上，其保护管采用 Al_2O_3 和 Mo 特制的双层保护管。实践证明，该类热电偶能很好地满足高温盐浴炉温度检测工作的需要。同时，在装配形式上选用活动法兰角尺形式，可方便拆卸，以便热电偶今后的检定和维修。

为降低铂铑热电偶丝的成本，在使用中还可进行以下三种改进：①将转角接线过渡盒至接线盒的一段铂铑丝用耐高温 SC 型补偿导线替代。②用钨铼热电偶丝替代铂铑热电偶丝。该种热电偶是目前耐热性能最好的热电偶，最高可在 $3000℃$ 下使用，并具有热电动势率高、灵敏度高、温度-电动势线性好、热稳定性好、原材料丰富、价格便宜等特点，但采用这种热电偶需更改原控温系统中温控仪和记录仪的分度号。③在实际工作中，由于热电偶在 $1260℃$ 高温段的工作时间最长不超过 4h，因此可以用复合 K 型铠装热电偶替代铂铑热电偶。这种热电偶与常规热电偶在外层结构上有所不同，它是将原单层保护层改为内外双层保护层，在外保护层采用高温合金管进行铠装，同时加大了热电偶丝的直径，从而使其耐高温性有了极大的提高，但采用这种热电偶也需更改原控温系统中温控仪和记录仪的分度号。

问题：

(1) 铂铑10－铂热电偶具有哪些特点？它主要应用于哪些场合？

（2）非接触式辐射测温具有哪些特点？除热电偶测温和辐射测温外，您还知道有哪些测温方法吗？

（3）SC 型补偿导线是指什么？K 型热电偶是指什么？为什么改用热电偶丝后要改换控温仪和记录仪？

➡ 资料来源：钟黎平. 高温盐浴炉温度的测量. 中国计量，2008，(3).

3.1　温度测量技术概述

3.1.1　温度与温标

温度是用来定量地描述物体冷热程度的物理量。温度概念的建立是以热平衡为基础的。两个物体处于同一热平衡状态，就具有某一共同的物理性质，表征这个物理性质的量就是温度，也就是说此时两物体的温度相等。如果两物体的温度不同，它们之间就不会热平衡，就有热交换，热量将由高温物体传输给低温物体。

温度虽然不能直接测量，但是物体温度的变化会引起物质的某些物理量的变化，如体积、电阻、热电动势等等，因此，可以通过测量这些物理量来达到测量温度的目的。为了保证温度量值的准确和统一，需要建立一个衡量温度的标准尺度，该标准尺度简称为温标。温标的建立曾经历了一个逐渐发展、不断修改和完善的渐进过程。

1. 经验温标

为了确定地描述温度的数值，通常以两个特征温度为基准点建立温标。早期温标大多基于经验公式或人为规定，由一定的实验方法确定，称为经验温标。例如，1714 年德国科学家华伦海特(Fahrenhrit)以水银为测温介质，制成玻璃水银温度计，选取氯化铵和冰水的混合物为温度计的零度，人体的温度为温度计的 100 度，根据温度计的体膨胀距离分成 100 份，每一份为 1 华氏度，记作 1°F。按照华氏温标，则水的冰点定为 32°F，沸点定为 212°F。1740 年瑞典天文学家摄西阿斯(Celsius)提出在标准大气压下把水的冰点定为零度，水的沸点定为 100 度。根据水的这两个固定温度点作 100 等分，每一份称为 1 摄氏度，记作 1°C。摄氏度值和华氏度值的关系为

$$F = \frac{9}{5}t + 32 \tag{3-1}$$

式中：F 为华氏度值(°F)；t 为摄氏度值(°C)。

经验温标均依赖于其规定的测量物质，测温范围也不能超过其上下限（如 0°C 和 100°C）。

2. 热力学温标

1848 年英国科学家开尔文(Kelvin)提出以卡诺循环为基础建立热力学温标。他根据热力学理论，认为物质有一个最低温度点存在，定为 0 开(0K)，把水的三相点温度 273.16K（相当 0.01°C）选作唯一的参考点，在该温标中不会出现负温度值，热力学温度的单位为 K。从理想气体状态方程入手可以复现热力学温标，称作绝对气体温标。这两种温标在数值上完全

开尔文(Kelvin)原名 William Thomson，他是 19 世纪英国卓越的物理学家，1845 年毕业于剑桥大学，1846 年被选为格拉斯哥大学自然哲学(当时是物理学的别名)教授。由于他在装设大西洋海底电缆中有功，英国政府于 1866 年封他为爵士，后又于 1892 年封他为男爵，称为开尔文男爵，以后他就改名为开尔文。1877 年被选为法国科学院院士。开尔文担任教授 53 年之久，到 1899 年才退休。1904 年他出任格拉斯哥大学校长，直到逝世。他一生发表论文 600 余篇，获得 70 种发明专利。

Kelvin 1824—1907

相同，且与测温物质无关。由于不存在理想气体和理想卡诺热机，故这类温标是无法实现的。在使用气体温度计测量温度时，要对其读数进行许多修正，修正过程又依赖于许多精确的测量，于是就导致了国际温标的问世。

3. 国际温标

国际温标(International Temperature Scale，ITS)是用来复现热力学温标的，其指导思想是采用气体温度计测出一系列标准固定温度，以它们为依据在固定点中间规定传递的仪器及温度值的内插公式。

第一个国际温标制定于 1927 年，此后随着社会生产和科学技术的进步，温标的探索也在不断地进展，1989 年 7 月国际计量委员会批准了新的国际温标，简称 ITS-90。我国于 1994 年 1 月 1 日起全面推行 ITS-90 新温标。ITS-90 同时定义了国际开尔文温度(变量符号为 T_{90})和国际摄氏温度(变量符号为 t_{90})。水三相点热力学温度为 273.16K，摄氏度与开尔文度保留原有的简单的数值上的关系式

$$t_{90} = T_{90} - 273.15℃$$

ITS-90 对某些纯物质各相(固、液体)间可复现的平衡态温度赋予给定值，即给予了定义，定义的固定点共 17 个。ITS-90 规定把整个温标分成四个温区，其相应的标准仪器如下：$0.65 \sim 5.0$K 之间，T_{90} 用 ^{3}He 和 ^{4}He 蒸气压与温度的关系式来定义；$3.0 \sim 24.5561$K(氖三相点)之间，用氦气体温度计来定义；13.8033K(平衡氢三相点)$\sim$ 961.78℃(银凝固点)之间，用基准铂电阻温度计来定义；961.78℃ 以上，用单色辐射温度计或光电高温计来复现。

3.1.2 温度计标定

对温度计的标定有标准值法和标准表法两种方法。

标准值法就是用适当的方法建立一系列国际温标定义的固定温度点作标准值，把被标定温度计或传感器依次置于这些标准温度值之下，记录下温度计的相应值，并根据国际温标规定的内插公式对温度计或传感器的分度进行对比记录，从而完成对温度计的标定；被标定后的温度计可作为标准温度计。

更常用的标定方法是把被标定温度计(或传感器)与已被标定的更高一级精度的温度计(或传感器)紧靠在一起，同置于可调节的恒温槽中，分别把槽温调节到所选定的若干个温度点，比较和记录两者的读数，获得一系列对应差值，经过多次升降温度的重复测试，若这些差值稳定，则记录的差值就可用作被标定温度计的修正量。世界各国根据国际温标规

定建立自己的标准，并定期和国际标准比较，以保证其精度和可靠性。

3.1.3 测温传感器分类

按照基本测量方法，测温传感器可分为接触式和非接触式两大类。

接触式测温方法是基于热平衡原理，即测温敏感元件必须与被测介质接触，使两者处于同一热平衡状态而相互没有热迁移，测温部分与被测目标保持同一温度，也就是说根据测温部分的温度，即可知道被测目标的温度。

非接触式是利用被测目标的辐射来测量温度的方法，它是利用辐射的能量与被测目标温度间的一定关系。由于测温仪表的测温部分不与被测目标接触，因此两者不必是同一温度，只要看到被测目标就可进行测量。

常用测温方法、类型及特点列于表 3-1 中。

表 3-1 常用测温方法、类型及特点

温度计或传感器类型			测温范围/℃	精度/%	特　点
接触式	热膨胀式	水银	−50～650	0.1～1	简单方便；易损坏，感温部大
		双金属	—	—	结构紧凑、牢固可靠
		压力　液	−30～600	1	耐振、坚固、价廉，感温部大
		气	−20～350		
	热、电偶	铂铑-铂 其他	0～1600 −200～1100	—	种类多、适应性强，结构简单、方便、经济、应用广泛
	热、电阻	铂 镍 铜	−260～600 −51～300 0～180	0.1～0.3 0.2～0.5 0.1～0.3	精度及灵敏度均好，感温部大，须注意环境温度的影响
		热敏电阻	−50～350	0.3～1.5	体积小、响应快，灵敏度高；线性差，注意环境温度的影响
	集成温度传感器		−50～150	—	体积小，灵敏度和精度高，线性度好
非接触式	辐射温度计 光学高温计		800～3500 700～3000	1 1	非接触式测温，不干扰被测温度场，辐射率影响小，应用简便，但不能用于低温
	热电探测器 热敏电阻探测器 光子探测器		200～2000 −50～3200 0～3500	1 1 1	非接触式测温，不干扰被测温度场，响应快，测温范围大，适于测温度分布、易受外界干扰，定标困难的场合
其他	碘化银 二碘化汞 液晶等		−35～200	小于1	测温范围大，经济方便，特别适合于大面积连续运转零件上的测温；精度低，人为误差大

3.2 热膨胀式温度计

1. 固体膨胀式温度计

固体膨胀式温度计中最常见的是双金属温度计，如图 3.1 所示，其典型的敏感元件为两种粘在一起且膨胀系数有差异的金属。双金属片组合成温度检测元件，也可以直接制成对温度测量的仪表。该类温度计通常的制造材料是高锰合金与殷钢。殷钢的膨胀系数仅为高锰合金的 1/20，两种材料制成叠合在一起的薄片，其中膨胀系数大的材料为主动层，小的为被动层。将复合材料的一端固定，另一端自由，当温度升高时，自由端将向被动层一侧弯曲，弯曲程度与温度相关。自由端焊上指针和转轴(可随温度变化自由旋转)构成了室温计和工业用的双金属温度计。它也可用来实现简单的温度控制。固体膨胀式温度仪表的型号较多，WTJ-1 型测量范围为 −40∼500℃，耐振，适合航空、航海的应用。

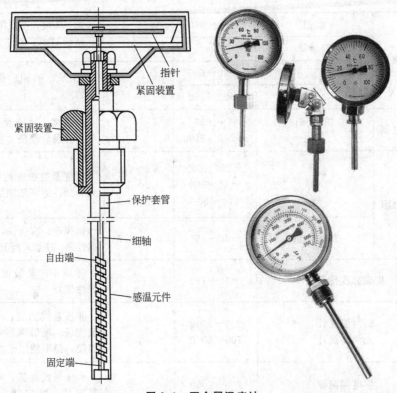

图 3.1 双金属温度计

2. 液体膨胀式温度计

伽利略最早提出了利用空气热膨胀原理测定热力学温度计，然而这类温度计使用十分不方便。后来诞生了液体介质温度计，并在实践中得到推广应用。酒精与水银温度计是众所周知的测温仪表，但它还不能用于遥测遥控。

图 3.2 是一种简单的液体膨胀式温度计结构示意图。

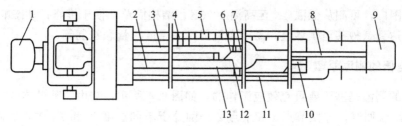

图 3.2　液体膨胀式温度计结构示意图

1—调整螺母；2—给定指示值；3—螺旋轴；4—标尺；5—圆玻璃；
6—铂丝接触点；7—扇形玻璃管；8—水银柱；9—玻璃温包；
10，11—铜丝；12—铂丝；13—导线

在水银温度计的感温包附近引出一根导线，在对应的某个温度刻度线处再引出一根导线，当温度升高到此刻度时，水银柱就会把电路接通；反之，温度下降到该刻度以下，又会把电路断开，这就构成了具有固定切换值的位式作用温度传感器。这类温度计测量范围可达 −30～750℃，分度值达到 0.05℃，其优点是简单直观、使用方便，有较高的灵敏度和精度；缺点是脆弱易碎、热惯性大，水银溢出对环境有污染，只能输出开关量信号。

3．压力式温度计

压力式温度计是根据一定质量的液体、气体在定容条件下其压力与温度呈确定函数关系的原理制成的。

图 3.3 为压力式温度计的结构示意图和实物图，主要由感温包、传递压力元件、压力敏感元件（弹簧管、膜盒、波纹管等）、齿轮或杠杆传动机构、指针和读数盘组成。感温包、传递压力元件和弹簧管的内腔共同构成一个封闭容器，其中充满了感温介质。当感温包受热后，内部介质因温度升高而压力增大，压力的变化经传递压力元件传递给弹簧管使其变形，并通过传动系统带动指针偏转，指示出相应的温度数值。

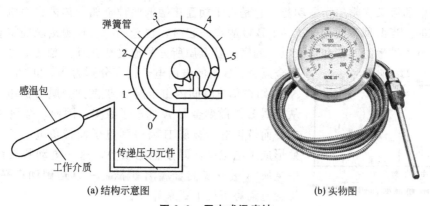

(a) 结构示意图　　　　　　　　　(b) 实物图

图 3.3　压力式温度计

3.3　热电偶测温技术

热电偶被广泛用于生产、科研中，和其他测温元件相比较，具有如下特点：测温精度

高、测温范围广,可测从低温 4K 至高温 3073K;结构简单,便于维修;动态响应速度快,时间常数可达到毫秒甚至微秒级;易于实现远距离温度测量和控制等。

3.3.1 热电偶的测温原理

热电偶的测温是基于塞克效应工作的,如图 3.4 所示,它由两种导体(或半导体)A、B 组成一个闭合回路,并使节点 1 和节点 2 分别处于不同温度 T 和 T_0 中,回路中就会产生热电势,这一现象称为温差效应或塞贝克效应,即通常所说的热电效应。

相应的热电动势称为温差电动势或塞贝克电动势;导体 A、B 称为热电极(图 3.5 所示的 K 型热电偶丝);置于被测温度场中的节点称为测量端或工作端或热端;置于某一恒定温度中的节点称为参考端或自由端或冷端。

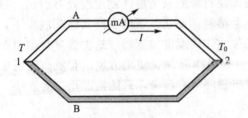

图 3.4　热电偶工作原理示意图

图 3.5　镍铬-镍硅热电偶丝

热电偶产生的热电动势 $E_{AB}(T, T_0)$ 是由两种导体的接触电动势和单一导体的温差电动势组成的。而且,总的热电动势与温度之间存在着连续的对应关系,根据这种对应关系,可以测定各种热电偶的热电特性曲线,并可以制成各种型号热电偶热电动势—温度对应表,即分度表。

1. 接触电动势

接触电动势又称帕尔帖电动势,它是由于相互接触的两种金属导体内自由电子的密度不同造成的。当两种不同的金属 A、B 接触在一起时,在金属 A、B 的接触处将会发生电子扩散。电子扩散的速率和自由电子的密度及金属所处的温度成正比。如图 3.6 所示,假设金属 A、B 中的自由电子密度分别为 N_A 和 N_B,且 $N_A >$

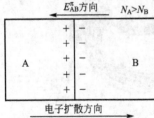

图 3.6　接触电动势示意图

N_B,则在单位时间内由金属 A 扩散到金属 B 的电子数要比从金属 B 扩散到金属 A 的电子数多。因此,金属 A 因失去电子而带正电,金属 B 因得到电子而带负电。于是在接触处形成了电位差,即接触电动势,这一电动势要阻碍电子由金属 A 进一步向金属 B 扩散,一直达到动态平衡为止。接触电动势可用下式来计算:

$$E_{AB}^{\pi}(T) = \frac{kT}{e} \ln \frac{N_A}{N_B} \qquad (3-2)$$

式中:$E_{AB}^{\pi}(T)$ 为接触电动势或帕尔帖电动势;k 为玻耳兹曼常数 $k = 1.38 \times 10^{-16} \mathrm{J/K}$;$T$ 为热力学温度;e 为电子电荷量 $e = 1.60 \times 10^{-19} \mathrm{C}$;$N_A$ 和 N_B 分别为金属 A 和 B 的自由电子密度。

接触电动势的方向规定为电子密度小的金属指向电子密度大的金属。

2. 温差电动势

温差电动势又称汤姆孙电动势。如图 3.7 所示，在一根均匀的金属导体中，如果导体两端的温度不同，则导体内部也会产生电动势，这种电动势称为温差电动势或汤姆孙电动势。

温差电动势的形成是由于导体内高温端自由电子的动能比低温端自由电子的动能大，高温端自由电子的扩散速率比低温端大，因此，对于导体的某一薄层来说，温度较高的一端失去电子带正电，温度较低的一端得到电子而带负电，从而形成电位差。假设导体两端的温度分别为 T 和 T_0，则温差电动势可由下式表示：

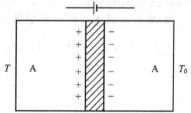

图 3.7   温差电动势示意图

$$E_A^e(T, \ T_0) = \int_{T_0}^{T} \sigma_A dT \tag{3-3}$$

式中：σ_A 为导体 A 的汤姆孙系数；$E_A^e(T, \ T_0)$ 为温差电动势。

对于两种金属导体 A、B 组成的热电偶回路，温差电动势等于 A、B 两种金属导体的温差电动势的代数和，即

$$E_{AB}^e(T, \ T_0) = \int_{T_0}^{T} (\sigma_A - \sigma_B) dT \tag{3-4}$$

式中，减号表示两温差电势方向相反。

综上，对于匀质导体 A、B 组成的热电偶，总电动势为接触电动势和温差电动势之和，即

$$E_{AB}(T, \ T_0) = E_{AB}^{\pi}(T) - E_{AB}^{\pi}(T_0) + \int_{T_0}^{T} (\sigma_A - \sigma_B) dT \tag{3-5}$$

讨论：

(1) 两种材料相同时，由于电子密度相同，所以 $E_{AB}^{\pi}(T) = 0$，$E_{AB}^{\pi}(T_0) = 0$；而 $\int_{T_0}^{T} \sigma_A dT = \int_{T_0}^{T} \sigma_B dT$，即温差电动势大小相等，方向相反，故 $E_{AB}(T, \ T_0) = 0$。

(2) 两种材料不同，但 $T = T_0$ 时，$E_{AB}^{\pi}(T) = E_{AB}^{\pi}(T_0)$，$\int_{T_0}^{T} (\sigma_A - \sigma_B) dT = 0$，故 $E_{AB}(T, \ T_0) = 0$。

因此得出结论：①热电偶必须由两种不同材料的热电极组成；②热电偶的两接触点必须具有不同的温度；③当热电极材料固定后，热电动势 $E_{AB}(T, \ T_0)$ 是温度 $(T, \ T_0)$ 的函数。如果保持 T_0 不变，则 $E_{AB}(T, \ T_0)$ 是 T 的单值函数。

3.3.2 热电偶测温的基本定律

利用热电偶测温时，必须在热电偶回路中引入连接导线和测量仪表，它们可能会对热电动势造成一定的影响，因此，有必要进一步掌握热电偶应用的基本定律。

1. 匀质导体定律

在由相同导体或半导体组成的闭合回路中，不论几何尺寸如何以及各处温度分布如何，都不能产生热电动势。

应用这一定律可以来校验热电偶，如果由匀质材料组成热电偶回路，则不产生测温作用；若热电偶的热电极是由非匀质材料组成的闭合回路，且存在温差时，则有热电动势输出，其值越大，说明热电极的成分和应力分布越不均匀，因此可以检查热电极的不均匀性。

2. 中间导体定律

在热电偶回路中，只要中间导体两端温度相同，那么接入中间导体后，对热电偶总的热电动势没有影响。

如图 3.8 所示，用中间导体 C 接入热电偶回路，其总热电动势为

$$E_{ABC}(T, T_0) = E_{AB}^{\pi}(T) + E_{BC}^{\pi}(T_0) + E_{CA}^{\pi}(T_0) + \int_{T_0}^{T} \sigma_A dT - \int_{T_0}^{T} \sigma_B dT + \int_{T_0}^{T} \sigma_C dT$$

$$(3-6)$$

因为

$$E_{BC}^{\pi}(T_0) + E_{CA}^{\pi}(T_0) = \frac{kT_0}{e} \ln \frac{N_B}{N_C} \cdot \frac{N_C}{N_A} = \frac{kT_0}{e} \ln \frac{N_B}{N_A} = E_{BA}^{\pi}(T_0) = -E_{AB}^{\pi}(T_0) \quad (3-7)$$

$$\int_{T_0}^{T} \sigma_C dT = 0 \tag{3-8}$$

于是

$$E_{ABC}(T, T_0) = E_{AB}^{\pi}(T) - E_{AB}^{\pi}(T_0) + \int_{T_0}^{T} \sigma_A dT - \int_{T_0}^{T} \sigma_B dT = E_{AB}(T, T_0) \quad (3-9)$$

若在回路中接入多个导体，只要每个导体两端温度相同，也可得到同样的结论。

应用这一定律，可在热电偶回路中串入显示仪表或连接导体，只要显示仪表或连接导体两端温度相同，那么对热电偶产生的热电动势没有影响，也就不会影响测试精度。

3. 连接导体定律和中间温度定律

如图 3.9 所示，假设热电偶两极线两端温度为 T_1、T_2，连接导线两端温度为 T_2、T_3。如果测得 T_1 端和 T_3 端的热电动势为 $E_{ABB'A'}(T_1, T_2, T_3)$，则它必然为热电偶 A、B 的热电动势 $E_{AB}(T_1, T_2)$ 与连接导线 A'、B' 在温度 T_2 和 T_3 时的热电动势 $E_{A'B'}(T_2, T_3)$ 的代数和，即

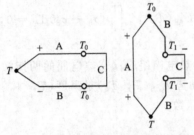

图 3.8　有中间导体的热电偶回路图

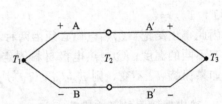

图 3.9　用导线连接的热电偶回路

$$E_{ABB'A'}(T_1, T_2, T_3) = E_{AB}(T_1, T_2) + E_{A'B'}(T_2, T_3) \tag{3-10}$$

上式称为连接导体定律，它是热电偶测温应用补偿导线的理论基础。在实际中，A' 和 B' 采用补偿导线，或在两节点同温度条件下，是热电偶本身直接和配用仪表相接。

在式（3-10）中，如果 A 与 A' 材料相同，B 与 B' 材料相同，则回路的总电动势可表示为

$$E_{AB}(T_1, T_2, T_3) = E_{AB}(T_1, T_2) + E_{AB}(T_2, T_3) \tag{3-11}$$

式（3-11）表明：热电偶在节点温度为 T_1、T_3 时的热电动势 $E_{AB}(T_1, T_3)$ 等于热电偶在 (T_1, T_2)、(T_2, T_3) 时相应的热电动势 $E_{AB}(T_1, T_2)$ 与 $E_{AB}(T_2, T_3)$ 的代数和，这就是中间温度定律，它是制定热电偶分度表的理论基础。

4. 参考电极定律

如图 3.10 所示，如果将热电极 C 作为参考电极与任意两热电极 A、B 配对，那么在节点温度(T, T_0)相同的情况下，任意两电极 A、B 再行配对后的热电动势为

$$E_{AB}(T, T_0) = E_{AC}(T, T_0) - E_{BC}(T, T_0) \tag{3-12}$$

式中：$E_{AB}(T, T_0)$为 A、B 两热电极配对后，在节点温度为(T, T_0)时的热电动势；$E_{AC}(T, T_0)$为参考电极 C 与热电极 A 配对后，节点温度为(T, T_0)时的热电动势；$E_{BC}(T, T_0)$为参考电极 C 与热电极 B 配对后，节点温度为(T, T_0)时的热电动势。

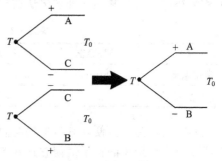

应用参考电极定律，可以通过计算预测某两种热电极配对后将可能产生的热电动势值，从而简化热电偶的选配工作。

图 3.10　中间温度定律

3.3.3　热电偶的冷端温度补偿方法

热电偶的热电动势值与热电极材料和两节点的温度有关，而热电偶的分度表以及根据分度表的测温仪表都是以热电偶冷端温度为 0℃为基础的。但实际上热电偶的冷端温度不可能一直自然保持在 0℃或某一固定温度，因此需要对热电偶进行冷端温度补偿。目前，温度补偿的方法主要有以下几种。

1. 冷端恒温法

冷端恒温法主要包括以下方法：

(1) 将冷端放在冰水混合物中，维持冷端温度为 0℃，此方法精度高，用于实验室进行热电偶校正；

(2) 将冷端放在盛油的容器中，利用油的惰性使冷端温度恒定；

(3) 将冷端放在加热的恒温器中，恒温器用电加热，并用自动控制装置使其温度恒定。

2. 冷端温度校正法

当冷端温度T_n大于 0℃时，由

$$E_{AB}(T, T_n) = E_{AB}(T, T_0) - E_{AB}(T_n, T_0) \tag{3-13}$$

可知热电偶输出的热电动势将比$E_{AB}(T, T_0)$小，这一热电动势输入仪表后，仪表的指示温度$T_指$将比被测温度 T 低ΔT，即此时$T_指 = T - \Delta T$，假设仪表指示值$T_指$所对应的热电动势为$E_{AB}(T_指, T_0)$，若$(T_指, T_0)$的平均热电动势率为$(dE/dT)_指$，则

$$\Delta T = \frac{E_{AB}(T, T_指)}{(dE/dT)_指} \tag{3-14}$$

而

$$E_{AB}(T, T_指) = E_{AB}(T_n, T_0) = T_n \left(\frac{dE}{dT} \right)_n \tag{3-15}$$

式中：$(dE/dT)_n$为(T_0, T_n)的平均热电动势率。

如果令

$$K = \frac{(dE/dT)_n}{(dE/dT)_指}$$ (3-16)

则

$$T = T_指 + K \cdot T_n$$ (3-17)

K 称为补偿系数，常用几种热电偶的近似 K 值见表 3-2。

表 3-2 常用热电偶的近似 K 值

类别	铜-康铜	镍铬-青铜	铁-康铜	镍铬-镍硅	铂铑10-铂
常用温度/℃	300～600	500～800	0～600	0～1000	1000～1600
近似 K 值	0.7	0.8	1	1	0.5

实际上，为了方便，有时把热电偶冷端温度 T_n 测出，将仪表零点指针位置向前移一个距离，这个距离的指示值使它正好等于 T_n，如冷端温度为 20℃，就可把仪表的零位上移，使指针指在 20℃ 的位置。

3. 热电偶补偿法

在热电偶回路中串联一只同型号热电偶的补偿方法，称为热电偶补偿法，连接方法

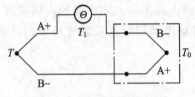

图 3.11 热电偶补偿线路

如图 3.11 所示。将热补偿电偶的工作端置于恒定温度 T_0 中，假设 $T_0 = 0$，则可完全补偿，如果 T_0 为非零的恒定温度，则可由分度表查得对应的热电势值加上仪表的读数而获得真实温度。这种补偿法可用于多点测温，用一只热电偶对多只工作热电偶进行温度补偿。

4. 补偿导线法

根据中间导体定律，当热电极 A、B 与 A′、B′相连后，回路仍可看作仅由 A、B 热电极组成。在低温范围 0～100℃，导线 A′、B′的特性与热电极 A、B 的特性近似，这种导线被称为补偿导线，其作用在于把热电偶参考端移至远离热源并且温度恒定的地方，从而达到稳定冷端温度的目的。

使用补偿导线时应注意：①不同热电偶应配接不同的补偿导线，且必须在规定的温度范围内；②补偿导线与热电偶连接时，正极与正极相连，不能将极性接反，否则非但不能起到补偿作用，相反还会造成更大的测量误差。常见的补偿导线见表 3-3。

表 3-3 常用补偿导线色别及热电特性

补偿导线种类		KC	SC	EX	WL
配用热电偶		镍铬-镍铝 （镍铬-镍硅）	铂铑10-铂	镍铬-考铜	钨铼5-钨铼20
导线线芯 材料	正极	铜	铜	镍铬	铜
	负极	康铜	铜镍	考铜	铜1.7%～1.8%镍
绝缘颜色 规定	正极	红	红	红	红
	负极	蓝	绿	黄	蓝

（续）

热电动势(热端100℃, 冷端0℃)/mV	4.10±0.15	0.643±0.023	6.95±0.30	1.337±0.045
热电动势(热端150℃, 冷端0℃)/mV	6.13±0.020	1.025±0.024	10.59±0.020	—
20℃时的热电阻率 $/10^{-6}\Omega\cdot m$	0.634	0.0484	1.25	0.0484

5. 补偿电桥法

当热电偶工作端温度为 T，冷端温度为 T_n 时，由式(3-13)可知：如果能够在热电偶回路中串接一个电动势 $U=E_{AB}(T_n, T_0)$，就可使测量仪的输出电动势为

$$E_{AB}(T, T_n)+U=E_{AB}(T, T_0) \tag{3-18}$$

此时即可获得正确的测量值，这就是补偿电桥法的基本依据。

显然，所谓的冷端温度补偿器实际上是一个能够产生直流信号为 $E_{AB}(T_n, T_0)$ 的毫伏发生器，将其串接在热电偶测量线路中，可使读数得到自动补偿。

一般的冷端补偿器内部为一个不平衡电桥，如图3.12所示。连接时，要满足以下条件：①电桥输出端与热电偶串接；②电桥三臂由电阻温度系数较小的锰铜线绕制，使温度不随环境温度变化；③另一臂由电阻温度系数较大的铜线绕制，并使在20℃时，阻值为 1Ω，此时电桥平衡，没有电压输出；④适当选择 R_p 值，可使电桥的电压输出特性与所配接热电偶的热电特性相近，并且在温度大于 20℃ 时，电桥电压使热电偶毫伏数增加，在温度低于20℃时，电桥电压使热电偶毫伏数减小，从而达到自动补偿冷端温度的目的。

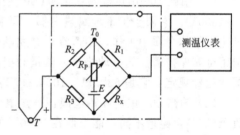

图3.12 冷端温度补偿电桥

但是必须指出，不同类型的热电偶必须配接不同的冷端补偿器。

3.3.4 热电偶的类型和结构

1. 热电偶的类型

根据热电偶的工作原理，从理论上说，任何两种导体都可以配成热电偶，但是工程上要求测量温度具有一定的精度，所以选作热电偶的材料有一定的要求。设计时，必须考虑以下几点：①配成的热电偶有较大的热电动势和热电动势率；②测量温度范围广，物理化学性质稳定，长期工作后，热电特性较稳定；③电阻温度系数和比热要小；④便于制作，资源丰富。

根据上述原则，常用热电偶材料有铜、铁、铂、铂铑合金及镍铬合金等，由于两种纯金属组成的热电偶的热电动势率很小，所以目前常用的热电偶大多数是合金与纯金属相配或者合金与合金相配。图3.13所示给出了几种常用热电偶材料配对后的热电特性曲线。

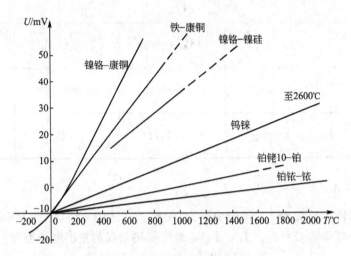

图 3.13 常用热电偶热电特性曲线

1）标准热电偶

国际上规定热电偶分为八个不同的分度号，分别为 S、R、B、K、N、E、J 和 T，其测量温度的最低可测 −270℃，最高可测 1800℃，其中 S、R、B 属于铂系列的热电偶，由于铂属于贵重金属，所以又被称为贵金属热电偶，而剩下的几个则称为廉价金属热电偶。

（1）铂铑 10 −铂热电偶：正极（SP）是铂铑合金，可测量 1600℃高温，长期工作温度为 0～1300℃。它属于贵重金属热电偶，具有较稳定的物理化学性质，抗氧化能力强，可在氧化性气体介质中工作，不适宜在金属蒸气、金属氧化物和其他还原性介质中工作，必须选用可靠保护管。热电动势小，测量时要配用灵敏度高的仪表，由于它有高的精度，因此国际温标规定：它是 630.71～1064.43℃范围内的基准热电偶，其分度号为 S。

（2）铂铑 30 −铂铑 6 热电偶：该热电偶的两个热电极均采用铂铑合金，只是正极（BP）负极（BN）含铑量不同，能长期在 1600℃的温度中使用，短期最高使用温度为 1800℃，属于高温热电偶，也是目前使用最为广泛的一种热电偶。该热电偶性质稳定，无须用补偿导线进行补偿，因为在 0～50℃范围内热电动势小于 $3\mu V$；但热电动势率小，测量时需配用灵敏度高的仪表，且价格较贵，分度号为 B。

（3）镍铬-镍硅热电偶：正极（KP）镍铬质量含量比为 90∶10，负极（KN）镍硅质量含量比为 97∶3，短期可测量 1300℃，长时间工作温度为 900℃。其物理化学性能稳定，抗氧化能力强，但不能直接在高温下用于含硫、还原性或还原/氧化交替的气氛中以及真空中。热电动势比 S 型大的多，价格便宜，虽然测量精度偏低，但完全能满足工业测量要求，在工业上广泛应用，目前我国把这种热电偶作为三等标准热电偶，用来校正工业用镍铬-镍硅热电偶，分度号为 K。

（4）镍铬硅-镍硅热电偶：分度号为 N，正极（NP）为镍铬硅质量含量比为 84.4∶14.2∶1.4，负极（NN）为镍硅镁质量含量比为 95.5∶4.4∶0.1。它是一种最新国际标准化的热电偶，克服了 K 型热电偶的两个重要缺点即，在 300～500℃间由于镍铬合金的晶格短程有序而引起的热电动势不稳定；在 800℃左右由于镍铬合金发生择优氧化引起的热电动势不稳定。其他特点与 K 型热电偶相同，但不受短程有序化的影响，综合性能优于 K 型热电偶。

（5）镍铬-康铜热电偶：又称镍铬-铜镍热电偶，正极（EP）镍铬质量含量比为 90：10，与 KP 相同，负极（EN）为铜镍合金。该热电偶的使用温度为 $-200\sim+900℃$，在热处理车间低温炉中（600℃以下）得到广泛使用。其电动势之大、灵敏度之高属所有热电偶之最，宜制成热电堆，可测量微小的温度变化。其对于高湿度气氛的腐蚀不灵敏，宜用于湿度较高的环境，此外，还具有稳定性好，抗氧化性能优于铜-康铜、铁-康铜热电偶，价格便宜等优点，其分度号为 E。

（6）铁-康铜热电偶：该热电偶的正极（JP）为纯铁，负极（JN）为康铜（铜镍合金，约占 55% 的铜和 45% 的镍以及少量却十分重要的锰、钴、铁等元素，尽管它称为康铜，但不同于镍铬-康铜和铜-康铜的康铜，故不能用 EN 和 TN 来表示）。其特点是热电动势大，价格便宜，适用于真空氧化的还原性或惰性气氛中，温度范围为 $-200\sim+800℃$，但常用温度在 500℃ 以下，因为超过这个温度后，铁热电极的氧化速率加快。如采用粗线径的丝材，尚可在高温中使用且有较长的寿命。该热电偶能耐氢气及一氧化碳等气体的腐蚀，但不能在高温（如 500℃）含硫的气氛中使用，其分度号为 J。

（7）铜-康铜热电偶：又称铜-铜镍热电偶，正极（TP）为纯铜，负极（TN）为铜镍合金（又称康铜），与镍铬-康铜（EN）通用，与铁-康铜（JN）不能通用。它的使用温度是 $-200\sim+350℃$，因铜热电极易氧化，并且氧化膜易脱落，故在氧化性气氛中使用时，一般不能超过 300℃，在 $-200\sim+300℃$ 范围内，灵敏度比较高。其主要特点是热电动势较大，准确度最高，稳定性和均匀性好，在 $-200\sim0℃$ 温区内使用，稳定性更好，年误差可小于 $\pm3\mu V$。它是常用几种定型产品中最便宜的一种，其分度号为 T。

2）非标准热电偶

（1）钨-钼热电偶：钨-钼热电偶两极都具有较高的熔点，钨的熔点为 3422℃，而钼的熔点为 2623℃（由于它们的熔点高，价格便宜，所以很受重视）。钨、钼的化学稳定性差，不能在氧化性介质中工作。钨在空气中达 $400\sim500℃$ 时即显著氧化，在高于 1000℃ 时，即变成黄色的三氧化钨，同样钼在空气中达 600℃ 时也要氧化成二氧化钼，虽然它们可以在还原性介质中工作，但高温下稳定性也较差，因此只能在真空中或中性介质中工作。

实验指出，钨-钼热电偶的热电动势是很低的，而且热电动势与温度之间的关系有返回点，即在开始加热时，钨-钼热电偶的热电动势为负，到 $500\sim600℃$ 时负值达到最低，然后又逐渐上升，大约在 1300℃ 时返回零点，以后就又一直上升了，所以钨-钼热电偶只用在 $1300\sim2200℃$ 之间，在这一温度范围内它们的线性还是较好的。

（2）钨-铼热电偶：钨-铼热电偶与钨-钼热电偶相比有很多优点，使用最多的是钨铼 5/20，即正极含铼 5%，负极含铼 20%。钨铼热电偶测温范围大，可从 $0\sim2800℃$；热电势与温度的关系近似直线，灵敏度高，在 $1000\sim2800℃$ 范围内灵敏度较稳定，约为 $0.018mV/℃$。但其抗氧化能力差，如直径为 1mm 的钨铼丝，在加热到 2800℃ 后不到一分钟，电极就氧化为 0.5mm 的直径，因此它只能在真空或惰性气体中工作。

（3）铱-铑热电偶：它是目前应用在真空和中性气体中，特别是在氧化性气体中唯一可以测量到 2000℃ 的热电偶。

（4）其他热电偶：上面介绍的热电偶均用的是金属或合金电极，由于受熔点的限制，能用于高温范围的很少，而且性能的局限性也很大，因此非金属高温热电偶的研究受到重视，并且取得了成果，比较成熟的有热解石墨热电偶、二硅化钨-二硅化钼热电偶、石墨-二硼化锆热电偶、石墨-碳化钛热电偶和石墨-碳化铌热电偶。这五种产品的精度为 1%～

1.5%，在氧化气氛中，可用于 1700℃ 左右环境中，二硅化钨-二硅化钼热电偶在中性和还原气氛中可应用到 2500℃ 环境中。

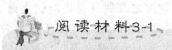

阅读材料3-1

热电偶简史及热电偶用镍合金

1886 年研制成功 PtRh10-Pt 热电偶，1890 年获得实际应用，开创了热电偶测温的先例，1953 年研制成 PtRh30-PtRh6 双铂铑热电偶。1872 年铁-康铜 J 型热电偶问世，但至 1910 年才开始使用，1913 年首次制出分度表。铜-康铜 T 型热电偶是长期以来测量 300℃ 以下温度最重要的工具之一，于 1914 年开始使用，1938 年美国国家标准局正式为之做了分度表。镍铬-镍铝热电偶是最早的 K 型热电偶，由 1906 年美国霍斯金斯公司首创，在第一次世界大战期间获得工业应用。此后，各国研究者为提高该热电偶的性能，对其正极和负极的化学成分做了大量的研究和改进，负极除镍铝合金以外，又增加了性能优良的镍硅合金，并在正负极合金中添加微量元素，以提高其稳定性。对 K 型热电偶的改进研究，促进了热电偶用镍合金的发展，特别是 1971 年出现了镍铬硅-镍硅热电偶，它的分度表与 K 型热电偶相近，但抗氧化性、稳定性大为提高，发展为现在的 N 型热电偶。镍铬-康铜 E 型热电偶具有热电动势率高的特点，在 400～600℃ 内可达 81.0μV/℃，是继 K、T、J 型电偶之后，工业上大量采用的又一种廉价的金属热电偶。

目前国际标准化的热电偶按国际电工委员会 IEC-584 的规定和补充，共有 S、R、B、K、E、J、T 和 N 八种型号，其中前三种由铂和铂铑合金组成，其余各种大部分由镍合金和铜镍合金组成。

镍铬合金：在研究镍铬合金与铂配对的热电动势值时，发现含铬 8.5%～10% 合金的热电动势值最大，是理想的热电偶材料。含铬 9%～10% 的镍铬合金通常选作 K、E 型电偶的正极，如 KP、EP，它最早的名称是赫罗米镍（Chromel）。在镍铬合金中加入适量的硅、钴，可调整合金的热电特性值，增加抗氧化性和稳定性；若镍铬合金中含有碳、镁、锰、铜、铁和铝等元素，则显著降低热电动势值。镍铬 10 合金的缺点是铬的选择性氧化和存在短程有序效应（即 K 状态），降低了抗氧化性和热稳定性。添加钇、钙等元素可提高高温稳定性，含钇 0.05% 的镍铬 10 合金的使用寿命比不添加钇者有显著提高。含铬 14.5%、硅 1.5% 的镍铬合金是改进的 N 型电偶的正极（NP），由于不存在镍铬所固有的缺点，使抗氧化性和热稳定性大为提高。

镍铝合金：纯镍与铂配对的热电动势值的直线性很差，向镍中加入适量的铝、锰和硅合金元素，所构成的合金具有良好的热电特性。其中最有名的是成分为 Ni-Mn3-Al2-Si1 的阿留米镍（Alumel），它是构成 K 型热电偶负极的最早的材料。在镍铝合金中添加 0.3%～1.3% 的钴可增加热稳定性；添加铁、铬、钛和碳等元素可降低热电动势绝对值。镍铝合金的抗氧化性比镍铬合金稍差。

镍硅合金：镍中含硅 2%～3% 的合金是继阿留米镍之后的 K 型热电偶的另一种负极，它与镍铝合金相比，抗氧化性、热稳定性和在辐照、磁场下使用性能都较好，因此在工业上广泛采用。含硅 4.5% 的镍硅合金是理想的 N 型热电偶的负极。由于提高了硅的含量，并加入了微量镁，使用寿命大为提高。加入微量钇可改善镍硅合金的抗氧化性能。

铜镍合金：铜镍系合金形成连续固溶体，含镍 40％～45％ 的铜镍合金出现热电动势最大值，且直线性好、灵敏度高、广泛用作热电偶的负极（如 JN、TN、EN）。用作热电偶的铜镍合金除存在微量的杂质外，常添加少量的锰和铁，以调整热电性能。铜镍合金常以多种商业名称使用，最常用的是康铜。前苏联采用的镍铬-考铜热电偶是类似 E 型的热电偶，其考铜的化学成分为含镍 42.5％～44.0％、锰 0.1％～1.0％ 的铜镍合金，其热电动势值与 E 型电偶有较大的差异。

➡ 资料来源：http://baike.sososteel.com/doc/view/44688.html.

2. 热电偶的结构

由于热电偶广泛地应用在各种条件下的温度测量中，以致热电偶结构形式非常之多。按热电偶本身结构可分为普通装配热电偶、铠装热电偶、薄膜热电偶等；根据不同用途又可分为表面热电偶、快速热电偶、多点热电偶、测量气体用的热电偶、测量光辐射强度的热电堆（由多根热电偶组成）及真空热电偶等。下面分别介绍几种主要的热电偶结构。

1）普通装配热电偶

普通装配热电偶主要用于测量气体、蒸气、液体等介质温度。由于应用广，大部分使用条件很相似，因此，它有通用标准型式供选择使用，有棒形、角形、锥形等，并且分别做成无专门固定装置和有螺纹固定装置及法兰固定等多种形式。图 3.14 为普通装配热电偶的结构图。它是由热电极（偶丝）、绝缘材料（绝缘管）、保护管（壳体、外罩）和接线盒等组成。为了防止灰尘和有害气体进入热电偶内部，接线盒的出线孔和盖子均用垫圈和垫片加以密封。常用的无机绝缘材料有石英、陶瓷、氧化铝等；而保护管材料为高温陶瓷、石英、金属（碳钢、黄铜、不锈钢等）。

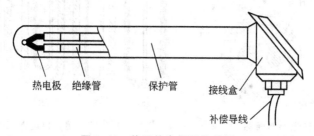

热电极 绝缘管 保护管 接线盒 补偿导线

图 3.14 普通热电偶结构简图

2）铠装热电偶

铠装热电偶是由热电极、绝缘材料和金属保护套管组成的特殊结构的热电偶，如图 3.15 所示，在结构上有固定卡套式、无固定装置式、可动卡套式、固定法兰式、可动法兰式等型式。与装配热电偶相比，铠装热电偶通常是经多次一体拉制成形，而不是装配成形。在外形上，与普通装配热电偶没有明显的区别。

铠装热电偶具有能弯曲、耐高压、热响应时间快和坚固耐用等优点，与普通装配式热电偶一样，作为测量温度的传感器，通常铠装热电偶和显示仪表、记录仪和电子调节器配套使用，同时，铠装热电偶亦可以作为普通装配式热电偶的感温元件。铠装热电偶可以直接测量各种生产过程中从 0～1100℃ 范围内的液体、蒸汽和气体介质以及固体表面温度。

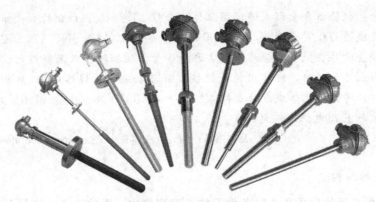

图 3.15　铠装热电偶

铠装热电偶的断面如图 3.16 所示，可分为单芯和双芯两种。

铠装热电偶的热电极周围由氧化物粉末填充绝缘。常用氧化物粉末有氧化镁粉，也有用氧化铝粉的。

整个热电偶直径为 1～3mm。套管外壁厚度为 0.12～0.6mm，热电偶内部直径为 0.2～0.8mm 或更细。双芯铠装热电偶，内部双芯分别为两根热电极，其顶部焊接在一起，而单芯热电偶外套管即为一极，因此，中心电极在顶端应与套管焊接在一起，如图 3.17(a)所示。铠装热电偶工作端的其他结构如图 3.17(b)～图 3.17(e)所示，一般可根据使用要求选择。

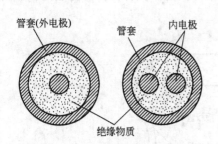

图 3.16　铠装热电偶断面图

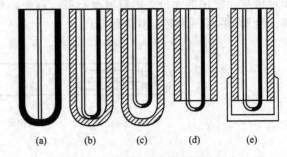

图 3.17　铠装热电偶工作端的结构

3) 表面热电偶

表面热电偶是用来测量各种形态的固体表面温度的，如冲天炉外壳、金属型等。表面热电偶大多是根据被测对象自行设计、安装和使用的。但也有一些定型产品，如便携式表面温度计多数制成探头形式，它与显示仪表装在一起。图 3.18 所示为常用的表面热电偶，它们共用同一测温仪表，可方便携带。

4) 快速微型热电偶

快速微型热电偶又称消耗式热电偶，如图 3.19 所示，它是专为测量钢水、铁水和其他熔融金属而设计的。快速微型热电偶的主要特点是热电偶元件很小，而且每次测量后进行更换。热电极一般采用直径为 0.05～0.1mm 的铂铑 10 -铂、铂铑 30 -铂铑 6 和钨铼 5 -钨铼 20 等材料，长度为 25～40mm，补偿导线固定在测温管内，并通过插件和接往显示仪表的补偿导线连接。

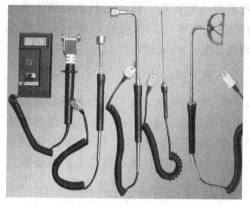

图 3.18 常用表面热电偶

图 3.19 常用快速热电偶

这种热电偶的关键部件是测温头,它的构造如图 3.20 所示,U 形保护管一般采用外径为 1~3mm 的透明石英管。热电偶参考端在测温头内,为了保证在测温过程中热电偶参考端温度不超过允许值(一般为 100℃),必须用绝热性良好的纸管加以保护,同时支撑石英管及外保护帽的高温水泥也要有良好的绝热性能。它的特点是:当其插入钢水后,保护帽瞬时熔化,热电偶工作端即刻暴露于钢水中,由于石英管和热电偶热容量都很小,因此能很快反映出钢水的温度,反应时间一般为 4~6s。在测出温度后,热电偶和石英保护管都被烧坏,因此它只能一次性使用。

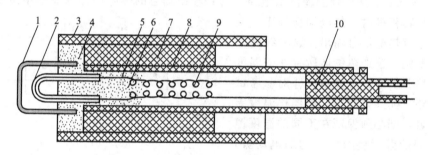

图 3.20 快速微型热电偶测温头结构

1—外保护帽;2—U 形石英管;3—外纸管;4—高温水泥;5—热电偶参考端;
6—填充物;7—绝缘纸管;8—小纸管;9—补偿导线;10—塑料插件

3.3.5 热电偶测温的线路连接方式

1. 热电偶串联测量电路

图 3.21 为 N 支相同型号热电偶正负极依次相串联的线路图。若 N 支热电偶的各个热电动势分别为 E_1、E_2、$E_3 \cdots E_N$,则总热电动势为

$$E_{串} = E_1 + E_2 + E_3 + \cdots + E_N = N \cdot E$$

$$(3 - 19)$$

式中:E 为 N 支热电偶的平均热电动势。

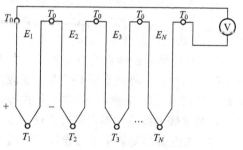

图 3.21 热电偶串联线路

这种串接线路的优点是热电动势大、精密度比单支热电偶高。缺点是只要线路中有一支热电偶断开，整个线路就不能工作，或当个别热电偶短路后，也会引起指示值显著偏小。该电路主要应用于测量较低温度和产生热电动势比较小的地方。

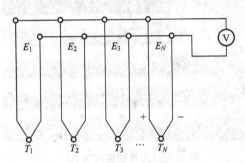

图 3.22　热电偶并联线路

2. 热电偶并联测量电路

图 3.22 所示为 N 支相同型号热电偶正极与正极、负极与负极分别连接，构成并联测量电路。若各热电偶阻值相等，热电动势分别为 E_1、E_2、$E_3 \cdots E_N$，则并联电路总的热电动势为

$$E_{并} = \frac{E_1 + E_2 + E_3 + \cdots + E_N}{N} \qquad (3-20)$$

式中：$E_{并}$ 为 N 支热电偶的平均热电动势，它可直接从分度表查得温度。

并联线路只适用于具有相同热电特性的同一类热电偶中。当在所有热电偶测量端温度相等的情况下，温度检测电路输出所有热电偶热电动势的平均值。若其中一支热电偶的热电动势增加一个数值 ΔE，由于其余热电偶的分路作用，回路输出电动势增加 $\Delta E/N$。该回路的热电动势要比串联小得多，但当部分热电偶发生断路时，它不会影响整个并联线路的工作。

3. 温差测量电路

图 3.23 所示为热电偶温差测量电路。回路输出的总的热电动势取决于接点处的温度 t_2 和 t_1，当其相等时，热电动势为零；不相等时，才有热电信号输出。这种线路通常用来测量同一被加热物体所存在的温度差。在差热分析中，可显示试样对参考试样的温度差。如果要用差热电偶作温度差的绝对测量，则必须保证在不同的温度范围内，相同的温度差对应相同的电动势，也就是要求两支热电偶具有完全相同的特性，而且具有良好的线性。

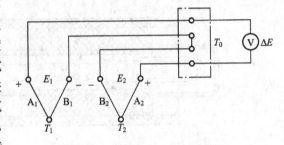

图 3.23　热电偶温差测量电路

3.3.6　热电偶的安装和使用注意事项

热电偶的安装和使用不当，不但会增加测量误差，而且会降低热电偶的使用寿命。因此，安装或使用热电偶时，应注意以下事项：

（1）根据所测点的大致温度及烟道炉墙厚度，选用热电偶的型号及长度。贵重热电偶如铂铑-铂热电偶除测高温外尽量少用。

（2）热电偶应选择合适的安装点，由于热电偶所测的温度只是热电偶热端周围小范围的温度，因此，应将热电偶安装在温度较均匀且代表工件温度的地方。同时，热电偶的测量是通过感温元件与被测介质热交换进行的，因此，不应把感温元件插至被测介质的死角区域。热电偶的接线盒不应靠近炉壁，以免冷端温度过高。

（3）热电偶的安装应尽可能避开磁场和电场，如在盐浴炉中热电偶不应靠近电极。

（4）避免热电偶外露部分因导热损失所产生的测量误差。如热电偶插入深度不足时，且其外露部分置于空气流通之中，则由于通过热电偶丝的热量散失，所测出的温度往往比实际值偏低。

（5）热电偶插入炉壁深度一般不小于热电偶保护管外径的 8～10 倍，热电偶的热端尽可能靠近被加热工件，但须保证装卸工件时不损坏热电偶。

（6）用热电偶测量反射炉、煤气炉和油炉温度时，应避开火焰的直接喷射，因为火焰在温炉内温度高而且不稳定，直接喷射必然会使测量值偏高。

（7）在低温测量中，为减少热电偶的热惯性，保护管端头可不封闭或不用保护管。多点测温时，应采用多点切换开关，注意防止热电偶接线短路和接地。

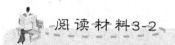

阅读材料3-2

热电偶使用中的常见故障分析

热电偶在测温中由于受到测量环境、气氛、使用温度以及绝缘材料和保护管材料的污染等影响，使用一段时间后，其热电性将会发生变化，尤其是在高温、腐蚀性气氛下这种影响就更为严重，热电偶测量温度便会失真。下面就热电偶常见的故障进行分析。

1. 测温仪表显示最大化或无反应

当出现这种情况时，说明无热电动势产生，应检查热电偶丝焊接处是否断路。若断路是由于电极受到机械碰伤引起的，可剪去电极端头重新焊接，焊接时要求测量端焊接牢固、具有金属光泽、表面圆滑、无残渣、无变质、无裂纹。热电偶测量端的焊接方法很多，但无伦采用何种方法，焊接前应先将被焊接热电极的顶端绞成麻花状或热电极顶端处合并齐，焊接后需经检定合格方可继续使用。

2. 热电动势与实际值不符

当出现这种情况时，说明热电偶的热电动势发生了变化，可能的原因有以下几种。

（1）绝缘保护管表面有污垢。绝缘保护管主要是为防止两根热电极之间短路而设计的，材料为高铝陶瓷，有较好的导热性。当其表面有污垢时就会造成热电动势发生变化，处理时可将热电偶丝取出，清洗绝缘保护管，并分别放置在干燥箱内烘干后使用。

（2）当热电偶丝几何尺寸不符合要求，电极出现缩小直径现象。热电偶在使用过程中因为氧化就会变细，从而使热电偶的阻值变大，此时可用游标卡尺检查电极几何尺寸，不符合要求的予以更换。

（3）热电偶测量端并非圆球状，表面凹凸不平、有气泡气孔或残渣。可将测量端头部剪去重新焊接。

（4）热电偶丝变色变质。热电偶在长期使用过程中，其电极会与周围介质作用发生物理或化学反应，使热电动势发生变化，造成测量误差。因此，热电偶经过使用后，须从外观鉴别损坏程度。当"铂铑-铂"热电偶表面呈现灰白色、乳白色、黄色，且无光泽、硬化时，当"镍铬-镍硅"热电偶表面出现白色、黄色泡沫，且硬化时，都说明热电偶已不同程度损坏，应及时更换热电偶的热电极，严重时报废。

（5）热电偶内部潮湿漏电。在常温下，测量热电偶的热电极与保护管之间以及两支热电极和几支热电极之间的绝缘电阻，一般情况下，周围空气温度为 15～35℃，相对湿度不大于 80% 时，其绝缘电阻应不小于 5MΩ。排除时可将热电偶丝取出，检查漏电原因。若是因潮湿引起的，应将电极、保护管分别烘干。若是因绝缘子绝缘不良引起，应更换新绝缘子。若是因保护管渗漏引起，就必须更换保护管。

3. 测温仪表显示值不稳定

在测温仪表经检定合格的情况下，热电偶测温显示值上下飘忽不定时，可能是由以下原因造成。

(1) 热电偶接线柱和热电极接触不牢固，有松动现象。此时可检查固定螺钉与接线柱是否氧化变形或松动无固定作用，处理时可固定或更换螺钉、接线柱。

(2) 热电偶的接线盒内部有导电液体、潮湿粉尘等。当其有污染物时必须认真清洗热电偶接线盒内部并在干燥箱内烘干后使用。

(3) 电极有接地、短路、断路或似断路非断路、焊接不良现象，仪表连接处不牢固。此时，用万能表检查热电偶的电阻值，不合格则更换，同时找出补偿导线接地、短路、断路处，并加以修理或更换新的补偿导线。

(4) 热电极在使用中氧化，高温下晶粒长大，同时受外力作用产生形变应力，环境对热电极的污染和腐蚀，都会影响热电偶的稳定性。测试热电偶稳定性的步骤：先经退火后，在规定的温度下先测出它的热电动势值 E_1，然后直接通电加热或在炉中加热，加热的温度可先用该热电偶长期使用的最高温度。加热后仍在规定的温度下测出它的热电动势值 E_2，加热前后的热电动势变化值 (E_1-E_2) 就是该热电偶的稳定指标。不同规格型号的热电偶有不同的稳定参数要求，其使用前后热电动势的变化值应该不超出规定参数。

4. 测温仪表显示数值偏大或偏小

由于工作人员的疏忽大意，使热电偶与补偿导线和测温仪表之间出现人为故障，具体如下：

(1) 热电偶与测温仪表的分度号不符。排除时可更换与仪表分度号一致的热电偶。

(2) 将补偿导线接错。此时仪表就不可能反映真实温度。补偿导线相当于一支在一定温度范围内的热电偶，故它的电流也是由正极经参考端流向负极，所以在热电偶连接时，补偿导线的正、负极应与热电偶的正、负极相对应。当正、负极连接相反时不但不能起到补偿作用，反而会抵消热电偶的一部分热电动势，使仪表的指示温度偏低。同时，各种补偿导线只能与相应型号的热电偶配用，即各种热电偶和所配套使用的补偿导线在规定温度范围内必须一致。

(3) 安装深度有误。热电偶的最小插入深度一般应大于其保护管外部直径的 8~10 倍，热电偶工作端尽可能靠近被测物体，以保证测量准确。

资料来源：楚岩，朱琳，赵志恒. 热电偶使用中常见故障分析及处理. 计量与测试技术，2009，36(8).

3.4 热电阻测温技术

3.4.1 热电阻测温的基本原理

导体或半导体的电阻值随温度的变化而改变，通过其阻值的测量可以推算出被测物体的温度，利用此原理构成的温度计就是热电阻温度计。热电阻分为金属热电阻和半导体热敏电阻两类。

1. 金属热电阻

从物理学可知，一般金属导体具有正的电阻温度系数，它的表达式为

$$R = R_0(1 + \alpha_1 t + \alpha_2 t^2 + \cdots + \alpha_n t^n) \tag{3-21}$$

式中：R_0 是在温度 $t = 0℃$ 时的电阻，式中的项数取决于材料、要求的测温精度和测定的温度范围。

常用的制作金属热电阻的材料有铂、镍、铜、铁、银等，其中铂、镍、铜最为常用，一般取到二次项或三次项即可，在一定的温度范围内有相当好的线性。

2. 半导体热敏电阻

半导体热敏电阻是锰、镍、铜、钴等的氧化物粉末，按一定比例与粘接剂混合，然后加压制成型并烧结而成，一般有珠状、探头状、柱状、棒状等，如图 3.24 所示。与金属热电阻相比，它有如下优点：①灵敏度高，比一般金属热电阻大 10~100 倍；②结构简单，体积小，可以测量点温度；③电阻率高，热惯性小，适宜动态测量。但是半导体热敏电阻的稳定性和互换性差。

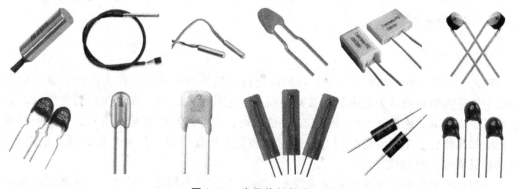

图 3.24 半导体热敏电阻

热敏电阻的电阻值与温度之间的关系为

$$R = A \cdot \exp\left(-\frac{B}{T}\right) \tag{3-22}$$

式中：A 为与热敏电阻的尺寸、形状和物理特性有关的常数；B 为与热敏电阻物理特性有关的常数，又称材料常数。A 和 B 都由试验求得，T 为热敏电阻的热力学温度。

求解式（3-22）的系数时，通常测量 $T_{20} = 20℃$ 时热敏电阻的阻值 R_{20} 和 $T_{100} = 100℃$ 时的阻值 R_{100}，从而可求得

$$\begin{cases} B = 1336\ln\dfrac{R_{20}}{R_{100}} \\ A = R_{20} \cdot \exp\left(-\dfrac{B}{T_{20}}\right) \end{cases} \tag{3-23}$$

由于多数热敏电阻具有负的温度系数，即当温度升高时，其电阻值下降，同时灵敏度也下降。这个特性限制了它在高温条件下的使用。

热敏电阻按其温度特性通常可分为三类：负温度系数热敏电阻 NTC（Negative Temperature Coefficient Thermistor）、正温度系数热敏电阻 PTC（Positive Temperature Coefficient Thermistor）和临界温度系数热敏电阻 CTR（Critical Temperature Resistor）。它们的使用温度范围见表 3-4。

表 3-4　热敏电阻的使用温度范围

种　　类	使用温度范围	制作时原材料
NTC 热敏电阻	超低温 $10^{-3} \sim 100K$	碳、锗、硅
	低温 $-130 \sim 0℃$	常用组成中添加铜
	常温 $-50 \sim 350℃$	锰、镍、钴、铁的氧化物
	中温 $150 \sim 750℃$	Al_2O_3 和过渡族金属氧化物
	高温 $500 \sim 1300℃$	$ZrO_2 + Y_2O_3$ 复合烧结体
	$1300 \sim 2000℃$	$ZrO_2 + Y_2O_3$ 复合烧结体
PTC 热敏电阻	$-50 \sim 150℃$	以 $BaCO_3$ 为主体
CTR 热敏电阻	$0 \sim 350℃$	BaO、P 与 B 的酸性氧化物，MgO、CaO、SrO 等

3.4.2　常用热电阻

1. 铂热电阻

ITS-90 规定在 $-259.35 \sim 961.78℃$ 范围内以铂热电阻温度计作为标准仪器，即实用测温中铂热电阻被确认为是准确度最高的仪器。它分成低、中、高不同的温度区段，测量精度可达 $10^{-3}K$。而在 $-200 \sim 530℃$ 这一范围内，工业和科学实验常用测温仪器的感温元件也大都采用铂热电阻。这是因为铂的物理和化学性能稳定，抗氧化能力强，电阻率高，且材料易提纯，复制性好。

铂热电阻温度计通常是将截面直径 $0.05mm$ 的铂丝卷绕在云母片上，并调节其长度使其在 $0℃$ 时阻值是某一固定值，如 100Ω。在常温下，其电阻率为 $1.06 \times 10^5 \Omega \cdot m$，温度系数为 $0.392\%/℃$。但它的价格贵，受磁场影响大，温度系数小，在 $20K$ 以下灵敏度差，在还原介质中易被玷污而变脆，为此常用保护套管保护。图 3.25 所示为其结构图。

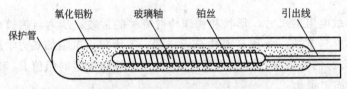

氧化铝粉　　玻璃轴　　铂丝　　引出线
保护管

图 3.25　铂热电阻温度计结构图

铂热电阻与温度之间的关系接近于线性，在 $0 \sim 630.70℃$ 范围内可用下式表示：

$$R_t = R_0 (1 + \alpha_1 t + \alpha_2 t^2) \tag{3-24}$$

在 $-190 \sim 0℃$ 范围内为

$$R_t = R_0 (1 + \alpha_1 t + \alpha_2 t^2 + \alpha_3 t^3) \tag{3-25}$$

式中：R_0、R_t 为温度为 $0℃$ 及 $t℃$ 时铂热电阻的电阻值；α_1、α_2、α_3 为温度系数，由实验

确定，$\alpha_1 = 3.9684 \times 10^{-3}/(℃)$，$\alpha_2 = -5.847 \times 10^{-7}/(℃)^2$，$\alpha_3 = -4.22 \times 10^{-12}/(℃)^3$。

目前常用的铂热电阻 R_0 值为 100Ω，并将电阻值 R_t 与温度 t 的相应关系统一列成表格，称其为铂热电阻分度表，分度号用 Pt100 表示。

2. 铜热电阻

在测温精度要求不高、测温范围比较小的情况下，可采用铜热电阻代替铂热电阻。在 $-50 \sim +150℃$ 的温度范围内，铜热电阻与温度呈线性关系，其电阻与温度的关系可表示为

$$R_t = R_0(1 + \alpha_1 t) \tag{3-26}$$

式中：$\alpha_1 = (4.25 \sim 4.28) \times 10^{-3}/℃$。

由于铜的电阻率小（$\rho = 0.017 \times 10^{-6} \Omega \cdot m$），根据 $R = (\rho L)/S$ 可知 ρ 小时，要制造一定电阻的热电阻体，则电阻丝要求细而长，这就使得热电阻体的体积变大，机械强度降低。表 3-5 列出了工业上常用的铜热电阻和铂热电阻的特性。

除了铂热电阻和铜热电阻外，在实际低温测量时还采用铑铁热电阻温度计，它可测量 $0.3 \sim 40K$ 温度，常用于 $0.3 \sim 20K$，具有较高的灵敏度和很好的复现性及稳定性。

表 3-5 铜热电阻和铂热电阻的特性

名称	分度号	0℃时的电阻值 R_0/Ω		测温范围/℃
		名义值	允许误差	
铜热电阻	Cu50	50	±0.1	$-50 \sim +150$
	Cu100	100	±0.1	
铂热电阻	Pt10	10	A 级 ±0.006 B 级 ±0.012	$-200 \sim +850$
	Pt100	100	A 级 ±0.06 B 级 ±0.12	

3.4.3 热电阻的接线方式

目前，热电阻温度计的连接方式有二线制、三线制和四线制接法。

二线制接法如图 3.26（a）所示，热电阻 R_t 有两根引线，通过连接导线接入由 R_1、R_2、R_3 组成的不平衡电桥，由于引线及连接导线的电阻与热电阻处于电桥的一个桥臂中，它们随环境温度的变化全部加入到热电阻的变化之中，直接影响热电阻温度计测量温度的准确性。由于二线制接法简单，实际工作中仍有应用。

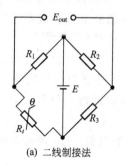
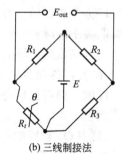
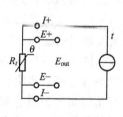

(a) 二线制接法　　　　(b) 三线制接法　　　　(c) 四线制接法

图 3.26 热电阻的接线方式

三线制接法如图 3.26(b)所示，热电阻 R_t 有三根引线，此时有两根引线及其连接导线的电阻分别加到电桥相邻两桥臂中，第三根线则接到电源线上，即相当于把电源与电桥的连接点从显示仪表内部桥路上移到热电阻体附近。这样，在测温工作中由于这些电阻的变化而带来的影响就极小了。工业用电阻温度计常与自动平衡电桥配套使用，这种仪表依据零位检测原理工作，电源电压波动对仪表读数无直接影响。利用平衡电桥构成的闭环式仪表，采用三线制接法测量误差小。

四线制接法如图 3.26(c)所示，这是为了更好地消除引线电阻变化对测温的影响。在实验室测温和计量标准工作中采用四引线热电阻，配合用的仪表为精密电位差计或精密测温电桥。

图 3.26(c)所示为用电位差计精密测量热电阻值的四线制线路。在热电阻体两端各连接两根引线，其中两根引线为热电阻提供恒流源 I，在热电阻上产生 $u=R_t I$，通过另两根引线引到电位差计上，利用电位差计平衡读数时，电位差计不取电流，热电阻的电位测量线没有电流通过，所以，热电阻引线和连接导线的电阻无论怎样变化也不会影响热电阻 R_t 的测量，因而完全消除了引线电阻变化对测温精度的影响。

3.5 辐射式测温技术

用物体的辐射作用来测量其温度的高温计称为辐射式高温计。辐射式高温计在工业生产中，广泛用于测量高于 900℃ 的物体温度，这类仪器是利用被加热的物体的辐射能与其温度有关的原理，这种测温方法不需要与被测物体接触，所以在测量过程中不会扰乱被测对象的温度场分布，也不会给被测对象带来任何影响。由于是非接触式测温，因此其测量上限可以达到任何温度，并且动态响应快。

3.5.1 辐射测温的物理基础

物体中电子振动的结果，就是对外发射出辐射能。电磁波就是辐射能传送的具体形式。自然界中的一切物体，只要温度在 0K 以上，都以电磁波的形式时刻不停地向外传送热量，这种传送能量的方式称为辐射。物体通过辐射所放出的能量，称为辐射能，简称辐能，辐射按伦琴/小时计算。

这里主要是研究物体能吸收并且在吸收能量后又重新转变为热能的那些射线，具有这种性质最显著的射线是波长从 $0.8 \sim 40 \mu m$ 范围内的红外线，其次是从 $0.4 \sim 0.8 \mu m$ 的可见光波，通常称之为热射线，其传递过程称为热辐射。对于热辐射来说，温度是物体内部电子振动的基本原因，因此热辐射主要取决于温度。

物体总具有辐射的能力，同时也具有吸收外界辐射的能力，因此物体究竟是吸热还是放热取决于该物体在同一时间内放射和吸收的能量之差。只要参与辐射的物体的温度不同，这种差就不会是零，即使在同一温度，辐射换热还是照常进行，只是此时物体辐射和吸收的能量都相等而处于热平衡状态而已。

假设落到某物体的热能量为 Q_0，其中 Q_A 被吸收，Q_R 被反射，Q_D 透过该物体，则

$$\frac{Q_A}{Q_0} + \frac{Q_R}{Q_0} + \frac{Q_D}{Q_0} = 1 \tag{3-27}$$

或

$$A+R+D=1 \qquad (3-28)$$

式中：$A=Q_A/Q_0$ 为物体的吸收率，当 $A=1$ 时称绝对黑体；$R=Q_R/Q_0$ 为物体的反射率，当 $R=1$ 时称绝对白体；$D=Q_D/Q_0$ 为物体的穿透率，当 $D=1$ 时称绝对透明体。

自然界中，并没有绝对黑体、绝对白体和绝对透明体。石油、煤烟等接近黑体，磨光的金属接近白体，双原子气体 O_2、N_2 等接近于透明体。凡是善于反射的物体，一定不善于吸收辐射能，反之亦然。一般工程上碰到的实际物体，对射线可吸收一部分，又可反射（或透射）一部分。有些物体对各种波长光线的吸收（或反射）率都一样，这种物体称为灰体。

1. 普郎克定律

物体在单位时间内和单位面积上所辐射的能量称为全辐射能，用 E 表示，它包括波长从零到无穷的能量。在单位时间内和单位面积上辐射出去的某一波长的能量称为单色强度，用 E_λ 表示。

普郎克定律揭示了在各种不同温度下黑体辐射能量按波长分布的规律，其关系式为

$$E_{0\lambda}=C_1\lambda^{-5}(e^{C_2/\lambda T}-1)^{-2} \qquad (3-29)$$

式中：λ 为波长（μm）；T 为物体绝对温度（K）；C_1 为普郎克第一辐射常数；C_2 为普郎克第二辐射常数；$E_{0\lambda}$ 为绝对黑体单色辐射强度。

上式可由曲线表示，如图 3.27 所示，当 $\lambda \to 0$ 及 $\lambda \to \infty$ 时，$E_{0\lambda}=0$，同时辐射强度最高峰随着物体温度的升高而转向波长较短的一边。

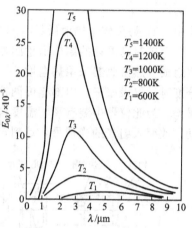

图 3.27 $E_{0\lambda}$、λ 和 T 的关系

2. 维恩公式

在温度不太高（小于 3000K），且波长很小时（$e^{C_2/\lambda T} \gg 1$），普郎克定律可简化为

$$E_{0\lambda}=C_{11}\lambda^{-5}e^{-C_2/\lambda T} \qquad (3-30)$$

上式称为维恩公式，它计算比较方便，一般在 3000K 以下的可见光范围内，都采用这个公式。

3. 斯蒂芬—玻耳兹曼定律

该定律是确定物体的全辐射能与温度的关系的，它是斯蒂芬依据经验求得而后又经玻耳兹曼用理论予以证明的。将 $E_{0\lambda}$ 从 λ 为 0 到 ∞ 进行积分，可以求得绝对黑体的全辐射能。

$$E_0=\int_0^\infty E_{0\lambda}\mathrm{d}\lambda=C_0\left(\frac{T}{100}\right)^4 \qquad (3-31)$$

式中：C_0 为黑体辐射常数。

由此可知，物体的全辐射能和它的绝对温度的四次方成正比，因此这一定律又称四次平方定律。这一定律同样适用于灰体，灰体的全辐射能 E 和同温度下绝对黑体的全辐射能 E_0 之比称为黑度，即 $\varepsilon=E/E_0$。

3.5.2 辐射式测温仪表

以斯蒂芬—玻耳兹曼定律为基础的测温仪表常称为全辐射高温计；以普朗克定律和维

恩定律为基础的测温仪表常称为单色辐射高温计，它通常又分为两类：通过测量被测对象发射的某个波长的辐射能量，从而求得被测温度的称为亮度高温计，其又可分为光学高温计和光电高温计两类；通过测量被测对象发射的两个或两个以上波长的辐射能量之比，从而求得被测对象温度的称为比色高温计。

1. 全辐射高温计

全辐射高温计是利用物体在全光谱范围内总辐射能量与温度的关系测量温度的，即它是基于四次方定律而工作的。由于实际物体的吸收能力小于绝对黑体，即 $\varepsilon < 1$，因此用全辐射高温计测得的温度总是低于物体的温度。如果已知物体的黑度 ε，则可根据下式求得物体的真实温度，即

$$T = \frac{T_0}{\sqrt[4]{\varepsilon}} \tag{3-32}$$

式中：T_0 为黑体全辐射所具有的温度；T 为被测物体的真实温度。

全辐射高温计的结构示意图如图 3.28 所示。它主要由光学系统、热接收器和显示仪表组成。热接收器采用热电堆，一共由八对热电偶串联组成，如图 3.29 所示。为了便于分度时对仪表校正，内部有可调校正器。热电偶冷端所处环境温度的波动会引起仪表指示误差，为此仪器中装有环境温度自动补偿器。当温度变化使双金属变形，推动补偿光栅移动，改变入射光的光通量，达到自动补偿作用。

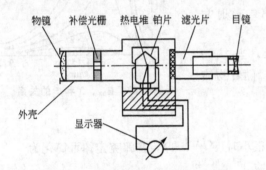

图 3.28　全辐射高温计的结构示意图

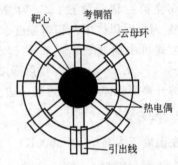

图 3.29　热电堆探测器

测温工作过程如下：被测物体的辐射能量经物镜聚焦到热电堆的靶心铂片上，将辐射能转变为热能，再由热电堆变成热电动势，由显示仪表显示出热电动势的大小；由热电动势的数值可知所测温度的大小。这种测温系统适用于远距离、不能直接接触的高温物体，其测温范围为 400～3000℃。

辐射式温度计的使用与距离目标远近有关，一般都给出仪表的距离系数及最佳工作距离。距离系数表示传感器前端面到被测物体表面的距离 L 与被测对象有效直径 D 之比，即 L/D。使用中除应保证满足 L/D 的要求外，尚须满足使用距离在规定范围内，因此也就限制了最小直径和最大距离。

2. 亮度高温计

亮度高温计是利用物体的单色辐射亮度随温度变化的原理，并以被测物体光谱的一个狭窄区域内的亮度与标准辐射体的亮度进行比较来测量温度。由于实际物体的单色辐射黑度系数小于绝对黑体，因而实际物体的单色亮度小于绝对黑体的单色亮度，故系统测得的

亮度温度 T_L 低于被测物体的真实温度 T，它们之间的关系为

$$\frac{1}{T}-\frac{1}{T_L}=\frac{\lambda}{C_2}\ln\varepsilon_{\lambda T} \qquad (3-33)$$

式中：$\varepsilon_{\lambda T}$ 为单色辐射黑度系数。

亮度高温计的形式很多，较常用的有光学高温计和各种光电高温计。

1）光学高温计

图 3.30 所示是某种灯丝隐灭式光学高温计，图 3.31 是其示意图。合上开关 S 接通电源后，调节电位器 R_p 便可改变灯丝的亮度，此时移动目镜，可以清晰地看到亮度灯丝的影像，移动物镜，可以看到被测对象的影像，它和灯丝的影像处于同一平面。图 3.32 中，当被测对象比灯丝亮时，灯丝成为一条暗线；当被测对象比灯丝暗时，灯丝成为一条亮线；当灯丝的亮度和被测对象的亮度相同时，灯丝影像就消失在被测对象的影像里，这时毫伏表指示的读数即可显示被测对象温度的高低。

图 3.30　灯丝隐灭式光学高温计

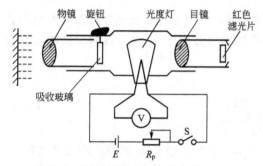

图 3.31　灯丝隐灭式光学高温计示意图

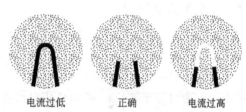

电流过低　　　正确　　　电流过高

图 3.32　光学高温计的瞄准情况

红色滤光片的作用是为了获得被测对象与标准灯的单色光，并在特定的波段上进行亮度比较。由于亮度灯丝在过热时易遭破坏，故灯丝亮度所对应的温度一般不超过 1500℃。为了扩大量程，可以借助吸收玻璃降低被测对象的亮度。因此，毫伏表上有两种标尺，一是未加吸收玻璃的温度标尺，称为第一量程；另一是加上吸收玻璃的温度标尺，称为第二量程。

为了防止在测量高温时烧毁灯丝，可采用灯丝恒定亮度式光学高温计。该高温计工作时灯亮度始终不变，流过电流恒定。通过改变吸收玻璃的吸收强度来改变被测对象的射线透过的亮度，再用经过减弱了的射线与灯丝恒定亮度作比较，当两者亮度相同时，由被测光线减弱程度决定其温度。

为了保持灯亮度恒定，在灯丝回路中串联电流表及可调电阻，根据电流表的指示值调整可调电阻，使其达到标准值。

2）光电高温计

利用光学高温计测量温度时，在理论上已比较严密，且其结构相当完善。但是，它是利用人的眼睛来检测亮度偏差的，故误差较大。光电高温计可以克服此缺点，利用光敏元件进行亮度比较，从而可实现自动测量。

图 3.33 所示为光电高温计的一种实现方法，将被测物体与标准光源的辐射经调制后

射向光敏元件，当两光束的亮度不同时，光敏元件产生输出信号，经放大后驱动与标准光源相串联的滑线电阻的活动触点向相应方向移动，以调节流过标准光源的电流，从而改变它的亮度。当两束光的亮度相同时，光敏元件信号输出为零，这时滑线电阻触点的位置即代表被测温度值。这种高温计的量程宽，具有较高的测量精度，一般用于测量700～3200℃范围的浇铸、轧钢、锻压、热处理时的温度。

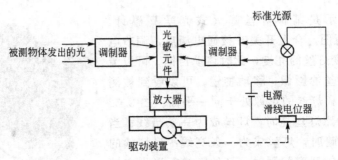

图 3.33　光电高温计原理示意图

3. 比色高温计

比色高温计以测量两个波长的辐射亮度之比为基础。通常将波长选在光谱的红色和蓝色区域内，利用该高温计测温时，仪表显示的值为比色温度 T_P，它与被测对象的真实温度 T 之间的关系为

$$\frac{1}{T} - \frac{1}{T_P} = \frac{\ln\left(\frac{\varepsilon_{\lambda 1}}{\varepsilon_{\lambda 2}}\right)}{C_2\left(\frac{1}{\lambda_1} + \frac{1}{\lambda_2}\right)} \tag{3-34}$$

式中：$\varepsilon_{\lambda 1}$ 为对应于波长 λ_1 的单色辐射黑度系数；$\varepsilon_{\lambda 2}$ 为对应于波长 λ_2 的单色辐射黑度系数。

由式（3-34）可以看出，当两个波长的单色黑度系数相等时，物体的真实温度 T 与比色温度 T_P 相同。一般灰体的发射系数不随波长而变，故它们的比色温度等于真实温度。对于很多金属，由于单色黑度系数随波长的增加而减小，故比色温度稍高于真实温度，通常 λ_1 与 λ_2 非常接近，故比色温度与真实温度相差很小。

图 3.34 为比色高温计的原理示意图，包括透镜 L、分光镜 G、滤光片 K_1 和 K_2、光敏元件 A_1 和 A_2、放大器 A、可逆伺服电动机 SM 等。

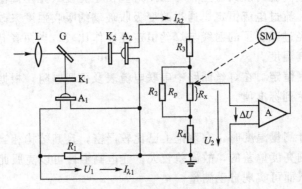

图 3.34　比色高温计原理示意图

其工作过程如下：被测物体的辐射经透镜 L 投射到分光镜 G 上，而使长波透过，经滤光片 K_2 把波长为 λ_2 的辐射光投射到光敏元件 A_2 上。光敏元件的光电流 $I_{\lambda 2}$ 与波长 λ_2 的辐射强度成正比，则电流 $I_{\lambda 2}$ 在电阻 R_3 和 R_x 上产生的电压 U_2 与波长 λ_2 的辐射强度也成正比；另外，分光镜 G 使短波辐射光被反射，经滤光片 K_1 把波长为 λ_1 的辐射光投射到光敏元件 A_1 上。同理，光敏元件的光电流 $I_{\lambda 1}$ 与波长 λ_1 的辐射强度成正比。电流 $I_{\lambda 1}$ 在电阻 R_1 上产生的电压 U_1 与波长的辐射强度也成正比。当 $\Delta U = U_2 - U_1 \neq 0$ 时，ΔU 经放大后驱动伺服电动机 SM 转动，带动电位器 R_P 的触点向相应方向移动，直到 $\Delta U = 0$，电动机停止转动，此时电位器的变阻值 R_x 反映了被测温度值，即

$$R_x = \frac{R_2 + R_P}{R_2}\left(R_1\,\frac{I_{\lambda 1}}{I_{\lambda 2}} - R_3\right) \tag{3-35}$$

比色高温计可连续自动检测钢水、铁水、炉渣和表面没有覆盖物的高温物体温度，其量程为 $800 \sim 2000℃$。其优点是反应速度快，测量温度接近实际值。

4. 红外测温计

凡是利用物体辐射的红外光谱进行测温的技术都称为红外测温，图 3.35 所示为几种典型的红外测温计。

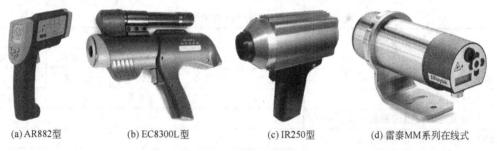

(a) AR882型　　(b) EC8300L型　　(c) IR250型　　(d) 雷泰MM系列在线式

图 3.35　典型红外测温计

红外测温计的结构与光电高温计基本相同，若将光学系统改为透射红外的材料，热敏元件改用相应的红外探测器，这样就构成了红外辐射温度计，如图 3.36 所示。被测物体的红外光由窗口射入光学系统，经分光片、聚光镜和调制盘转换成脉冲光波投射到黑体腔中的红外探测器上，红外探测器的输出信号经运放 A_1 和 A_2 整形和放大后，送入相敏功率放大器，经解调和整流后输出到显示器，显示出相对应的温度。

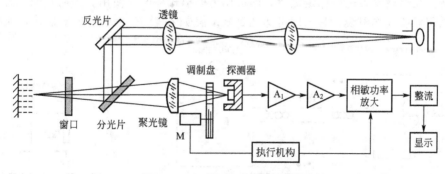

图 3.36　红外测温计原理示意图

3.6 集成温度传感器

模拟集成温度传感器的输出形式可分为电流型和电压型两种。电流型的温度系数为 $1\mu A/℃$；电压型的温度系数为 $10mV/℃$，它们具有绝对零度时输出电量为零的特性。

1. AD590 集成温度传感器

AD590 是由美国 Harris 公司、模拟器件公司（ADI）生产的恒流源式模拟集成温度传感器。它的输出电流与热力学温度成正比，在 298.15K（对应于 25℃）时输出电流恰好等于 298.15μA。它采用激光修正，最高可达 $\pm0.5℃$（AD590M），因此，测温误差小。它的封装形式有三种：TO-52 封装、陶瓷封装（测温范围 $-55\sim+150℃$）、TO-92 封装（测温范围 $0\sim70℃$）。图 3.37 所示为该产品的外形和符号，它有三个引脚，1 脚为正，2 脚为负，3 脚接管壳。在使用时，将 3 脚接地可起到屏蔽作用。

管壳

(a) TO-52封装外形　　(b) 符号

图 3.37　AD590 外形及符号

表 3-6 列出了 AD590 系列产品的主要技术指标，其中 AD590M 的性能最佳。

表 3-6　AD590 系列产品的主要技术指标

指　　标	型　　号				
	AD590I	AD590J	AD590K	AD590L	AD590M
最大非线性误差/℃	±3.0	±1.5	±0.8	±0.4	±0.3
最大标定温度误差/℃	±10.0	±5.0	±2.5	±1.0	±0.5
25℃时额定电流温度系数/($\mu A/K$)	1.0				
25℃时额定输出电流数/μA	298.15				
长期温度漂移/(℃/月)	±0.1				
响应时间/μs	20				
壳与引脚的绝缘电阻/Ω	10^{10}				
等效并联电路/pF	100				
工作电压范围/V	$4\sim30$				

AD590 构成的最简单测温电路如图 3.38 所示。AD590 将被测温度转换为电流，使微安表偏转。在对微安表进行标定之后，即可作为模拟式温度计使用。为防止引入外界的干扰，需采用双绞线作引线，其长度可达几百米。假如在微安表处用负载取代，如图 3.39

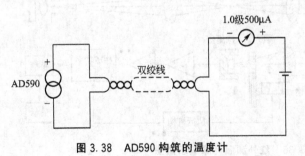

图 3.38　AD590 构筑的温度计

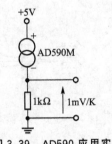

图 3.39　AD590 应用实例

所示，AD590 的输出端连接电阻，则可以实现电流/电压的转换，该电压输出信号可以方便地与放大器或微机外设电路相连。

2. AD592 集成温度传感器

AD592 是美国模拟器件公司新推出的模拟集成温度传感器，该系列产品中 AD592C 的测量精度最高，在 0～70℃ 之间的非线性误差仅 ±0.05℃，重复性误差和长期稳定性均小于 ±0.1℃。AD592 也属于电流输出型，输出电流与温度成正比，比例系数为 1μA/K。

图 3.40 所示为由 AD592 构成的热电偶冷端补偿电路。热电偶的输出热电动势为

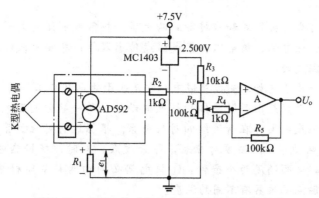

图 3.40　AD592 构成的热电偶冷端温度补偿电路

$$E_{AB}(T,\ T_0)=E_{AB}^{\pi}(T)-E_{AB}^{\pi}(T_0)+\int_{T_0}^{T}(\sigma_A-\sigma_B)\mathrm{d}T \tag{3-36}$$

$E_{AB}(T,\ T_0)$ 的数值随冷端温度而变化，应用时必须考虑冷端的影响。所谓冷端补偿，就是在热电偶的冷端人为地加入一个受同一环境控制并且与热电偶具有相同温度系数的相反极性的补偿电动势，从而使冷端的总电动势不再随环境温度变化。图 3.40 中由 AD592 和电阻 R_1 来提供补偿电动势 E_1，其极性是上端正、下端负，并且

$$E_1=-(1\mu A/K)R_1T=-(1\mu A/℃)R_1t \tag{3-37}$$

电路中 K 型(镍铬–镍硅)热电偶具有正的电压温度系数，$K_1\approx+41\mu V/℃$，现取 R_1 为 41Ω，得

$$E_1=-(41\mu V/℃)\cdot t \tag{3-38}$$

E_1 恰好能实现冷端温度的自动全补偿。需要注意的是，使用其他类型热电偶时，需相应调整 R_1 的阻值。图 3.40 中 R_4 和 R_5 用于调节输出电压的灵敏度。

3. LM35 集成温度传感器

LM35 系列是美国国家半导体公司(NSC)生产的电压输出型集成温度传感器，测量温度范围宽，常温下测温精度为 ±0.5℃，消耗电流最大只有 70μA，自身发热对测量精度影响在 0.1℃ 以内，灵敏度为 10mV/℃，低阻抗输出，适合远距离检测。图 3.41 所示为简易型摄氏温度传感器电路，图 3.41(a) 所示为单电源电路，测温范围是 2～150℃；图 3.41(b) 所示为双电源工作电路，测温范围是 −55～+150℃。

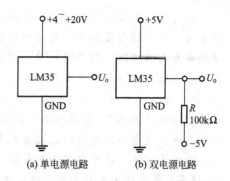

(a) 单电源电路　　(b) 双电源电路

图 3.41　LM35 构筑的摄氏温度传感器电路

小　结

　　温度是用来定量地描述物体冷热程度的物理量。它不能直接测量，只能通过测量某些物理量（如体积、电阻、热电动势等）来间接测量。因此，为了保证温度量值的准确和统一，建立了温标。温标的建立过程经历了经验温标、热力学温标和国际温标三个阶段。

　　测温传感器可分为接触式和非接触式两大类。接触式测温是基于热平衡原理，包括膨胀式温度计、热电偶、热电阻、集成温度传感器等；非接触式测温是利用被测目标的辐射来测量温度的。

　　热电偶被广泛用于热加工测控领域中，它是基于热电效应工作的。根据热电效应，热电偶产生的热电动势是由两种导体的接触电动势和单一导体的温差电动势组成，且总的热电动势与温度之间存在着连续的对应关系。根据这种对应关系，可以制成各种型号热电偶的热电动势——温度对应表，即分度表。同时，根据热电效应也可得出，若要构成热电偶，必须满足两个条件：①热电偶必须由两种不同材料的热电极组成；②热电偶的两接触点必须具有不同的温度。

　　热电偶测温的基本定律包括匀质导体定律、中间导体定律、连接导体定律和中间温度定律、参考电极定律。匀质导体定律可用于检查热电极的不均匀性；应用中间导体定律，可在热电偶回路中串入显示仪表或连接导体；连接导体定律是热电偶测温应用补偿导线的理论基础；应用参考电极定律可简化热电偶的选配工作。

　　使用热电偶测温时，必须对热电偶进行冷端温度补偿。目前，温度补偿的方法主要有冷端恒温法、补偿导线法、热电偶补偿法、冷端温度校正法和补偿电桥法。

　　从类型上，热电偶可分为标准热电偶和非标准热电偶。常用的标准热电偶有铂铑30-铂铑6热电偶（分度号B）、铂铑10-铂热电偶（分度号S）、镍铬-镍硅（或镍铬-镍铝）热电偶（分度号K）、镍铬硅-镍硅热电偶（分度号N）、镍铬-康铜热电偶（分度号E）、铁-康铜热电偶（分度号J）、铜-康铜热电偶（分度号T）。非标准热电偶主要有钨-钼系、钨-铼系、铱-铑系等。从结构上，热电偶可分成普通装配热电偶、铠装热电偶、表面热电偶、快速微型热电偶等。热电偶测温的线路连接方式包括串联、并联和温差三种。

　　热电阻分为金属热电阻和半导体热敏电阻两类。一般金属热电阻具有正的电阻温度系数，常用的金属热电阻有铂热电阻和铜热电阻。实用测温中，铂热电阻被确认为准确度最高的仪器，但价格较贵，常用的有Pt10和Pt100；铜热电阻虽然价格便宜，但精度较低，且由于铜的电阻率小，一般使得热电阻体的体积大，常用的有Cu50和Cu100。虽然热敏电阻的电阻率大、灵敏度高，但稳定性和互换性差。热敏电阻通常可分为负温度系数NTC热敏电阻、正温度系数PTC热敏电阻和临界温度系数CTR热敏电阻三类。热电阻温度计的连接方式有二线制、三线制和四线制接法。

　　普朗克定律、维恩定律和斯蒂芬-玻耳兹曼定律是辐射式测温的物理基础。以斯蒂芬-玻耳兹曼定律为基础的测温仪表称为全辐射高温计；以普朗克定律和维恩定律为基础的测温仪表称为单色辐射高温计,它又分为测量某个波长辐射能量的亮度高温计和两个或两个以上波长辐射能量之比的比色高温计两类。凡是利用物体辐射的红外光谱进行测温的技术都称为红外测温。

常用的集成温度传感器有电流型的 AD590、AD592 和电压型的 LM35。

【关键术语】

温度检测　热膨胀式温度计　热电偶　热电阻　辐射式测温　非接触测温　红外测温　AD590　AD592　LM35

综合习题

一、填空题

1. 对温度计的标定方法有两种,分别是_____和_____。

2. 热电偶的热电动势由_____和_____两部分组成。热电偶测温应用补偿导线的理论基础是_____定律。

3. 在热电偶中,当引入第三个导体时,只要保持其两端的温度相同,则对总热电动势无影响。这一结论被称为热电偶的_____定律。

4. 应用_____定律,可以通过计算预测某两种热电极配对后将可能产生的热电动势值,从而简化热电偶的选配工作。

5. E 型热电偶指_____,N 型热电偶指_____,J 型热电偶指_____ T 型热电偶指_____。

6. 普通热电偶的结构通常是由_____、_____、_____和_____等组成。

7. 热电偶_____连接方式具有热电动势大、精密度比单支热电偶高的优点,但是只要线路中有一支热电偶断开,整个线路就不能工作。

8. 热敏电阻是利用半导体材料的电阻率随_____变化而变化的性质制成的温度敏感元件。

9. 热敏电阻按其温度特性通常可分为三类,分别是_____、_____和_____。

10. 在热电阻的接线方式中,_____接法能更好地消除引线电阻变化对测温的影响。

11. 以斯蒂芬-玻耳兹曼定律为基础的测温仪表常称为_____;以普朗克定律和维恩定律为基础的测温仪表常称为_____。

12. 亮度高温计是利用各种物体在不同温度下其辐射的单色亮度也不同的原理制成的,一般包括_____和_____两种。

13. 在辐射式测温仪表中,_____测得的温度更接近于被测对象的真实温度。

14. 一支分度号为 Pt100 的热电阻,说明在_____时其电阻值为 100Ω。

二、简答题

1. 简述热电偶的工作原理或解释热电效应。

2. 热电偶冷端温度补偿方法有哪些?

3. 常用的 K 型、S 型和 B 型热电偶各指什么热电偶?简述它们的优缺点。

4. 热电偶能够输出热电势的条件是什么？

5. 使用补偿导线时应注意什么问题？

6. 使用热电偶测温时，为什么要连接补偿导线？

7. Pt100 和 Cu50 各代表什么传感器？分析热电阻传感器测量电桥中三线、四线连接法的主要作用。

8. 什么是全辐射能和单色辐射强度？

9. 使用热电偶应注意哪些问题？

三、计算题

1. 用 Cu50 的铜电阻测温，测得其热电阻 R_t 为 80Ω，已知 $R_0 = 50Ω$，$R_{100} = 71.4Ω$，则该测温点的实际温度为多少？

2. 已知某负温度系数热敏电阻，在温度位 298K 时阻值 $R_{T1} = 3144Ω$；当温度位 303K 时阻值 $R_{T2} = 2772Ω$。求该热敏电阻的材料常数 B。

3. 将一只灵敏度为 0.08mV/℃ 的热电偶与毫伏表相连，其冷端置于室温中，室温温度由 Cu50 热电阻测得，若 Cu50 的当前阻值为 53.00Ω，毫伏表读数是 60mV，问热电偶热端温度是多少？已知条件：Cu50 在 100℃ 时的阻值为 71.40Ω，且温度在 0～100℃ 之间为均匀变化。

4. 利用镍铬-镍硅热电偶测量某一炉温，已知冷端温度 $T_0 = 20℃$，测得的热电动势为 $E_{AB}(T, T_0) = 19.79mV$，求被测炉温的实际值？

四、思考题

1. 当测量某一液态金属的温度时，你认为使用接触式测温仪表测得的结果准确还是热电偶的测温结果准确？

2. 如图 3.42 所示，R_t 是 Pt100 铂电阻，分析下图所示热电阻测量温度电路的工作原理，以及三线制测量电路的温度补偿作用。

3. 红外热像仪是一种利用辐射红外射线而成像的仪器，因此也可用于测量温度。请通过查阅相关资料，了解红外热像仪的发展简史，并说明红外热像仪的工作原理和在热加工中的应用。

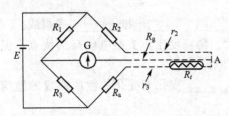

图 3.42　热电阻测量温度电路的工作原理

第4章
常用显示和记录仪表

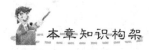
本章知识构架

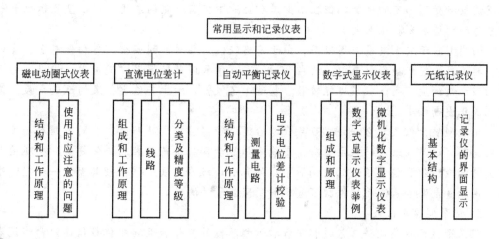

本章教学目标与要求

● 熟悉磁电动圈式仪表的结构和工作原理，掌握断偶保护电路，了解使用时应注意的问题；

● 掌握直流电位差计的组成、工作原理和常用线路，熟悉直流电位差计的分类和精度等级；

● 熟悉自动平衡记录仪的工作原理和测量电路，了解自动平衡记录仪的校验；

● 熟悉数字式显示仪表的组成和原理，了解典型的数字式显示仪表工作原理，了解微机化数字显示仪表工作原理；

● 了解无纸记录仪的基本结构和界面显示。

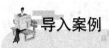
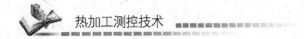

导入案例

显示仪表的现状

在工业测量和控制系统中，显示仪表是不可缺少的。显示仪表通常指以指针位移、数字、图形、声光等形式直接或间接显示、记录测量结果的仪表，它能与各种类型的检测仪表配接，用作工业过程变量数值大小的记录、变化趋势和工作状态的显示。不少显示仪表兼有控制，调节和故障报警功能。

显示仪表经历了从机械式、机电式到全电子式的发展过程。仪表所用的元器件从电子管、半导体管到目前的集成电路。所使用的显示、报警器件分别有指针式、打印记录式、数字式、光柱式和液晶显示屏等。随着大规模集成电路的发展和显示器件的完善，显示仪表已向多功能、小体积、高精确度方向发展，能更逼真地显示、记录工业过程参数的变化趋势。

显示仪表品种繁多、系列齐全。一般按显示记录方式不同可分成：指示型显示仪表、记录型显示仪表、数字型显示仪表和闪光报警型显示仪表等。

1. 指示型显示仪表

指示型显示仪表为机电结合型仪表，20世纪80年代以前获得了广泛应用。目前应用范围虽然受到一定的限制，但在不少工矿企业中仍有一定的应用。指示型显示仪表一般分为动圈型和光柱型两大类。

动圈型显示仪表发展应用较早。由于价格较低、品种系列齐全，各种传感器、变送器、转换器均能配接到仪表中，故在20世纪80年代以前获得了广泛应用。但是，由于它的显示精确度不高、抗震性能较差、制造工艺较繁，加上其他类仪表的迅速发展，应用范围正逐渐缩小。

光柱型显示仪表在20世纪80年代以后逐渐获得应用，从而使仪表的系列和功能也得到完善。这类仪表的特点主要有：①能模拟显示各种工艺参数的变化趋势，直观地指示变量的绝对值和偏差值；②结构简单，体积小，维修方便；③一般具有统一机芯，配置不同测量电路和检测元器件就可实现对不同变量的测量。

2. 记录型显示仪表

记录型显示仪表能将工艺过程中各种过程参数的变化状况和变化数值，以曲线图和数字的方式记录、存储下来，便于管理人员了解工艺过程参数变化的全貌。该类仪表在我国一直得到广泛应用，现阶段，该类仪表已进入一个从有纸记录仪过渡到无纸记录仪的发展阶段。

根据其功能和所使用的元器件不同，记录型显示仪表一般可分为自动平衡记录仪、微机型数据记录仪和无纸记录仪三类。

20世纪80年代以前，自动平衡记录仪在我国获得广泛应用，主要的品种有：大型圆图记录仪系列、大型长图记录仪系列、中型圆图记录仪系列、中型长图记录仪系列、小型长图记录仪系列等。

微机型数据记录仪是在20世纪90年代才被引入的。主要有：单通道微机型记录显示仪和多通道微机型数据记录显示报警仪等产品。该类仪表大多采用电子式的信号处理方法，并以打印记录、数字显示等较先进的方式，取代自动平衡显示记录仪的记录笔和指针式显示方式，较大地提高了记录仪的显示精确度。以上两个系列的记录仪均为有纸记录仪。

无纸记录仪是20世纪90年代后才研制出来并投入使用，主要产品为多通道多功能无纸记录仪系列。这类仪表数据的记录、显示完全不用机械装置（如记录笔、打印头等），较好地解决了前面两类仪表可靠性较差的缺点，而由于不用记录纸，也降低了仪表的运行费用。

3. 数字式显示仪表

数字式显示仪表是指以数字形式直接显示测量结果的仪表，经历了机械式、机电式与全电子式的发展过程。目前，大量使用的是带 LED 和 LCD 等数字显示器件的数字显示仪表，它能与各种类型的检测器、变送器和标准化电流、电压信号配接，完成对被测信号的测量、显示、报警和调节控制。数字式显示仪表品种多、系列全、使用范围广。随着微电子技术的迅速发展，各种功能的集成电路芯片不断出现，并在数字式显示仪表中得到使用，使这类仪表的技术性能快速提高，仪表的各项功能增强、体积缩小，维护使用更加方便。

数字式显示仪表一般可分为简易型和微机型两种。根据输入信号的不同，两者还可再分为模拟信号输入型和脉冲频率信号输入型。根据各类型仪表的功能不同又可分为单显示型、显示报警型和显示控制型等。

4. 闪光报警型显示仪表

闪光报警型显示仪表主要指在自动测量和控制系统中，能对其他仪表输出的触点信号状态以光和声的形式进行显示和报警的仪表。仪表中所用的发光器件一般使用发光二极管；发声器件不仅使用电铃、陶瓷蜂鸣器，而且还有语音报警装置。

经常使用的闪光报警显示仪大致可分为两大类：一类为由分立元件或中小规模集成电路组成的简易型闪光报警显示仪，此类闪光报警仪大多用于中小型工矿企业的自控系统中；另一类为由单片微处理器组成的微机型闪光报警显示仪。此类闪光报警仪一般采用大规模集成电路，仪表可以做得比较小，便于密集型安装，故多用于发电厂、化工厂、钢铁厂等大型工矿企业中。

问题：

（1）显示仪表是如何分类的？

（2）你见过哪种显示仪表？你了解它的工作原理、应用场合和使用注意事项吗？

■ 资料来源：邹家培. 显示仪表(上). 世界仪表与自动化，2000，4(1).

邹家培. 显示仪表(下). 世界仪表与自动化，2000，4(2).

4.1 磁电动圈式仪表

磁电动圈式仪表按其功能可分为指示型、指示调节型和记录型三种。我国的 XC 系列磁电动圈式仪表仅发展前两种，XCZ 为指示型仪表，XCT 型为指示调节型仪表，两种仪表如图 4.1 所示。

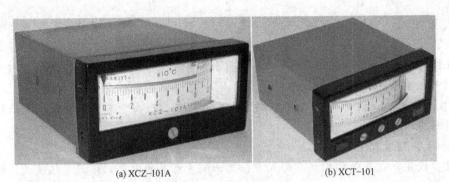

(a) XCZ-101A   (b) XCT-101

图 4.1 磁电动圈式仪表

4.1.1 磁电动圈式仪表的结构和工作原理

图 4.2 是 XCT-101 型仪表的基本结构图，它由测量指示机构和电子调节结构两大部分组成。测量指示机构包括测量电路及动圈测量结构；电子调节机构包括偏差检测机构和电子调节电路。

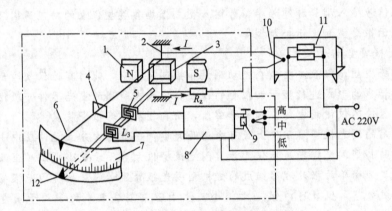

图 4.2 XCT-101 型仪表的基本结构

1—永久磁铁；2—张丝；3—动圈；4—铝旗；5—检测线圈；6—指针；7—标尺；
8—振荡器；9—继电器；10—热电偶；11—电阻炉；12—设定指针

1. 测量指示机构

1) 测量机构的工作原理

XCT-101 型仪表的测量机构及其工作原理与一般磁电式直流毫伏表相同，均由一个磁电系表头(动圈式测量机构)和测量电路组成。表头中的动圈处于永久磁钢形成的磁场中，当动圈中有电流 I 通过时，将产生一电磁力矩 M，同时使张丝扭转一定角度，当张丝的扭矩 M_0 与电磁力矩 M 相等时，动圈将会停留在某一偏转角 α，α 正比于流过动圈的电流 I，即正比于热电偶的热电动势 $E_t(T, T_0)$：

$$\alpha = CI = C\frac{E_t(T, T_0)}{R_z} \qquad (4-1)$$

式中：C 为仪表灵敏度系数；R_z 为测量电路总电阻。

动圈式仪表的标尺一般是把热电动势换算成温度值进行刻度，因此，可以从标尺上直接读出所测温度值。由于不同分度号的热电偶的温度—热电动势关系不同，所以一种规格的仪表只能配接一种分度号的热电偶。每种仪表的标尺上都注有配接热电偶的分度号（如K、S等），使用时应特别注意。

2）测量电路工作原理

动圈式仪表的总电阻 R_z 是电路内阻 R_i 和外阻 R_o 的总和。

内阻 R_i 包括动圈电阻 R_d、温度补偿电阻 R_{t1}、R_1 和量程电阻 R_m；外阻 R_o 包括热电偶电阻 R_w 和连接导线电阻 R_2。各电阻之间的关系见图 4.3。

由式（4-1）可得，仪表指针的偏转角 $α$ 为

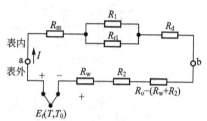

图 4.3　测量电路电阻示意图

$$α = C\frac{E_t(T, T_0)}{R_i + R_o} \qquad (4-2)$$

为了保证示值与热电偶输出的热电动势 $E_t(T, T_0)$ 成正比，必须保证内阻 R_i 和外阻 R_o 均为常数。而实际应用中，R_i 中的动圈电阻 R_d 会随环境温度的升高而增大，R_o 也可能因所选热电偶尺寸不同及热电偶与仪表间距离不同（连接导线长短不一样）而改变。

为保证 R_i 为常数，量程电阻 R_m（200～1000Ω）用温度系数很小的锰铜丝绕制。R_{t1} 为一负温度系数的热敏电阻（20℃时为 68Ω），其热惯性与动圈电阻相当，R_{t1} 和 R_1（R_1 用锰铜丝绕制，$R_1 = 50Ω$）并联后可以较好地补偿动圈电阻 R_d 的变化。

为保证外阻 R_o 为常数，一般规定外阻为一定值（一般为 $R_o = 15Ω$）。仪表出厂时附加一个称为外阻的锰铜电阻（一般即为 15Ω），这个电阻与测量电路串联。安装仪表时，应先将热电偶和连接导线的电阻测量出来，然后在外阻上减去这一阻值，以保证 R_o 是 15Ω。

测量电路上的 R_m 还起到提高仪表内阻的作用，从而提高仪表的测量精度。图 4.3 中仪表输入端 a、b 的输入电压 U_{ab} 为

$$U_{ab} = IR_i = \frac{E_t(T, T_0)}{R_i + R_o}R_i \qquad (4-3)$$

故有

$$U_{ab} = E_t(T, T_0) - U_{ab}\frac{R_o}{R_i} \qquad (4-4)$$

式（4-4）表明，由于 R_o 的存在，仪表的输入电压并不等于热电偶的热电动势 $E_t(T, T_0)$，而是比热电动势 $E_t(T, T_0)$ 小，差值为 $(U_{ab}R_o)/R_i$，说明仪表按 $E_t(T, T_0)$ 刻度会产生示值误差。如果内阻 R_i 足够大，那么 R_o 的变化（如热电偶阻值 R_w 随温度的变化和连接导线电阻 R_2 的变化）所引起的误差就可以不超出仪表的允许误差范围。但 R_i 太大又会降低仪表的灵敏度，R_i 的数值使仪表在测量上限时，测量指针才能正确地指示在满刻度上。

2. 电子调节电路和断偶保护电路

1）电子调节电路

电子调节电路的作用是使仪表在测量温度的同时，根据被测温度与要求的温度偏差，控制电阻炉加热与否，从而使温度稳定在要求的数值上。

XCT-101 型仪表的调节电路原理图如图 4.4 所示，它能够实现二位式温度调节。

该电路由偏差检测机构、高频振荡器、检波与直流放大器以及继电器等组成。其中 T_1 为振荡晶体管，D_2 为检波二极管，T_2 为放大晶体管。测量指针上固定的小铝旗和 T_1 射极回路上的 L_3、C_3 组成偏差检测机构。L_3 称为检测线圈，它由两个约为 12mm×12mm 的方形印制线圈串联而成，两线圈间有 3～4mm 的间隙，小铝旗可以自由通过。当电阻炉温度低于给定值时，指针上的小铝旗在 L_3 间隙之外，此时振荡器产生高频振荡，输出的高频信号经检波放大后输出的直流电流，驱动继电器 J 动作，"中-低"触点闭合，使电阻炉通电升温。当炉温达到给定值时，指针与设定针重合，指针上的小铝旗进入 L_3 的间隙，使 L_3 的电感量减小，振荡器停振，直流放大器输出的电流减小到继电器释放电流以下，继电器释放，"高-中"触点闭合，"中-低"触点断开，使电阻炉断电。如此循环可使炉温自动稳定在给定针所指的温度上。给定针以及与其固联的电感线圈 L_3，可通过调节面板上的调节螺钉，使其置于仪表全量程范围的任意位置上，因此，可以调节炉温恒

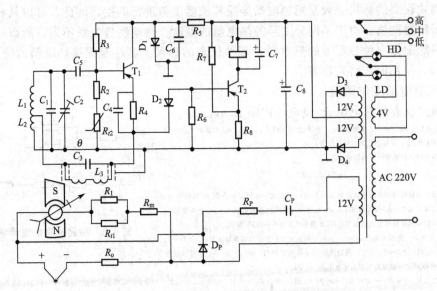

图 4.4　XCT－101 型仪表电子调节电路原理图

定于全量程内任意温度值。

　　2）断偶保护电路

　　在生产中，磁电动圈式仪表的外电阻可能因连接不可靠或无意触碰而断路，当发生断偶现象后，仪表内的动圈就不可能有电流输入，动圈和指示指针就不会发生偏转，这样，振荡器就一直处于振荡状态，继电器断电，其触点闭合，控制的电阻炉始终处于加热状态。当炉温超过规定的温度时，由于不能自行断电而继续加热，这样可能将炉子烧坏甚至发生安全问题，这是十分危险的，为此需要设置断偶自动保护电路。

　　XCT－101 型仪表的断偶自动保护电路如图 4.5 所示。

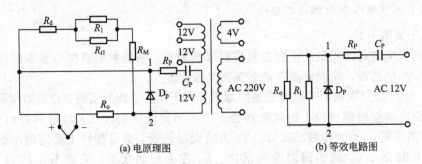

(a) 电原理图　　　　　　　　　　　　(b) 等效电路图

图 4.5　XCT－101 型仪表的断偶自动保护电路原理图

　　在热电偶未断时，由于断偶保护线路中的 D_P 对测量电路来说处于反接状态，并且 1 与 2 端电阻值基本上等于热电偶回路的电阻值 R_o，对二极管短路，同时由于 R_P 和 C_P 的阻抗都很大，因此，在 1 与 2 端之间仅有极微小的交流电压，对正常测量没有影响。

　　当热电偶断线后，$R_o \to \infty$，由于 R_i 阻值较大（一般大于 200Ω），起不到对二极管 D_P 短路的作用，并且 D_P 的正反向电阻相差很大，因此，1 与 2 端的电阻值对交流的正负半周是不同的。正半周时，2 端为正而 1 端为负，此时电阻值很小（基本上是 D_P 的正向电阻值），12V 的交流电源对 C_P 充电；负半周时，1 端为正而 2 端为负，此时电阻值很大，被充了电的 C_P 以较慢的速度放电。这就使 1、2 两端间出现直流电压，1 端为正，2 端为负，在测量回路中与热电偶电动势方向相同，数值大很多，必然会驱动动圈偏转直到铝旗进入检测线圈 L_3 中，使继电器断电，切断电阻炉电源，避免发生事故。

4.1.2　动圈式仪表使用时应注意的问题

使用 XCT - 101 型仪表进行温度测试与控制时，要特别注意以下几点：

（1）外线电阻必须符合仪表要求。配接热电偶的动圈式仪表的外线电阻是指热电偶电阻、补偿导线电阻、冷端补偿器电阻以及外线调整电阻的总和。值得注意的是，热电偶电阻是指它在正常工作温度时的热态电阻，这一点对铂铑-铂热电偶尤为重要。如 1m 长的铂铑-铂热电偶，插入炉内深度 0.5m，在 0℃时的电阻为 1Ω，而在 1300℃时的电阻为 5Ω 左右。

（2）机械零点的正确调整。当同时使用补偿导线和冷端补偿器时，机械零点调在指定的刻度（一般为 20℃）上，如果只用补偿导线，则机械零点应调在仪器所处的环境温度上。

（3）正确接线。测量线、控制线、电源线均应正确地接在仪表背部相应的接线端子上，应特别注意补偿导线的极性不可接反。电源线的中线接在 "0" 端子上。标有 "接地" 符号的端子应可靠接地，不允许与电源中线混接。

4.2　直流电位差计

采用指示仪表测量电流、电压时，其精确度只能达到 0.1%，无法满足工程上某些高精度测量的要求。目前，直流电位差计的准确度可达到 0.001%，因此，广泛用于准确度要求较高的电测量与非电测量中。

手动直流电位差计如图 4.6 所示，因其所测电量为直流量，靠手动实现电路平衡而得名，它除用作测量直流电势的精密仪表外，还可用作直流电势源。

图 4.6　直流电位差计实物图

4.2.1　直流电位差计的组成和工作原理

电位差计是一种用比较法进行测量的仪器，利用被测电动势和仪器本身电位器的已知压降相平衡的原理实现被测量的测量。图 4.7 为直流电位差计的原理电路图。整个电路由三部分组成，即：①由工作电源 E、可调电阻 R、固定电阻 R_n 和电位器 R_P 组成工作电路；②由标准电池 E_n、固定电阻 R_n 和检流计 G 组成的工作电流校准电路；③由被测电动势 E_x、补偿电压 U_{ox}、检流计 G 组成的测量电路。

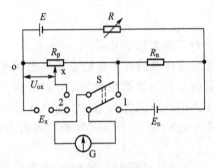

图 4.7　直流电位差计原理图

工作时，首先用标准电池 E_n 来校正工作电流，将开关 S 倒向位置 1，检流计 G 接到标准电池 E_n 一边，调节电阻 R 使通过检流计 G 的电流为零，此时表明标准电池 E_n 的电动势和固定电阻 R_n 上的电压降相互补偿，因此可得

$$I = \frac{E_n}{R_n} \tag{4-5}$$

然后将开关 S 拨向位置 2，这时检流计接到被测电动势一边，调节 R_P 上滑动触点 x，使检流计 G 再次指零，因为滑动触点并不影响工作电路中电阻的大小，所以工作电流保持不变。这样就可以使被测电势 E_x 与已知标准电阻 R_P 上 ox 段压降 U_{ox} 相补偿，即有如下关系式成立：

$$E_x = U_{ox} = IR_{ox} = \frac{E_n}{R_n} R_{ox} \tag{4-6}$$

式中：R_{ox} 为 R_P 上 ox 段的电阻值。

由于标准电池 E_n 的电动势是稳定的，因此选用一定大小的 R_n 将使工作电流具有一定的额定值，电阻 R_P 上的分度可用电压来表明，也就可以直接读出被测电动势 E_x 的大小。

4.2.2　直流电位差计的线路

从直流电位差计的工作原理可知，被测电动势与 R_{ox} 大小成正比，为了准确测量被测电动势值，要求 R_{ox} 不但制造要准确，而且能达到与电位差计准确度相应的读数精度。如果 R_P 选用滑线电阻，其读数最多能达到三位数字，这显然不够精确，为此常常采用一些专门线路，其中用得较多的有代换式十进盘线路和分路式十进盘线路，十进盘线路是电位差计的基本线路。

1.　代换式十进盘线路

代换式十进盘线路如图 4.8 所示，图中补偿电压就是图 4.7 所示的 U_{ox}。电流 I 调好后，补偿电压取决于 R_1、R_2、R_3 和 R_4 的读数。而 R_1、R_2、R_3 和 R_4 由九个相同的电阻组成，各组电阻间彼此相差 10 倍，当然各组元件上的电压降也相差 10 倍，因此可从四个十进盘上读出四位补偿电压值。

从图 4.8 可以看出，R_1 和 R_4 的调节对工作电流没有影响，为了使 R_2 和 R_3 调节时对工作电流也无影响，可在线路中相应的接入 R_2' 和 R_3'，R_2' 与 R_2、R_3' 与 R_3 联动。R_2 和 R_3 电阻的接入个数与 R_2' 和 R_3' 电阻的切除个数相等，从而保证在调节 R_2 和 R_3 的过程中，工作电

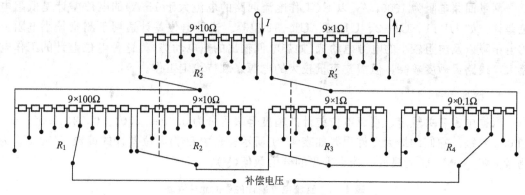

图4.8 代换式十进盘线路

路的总电阻没有变化。若需要进一步提高精度，将联动的代换式十进盘的盘数增加即可。

2. 分路十进盘线路

分路十进盘线路如图4.9所示。图中 R_1 由11个相同的电阻 r 组成，通过的电流为 I，每个元件上的电压为 $I \cdot r$。R_2 由9个相同的电阻 r 组成，R_2 的两端可借助固定的一对触头 P_1 和 P_2 接到 R_1 的任一电阻 r 上，通过 R_2 的电流为 $0.1I$，每个元件上的电压为 $0.1I \cdot r$。R_3 由11个相同的电阻 $0.01r$ 组成，通过 R_3 的电流为 I，每个元件上的电压降为 $0.01I \cdot r$。R_4 由9个相同的电阻 $0.01r$ 组成，R_4 的两端可借助固定的一对触点 P_3 和 P_4 接到 R_3 的任一电阻 $0.01r$ 上，通过 R_4 的电流为 $0.1I$，每个元件上的电压为 $0.001I \cdot r$。

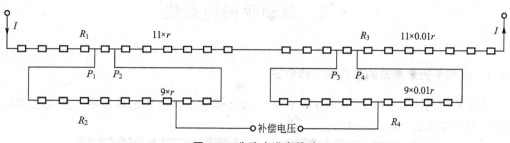

图4.9 分路十进盘线路

可以看出，只要改变触点位置，就可以在 X 和 X' 端得到连续变化的四位数补偿电压值，而且不论所有触点的位置如何，工作回路总电阻保持不变，从而保证了工作电流在整个调节过程中恒定不变。如果在 R_2 和 R_4 上进一步采取十进盘线路，读数精度还可提高。

4.2.3 直流电位差计的分类及精度等级

1. 分类

手动直流电位差计根据测量回路阻值大小可分为高阻电位差计和低阻电位差计。

测量回路电阻为 $1000\Omega/V$ 以上（工作电流为 $1mA$ 以下）的电位差计是高阻电位差计，如 UJ-25、UJ-9/1 型等。这种电位差计适用于测量内阻比较大的电源电动势（如标准电池电动势）以及较大电阻上的电压降等。由于工作电流小，线路灵敏度低，因此需配用高灵敏度的检流计。

测量回路电阻为 $1000\Omega/V$ 以下(工作电流回路的电流大于 1mA)的电位差计是低阻电位差计，如 UJ-1、UJ-2、UJ-5、UJ-31 型等。这种电位差计适用于测量较小电阻上的电压降以及内阻较小的电源电动势(如热电偶输出的热电动势)。这种电位差计的工作电流大，线路灵敏度较高，但需要容量较大的电源来维持稳定工作。

2. 精度等级

根据国家有关规定，直流电位差计的精度等级可分为 0.005、0.01、0.02、0.05、0.1 和 0.2 六级。它们的最大允许误差如表 4-1 所示。表中 U 为电位差计的读数(V)，U_m 为测量上限(V)，ΔU 为最低一挡十进盘的分度数值(V)。

表 4-1 直流电位差计的最大允许误差

精度等级	最大允许误差/V
0.005	$\pm(0.5\times10^{-4}U+0.24\Delta U)$
0.01	$\pm(10^{-4}U+0.2\Delta U)$
0.02	$\pm(2\times10^{-4}U+0.4\Delta U)$
0.05	$\pm(5\times10^{-4}U+0.5\Delta U)$
0.1	$\pm0.1\%U_m$
0.2	$\pm0.2\%U_m$

4.3 自动平衡记录仪

4.3.1 自动平衡记录仪的结构和工作原理

自动平衡记录仪如图 4.10 所示，它是一种能够连续显示和记录被测参数变化情况的仪表，有时也称电子电位差计。

(a) 大圆图自动平衡记录仪   (b) 中长图自动平衡记录仪

图 4.10 常见自动平衡记录仪

各种自动平衡记录仪的基本结构和工作原理大致相似。主要由测量电桥、放大电路、可逆电动机、指示记录机构等部分组成，图 4.11 为其工作原理框图。

将热电偶输入的直流电动势(即热电动势)与电桥两端的直流电压相比较，比较后的差

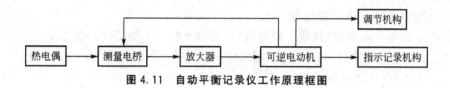

图 4.11　自动平衡记录仪工作原理框图

值电压（即不平衡电压）经放大器放大后，输出足以驱动可逆电动机的功率。可逆电动机通过一组传动系统带动指示机构和测量电桥中滑线电阻相接触的滑动臂，从而改变滑动臂与滑线电阻的接触位置，直到电桥与热电偶输入信号两者平衡为止。此时放大器便无功率输出，可逆电动机停止转动，与此同时电桥处于平衡状态。若热电偶的热电动势再度改变，则又产生新的不平衡电压，再经放大器放大，驱动可逆电动机，改变滑动臂与滑线电阻的位置，直至达到新的平衡点为止。和滑动臂相连的指示机构沿着有分度的标尺滑行，滑动臂的每一个平衡位置对应于指针在标尺上的某一确定读数。

4.3.2　自动平衡记录仪的测量电路

自动平衡记录仪的测量电路如图 4.12 所示。图中电阻 R_{31}、R_{32}、R_{P1} 和电容 C_1、C_2、C_3 构成的滤波电路可以消除热电偶电路上的干扰信号。

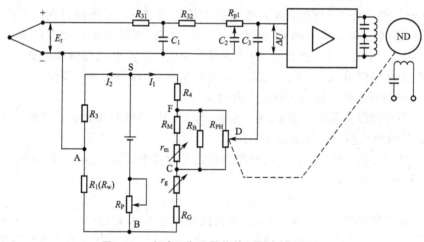

图 4.12　自动平衡记录仪的测量电路原理图

设放大器输入端电压为 ΔU 则：
$$\Delta U = U_{DC} + U_{CB} - U_{AB} - E_t \tag{4-7}$$
若测量电桥处于平衡状态，即 $\Delta U = 0$ 时，则
$$U_{DC} + U_{CB} \quad U_{AB} - E_t = 0 \tag{4-8}$$
若热电动势有了增高，即 $E_t \rightarrow E_t + \Delta E_t$，测量电桥就不再平衡，式(4-8)中的方程不再为零。放大器有了输入电压 ΔU 存在，可逆电机 ND 开始转动，它带动滑点 D 向上移动适当的位置，即
$$(U_{DC} + \Delta U_{DC}) + U_{CB} - U_{AB} - (E_t + \Delta E_t) = 0 \tag{4-9}$$
在滑点移动的同时，指针也被带动，指示出升高后的温度值。反之，温度降低，出现 $E_t \rightarrow E_t - \Delta E_t$，滑点 D 向下移，测量电桥又重新达到平衡，指针又指示出降低的温度值。

为深入了解测量电桥中各部分的作用，下面将对测量电路的各个电阻作进一步的分

析，首先确定热电偶自由端温度为0℃。

(1) $R_G + r_g$ 称为起始电阻（或下限电阻）。当仪表指示下限值时，显然 D 点应滑到最下端，即 $U_{DC} = 0$，令此时 $E_t = E_1$，则根据式（4-8）可得

$$U_{CB} = U_{AB} + E_1 \Rightarrow I_1(R_G + r_g) = I_2 R_w + E_1 \tag{4-10}$$

式中：I_1、I_2 为上下支路工作电流，其值是一定的；R_w 为温度补偿电阻，当自由端温度一定时，其值也是固定的；E_1 为仪表量程的下限值，下限值为零的仪表 $E_1 = 0$，但有的仪表的量程不是从0℃开始的。

可见，$R_G + r_g$ 的大小与起始电动势 E_1 的大小有关，所以称 $R_G + r_g$ 为起始电阻，其中 r_g 为微调电阻。

(2) $R_M + r_m$ 称为测量范围电阻。仪表指示下限时 D 在下端，仪表指示上限时 D 在上端。可见滑线电阻 R_H 两端的电压大小代表了测量热电动势的大小范围，即

$$U_{FC} = E_2 - E_1 \tag{4-11}$$

式中：E_2 代表量程的上限值。

为了测量不同的量程，就需要制造不同数值的滑线电阻，而且要求电阻值准确，结构尺寸也一样，这在制造工艺上是较困难的。为了有利于成批生产，只绕制一种规格的滑线电阻，另外再作一个电阻 R_B，通过选配、调整，使 R_B 与 R_{PH} 并联后成为比较准确的电阻，一般在 $90 \pm 0.1\Omega$。但这个数值仍不是要求的测量范围电阻，对不同量程，不同分度号的仪表，只要再并联上不同大小的 R_M 就可以了。R_B 与 R_{PH} 并联的 90Ω 电阻已成通用件。测量范围只取决于 R_M 的大小。所以称 R_M 为测量范围电阻，其中 r_m 是微调电阻。

(3) R_4 上支路限流电阻。R_{PH}、R_B、R_M 并联后与 R_4 串联其总值要保证上支路电流 I_1 为 4mA，这是设计这种电桥时所规定要求的。

(4) R_3 下支路限流电阻。当 R_w 为一定值时，与 R_3 串联起来保证下支路电流为 2mA，这同样是设计这种电桥时所规定要求的。

(5) R_w 自由端温度补偿电阻。前面我们确定自由端温度为 0（℃），热电偶工作端温度为 t（℃），平衡方程式（4-8）可写成

$$U_{DC} + U_{CB} - U_{AB} - E_{(t,0)} = 0 \tag{4-12}$$

若被测温度没有变化，仍是 t（℃），但自由端温度由 0（℃）变到 t_1（℃），这时 $E_{(t,0)}$ 这一项减小了 $E_{(t_1,0)}$，如果测量电桥没有别的变化，就会出现一个不平衡电压输进放大器，电动机带动滑点向下移动，实现自动平衡，即

$$(U_{DC} - \Delta U_{DC}) + U_{CB} - U_{AB} - (E_{(t,0)} - E_{(t_1,0)}) = 0 \tag{4-13}$$

从式（4-13）看出，被测温度虽然没有变化，但指示值已降低了。这是由于热电偶自由端温度变化造成的。为了解决这个问题，把 R_w 作成随温度变化的电阻（一般用铜导线绕成，安装在自由端接线柱附近），使 U_{AB} 随温度变化，以此来补偿自由端温度变化引起的热电动势变化，即

$$U_{DC} + U_{CB} - (U_{AB} + \Delta U_{AB}) - (E_{(t,0)} - E_{(t_1,0)}) = 0 \tag{4-14}$$

这时电桥仍然平衡，滑点并不移动，指示值没有变化。设计时一定要保证 $\Delta U_{AB} = E_{(t_1,0)}$，即要正确选择 R_w 来满足上式，即

$$E_{(t_1,0)} = I_2 \cdot \Delta R_w = I_2 \cdot \alpha \cdot \Delta t \cdot R_w \tag{4-15}$$

式中：Δt 为自由端温度变化值；α 为铜电阻温度系数。

4.3.3 自动平衡记录仪的校验

对于自动平衡记录仪，一般用 UJ - 1 型或 UJ - 31 型电位差计进行校验。在校验之前应初步检查被校仪表的各部分是否完好。

校验过程如下：首先将被校仪表的输入端子用补偿导线引出送入冰水槽的小试管里（试管中盛变压器油），通过铜导线与手动电位差计的信号输出端子相接。此时被校仪表输入端的电动势值已经自动减掉了补偿导线产生的热电动势，因此被校仪表应能指示出相应于手动电位差计输出电动势的刻度值。应该注意的是，用手动电位差计做电动势信号源时，其检流计应短路，以防损坏。

4.4 数字式显示仪表

前面介绍的动圈式仪表及电位差计都是通过指针的直线位移或角位移来显示被测温度，称为模拟式仪表。而数字式显示仪表则是以数字量的方式显示出被测值，具有测量精度高、灵敏度高、显示速度快等优点。这类仪表主要包括数字式温度显示仪表、数字式压力显示仪表及流量显示仪表等，如图4.13所示。后二者一般配接压力变送器或差压变送器（或其他压力、流量传感器），这类传感器的输出信号多为0～10mA或4～20mA的直流标准信号，其输出与输入之间的线性较好，因此数字显示仪表的输出（即显示值）与输入（即传感器输出）之间的关系也可为线性的，仪表的组成较简单。数字式温度显示仪表一般

(a) 温度显示仪表　　　　　(b) 数字式压力显示仪表　　　　(c) 流量显示仪表

图4.13　数字式显示仪表

直接配接热电偶或热电阻等其他温度传感器，因温度传感器本身为非线性的，因此，仪表内部需增加进行非线性补偿的电路，以使显示值能准确地反映被测原始物理量温度，故结构稍复杂些。

4.4.1 数字式显示仪表的组成和原理

数字式显示仪表的组成一般包括前置放大、模拟/数字（A/D）转换、非线性补偿、标度变换及显示装置等部分，图4.14为其组成框图。

被测参数经检测元件和变送器转换成相应的电信号后，首先输入到数字式显示仪表的前置放大器进行放大，然后经 A/D 转换成为数字信号。由于输入到前置放大器输入端的电模拟量与被测变量之间可能具有非线性关系，而仪表显示的数字量与被测变量之间应是

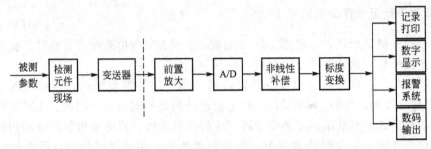

图 4.14 数字式显示仪表组成框图

——对应的比例关系，所以，在数字式显示仪表中设有非线性补偿和标度变换环节，以便对测量信号进行线性化处理和对各种比例系数进行标度变换。经过上述处理的数字信号送往显示器中进行显示，或通过打印机将记录打印下来，也可送往报警系统或以数码形式输送给其他计数装置。对于具体仪表而言，也可以先进行线性化处理和标度变换，然后再进行 A/D 转换；还可以将 A/D 转换与非线性补偿同时进行，然后再进行标度变换，最后再送往显示器。

在数字式显示仪表中，经变换元件变换所得的信号一般只有 mV 数量级，甚至更小，而 A/D 转换器一般要求输入电压为"伏"数量级，因此，必须首先采用前置放大器。采用前置放大器的另一个目的还在于：在工业现场中，显示仪表和检测元件之间往往有一段距离，在工作时会引入一些干扰信号，这时可利用前置放大器在放大有效信号的同时，将干扰信号抑制掉。

由于前置放大器直接影响整机指标，因此其性能是否良好很重要。一般用于数字式显示仪表的放大器需满足以下几点：①线性度要好；②具有高精度和高稳定性的放大倍数；③有高输入阻抗和低输出阻抗；④零漂移和噪声要小；⑤抗干扰能力要强；⑥具有较快的反应速度和过载恢复时间。

对于模拟式显示仪表，可以采用非线性刻度的办法来消除非线性误差。然而，在数字式显示仪表中显然不能采用非线性刻度办法。

非线性补偿的方法很多。在数字仪表中通常采用非线性补偿电路，或者缩小仪表的工作范围，取非线性特性很小的一段，近似作线性处理。

数字仪表的线性化线路多种多样，其精确程度和线路繁简不一，但都是在一定范围内对非线性特性曲线进行线性化处理，因而均存在一定的近似性。非线性补偿装置可以放在A/D 转换之前、之中或之后，并分别称之为模拟式、线性化、A/D 转换线性化(或数字式线性化)。

4.4.2 数字式显示仪表举例

国产的数字式显示仪表种类很多，其中配热电偶的数字式温度表是最为常用的一种。它能接受各种热电偶所给出的热电动势，直接以四位或五位数字显示出相应的温度数值，同时能给出所示温度的机器编码信号，供给打印机打印记录或屏幕显示；还可以提供所示温度为 1mV/℃的模拟电压信号供温度调节器用。它配有 30mV 和 200mV 挡，可作数字式毫伏表使用，整机测量准确度可达 0.3%。

图 4.15 为某种配热电偶的数字式温度表原理示意图。被测参数首先由各种热电偶检

测出来，并转换成电信号(热电动势)，经放大、线性化处理和标度变换后、送至 A/D 转换器，转换成数字信号存放到寄存器，最后经数字字符七段码译码后由数码管显示出相应的被测温度数值来，这里，线性化处理也可放在 A/D 转换后再进行。

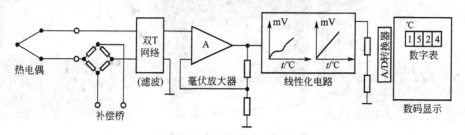

图 4.15 配热电偶的数字式温度表原理示意图

4.4.3 微机化数字显示仪表

微机化数字显示仪是一种智能化仪表，可以对单参数和多参数的被测参数进行数字显示、打印和记录，还能自动校正零点、自动变换量程及计量单位、自动校正误差，此外还可以自动进行数据处理、自动消除错误的数据与干扰成分、自动诊断故障等。

图 4.16 所示为微机化数字显示仪表的一种形式。如图 4.16 所示，首先由微处理器(CPU)发出切换控制信号，该信号经输入、输出接口(I/O 接口)控制有多路选通输入的 A/D 转换器，选通某一被测参数信号。输入信号经变换电路后送至 A/D 转换电路，再经 I/O 接口输入到微处理器(CPU)进行数据处理。经过数据处理后的信号送到显示缓冲单

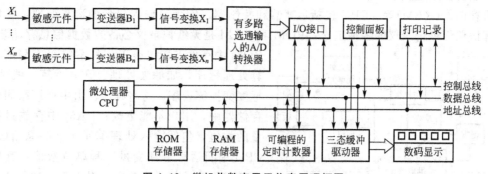

图 4.16 微机化数字显示仪表原理框图

元。轮流地被取到数码显示器进行动态数字显示；也可启动打印机进行打印记录；还可将输入信号存放在 RAM 存储器，或者经过 D/A 转换器转换后输出模拟量。

4.5 无纸记录仪

无纸记录仪是以 CPU 为核心、采用液晶显示的记录仪，如图 4.17 所示。它采用常规仪表的标准尺寸，是简易的图像显示仪表，属于智能显示仪表的范畴。

无纸记录仪无纸、无笔，内部无任何传统记录仪的机械传动部件，避免了纸和笔的消

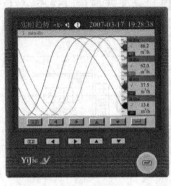

图 4.17　几种常见无纸记录仪

耗与维护。它内置了大容量的存储器（RAM），可以存储多个变量的历史数据，将记录信号转化成数字信号后，送入存储器保存并在大屏液晶显示器上加以显示。它能够显示过程变量的百分值和工程单位的当前值、历史趋势曲线、报警状态、流量累计值等，提供多个变量的同时显示。可对记录信号在显示屏上随意放大或缩小，必要时可与计算机连接对数据进行打印或进一步处理。

4.5.1　无纸记录仪的基本结构

图 4.18 为无纸记录仪的结构原理框图，主要由主机板、LCD 图形显示屏、键盘、供电单元、输入处理单元等部分组成。

主机板是无纸记录仪的核心部件，包括中央处理单元（CPU）和只读存储器（ROM）及随机存储器（RAM）等。CPU 包括运算器和控制器、实现对输入变量的运算处理，并负责指挥协调无纸记录仪的各种工作；ROM 和 RAM 是无纸记录仪必备的数据信息存储装置，ROM 中存放支持仪表工作的系统程序和基本运算处理程序，如滤波处理、开方运算、线性化、标度变换等程序，这些程序已由生产厂家固化在存储器中，用户不能更改；RAM 中存放过程变量的数值，包括输入处理单元送来的原始数据、CPU 中间运算值和变量工程单位数值，其中主要是过程变量的历史数据。对于各个过程变量的组态数据如记录间隔、输入信号类型、测量范围、报警上限和下限等均存放在 RAM 中，允许

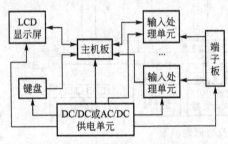

图 4.18　无纸记录仪的结构原理框图

用户根据需要随时进行修改。

输入处理单元将记录仪接受的各种模拟量信号（如 0～10mA、4～20mA、1～5V 标准信号、各种热电偶和热电阻输入信号等）、脉冲和开关量信号，并处理转换成为 CPU 可以接受的统一信号，所有处理单元全部采用隔离输入，提高了仪表的抗干扰能力。

4.5.2　记录仪的界面显示

某种无纸记录仪的显示界面如图 4.19 所示，它的操作画面可以充分发挥其图像显示的优势，实现多种信息的综合显示。

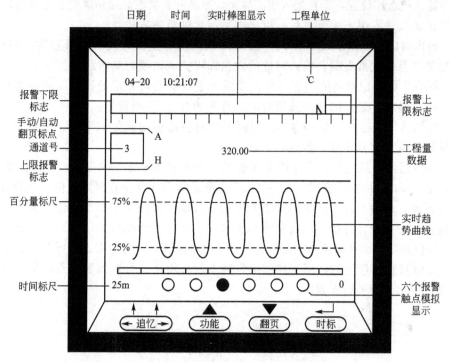

图 4.19   某种无纸记录仪的显示界面

通常无纸记录仪可以显示的内容有：过程变量的数字形式双重显示，即同一变量既能以工程单位数值显示，又能以百分数形式显示；能够显示变量的实时趋势和历史趋势，通过时间选择，可查看某段时间内变量的变化情况；以棒图形式显示变量的当前值和报警设定值，便于远距离观察；对各通道变量的报警情况进行突出显示。

记录仪的界面显示可以根据需要设定单通道显示或多通道显示。

1. 单通道显示

单通道显示是无纸记录仪使用中常用的显示方式，图 4.19 所示为实时单通道显示界面，其周围已标明各显示区的功能。最下部为各种操作按键，它们的作用如下。

"追忆"键为左右双键。每按一次追忆键中的←键，自动翻页/手动翻页就切换一次，显示出相应的 A 或 M(实时单通道显示时，追忆键→不起作用)。

"功能"键为随时更换界面显示类型键，可实现单通道趋势显示、双通道追忆显示、八通道数据显示和八通道棒图显示等切换。

"翻页"键供手动翻页状态下，更换不同通道的实时显示。

"时标"键可以选择各种设定好的时间范围，分别为 2.5min、5.0min、10min 和 20min。

2. 组态操作

组态，即组织仪表的工作状态，类似软件编程，但不使用计算机语言，而是借助于记录仪本身携带的组态软件，根据组态界面提供的组态内容，进行具体的选项和相应参数的填写，轻松地完成界面显示的设定和修改。

无纸记录仪的组态界面简单明了，操作方便。只要将表头拉出，将侧面的组态/显示切换插针插入组态座位置，即可进入组态界面，原来的数据液晶显示屏变换为组态显示屏。

无纸记录仪进入组态主菜单后，可提供下面六种组态方式：

（1）提供时间与通道组态。在该界面中屏幕提供日期、时间、记录点数、采样周期、曲线类型等项目的数据提问，输入对应的数据即可完成该项的基本组态。

（2）提供页面及记录间隔组态。在该界面下进行双通道显示的设定，包括哪两个通道在一个页面中显示、显示的记录间隔时间、背光的打开/关闭设置。

（3）提供各个通道的信息组态。该界面下可对各通道的测量上下限、报警上下限、滤波时间常数及流量信号详细参数进行组态。

（4）提供通信信息组态。用于设定本机通信地址和通信方式的设置。通信方式有 RS-232C 和 RS-485 两种标准方式：RS-232C 标准通信方式支持点对点通信，一台计算机挂接一台记录仪，最适合使用便携机随机收取记录数据；RS-485 标准通信方式支持一点对多点通信，允许一台计算机同时挂接多台记录仪，对使用终端机的用户十分方便。

（5）提供显示画面选择组态。记录仪可显示九种画面，通过组态选择所需显示的画面。

（6）提供报警信息组态，用于控制报警触点信号输出。可对报警触点的通道号、报警类型及报警输出位置进行设置。

小　结

磁电动圈式仪表按其功能可分为指示型、指示调节型和记录型三种。指示调节型仪表由测量指示机构和电子调节结构两大部分组成。测量指示机构包括测量电路及动圈测量结构；电子调节机构包括偏差检测机构和电子调节电路。

动圈的偏转角正比于流过动圈的电流，为了使该偏转角与热电偶输出的热电动势成正比，必须保证内阻 R_i 和外阻 R_o 均为常数。由于内阻中动圈电阻 R_d 会随环境温度的升高而增大，因此引入一负温度系数热敏电阻来补偿。外阻 R_o 一般规定为 15Ω。此外，磁电动圈式仪表内设有断偶保护电路，以防炉子被烧坏。

手动直流电位差计是一种用比较法进行测量的仪器，利用被测电动势和仪器本身电位器的已知压降相平衡的原理实现被测量的测量。测量前，必须先用标准电池来校正工作电流。为了提高测量精度，采用了十进盘线路，常用的十进盘线路由代换式和分路式两种。根据测量回路阻值大小，手动直流电位差计可分为高阻电位差计和低阻电位差计两种，在精度上共分六级。

自动平衡记录仪是一种能够连续显示和记录被测参数变化情况的仪表，主要由测量电桥、放大电路、可逆电机、指示记录机构等部分组成。在测量电桥中，根据各部分作用的不同可分为起始电阻、测量范围电阻、自由端温度补偿电阻、上支路限流电阻、下支路限流电阻等。

动圈式仪表和电位差计都是模拟式仪表，而数字式显示仪表则是以数字量的方式显示出被测值，它一般包括前置放大、模拟/数字(A/D)转换、非线性补偿、标度变换及显示装置等部分。

无纸记录仪是以 CPU 为核心，采用液晶显示的记录仪，属于智能显示仪表的范畴，它可实现组态操作。

【关键术语】

显示仪表　记录仪表　磁电动圈式仪表　直流电位差计　自动平衡记录仪　数字式显示仪表　无纸记录仪

综合习题

一、填空题

1. 显示仪表的品种繁多、系列齐全，但是一般按显示记录方式不同可将其分成四大类，即_____、_____、_____和_____。

2. 磁电动圈式仪表按其功能可分_____、_____和_____三种。

3. 电位差计的基本线路是十进盘线路，其中常用的两种线路分别是_____和_____。

4. 手动直流电位差计根据测量回路阻值大小可分为_____和_____。其中，测量回路电阻为 $1000\Omega/V$ 以下的电位差计是_____，这种电位差计适用于测量_____，但需要_____才能维持稳定工作。

5. 在自动平衡记录仪中，$R_G + r_g$ 称为_____，$R_M + r_m$ 称为_____，一般要保证上支路电流为_____，下支路电流为_____。

6. 在数字式显示仪表中，按显示位数划分，可分为三位半或四位半等多种。所谓半位指的是_____。

7. 在数字式显示仪表中，A/D 转换部分的主要任务是_____。

二、简答题

1. 磁电动圈式仪表是如何实现断偶自动保护的？

2. 画图说明手动直流电位差计的组成和工作原理。

3. 简要说明自动平衡记录仪的构成和工作原理。

4. 简要说明数字式显示仪表的组成。

三、思考题

除了本章介绍的显示和记录仪表外，你还知道哪些仪表？请举例说明。

第**5**章

流体流量及压力检测技术

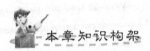
本章知识构架

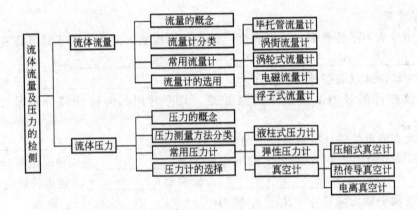

本章教学目标与要求

● 熟悉流量的概念，熟悉流量计的分类方法；

● 掌握常见的流量计——毕托管流量计、涡街流量计、涡轮式流量计、电磁流量计、浮子流量计的使用方法；

● 了解流量计的选用；

● 熟悉压力的概念和压力测量方法的分类；

● 熟悉常见的液柱式压力计使用方法；

● 掌握常见的弹性压力计和真空计使用方法；

● 熟悉压力计的选用原则。

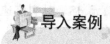

导入案例

　　某冶金钢铁公司为了解决 $2000m^3$ 高炉煤气产量计量的难题，经多方比较各种大管径气体计量装置的优缺点，最后决定采用由德国思科公司生产的插入式德尔塔巴流量计（差压式流量计的一种）。在安装使用半年后取出探头检查，发现探头表面无粉尘粘污，正负取压孔（孔径8mm）内无杂质堵塞。另外，从半年的测量数据统计表明：与铁产量和产煤气量的理论数据相吻合，满足厂内核算的精度要求。在随后的几年中，该公司在其公司范围内进行了全面推广应用，目前在高炉煤气、焦炉煤气、转炉煤气及高炉热风炉冷风等大管径的气体计量中都有普遍采用这种流量计，尤其是在高炉冷风计量中替代了高压损的孔板节流装置，降低了供风压损，提高了供风压力和流量，从而提高了铁的产量。

　　考虑到钢铁厂环境恶劣，被测介质多含有粉尘或焦油，人们大多数选用了在线插拔、部分插入结构的流量探头，满足了长期不能停气的管线在线拆除和维修探头的需要，也彻底解决了孔板计量装置安装和维护困难的问题。

　　根据污水具有流量变化大、含杂质、腐蚀性小、有一定的导电能力等特性，测量污水的流量，电磁流量计是一个很好的选择。在某冶炼厂的生产中，由于生产工艺的需要，会产生大量的工业污水，污水处理分厂必须对污水的流量进行监控。在以往的设计中，流量仪表不少都选用旋涡流量计和孔板流量计。实际应用中发现测量的流量显示值与实际流量偏差较大，而选用含有氯丁橡胶衬里、含钼不锈钢（OCr18Ni12Mo2Ti）电极的电磁流量计后，偏差大大减小，从而充分满足了冶金污水测量的要求。

　　问题：

　　（1）流量计的作用是什么？差压式流量计和孔板流量计各有什么特点？

　　（2）你知道流量计是如何分类的吗？常用的流量计有哪些？你能举出几种人们日常生活中常使用的流量计吗？

　　▷ 资料来源：陈毅宏，李日清. 冶金污水处理中流量计的选型与应用.
机械工程与自动化，2009，(5).

5.1 流体流量及流量计的分类

5.1.1 流量的概念

　　工程上，流量有瞬时流量与累积流量两种单位。瞬时流量指单位时间内通过管道横截面的流体的量；累积流量指一段时间内的总流量。瞬时流量可以用体积流量、质量流量和重量流量三种方法来表示，而前两种表示方法最为常用。

　　1. 体积流量

　　体积流量 q_v 是以体积计算的单位时间内通过的流体量，在工程中可用 L/h 或 m^3/h 等单位表示。

假设被测管道内某个横截面 S 的截面积为 $A(\mathrm{m}^2)$，取其上的面积微元 $\mathrm{d}S$，对应流速为 $v(\mathrm{m/s})$，则

$$q_v = \int_S v\,\mathrm{d}S \tag{5-1}$$

在工程中为了解决流体中各点速度往往不相等的问题，设定截面 S 上各点有一个平均流速 $\bar{v}(\mathrm{m/s})$，则有

$$\bar{v} = \frac{q_v}{A} = \frac{\int_S v\,\mathrm{d}S}{A} \tag{5-2}$$

2. 质量流量

质量流量 q_m 是以质量表示单位时间内通过的流体量，工程中常用 $\mathrm{kg/h}$ 表示。显然，质量流量 q_m 等于体积流量 q_v 与流体密度 ρ 的乘积，用数学表达式可以表示为

$$q_m = \rho q_v \tag{5-3}$$

除了上述瞬时流量之外，生产过程中有时还需要测量某段时间之内流体通过的累积总量，称为累积流量，也常被称为总流量。总质量流量以 M 表示，总体积流量以 Q_v 表示。

5.1.2 流量计分类

用于流量测量的仪器仪表统称为流量计。1738 年，瑞士人丹尼尔·伯努利（Daniel Bernoulli）以伯努利方程为基础，利用差压法测量水流量；后来意大利人文丘里研究用文丘里管测量流量，并于 1791 年发表了研究结果；1886 年，美国人赫谢尔用文丘里管制成测量水流量的实用装置——文丘里水槽。

20 世纪初期到中期，原有的测量原理逐渐成熟，人们开始探索新的测量原理。自 1910 年起，美国开始研制测量明沟中水流量的槽式流量计。1922 年，帕歇尔将原文丘里水槽改革为帕歇尔水槽。

1911—1912 年，美籍匈牙利人卡门提出卡门涡街的新理论；20 世纪 30 年代，又出现了探讨用声波测量液体和气体的流速的方法，但到第二次世界大战为止未获很大进展，直到 1955 年才有应用声循环法的马克森流量计，用于测量航空燃料的流量。1945 年，科林用交变磁场成功地测量了血液流动的情况。

20 世纪 60 年代以后，测量仪表开始向精密化、小型化方向发展。多种新式流量计也不断涌现，如涡轮式、电磁式、超声式以及 20 世纪 70 年代的克里奥利质量流量计等。发展至今，流量计的研究也已经历了 100 多年。

测量过程中，流体的性质多种多样，检测条件也各不相同，为了测量不同条件下不同的测量对象，所使用的流量计就其测量原理、结构特性、适用范围及使用方法等也各不相同。

按测量原理分类，流量计主要可分为差压式、速度式和容积式等三种。输出信号与流体差压有关的称为差压式流量计；与流体速度成正比的称为速度式流量计。

差压式流量计是利用流体力学理论来测量流体流量的仪表，通过在管道中放置的节流元件将流量信号变为节流元件前后的差压信号，即以差压信号输出来反映被测流量的大小，如节流式流量计、均速管流量计、楔形流量计、毕托管流量计等都属于差压式流量计。

速度式流量计一般通过测量管道中流体截面平均流速来测得流体流量，典型的速度式流量计有涡轮流量计、涡街流量计、电磁流量计、超声流量计、激光流量计等。

容积式流量计是利用机械测量元件把流体连续不断地分隔成固定体积并进行累加而计量出流体总量的仪表，这里的固定体积可以为一个已标定容积的计量室，如腰轮流量计、椭圆齿轮流量计、刮板流量计、活塞流量计等。

几种常用的流量计如图 5.1 所示，下面对其工作原理做一简要介绍。

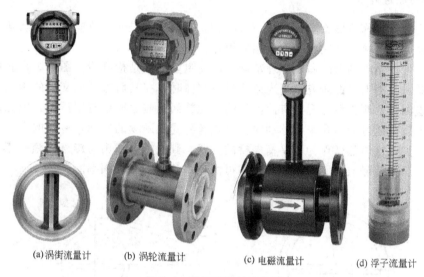

(a)涡街流量计 　　　(b) 涡轮流量计 　　　(c) 电磁流量计 　　　(d) 浮子流量计

图 5.1　常用流量计实物图

5.2　常用流量计

5.2.1　毕托管流量计

毕托管流量计属于差压式流量计的范畴。目前差压式流量计是流体测量中用的最多的一种仪表，它的使用量大概占整个流量仪表的 $60\% \sim 70\%$。

毕托管流量计是法国工程师毕托发明的，又称为动压测定管，其工作原理如图 5.2 所示。与管 1 相通的 U 形管右方液体将受到全压力的作用，全压力为静压力与动压力（速度压力）的总和，而与管 2 相通的 U 形管左方液体只受到静压力作用。U 形管液面差 h 表示了管 1 和管 2 之间的压力差，即

$$h = h_{全} - h_{静} = h_{动} \qquad (5-4)$$

由流体力学可知，流体流速 v 与动压 $h_{动}$ 间遵循如下关系：

$$v = \sqrt{\frac{2gh_{动}}{\rho}} \qquad (5-5)$$

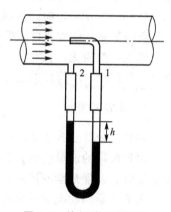

图 5.2　毕托管工作原理

因此，流过截面为 S 的管道的流体流量为

$$q_v = vS = 60\sqrt{\frac{2gh_{动}}{\rho}} \cdot \frac{\pi D^2}{4} = 208.63D^2\sqrt{\frac{h}{\rho}} \qquad (5-6)$$

式中：q_v 为流过管道的流量（m^3/min）；v 为流体的流速（m/s）；D 为管道直径（m）；h 为 U 形压力计液面差（Pa）；ρ 为流体密度（kg/m^3）。

5.2.2 涡街流量计

涡街流量计又称笛形流量计，在 20 世纪 60 年代后期进入工业应用，虽然其发展历史较短，但发展很迅速，已成为一种通用流量计。

涡街流量计建立在卡门涡街原理基础上，其主要部分是检测棒。图 5.3 是涡街流量计测量原理图，根据卡门的研究，当流体流过检测棒时，在其后方产生交叉的旋涡列。由于旋涡列在检测棒两侧交替出现，有旋涡列侧与无旋涡列侧之间就有了压差。因此，当流体由于旋涡出现而通过导压孔来回移动时，电热丝将受到断续的冷却，冷却的次数与旋涡的频率相当。如果把电热丝作为不平衡屯桥的 臂，则电桥可输出与旋涡列频率相当的电脉冲，将这一脉冲信号放大、滤波、整形即可由频率计测出旋涡频率。

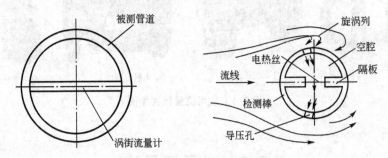

图 5.3　涡街流量计测量原理图

一般情况下，交叉旋涡列是稳定的。每一列旋涡的频率 f 与流体的流速 v 和旋涡发生体的直径 d 存在如下关系：

$$f = S_r\frac{v}{d} \qquad (5-7)$$

式中：S_r 为斯特劳哈尔数，当雷诺数 Re 在 $500\sim150000$ 内时，它基本上是常数 $S_r = 0.2$。

显然，当 d 一定时，旋涡产生的频率 f 与流体流速 v 成正比，由 f 即可计算出流量。

涡街流量计结构简单，管道中无可动部件，运行可靠，安装、维护方便。但是，它也有局限性：两相流、脉动流对测量有影响，在某些情况下可能难以形成旋涡，不宜用于高黏度、低流速、小管径的流体测量。

5.2.3 涡轮流量计

涡轮流量计出现于 20 世纪 50 年代初，是叶轮式流量计的主要品种，也是速度式流量计中用得最广的流量仪表，它和容积式流量计、科里奥利质量流量计被认为是流量计中三类重复性、精度最佳的产品。

图 5.4 是涡轮流量计原理图，涡轮的轴装在管道的中心线上，流体轴向流过涡轮时推动叶片使涡轮转动。而实践表明流量与涡轮转动角速度成正比，涡轮转速可以采用机械

的、磁感应的、光学的方式检测，目前多用磁感应方法，如可采用永久磁铁，涡轮的转动使得每片叶片都会周期性地扫过磁铁，磁路磁阻发生变化，通过线圈的磁通量发生变化，在线圈中感应并输出与流量成正比的交流脉冲信号，信号频率 f 与流量 q_v 之间有如下关系：

$$f = K \cdot q_v \qquad (5-8)$$

式中：K 为涡轮流量计的仪表系数，其意义是单位体积流量通过涡轮流量传感器输出的脉冲信号频率。在涡轮流量计的使用范围之内 K 应为一个常数，其数值可由实验标定得到。

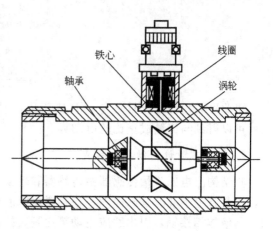

图5.4 涡轮流量计原理图

因此，只要用频率计测出脉冲信号的频率，即可算出流体流量。

涡轮流量计具有反应迅速、重复性好、精度高的优点，是所有流量计中最精确的流量计；无零点漂移，抗干挠能力强；可耐高压，适用温度范围宽；结构紧凑。但是涡轮流量计的使用也会受到一定的限制。例如，由于流量计内部有转动部件，易被流体中的颗粒及污物堵住，因此只能用于清洁流体测量，且流量计前面要加过滤装置；流量计读数易受流体黏度和密度的影响，只能在一定的雷诺数范围内保证测量精度，不能用于测量高黏度的流体流量。

5.2.4 电磁流量计

电磁流量计是根据法拉第电磁感应定律研制成功的一种流量计，主要用于测量导电液体的体积流量。20世纪50年代开始进入工业应用领域，目前，已基本实现小型化、智能化和一体化。

1. 电磁流量计的测量原理

由法拉第电磁感应定律可知，当导体在磁场中运动切割磁感线时，在它的两端将产生感应电动势 e，其方向由右手定则确定，大小则与磁感应强度 B、切割磁感线的有效长度 L、垂直于磁场方向的速度 v 成正比，即

$$e = BLv \qquad (5-9)$$

电磁流量计中，在一段不导磁测量管两侧安装上一对电磁铁，产生一个均匀分布的磁场，磁感应强度为 B，如图5.5所示，则管内以速度 v 流动的导电性液体就相当于切割磁感线的导体，如果沿管道截面与磁场垂直方向上在外管壁两侧安装一对电极，那么流体切割磁感线的长度就是两个电极间的距离，也就是管道内径 D，则电极中的感应电动势为

$$e = BDv \qquad (5-10)$$

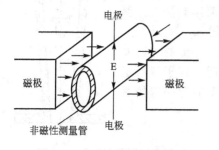

图5.5 电磁流量计测量原理

由于体积流量 q_v 与 v 有如下关系，即

$$q_v = v\frac{\pi D^2}{4} \tag{5-11}$$

则

$$e = \frac{4B}{\pi D}q_v \tag{5-12}$$

由此可见，体积流量 q_v 与 e/B 成正比，而当磁感应强度 B 为恒定值时，在测量电极上就可以得到与流量成正比的电动势。

2. 电磁流量计的结构和特点

在结构上电磁流量传感器由传感器和转换器两部分组成。传感器典型结构如图 5.6 所示，测量管上下装有励磁线圈，通励磁电流后产生磁场穿过测量管，一对电极装在测量管内壁与液体相接触，引出感应电动势送到转换器，励磁电流则由转换器提供。转换器将传感器送来的流量信号进行放大，并转换成与流量信号成正比的标准信号输出，最终完成显示、记录和调节控制等功能。

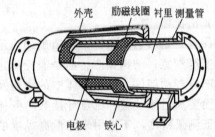

图 5.6　电磁流量计传感器结构

电磁流量计不受流体密度、黏度、温度、压力和电导率变化的影响，测量管内无阻碍流动部件，不易阻塞，无压力损失，测量范围大，可选流量范围宽，满度值流速可在 $0.5\sim10\text{m/s}$ 内选定，零点稳定，精确度较高。缺点是不能测量气体、蒸汽和石油制品等的流量；由于衬里材料的限制，一般使用温度为 $0\sim200\text{℃}$。

5.2.5　浮子流量计

浮子流量计又称转子流量计，是以浮子在垂直的锥形管中随流量变化而升降，改变它们之间形成的流通环隙面积来进行测量的流量仪表，故还称变面积流量计。浮子流量计分为玻璃管式和金属管式两大类。

1. 工作原理

浮子流量计是由一根自下向上扩大的垂直锥管和一个可以上下自由浮动的浮子组成，如图 5.7 所示。被测流体从下向上运动，流过由锥形管和浮子形成的环隙。由于浮子的存在产生节流作用，故浮子上下端形成静压力差，使浮子受到一个向上的力。作用在浮子上的力还有重力、流体对浮子的浮力及流体流动时对浮子的黏性摩擦力。当作用在浮子上的这些力平衡时，浮子就停留在某一个位置，如果流体增加，流过环隙的流体平均流速会加大，浮子上下两端的静压差增大，浮子所受的向上的力会增加，使浮子上升，导致环隙增大，即流通截面积增大，从而使流过此环隙的流速变慢，静压差减小。当作用在浮子上的外力又重新平衡时，浮子就稳定在新的位置上，浮子的高度或位移量与被测介质的流量有着一定的对应关系：

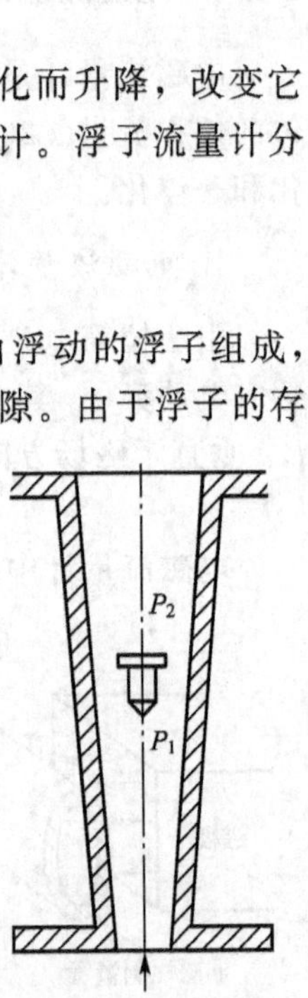

$$q_v = \alpha\pi D_0\tan\varphi h\sqrt{\frac{2V(\rho'-\rho)g}{\rho F}} \tag{5-13}$$

图 5.7　浮子流量计

式中：α 为浮子式流量计的流量系数；V 为浮子的体积；ρ' 为浮子的密度；ρ 为流体的密度；F 为浮子的最大截面积；D_0 为标尺零处锥形管直径；φ 为锥形管锥半角；h 为浮子在锥形管中的高度。

由此可见，体积流量与浮子在锥形管中的高度近似呈线性关系，流量越大，浮子所处的平衡位置越高。

玻璃管式浮子流量计的流量分度有的直接刻在锥形管外壁，有的在锥形管旁另装标尺，可直接读出流量。而金属管式浮子流量计，则通过磁耦合等方式，将浮子的位移量传递给现场指示器。

2. 使用特点

浮子流量计具有结构简单、工作可靠、压力损失小的特点，可连续测量封闭管道中的气体、液体的体积流量，尤其适合用于小流量的测量场合。一般测量精度为 $1.5\%\sim2.5\%$，输出近似线性。浮子式流量计必须垂直安装，使流体自下而上流动，不应有明显的倾斜。流量计前后应有截止阀，并安装旁通管道。浮子式流量计一般在出厂时，就已按标准状态下的水或空气标定了刻度。如果在实际使用中的测量介质或条件不符合出厂时的标准条件，就要考虑测量介质的重度、温度的变化产生的影响。

5.3　流量计的选用

目前使用的流量计有上百种，除了前面介绍的几种流量计外，还有基于力平衡原理的靶式流量计、基于热学原理的热线风速计、基于动压原理的均速管流量计及质量流量计等。

流量计及流量检测方法之所以有很多，主要原因是因为流量检测对象的复杂性和多样性，如被测介质的物理性质、工作条件、测量范围等。面对这样复杂的情况，不可能用几种方法就能覆盖如此宽的范围。不同的检测仪表适用于一定的被测介质和范围，所以流量检测仪表的选择除了要满足流量测量范围外，还要明确仪表的其他使用条件。要充分地研究测量条件，根据仪表的性能、管道尺寸、被测流体的特性、被测流体的状态(气体、液体)、流量计的测量范围，以及所要求的精确度来选择流量计。

5.4　流体压力及压力测量方法分类

5.4.1　压力的概念

压力是反映物质状态的重要参数，它在科学研究和生产活动的各个领域里具有重要意义。在热加工领域中所测试的流体压力(在物理学中称为压强)是指流体(气体或液体)垂直作用在单位面积上的力。因此，压力 p 可表示为

$$p = \frac{F}{S}$$

(5-14)

式中，F 为垂直作用在单位面积 S 上的力。

工程上，压力的表示方法通常分为以下三种：①绝对压力，指相对于绝对真空而测得的压力；②表压力，指超出当地大气压力的数值，亦即绝对压力与当地大气压力之差；③真空度，当绝对压力低于当地大气压力时，表压力为负表压，习惯上把负表压称为真空度。绝对压力越低，负表压的绝对值越大，真空度就越高。

5.4.2 压力测量方法分类

由于各个领域中广泛应用着不同的压力测量仪表和装置，因此测量压力的方法也多种多样。根据不同的测量原理，可把压力测量方法归纳为四大类。

1. 液体压力平衡原理测压法

液体压力平衡原理测压法是通过液体产生的压力，或传递压力来平衡被测压力的原理进行压力测量的方法，它又可分为液柱压力计法和活塞压力计法。

液柱压力计法利用液柱产生的压力与被测介质压力相平衡的原理。它的原理简单、工作可靠、种类各异，为了满足不同的测量要求，工作液体常用水银、水、酒精、甲苯等。

活塞式压力计法利用液体传递压力的原理，通常把它作为标准压力发生器，用来校准其他压力仪表。

2. 机械力平衡原理测压法

机械力平衡原理测压法是将被测压力通过某种转换元件转换成一个集中力，然后用一个大小可调的外界力来平衡这个未知的集中力，从而实现对压力的测量。

3. 弹性力变形原理测压法

弹性力变形原理测压法是利用多种形式的弹性元件在受到压力作用后会产生弹性变形，根据弹性变形的大小来测量压力。

4. 其他物理特性测压法

其他物理特性测压法有以下几种：

（1）压电效应测压法。利用压电晶体在压力作用下晶格变形来做压力传感器。

（2）压电阻原理测压法。这是利用一些金属或合金在压力直接作用下电阻本身发生变化的原理来测量压力的方法。

（3）热导原理测压法。利用气体在压力降低时，导热系数变小的原理来测量真空度。

（4）电离真空测量原理测压法。这是根据带有一定能量的质点通过稀薄气体时，可使气体电离的原理，利用对离子数计数来测量真空度。

5.5 常用压力计

5.5.1 液柱式压力计

液柱式压力计是根据流体静力平衡原理，将被测压力与一定高度的工作液体（封液）产生的重力相平衡，因此，液柱的高度差即指示被测压力。常用形式有 U 形管压力计、单管压力计、倾斜管微压计，图 5.8 为三者原理示意图。

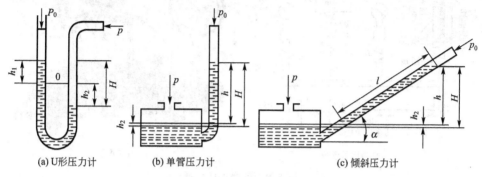

图 5.8 液柱式压力计示意图

如图 5.8 所示，对于 U 形管压力计，被测压力 p 的表压力 p_e 为

$$p_e = p - p_0 = \rho g(h_1 + h_2) \qquad (5-15)$$

式中：g 为当地重力加速度；ρ 为封液密度。

而对于单管压力计因 p 作用将封液挤到单管中，故 $A_1 h = A_2 h_2$（A_1、A_2 分别为单管与宽容器的内截面面积），因为 $A_1 \ll A_2$，所以 $h \gg h_2$，因此，被测压力 p 的表压力 p_e 为

$$p_e = \rho g H = \rho g(h + h_2) \approx \rho g h \qquad (5-16)$$

对于倾斜式压力计，被测压力 p 的表压力 p_e 为

$$p_e = \rho g H \approx \rho g h = \rho g L \sin\alpha \qquad (5-17)$$

式中：H 为封液沿斜管上升的距离；α 为斜管倾角。

显然，在相同压力下，L 值随 α 角减小而扩大，故便于测量微小压力的变化。

此类压力计结构简单，显示直观。但其测量范围较窄，耐压能力差，测量准确度易受毛细作用及视差等因素的影响，一般用于测量较低的压力或真空度。

5.5.2 活塞式压力计

活塞式压力计应该范围广、结构简单、稳定可靠、准确度高、重复性好，可测量正负压力计绝对压力。既是检验、标定压力表和压力传感器的标准仪器之一，又是一种标准压力发生器，在压力基准的传递系统中占有重要的地位。

1. 原理和构成

活塞式压力计是根据静力学平衡原理和帕斯卡定律设计而成的，由于采用标准砝码产生重力来平衡被测压力的负荷，因此又被称为静重活塞式压力计。其结构示意图及实物图如图 5.9 所示，主要由压力发生部分和压力测量部分组成。

压力发生部分：手摇泵 3，通过加压手轮 1 旋进丝杠 2，推动工作活塞 4 挤压工作液，压力经工作液传给测量活塞 7。工作液一般采用洁净的变压器油或蓖麻油等。

压力测量部分：7 上端的砝码托盘 8 上放有砝码 9，7 插入活塞筒 6 内，下端承受 3 挤压工作液所产生的压力 p。当作用在 7 下端的油压与 7、8 及 9 的质量所产生的压力相平衡时，7 就被托起并稳定在一定位置上，这时压力表的示值为

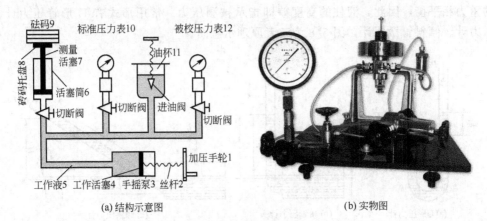

(a) 结构示意图   (b) 实物图

图 5.9　活塞式压力计

$$p = \frac{(m_1 + m_2)g}{A} \tag{5-18}$$

式中：p 为被测压力（Pa）；m_1 为活塞和托盘的质量（kg）；m_2 为砝码的质量（kg）；A 为活塞承受压力的有效面积（m²）。

2．误差分析

1）重力加速度的影响

重力加速度与所在地的海拔、纬度有关，可用下式计算：

$$g = \frac{9.80665 \times (1 - 0.025\cos 2\theta)}{1 + 2H/R} \tag{5-19}$$

式中：g 为活塞式压力计使用地点的重力加速度（m/s²）；R 为地球半径，按 $R = 6371 \times 10^3$ m 计算；H 为压力计使用地点的海拔（m）；θ 为压力计使用地点的纬度。

2）空气浮力的影响

若考虑空气对砝码产生浮力的影响，则应在式（5-18）中引进空气浮力修正因子如下：

$$K_1 = 1 - \rho_1/\rho_2 \tag{5-20}$$

式中：ρ_1 为当地空气密度（kg/m³）；ρ_2 为砝码材料密度（kg/m³）。

3）温度变化的影响

当环境温度不是 20℃时，应引进如下温度修正因子：

$$K_2 = \frac{1}{[1 + (\alpha_1 + \alpha_2)(T - 20)]\left(1 + \beta g \dfrac{m_1 + m_2}{A_0}\right)} \tag{5-21}$$

式中：α_1，α_2 分别为活塞与活塞缸材料的线膨胀系数（℃⁻¹）；T 为工作时的环境温度（℃）；A_0 为 20℃时活塞的有效面积；β 为压力每变化 9.80665Pa 时活塞有效面积的变化率。

当活塞与活塞缸材料相同时，β 为

$$\beta = \frac{1}{E}\left(2\mu + \frac{r^2}{R^2 + r^2}\right) \tag{5-22}$$

式中：E 为活塞与活塞缸材料的弹性模量；μ 为泊松系数；r 为活塞半径；R 为活塞缸半径。

5.5.3 弹性压力计

弹性压力计是以弹性元件受压产生弹性变形作为测量基础的，它结构简单、价格低廉、使用方便、测量范围宽、易于维修，在工程中得到广泛的应用。

1. 弹性元件

不同材料、不同形状的弹性元件适配于不同场合、不同范围的压力测量。常用的弹性元件有弹簧管、波纹管和膜片等，图5.10为一些弹性元件的示意图。

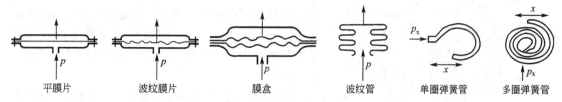

平膜片　　　　波纹膜片　　　　膜盒　　　　波纹管　　　　单圈弹簧管　　　多圈弹簧管

图5.10　弹性元件示意图

弹簧管又称波登管，它是一端封闭并且弯成圆弧形的管子，管子的截面为扁圆形或椭圆形。当被测压力从固定端输入后，它的自由端会产生弹性位移，通过位移大小进行测压。弹簧管压力计的测量范围最高可达 10^9 Pa，在工业上应用普遍。这一类压力计的弹簧管又有单圈管和多圈管之分，多圈弹簧管自由端的位移量较大，测量灵敏度较单圈弹簧管高。

波纹管是一种表面上有多个同心环形状波纹的薄壁筒体，用金属薄管制成。当输入压力时，其自由端产生伸缩变形，借此测取压力大小。波纹管对压力灵敏度较高，可以用来测量较低的压力或压差。

膜片是由金属薄片或橡皮膜做成，在外力作用下膜片中心产生一定的位移，反映外力的大小。膜片式压力计的膜片又分为平膜片、波纹膜片和挠性膜片，其中平膜片可以承受较大被测压力，平膜片变形量较小，灵敏度不高，一般在测量较大的压力而且要求变形不很大的场合使用。波纹膜片测压灵敏度较高，常用在小量程的压力测量中。为提高灵敏度，得到较大位移量，可以把波纹膜片叠合起来做成膜盒。挠性膜片一般不单独作为弹性元件使用，而是与线性较好的弹簧相连，起压力隔离作用，主要是在较低压力测量时使用。

2. 弹簧管压力计

弹簧管压力计的敏感元件是弹簧管，弹簧管弯成圆弧形的空心管子，其中一端封闭为自由端、另一端开口为输入被测压力的固定端，如图5.11所示。当开口端通入被测压力 p 后，非圆横截面在压力作用下将趋向圆形，并使弹簧管有伸直的趋势而产生力矩，其结果使弹簧管的自由端产生位移，同时改变中心角。中心角的相对变化量与被测压力有如下的函数关系：

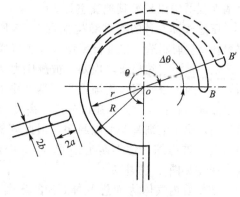

图5.11　单圈弹簧管结构

$$\frac{\Delta y}{y}=\frac{pR^{2}\alpha(1-\mu^{2})\left(1-\dfrac{b^{2}}{a^{2}}\right)}{Ebh(\beta+k^{2})} \tag{5-23}$$

式中：μ、E 分别为弹簧管材料的泊松系数和弹性模量；h 为弹簧管的壁厚；a、b 分别为扁形或椭圆形弹簧管截面的长半轴和短半轴；k 为弹簧管的几何参数，$k=Rh/a^{2}$；α、β 为与 a/b 比值有关的系数。

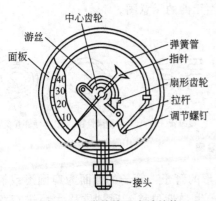

由式(5-23)可知，要使弹簧管在被测压力 p 作用下，其自由端的相对角位移 $\Delta y/y$ 与 p 成正比，必须保持由弹簧材料和结构尺寸决定的其余参数不变，而且扁圆管截面的长、短轴差距愈大，相对角位移愈大，测量的灵敏度愈高。在 $a=b$ 时，由于 $1-b^{2}/a^{2}=0$，相对角位移量 $\Delta y/y=0$，这说明具有均匀壁厚的完全圆形弹簧管不能作为测压元件。

中心齿轮
游丝
面板
弹簧管
指针
扇形齿轮
拉杆
调节螺钉
接头

图 5.12　弹簧管压力计结构

弹簧管压力计的结构如图 5.12 所示。被测压力由接头通入，迫使弹簧管的自由端产生位移，通过拉杆使扇形齿轮作逆时针偏转，于是指针通过同轴的中心齿轮的带动而作顺时针偏转，在面板的刻度标尺上显示出被测压力的数值。

5.5.4　真空计

真空度测量是指在低于大气压的条件下，对气体全压的测量。真空计是测量低于大气压的气体全压的仪器。按其工作原理它可分为绝对真空计和相对真空计两种。绝对真空计直接测量压力的大小，如压缩式真空计；相对真空计只能测量与系统压力有关的物理量，再通过比较间接获得，如热导式真空计和电离式真空计等。

1. 压缩式真空计

压缩式真空计又称麦氏真空计，是测量范围 $10^{-3}\sim1\text{Pa}$ 的绝对真空计，它结构简单，准确度较高，一般用来检定或直接测量低压或真空度，可作为基准仪器用以校准其他真空计。

压缩式真空计的典型结构如图 5.13 所示，它通常用硬质玻璃制造。在进行测量以前主导管 4 上端两支路全与被测空间相通，均处于被测压力 p 下。开始测量时，通过进气阀 2 逐渐提高容器 3 中的压力，使水银液面沿着管 4 上升，超过分支点高度 M－M′ 后继续升高，由于毛细管 6 上端封闭，因此容器 5 与管 6 中的气体被压缩，使得两毛细管 6、7 中产生压差，这个压差见图 5.13 中 h。

如果管内气体为理想气体(不含蒸汽)，可以认为压缩是在等温条件下进行的，符合波义耳定律，

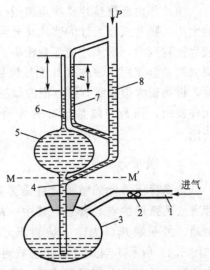

图 5.13　压缩式真空计

1—进气管；2—真空阀；3—汞储存器；
4—主导管；5—玻璃泡；6—毛细管；
7—毛细连通导管；8—直通导管

即压缩前容器 5 与压缩后管 6 中被测气体的绝对压力 p 和 p_1 与其占有体积 V 和 V_1 的乘积值保持不变，即

$$pV = p_1 V_1 = (p+h)V_1 \tag{5-24}$$

而

$$V_1 = \frac{\pi d^2 l}{4} \tag{5-25}$$

考虑到 $V \gg V_1$，所以被测压力为

$$p = \frac{hV_1}{V - V_1} \approx \frac{hV_1}{V} = \frac{h\pi d^2 l}{4V} = Khl \tag{5-26}$$

式中：d 为管 6 的直径；K 为结构常数，$K = \dfrac{\pi d^2}{4V}$。

由此可知，被测压力 p 与压差 h 成正比。但是，对于日常的测量来说，压缩式真空计并不是一种很好的测量工具。因为其工作液体水银对人体有害，操作也较复杂。

2. 热传导真空计

热传导真空计是根据低压力下气体热导率与其压力之间成正比的关系制成的。由传热学原理可知，在绝对压力较低时，气体的热导率与其压力成正比，即压力越低，气体的热传导能力越差。因此，只要设法获知被测气体的导热能力，即可间接测量其真空度。

为了测量气体的热导率随气压的变化，将一个通有电流 I 的电阻元件 R（热丝）放入被测空间中，当热平衡时，输入的能量为辐射传导热量 Q_R、热丝传导的热量 Q_L 和气体传导的热量 Q_C 之和，即

$$\begin{cases} RI^2 = Q_R + Q_L + Q_C \\ Q_R = K_R A(\varepsilon T^4 - \varepsilon_0 T_0^4) \\ Q_L = K_L (T - T_0) \end{cases} \tag{5-27}$$

式中：R 为热丝的电阻；T 为热丝的热力学温度；T_0 为真空计壁的热力学温度；K_R 为斯蒂芬—玻耳兹曼常数；A 为热丝的表面积；ε 为热丝的热辐射率；ε_0 为真空计壁的热辐射率；K_L 为与热丝材料和结构有关的常数。

由此可见，通过热辐射散发出的热量 Q_R 和热丝传导的热量 Q_L 均与气体压力大小无关，因此，当气体压力下降造成其导热系数变低时，在相同功率加热下的热丝自身温度将会因此而上升，这样热丝温度与被测气体压力之间将存在定量关系。如果被测气体压力过高（大于 10^4 Pa），其导热能力随压力变化极微；而压力过低（小于 10^{-1} Pa），则被测气体分子太少，通过气体导出的热量会过少。因此，热传导真空计主要用于 $10^{-1} \sim 10^4$ Pa 的真空测量。

根据测定热丝温度的方法不同，热传导真空计可分为热电偶真空计和电阻真空计等数种。热电偶真空计的结构如图 5.14 所示，图中 F 是加热丝（铂丝），J 是热电偶（康铜-镍铬丝）。多数热电偶真空计是按定流型的方式工作的，即加热电流 I 为常数。因加热丝 F 的温度是随压力 p 而变化的，所以可以用热电偶 J 来测量热丝温度，此时输出的信号为热电动势 E。

热传导真空计的优点是可以测出绝对压力，仪器的构造简单，可实现连续自动测量记录；当真空系统发生突然漏气事故时也不至于损坏仪器。缺点是对于不同的气体，仪表的分度不同。此外，该类仪表具有较大的热惯性。

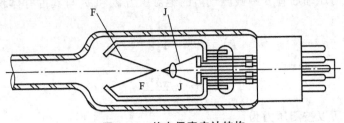

图 5.14　热电偶真空计结构

3. 电离真空计

在真空测量中，电离真空计是最主要的一种，也是最实用的。电离真空计是利用高速粒子通过稀薄气体时，碰撞气体分子使之电离的原理制成的。在压力较低时，离子数与稀薄气体的压力成一定关系，因此，通过收集和检测离子电流即可获知被测气体到压力。

根据气体电离源的不同，电离真空计有很多种。

图 5.15 是圆筒型电离真空计的原理图。真空计中心热阴极 F 的电位为零，栅极 G 的

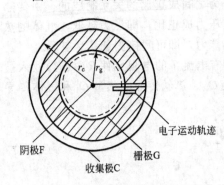

图 5.15　圆筒型电离真空计原理图

电位 V_G 为正，收集极 C 的电位 V_C 为负。从 F 上发射的电子在 V_G 的作用下飞向 G，越过 G 趋向 C，在 G、C 之间的排斥电场的作用下电子逐渐减速。在速度变为零后，电子再次反向飞向 G，再越过 G 而趋向 F，又在 G、F 之间排斥电场的作用下逐渐减速。在速度降至零后，电子再一次反向飞向 G。在这样的往返运动中，电子不断地与气体分子碰撞，把能量传递给气体分子，使气体分子电离，最后被栅极捕获。在 G、C 空间产生的正离子被收集极 C 接收，形成离子流。离子流与气体压力 p 有如下关系：

$$p = \frac{1}{K} \frac{I_+}{I_e} \tag{5-28}$$

式中：K 为真空计常数（Pa^{-1}），I_+ 为离子流（A）；I_e 为电子流（A）。

由于各种气体的电离电位是不相同的，所以电离真空计的常数 K 与气体种类有关。同时还与真空计的结构和电参数有关。

圆筒型电离真空计具有同轴的电极结构，电极尺寸和位置容易保证，又由于外圆筒的屏蔽作用使真空计性能稳定，不受玻璃壳电位影响。许多国家已把它作为真空测量的副标准。

圆筒型电离真空计的量程一般为 $10^{-1} \sim 10^{-5} Pa$，在此量程内，离子流 I_+ 与压力 p 之间具有线性关系。

圆筒型电离真空计的测量下限为 $10^{-5} Pa$，如果低于此压力，由于 X 射线的作用，会使离子流 I_+ 与压力 p 之间的关系严重偏离线性。

电离真空计的栅极在接受具有一定能量的电子流以后，要发射软 X 射线。此软 X 射线照射到离子收集极上，将引起收集极发射电子流 I_X。由于这部分电子流的方向与离子流 I_+ 的方向相反，所以在离子流测量回路中叠加了一个与压力无关的剩余电流 I_X，这就是所谓电离真空计的 X 射线效应。因为与圆筒型电离真空计中的剩余电流 I_X 相对应的等效

压 p_X 约为 10^{-6} Pa，所以用圆筒型电离真空计测量 10^{-5} Pa 的压力时将引起 10% 的误差。

B-A 真空计(见图 5.16)采用直径为 0.1 mm 的钨丝作离子收集极，使接受 X 射线的面积降低了 1000 倍，因而使光电流 I_X 也降低了 1000 倍。此外，B-A 真空计把离子收集极装在栅极中心，把灯丝装在栅极外侧，在栅极和收集极之间形成对数曲线分布的电场，进入栅极空间的电子能在栅极和收集极之间 99% 的空间内产生电离作用，从而提高了电子电离气体的效率，也就提高了真空计的常数。故 B-A 真空计的测量下限能延伸到 10^{-8} Pa。

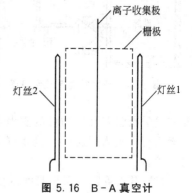

图 5.16 B-A 真空计

B-A 真空计具有量程宽、测量下限低以及电极结构容易除气等优点，因而是一种优良的超高真空计。

B-A 真空计与圆筒型电离 B-A 真空计相比，有如下缺点：①B-A 真空计的灯丝装在栅网外侧，两者之间距离很小，因此灯丝安装尺寸的精度对 K 的影响较大。经验指出，在同一 B-A 真空计中，对于两根不同的灯丝，K 值可有 10% 的偏差；同批 B-A 真空计之间的灵敏度偏差可达 20%。②B-A 真空计的玻璃壳电位对真空计常数影响较大，而圆筒型电离真空计由于筒状收集极的屏蔽作用，其玻璃壳电位对真空计常数没有影响。

5.6　压力计的选择和使用

1. 压力计的选择

压力计的正确选择和使用是保证它们在科研和生产中发挥作用的重要环节。

压力计的选择应根据具体的情况符合工艺过程的技术要求，同时本着节约降低投资的原则，选择压力计时，一般涉及类型、测量范围和测量精度，主要考虑以下几个原则。

(1) 被测介质的物理化学性质，如温度高低、黏度大小、脏污程度、腐蚀性、是否易燃易爆、易结晶等。

(2) 生产过程对压力测量的要求，如被测压力范围、精确度以及是否需要远传、上下限报警等。

(3) 现场环境条件，如高温、腐蚀、潮湿、振动、电磁场等。

此外，对于弹性压力计，为了保证弹性元件在弹性变形的安全范围内可靠地工作，防止过压造成弹性元件的损坏，影响仪表的使用寿命，所以压力计的量程选择必须留有足够的余地。

一般在被测压力比较平稳的情况下，最大被测压力应不超过仪表满量程的 3/4，在被测压力波动较大的情况下，最大被测压力值不超过仪表满量程的 2/3。为了保证测量的准确性，被测压力最小值应不低于全量程的 1/3。当被测压力变化范围大，最大最小被测压力可能不能同时满足上述要求时，选择压力计时应首先满足最大被测压力的条件。

2. 压力计的使用

在实际使用中，进行压力测量需要一套检测系统，根据被测介质的性质和测量要求的

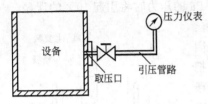

图 5.17　压力检测系统示意图

不同，其检测系统也不尽相同，但无论简单或复杂，一个完整的压力检测系统都包括：取压口、引压管路和压力仪表，图 5.17 为压力检测系统的示意图。

为了保证压力测量的准确性，正确使用压力检测系统是十分重要的，同时还必须注意以下几个问题。

（1）测量点的选择。所选的测量点应能真实地反映被测对象压力的变化。取压口位置在选择时要尽可能方便引压管路和压力计的安装与维护。测量液体介质的压力时，取压口应在管道下部，以避免气体进入引压管；测量气体介质的压力时，取压口应在管道上部，以避免液体进入引压管。

（2）引压管路。引压管路的敷设应保证压力传递的精确性和快速响应。引压管的内径一般为 6~10mm，长度不得超过 50~60m。引压管路水平敷设时，要保持一定的倾斜度，以避免引压管中积存液体（或气体），并有利于这些积液（或气）的排出。

（3）测压仪表的安装。压力仪表安装在易于观测和检修的地方，仪表安装处尽量避免振动和高温。对于特殊介质应采取必要的防护措施。压力计与引压管的连接处，要根据被测介质情况选择适当的密封材料。当仪表位置与取压点不在同一水平高度时，要考虑液体介质的液柱静压对仪表示值的影响。

小　结

工程上，流量有瞬时流量与累积流量之分。瞬时流量指单位时间内通过管道横截面的流体量；累积流量指一段时间内的总流量。瞬时流量可以用体积流量、质量流量和重量流量三种方法来表示。

按测量原理流量计主要可分为差压式、速度式和容积式三种。输出信号与流体差压有关的称为差压式流量计；与流体速度成正比的称为速度式流量计。

毕托管流量计是差压式流量计的一种；涡轮流量计、涡街流量计和电磁流量计属于速度式流量计。涡街流量计是建立在卡门涡街原理基础上，其主要部分是检测棒。涡轮流量计和容积式流量计、科里奥利质量流量计被认为是重复性、精度最佳的产品。电磁流量计不受流体密度、黏度、温度、压力和电导率变化的影响，但只能测量导磁的流体。浮子流量计又称转子流量计，也称变面积流量计，可分为玻璃管式和金属管式两大类。

工程上，通常采用绝对压力、表压力和真空度等来表示压力。根据测量原理的不同，可把压力测量方法归纳为液体压力平衡原理测压法、机械力平衡原理测压法、弹性力变形原理测压法和其他物理特性测压法四大类。其他物理特性测压法又分为压电效应测压法、压电阻原理测压法、热导原理测压法、电离真空测量原理测压法等。

活塞式压力计既是检验、标定压力表和压力传感器的标准仪器，又是一种标准压力发生器，它是根据静力学平衡原理和帕斯卡定律设计而成的，采用标准砝码产生重力来平衡被测压力的负荷。

弹性压力计是以弹性元件受压产生弹性变形作为测量基础的，常用的弹性元件有弹簧管、波纹管和膜片等，弹簧管的横截面不能做成圆形。

真空计是用来测量真空度的一种仪器，按其工作原理可分为绝对真空计和相对真空计两种。绝对真空计直接测量压力的高低，如压缩式真空计；相对真空计只能测量与系统压力有关的物理量，再通过比较间接获得，如热传导真空计和电离真空计等。热传导真空计是根据低压力下气体热导率与其压力之间成正比的关系制成的；电离真空计是利用高速粒子通过稀薄气体时，碰撞气体分子使之电离的原理制成的。

各种压力计的测量范围、使用场合皆不同，要对其正确的选择和使用。使用时，应注意测量点的选择、引压管路和仪表的安装。

【关键术语】

流量　压力　毕托管流量计　涡街流量计　涡轮式流量计　电磁流量计　浮子流量计
液柱式压力计　弹性压力计　活塞压力计　真空计

综合习题

一、填空题

1. 按测量原理分类，流量计主要可分为_____、_____和_____三种。其中，输出信号与流体差压有关的称为_____；与流体速度成正比的称为_____。

2. 目前，_____、_____和_____被认为是流量计中三类重复性、精度最佳的产品。

3. 工程上，通常可用_____、_____、_____等来表示压力。

4. 弹性压力计是以弹性元件受压产生弹性变形作为测量基础的，而弹簧管是最常用的弹性元件，从断面上看，它不能做成_____（形状）。

5. 热传导式真空计是根据_____制成的。在热传导真空计中，根据测定热丝温度方法的不同，可分为_____和_____等。

6. 电离真空计是根据_____原理制成的。

7. 为了保证压力测量的准确性，使用压力检测系统时必须注意_____、_____、_____等问题。

二、选择题

1. 涡街流量计的频率和流体的_____成正比。

A. 压力   B. 密度

C. 流速   D. 温度

2. 电磁流量计安装地点要远离一切_____，不能有振动。

A. 腐蚀场所   B. 热源

C. 磁源   D. 防爆场所

3. 在流量测量仪表中，一般常用的容积式流量计有_____。

A. 涡轮流量计   B. 腰轮流量计

C. 转子流量计   D. 椭圆齿轮流量计

4. 以下流量计中不是以直接测量封闭管道中满管流动速度为工作原理的是_____。

A. 涡轮流量计   B. 节流式流量计

C. 时差式超声波流量计   D. 涡街流量计

5. 涡轮流量计的出厂合格证上都有一个仪表常数，它是_____。

A. 计算出来的   B. 标定出来的

C. 经验估算出来的   D. 设计出来的

6. 超声流量计是属于_____。

A. 容积式流量计   B. 速度式流量计

C. 差压式流量计   D. 阻力式流量计

7. 一块精度为 2.5 级，测量范围为 $0 \sim 100 \text{kPa}$ 的压力表，它的刻度标尺最小应分_____格。

A. 20 格   B. 40 格

C. 10 格   D. 25 格

8. 下面不属于液体压力计的是_____。

A. 单管压力计   B. 弹簧管压力计

C. 浮力式压力计   D. 环称式压力计

9. 如何正确安装浮子流量计？_____

A. 转子流量计必须垂直安装，而且流体必须是从下方进入，从上方流出

B. 转子流量计必须垂直安装，而且流体必须是从上方进入，从下方流出

C. 转子流量计必须垂直安装，对流向没有要求

D. 转子流量计必须垂直安装，又可水平安装，视方便而定

三、简答题

1. 什么是瞬时流量和累积流量？瞬时流量的表示方法有哪些？

2. 简述浮子流量计的工作原理。

3. 压力测量方法是如何分类的？

4. 弹性压力计的常用弹性元件有哪些？说明它们各自的适用范围。

5. 什么是绝对压力、表压力、真空度？

6. 圆筒型电离真空计和 B-A 真空计有何不同？

四、思考题

1. 大气压一般为绝对压力 100kPa，为何这么大的压力未把人体压扁？

2. 一台负压侧密封了 100kPa ABS 的压力变送器，量程范围为 0~100kPa ABS，将它搬到青藏高原，放到大气中，所测得的输出电流为 20mA 吗？为什么？（注：ABS 是绝对压力的符号）

3. 表压力一定比绝对压力大吗？为什么？

第**6**章
热分析测试技术

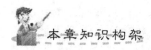

本章知识构架

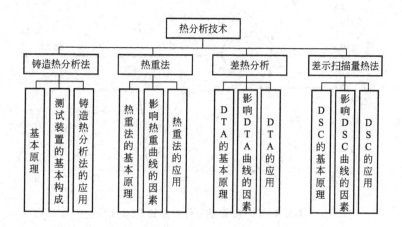

热分析技术
- 铸造热分析法
  - 基本原理
  - 测试装置的基本构成
  - 铸造热分析法的应用
- 热重法
  - 热重法的基本原理
  - 影响热重曲线的因素
  - 热重法的应用
- 差热分析
  - DTA的基本原理
  - 影响DTA曲线的因素
  - DTA的应用
- 差示扫描量热法
  - DSC的基本原理
  - 影响DSC曲线的因素
  - DSC的应用

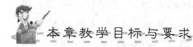

本章教学目标与要求

● 掌握铸造热分析的基本原理和装置的基本构成，熟悉铸造热分析的应用；

● 熟悉热重法的基本原理和影响热重曲线的因素，了解热重法的应用；

● 熟悉差热分析的基本原理和影响差热分析曲线的因素，了解差热分析的应用；

● 熟悉差示扫描量热法的基本原理和影响差示扫描量热曲线的因素，了解差示扫描量热法的应用；

● 了解影响 TG、DTA 和 DSC 曲线的因素及其异同。

导入案例

Ti-Ni 合金一种常用于修复口腔畸形的记忆合金，其矫形过程实际上是在人体温度作用下的加热相变过程，因此矫形效果与合金的记忆性能即加热相变直接有关。为了更好地发挥该合金的矫形效果，采用差示扫描量热仪 DSC200 研究了 Ti-Ni 合金在加热和冷却过程中相变。

Ti-Ni 形状记忆合金的相变一般包括 M（马氏体）、R（具有菱方结构的中间相）和 A（母相，具有体心立方结构）之间的相变。随着环境温度的升降，其内部晶体结构会发生不断的变化。当温度低于某一温度点时，内部晶格全部为马氏体，该点称为马氏体结束温度 M_f；当温度上升到某一温度点时，内部晶格全部由马氏体转化为奥氏体，该点称为奥氏体结束温度 A_f；在上述两温度之间，当温度由 M_f 向 A_f 上升时，内部晶格由马氏体向奥氏体转化，A_s 为出现奥氏体的温度；当温度由 A_f 向 M_f 下降时，内部晶格由奥氏体向马氏体转化，M_s 为出现马氏体的温度。R 相变热滞小（2~4K），M 相变热滞大（20~100K）。据此可根据 DSC 曲线来判断 Ti-Ni 合金的相变。

图 6.1 所示为由实验获得的 Ti-Ni 形状记忆合金在加热和冷却时的 DSC 曲线。

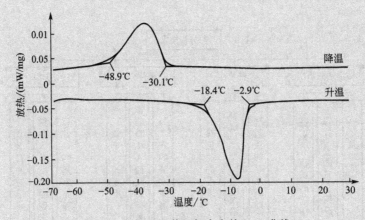

图 6.1 Ti-Ni 形状记忆合金的 DSC 曲线

由图 6.1 可知，Ti-Ni 合金冷却时发生了 M 转变，加热时发生了 M 逆转变。其中，奥氏体起始温度 $A_s=-18.4℃$，奥氏体结束温度 $A_f=-2.9℃$，马氏体起始温度 $M_s=-30.1℃$，马氏体结束温度 $M_f=-48.9℃$。由于热滞 $A_s-M_s=11.7K$ 较大，故为 M 相变，相变公式为 A→M，形状记忆效应（SME）由热诱发马氏体（M）相变引起，与其相对应的微观结构变化是 M 的晶体结构和取向逆转变回原来 A 的晶体结构和取向。当发生 A→M 相变时，一个晶粒内形成多个 M 变体，为了降低相变阻力，这些变体以自协作方式形成，变体之间为共格孪晶界面。当施加外力时，相对外力处于有利位向的 M 变体通过吞噬处于不利位向的变体而长大，同时产生应变，卸载后应变保留。这时若升高温度至 M 逆相变开始温度（A_s）以上时，将发生逆相变 M→A，即 M 晶体沿原来的切变途径逆转变回 A 状态，宏观形状得到恢复，并呈现形状记忆效应。

问题：

（1）何为差示扫描量热法（DSC）？DSC曲线的作用是什么？在该实例中是如何确定相变温度 A_s、A_f、M_s 和 M_f 的？

（2）除了该实例中给出的常用热分析方法 DSC 外，你还知道有哪些常用热分析方法吗？

资料来源：李亚玲. DSC 在 Ti－Ni 形状记忆合金相转变中的应用. 现代科学仪器，2006，(4).

6.1 概 述

根据国际热分析协会（International Confederation for Thermal Analysis，ICTA）的定义，热分析是指根据程序控制温度下测量物质的物理性质与温度关系的一类技术。定义中的程序控制温度是指按某种规律加热或冷却，通常是线性升温或线性降温。定义中的物质包括原始试样和在测量过程中由化学变化生成的中间产物及最终产物。根据测定的物理量，ICTA 还将目前已有的热分析技术划分为 9 类 17 种，如表 6－1 所示。

表 6－1 热分析方法分类

被测物理量	方法名称	ICTA简称	被测物理量	方法名称	ICTA简称
质量	热重法	TG	热量	差示扫描量热法	DSC
	等压质量变化测定		长度或体积	热膨胀法	
	逸出气检测	EGD	力学特性	热机械分析	TMA
	逸出气分析	EGA		动态热机械法	
	放射热分析		声学特性	热发声法	
	热微粒分析			热传声法	
温度	加热（或冷却）曲线测定		光学特性	热光学法	
			电学特性	热电学法	
	差热分析	DTA	磁学特性	热磁学法	

在上述方法中，应用最为广泛的是热重法（TG）和差热分析（DTA），包括 TG－DTA 联用技术在内，约占所有方法应用的 25% 以上。它们的发展历史也是最长的，所以被称为经典热分析法。其次是差示扫描量热法（DSC），其自 1964 开始应用以来是发展最快的技术。TG、DTA 和 DSC 构成了热分析的三大支柱。此外，在热加工领域，特别是铸造生产和研究金属相变中，基于冷却曲线测定的热分析也发挥着越来越重要的作用，被广泛应用于合金化学成分、机械性能及铸造性能等参数的测量中，在这里姑且称之为铸造热分析法。本章将分别讨论上述四种方法的原理和应用。

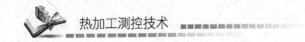

6.2 铸造热分析法

6.2.1 铸造热分析法的基本原理

该方法是基于测定金属或合金的冷却曲线来研究凝固过程中所发生的各种相变。

冷却曲线是指金属或合金在凝固过程中，其温度随时间变化的曲线。在金属和合金中，无论发生何种变化都会使得加热或冷却过程中温度变化的连续性受到破坏，并显示出奇异的温度特性值。相反，如果在加热或冷却过程中，没有新的晶体析出，不产生同素异构转变及相变，冷却曲线就不会出现显著的变化。因此，根据冷却曲线就可确定金属或合金的转变温度。

纯金属、共晶成分的合金、有上下限的固溶体中相当于相图上限或下限成分的合金，都是在一定温度下结晶的，热效应比较大，在冷却曲线上表现为平台，如图 6.2 所示。图中水平线段的开始点 a 表示结晶的开始，线段的终点 b 表示结晶终了，在缓慢的冷却条件下，水平段的温度可以认为是结晶凝固点。亚共晶和过共晶成分合金，则是在某一温度范围内结晶的，其冷却曲线的特点是曲线形成拐点，如图 6.3 所示。第一个拐点表示初晶析出，结晶过程开始。当出现第二个弯曲拐点或平台时，表示共晶反应在恒定温度下进行，共晶转变结束后，温度继续下降，曲线上出现第三个拐点。

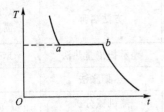

图 6.2 共晶成分合金冷却曲线

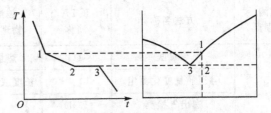

图 6.3 过共晶成分合金冷却曲线

以上是理想状态下得到的冷却曲线，实际上，由于各种因素的影响，测得的冷却曲线常常偏离理想情况。如液体金属的冷却速度快而使金属液过冷时，达到结晶的平衡条件有困难，冷却曲线上将出现过冷谷；随后由于结晶潜热的释放，温度才回复上升。如果试样大小合适、金属容量足够，曲线上还能呈现水平段，如图 6.4(a)所示。若放出的热量不足使温度回升，则会得到图 6.4(b)所示的圆滑过渡、缓慢下降的曲线。此外，由于热电偶的保护管具有一定的厚度，当液体金属温度下降时，热惰性使热电偶温度常常稍高于金属试样的温度，这样，在金属开始结晶时，热电偶不能立即指示出金属的真实温度，冷却曲

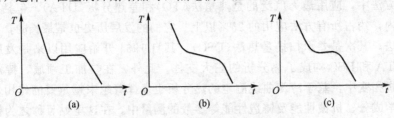

图 6.4 实际测得的冷却曲线

线上水平线段开始处略呈圆角。同样，当金属液凝固终了时，冷却曲线上水平段结束处也呈圆角缓慢过渡，如图 6.4(c) 所示。

工业上使用较多的铸铁材料是亚共晶灰铸铁，在其一次结晶过程中，高碳相全部以片状石墨的形式析出。实测的冷却曲线如图 6.5 所示。

当铁水温度下降到平衡液相线温度 T_L 以下的 a 点时，冷却曲线上出现液相线拐点，表示初生奥氏体开始析出，在温度下降至低于石墨-奥氏体共晶平衡温度 T_E 的 b 点的过程中，奥氏体继续析出，b 点为实际共晶转变开始温度。在共晶转变的初始阶段，由于过冷使温度继续下降，至

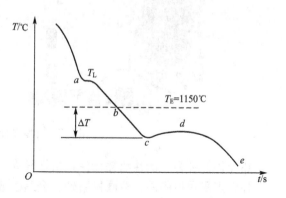

图 6.5　亚共晶灰铸铁冷却曲线

c 点达到共晶转变的最大过冷度 ΔT，即共晶最低温度。此时，由于共晶转变中晶核的大量形成和生长，放出结晶潜热的速度超过散热速度，从而引起温度回升，直到共晶最高温度 d 点，由于过冷度自动减小，结晶速度和放出结晶潜热的速度将减慢，导致温度重新下降，至 e 点时整个共晶转变结束，也即一次结晶凝固终了。

从以上分析可以看出，冷却曲线直接描绘了试样冷却凝固过程潜热的释放和样杯散热之间的关系。假设样杯的散热速度为 $dQ/d\tau$，试样凝固的放热速度为 $dL/d\tau$，则两者之间有下列三种情况：① 当 $dQ/d\tau = dL/d\tau$ 时，冷却曲线上出现平台；② 当 $dQ/d\tau > dL/d\tau$ 时，冷却曲线中出现连续下降段；③ 当 $dQ/d\tau < dL/d\tau$ 时，冷却曲线中出现回升段。

因此，只要试样尺寸、样杯的壁厚、材料、取样浇注温度及速度、热电偶安放位置、环境温度等外界工艺因素保持基本稳定，则冷却曲线的形状就取决于金属的凝固特点。从而，根据合金的结晶理论，便能以冷却曲线的形状及温度特征值的变化来判断合金的组织转变及取决于组织的合金的性能。

6.2.2　铸造热分析测试装置的基本构成

图 6.6 为铸造热分析测试装置的基本构成框图，实物图如图 6.7 所示，主要由样杯和二次仪表组成。热分析样杯内安装有热电偶，液态金属浇入样杯后，热电偶测得的数据由传输导线送到二次仪表进行处理。

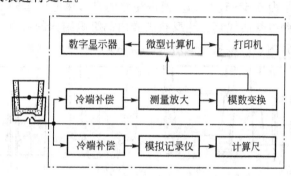

图 6.6　铸造热分析测试装置基本构成框图

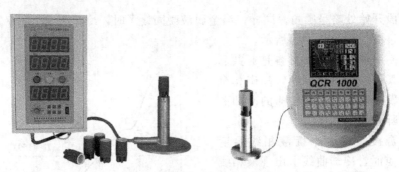

图 6.7 铸造热分析仪实物图

热分析样杯为一次性消耗元件，由样杯壳、热电偶和保护管组成。

杯壳多采用树脂砂、冷硬树脂砂、合脂砂或油砂制成，其壁厚应能保证试样具有一定的冷却速度和样杯具有足够的强度，其内腔尺寸应能使试样具有合适的体积，即在保证试样冷却曲线温度特征值全部出现的前提下以最大的速度凝固。常见的样杯内腔尺寸为 $\phi 30mm \times 45mm$ 和 $35mm \times 35mm \times 50mm$，试样凝固时间约为 3min。

图 6.8 所示为四种典型的热分析样杯结构，其中图 6.8(a) 所示样标的热电偶采用 U 形石英玻璃管保护，其优点是热惰性较小、反应敏感、测温读数较准确，但由于采用 U 形石英管，样杯的加工和制造较复杂。图 6.8(b) 为目前较为流行的比利时 Quik - Nod 方形样杯，热电偶横穿试样，靠毛细石英管保护，具有较高的动态响应速度。样杯分碲杯和无碲杯两种，分别用于测灰铸铁的化学成分和机械性能。图 6.8(c) 为日本热分析仪配套使用的圆形样杯，由双孔陶瓷管保护的热电偶位于试样轴线上，结构简单、成本较低，碲粉涂于杯壳内壁，主要用于测铸铁的化学成分。图 6.8(d) 所示样杯为我国铸造工作者自行研制的一种低成本圆形样杯，热电偶靠双孔细瓷管保护安装在样杯支架上。其属半永久型测温元件，封头石英管预埋在杯壳底部，每次消耗的只是一只杯壳和一只石英管。图 6.8(d) 所示样杯可用于测化学成分和机械性能，测成分时所需的反石墨化元素，以激冷纸环的形式加入，可根据铸铁牌号决定加入纸环的个数。该种样杯具有制造成本低、使用方便的特点。图 6.9 是常用的热分析样杯实物图。

常用的热电偶有"铂铑-铂"及"镍铬-镍硅"两种，前者大多用于铸钢，后者用于铸铁、铜合金和铝合金等。热电偶丝的直径一般为 0.3～0.5mm，若过粗则热惰性大、灵敏度差，若过细则强度差、易断。热电偶丝外部用石英玻璃管或双孔细陶瓷管保护，石英管内径为 1～2mm，壁厚为 0.5～1.0mm。值得注意的是，热电偶丝的节点位置必须处于试样的热节中心，使所测冷却曲线真实地反映试样内部组织结构的特点。在测试过程中，应防止金属液进入保护管内，以影响测试结果。

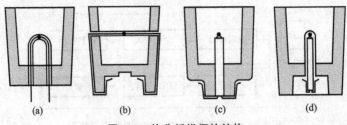

(a)   (b)   (c)   (d)

图 6.8 热分析样杯的结构

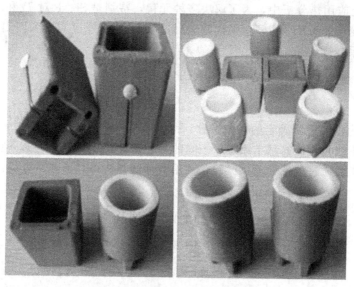

图6.9 常用的铸造热分析样杯

二次仪表分为通用的热分析仪表和专用的热分析仪表。二次仪表的功能是记录热分析曲线并进行必要的数据处理，同时通过适当的显示装置输出结果。早期的常规热分析仪多采用自动平衡记录仪来记录冷却曲线。随着计算机技术的发展，铸造热分析仪实现了微机化和智能化。热电偶输出的电压信号经放大器放大，由A/D转换器变成数字量送计算机处理和记录，并以数字形式显示和打印。

6.2.3 铸造热分析法的应用

铸造热分析法于20世纪60年代初开始用于铸造生产，最初用来测定铸铁的碳当量。经过几十年的发展，目前，它已广泛用于以下许多方面：①测定合金的主要化学成分（如测定铸铁的碳当量，碳量和硅量）；②控制合金的共晶团数目；③确定灰铸铁的机械性能与化学成分、生核程度及金相组织之间的关系；④测定合金的铸造性能（如铸铁的缩陷、铸钢的热裂倾向）；⑤测定球墨铸铁的球化及孕育状况等。下面仅以测定合金的主要化学成分为例讨论它的应用。

1. 铸铁碳当量的测定

铸铁是具有共晶转变的铁碳合金，它的凝固是以共晶转变进行的。但是，由于化学成分、冷却速度、孕育处理等因素的影响，铸铁的共晶反应是一复杂的过程。其典型的亚共晶灰铸铁的冷却曲线可参见图6.5。实践表明：冷却曲线上 T_L 是初生奥氏体的临界温度，它主要取决于化学成分（即碳和硅的含量），而与凝固模式无关。如果用碳当量（CE%）来综合表征碳、硅、磷对铸铁的影响，碳当量与液相线温度有一定的对应关系，即

$$CE\% = f(T_L) \tag{6-1}$$

此外，由铸铁结晶理论可知，铸铁中的碳、硅量与 T_L 和 T_E 也具有回归的对应关系，即

$$\begin{cases} C\% = f(T_L, T_E) \\ Si\% = f(T_E) \end{cases} \tag{6-2}$$

铸造生产上应用热分析中，为了解决多种元素，特别是 Si、P 对 T_L 和 T_E 位置的影响，引入了液相线碳当量（CEL）的概念来代替碳当量（CE），并通过实验和回归处理建立了 T_L 与 CEL% 的关系，即

$$\begin{cases} T_L = A - B(\text{CEL}\%) \\ \text{CEL}\% = C\% + \text{Si}\%/4 + \text{P}\%/2 \end{cases} \tag{6-3}$$

式中：A 和 B 为由实验所确定的回归系数。

上式即为铸铁共晶仪的基本原理。不同的工艺条件，A 和 B 值可以不同，其回归方程就可有不同形式。通过大量的测试试验，利用数理回归法得到了如下方程：

$$\begin{cases} T_L = 1669 - 124 \cdot \text{CEL}\% & \text{CEL}\% \in [3.6, 4.3] \\ T_L = 1664 - 124 \cdot \text{CEL}\% & \text{CEL}\% \in [3.7, 4.7] \\ T_L = 1660 - 120 \cdot \text{CEL}\% & \text{CEL}\% \in [3.5, 4.3] \\ T_L = 1654 - 119 \cdot \text{CEL}\% & \text{CEL}\% \in [3.3, 4.3] \end{cases} \tag{6-4}$$

应用这些关系式，所研制的碳当量仪（共晶仪）已得到广泛的应用。从冷却曲线上的 T_L 值，1min 左右便可以从仪表中确定碳当量。但这种方法目前仅适用于亚共晶铸铁，在过共晶铸铁中，析出初生相石墨时，释放的潜热很小，冷却曲线上液相线拐点不明显，T_L 不易测得，确定碳当量就有困难。

2. 铸铁碳量、硅量的测定

通过测定铁水凝固的初晶温度即可确定 CEL%，但问题在于即使 CEL% 值相同，它的碳含量和硅含量也可不同，所以有必要进行单个成分（碳或硅）的测定。

当铸铁中的碳量增加时，液相停歇点 T_L 和共晶停歇点 T_E 之间的距离 $\Delta T = T_L - T_E$ 减小，当碳量达到共晶成分，最终 ΔT 等于零。显然，冷却曲线如能提供准确的 ΔT 值，就能确定该成分铁水的含碳量，即通过 T_L 和 T_E 来定量计算碳含量和硅含量。

但是，通常的灰铸铁的共晶凝固，在凝固过程中会出现过冷现象，同时，初晶温度又受铁水孕育状况及结晶条件的影响，使一定的温度值难以掌握，要想找出初晶温度、共晶温度和铁水成分之间的定量关系就有困难。

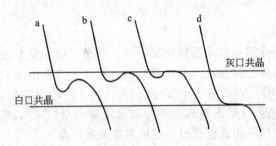

图 6.10　共晶凝固的四种不同类型

共晶凝固有四种类型，如图 6.10 所示。①灰口凝固，强烈的过冷，最高共晶温度低于平衡共晶温度（图 6.10 中曲线 a）；②灰口凝固，过冷倾向较小，最高共晶温度为近平衡结晶温度（图 6.10 中曲线 b）；③灰口凝固，过冷倾向更小，冷却缓慢，出现灰口共晶停歇平台（图 6.10 中曲线 c）；④白口凝固，无过冷现象出现，显示出明显的白口共晶停歇平台（图 6.10 中曲线 d）。

可见，灰口共晶温度不能作为测定铸铁化学成分的判断依据，而白口共晶温度在所有情况下均无过冷现象出现，因此，可以作为测定铸铁化学成分的判断依据。

为此可采用强制白口共晶凝固的方法，即在样杯内涂上含碲的涂料，因为碲是极强烈

的反石墨化元素，它抑制石墨的析出，促使铁水无论是亚共晶还是过共晶，也不论是否经孕育处理都将按白口结晶，冷却曲线上就看不到前述的过冷现象，而显示出较长的共晶平台。

结合式(6-2)，各铸铁厂根据各自的工艺条件，经过大量的工艺试验，即可利用数理统计的方法回归得出各常数的值，从而使 C% 和 Si% 与 T_L、T_{EM} 和 ΔT 之间的关系有多种不同的表达形式，如

$$\begin{cases} C\% = 2.428 - 0.00655T_L + 0.00788T_{EM} \\ C\% = -5.86 - 0.00819T_L + 0.013T_{EM} \\ Si\% = 86.79 - 0.00566T_L - 0.07016T_{EM} - 2.45 \cdot P\% \\ Si\% = 68.64967 - 0.06007T_{EM} \\ T_{EM} = 1119.2 + 23.1 \cdot Si\% - 16.3(Si\%)^2 \end{cases} \tag{6-5}$$

根据上述这些确定的关系，至今已有多种类型的定碳仪、定硅仪投入现场使用。

但是，上述方法只适用于测定灰铸铁、球墨铸铁及可锻铸铁原铁水的碳量和碳当量（磷量一定且微量时，还可测定硅量），而对经镁处理后的球墨铸铁铁水不适用。因测定碳量及硅量必须采用加碲的样杯进行强制白口凝固，由于碲会与镁形成碲化镁，这样碲就失去了使铁水白口凝固的作用。为此可在样杯中附加游离硫，以防止碲化镁出现。硫的实际加入量为 0.3%，利用有机粘接剂结成团粒加在样杯中。

6.3 热 重 法

热重法(Thermogravimetry)简称 TG，是在程序控制温度下，测量物质的质量与温度关系的一种技术，数学表达式为 $m = f(T)$ 或 $m = f(t)$。

6.3.1 热重法的基本原理

1. 热天平的原理

图 6.11 所示为热重分析仪的实物图，它是根据热天平原理工作的。热天平的基本结构示意图如图 6.12 所示。

图 6.11 热重分析仪实物图

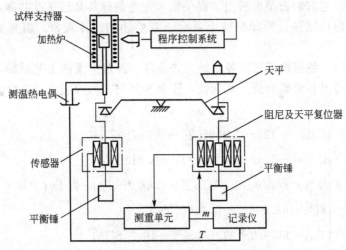

图 6.12　热天平基本结构示意图

这种天平在加热过程中,试样无质量变化时仍能保持初始平衡状态;而有质量变化时,天平就失去平衡,并立即由传感器检测并输出天平失衡信号。这一信号经测重系统放大用以自动改变平衡复位器中的电流,使天平又回到初始平衡状态。由于通过平衡复位器中的电流与试样质量变化成正比,因此,记录电流的变化即能得到加热过程中试样质量连续变化的信息。而试样温度同时由测温热电偶测定并记录。于是得到试样质量与温度(或时间)关系的曲线。

2. 热重曲线

热重法得到的是程序控制温度下物质质量与温度关系的曲线,即热重曲线(TG 曲线)。横坐标为温度或时间,纵坐标为质量,如图 6.13 所示。试样质量基本没有变化的区段 AB 称为平台;对应试样质量变化累积到热天平能检测出的温度称为起始温度,以 T_i 表示,即 B 点的温度;而回复到不再检测出质量变化的起始温度称为终止温度,以 T_f 表示,即 C 点的温度,这时累积质量变化达到最大值。T_f 和 T_i 间的温差为反应区间。当横坐标是时间时,通过所用的温度程序可将它转换成温度。

由于试样质量变化的实际过程不是在某一温度下同时发生并瞬间完成的,因此热重曲线的形状不呈直角台阶状,而是形成带有过渡和倾斜区段的曲线。

下面以 $CuSO_4 \cdot 5H_2O$ 脱去结晶水为例来说明热重曲线和微商热重曲线(DTG 曲线)。图 6.14 所示为 $CuSO_4 \cdot 5H_2O$ 在空气中并以约 4℃/min 的升温速率测得的 TG 曲线和 DTG 曲线。图 6.14(a)中 A 点前 100℃附近的初始失重是脱去吸附水和或溶剂而形成的。A 点至 B 点,质量没有变化,试样是稳定的;B 至 C 点是一个失重过程,失去的质量为 $m_0 - m_1$,这一步的脱水反应为:$CuSO_4 \cdot 5H_2O \rightarrow CuSO_4 \cdot 3H_2O + 2H_2O$;$C$ 和 D 点之间,试样质量又是稳定的;由 D 点开始试样进一步失重,直到 E 点为止,这一阶段的失去的质量是 $m_1 - m_2$,脱水反应为:$CuSO_4 \cdot 3H_2O \rightarrow CuSO_4 \cdot H_2O + 2H_2O$;$E$ 点和 F 点之间,新的稳定物质形成;最后的失重发生在 F 点和 G 点之间,失去的质量是 $m_2 - m_3$,脱水反应为:$CuSO_4 \cdot H_2O \rightarrow CuSO_4 + H_2O$;$G$ 点和 H 点区间代表试样的最终形式,形成稳定的无水化合物。

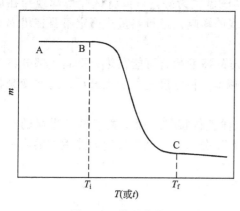

图 6.13　热重曲线

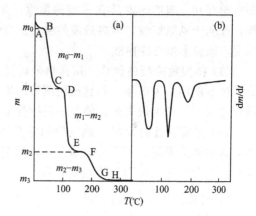

图 6.14　$CuSO_4 \cdot 5H_2O$ 的 TG 曲线和 DTG 曲线

对热重曲线进行一次微分，就能得到微商热重曲线，它反映试样质量的变化率和温度（或时间）的关系，图 6.14(b) 就是图 6.14(a) 的微商热重曲线。微商热重曲线以温度 T 或时间 t 为横坐标，自左至右 T 或 t 增加，纵坐标是 dm/dT 或 dm/dt，从上向下表示减小。热重曲线上的一个台阶，在微商热重曲线上是一个峰，峰面积与试样质量变化成正比。

一台热天平只需附上微分单元或配上计算机进行图形转换处理，就可同时记录热重曲线和微商热重曲线。虽然 DTG 曲线与 TG 曲线所能提供的信息是相同的，但是与 TG 曲线相比，DTG 曲线能清楚地反映出起始反应温度、达到最大反应速率的温度和反应终止温度，而且提高了分辨两个或多个相继发生的质量变化过程的能力。

6.3.2　影响热重曲线的因素

热重数据往往不是物质固有的参数，它经常受仪器因素、实验条件和试样因素的影响。

1. 仪器因素

(1) 浮力和对流。空气在室温下每毫升质量为 1.18mg，1000℃ 时每毫升质量只有 0.28mg。热天平在热区中，其部件在升温过程中排开空气的质量在不断减小，即浮力在减小。也就是说在试样质量没有变化的情况下，只是由于升温试样也在增重，这种增重称为表观增重。表观增重值可由下式计算：

$$\Delta W = V \cdot d \cdot (1 - 273/T) \tag{6-6}$$

式中：ΔW 为表观增重；V 为热区中的试样、坩埚及支持器的体积；d 为试样周围气体在 273K 时的密度；T 是热区的绝对温度。

显然，式(6-6)是以 0℃ 为准，这时的表观增重为零。由此式推算，在 300℃ 时浮力是室温时的 1/2，900℃ 时成为室温时的 1/4。

热天平试样周围气氛受热变轻会向上升，形成向上的热气流，作用在热天平上相当于减重，这称为对流影响。对流影响与炉子结构关系很大。卧式炉受对流影响要比立式炉小，但表观增重严重。

(2) 坩埚的影响。热重法用的坩埚材质要求对试样、中间产物、最终产物和气氛都是惰性的。坩埚的大小、质量和几何形状对热重法也有影响。一般坩埚越轻，传热越好对热分析越有利,当然还要具有一定的强度。形状以浅盘式为好,可以将试样薄薄地摊在底部,有利于克服扩散、传热造成的滞后对 TG 曲线的影响。进行热重法测定不要在坩埚上加盖,以免影响 TG 曲线。

(3)挥发物冷凝的影响。试样热分析过程逸出的挥发物有可能在热天平其他部分再冷凝,这不但污染了仪器,而且还使测得的失质量偏低,待温度进一步上升后,这些冷凝物可能再次挥发产生假失重,使 TG 曲线变形。

(4)温度测量的影响。热电偶通常是不与试样直接接触,而是置于试样坩埚的凹穴中,这样当升温时,不可避免地在试样周围要有温度分布,尤其当使用导热性差的陶瓷坩埚时,则会产生更加明显的温度滞后。

2. 实验条件

(1)升温速率的影响。升温速率对热重曲线有明显的影响。升温速率越大温度滞后越严重,开始分解温度 T_i 及终止分解温度 T_f 越高,温度区间也就越宽。图 6.15 所示为不同升温速率对 $CaCO_3$ 热重曲线的影响,随着升温速率的增大,测得的 T_i 和 T_f 相差几百度。一般进行热重法测定不要采用太高的升温速率。

(2)气氛的影响。炉内气氛也是对 TG 曲线影响很大的一个因素。图 6.16 所示是 $CaCO_3$ 在真空、空气和 CO_2 三种气氛中的 TG 曲线,其分解温度相差近 600℃,之所以有这么大差别,在于 CO_2 是 $CaCO_3$ 的分解产物,大量的 CO_2 抑制了 $CaCO_3$ 的分解,使其分解温度大大提高。

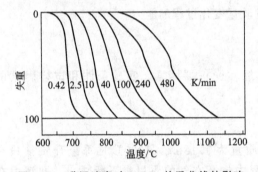

图 6.15　升温速率对 $CaCO_3$ 热重曲线的影响　　图 6.16　气氛对 $CaCO_3$ 热重曲线的影响

(3)纸速的影响。记录纸的走速可对 TG 曲线的清晰度和形状有明显的影响,这涉及 TG 曲线温度读数的精确程度。固然加大走纸速度可使某失质量温度读数准些,但可能使曲线的某些特征温度变得不明确,引起作图误差。

3. 试样因素

(1)试样用量和粒度。在热重分析仪灵敏度范围内,试样的用量应尽量小,试样用量大会影响分析结果。图 6.17 是不同用量的 $CuSO_4 \cdot 5H_2O$ 的 TG 曲线,用量小所得的结果比较好,TG 曲线上反映热分解反应中间过程的平台明显。因此,为了提高检测的灵敏度应采用少量试样。

试样粒度越小,通常单位质量的表面积越大,因而分解速率比同质量的大颗粒试样快;粒度越小,反应越易达成平衡,在给定温度下的分解程度也就越大。于是,试样粒度小易使起始温度和终止温度降低和反应区间变窄,从而改变热重曲线的形状。图 6.18 是仔细粉碎的和未粉碎的晶体碳酸锰的 TG 曲线。未研磨试样在 570℃ 开始分解，在 830℃ 达到一平台；仔细研磨的试样在 390℃ 开始分解，缓慢地继续到 570℃，然后快速分解，达到 690℃，形成一个平台。

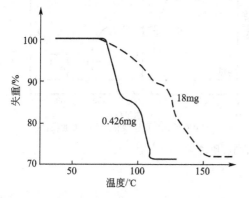

图 6.17　不同用量的 $CuSO_4 \cdot 5H_2O$ 的 TG 曲线

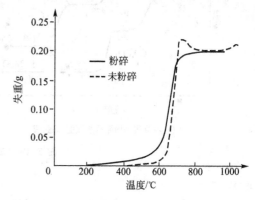

图 6.18　不同粒度的 $MnCO_3$ 的 TG 曲线

（2）试样装填方式的影响。一般地说，装填越紧密，试样颗粒间接触就越好，也就越利于热传导，但不利于气氛气体向试样内的扩散或分解的气体产物的扩散和逸出。通常试样装填得薄而均匀，可以得到重复性好的实验结果。

6.3.3　热重法的应用

热重法是一种测定质量变化的定量分析方法，非常适合研究质量变化大于 1‰ 的变化过程。目前，热重法已经成为一种重要的分析手段，可广泛应用于许多方面：①混合物组成的定量测定；②黏土矿物的鉴别；③水合与脱水速率计算；④吸湿性和干燥条件分析；⑤催化剂评选；⑥金属与气体的反应和金属的腐蚀；⑦氧化与还原反应；⑧闪燃与发火特性；⑨分解过程及气氛的影响；⑩热稳定性判定；⑪活化能和反应速率的计算；⑫爆炸性研究；⑬涂料和发泡剂的研究；⑭磁性转变；⑮吸附水、结晶水分析；⑯气化与升华速率等。下面以混合物组成的定量测定为例说明热重法的应用。

测定混合物中的不同离子时，常规法必须先经分离才能测定，而分离费时费力。利用热重法则能不经预分离就能迅速地同时测定两种或三种离子的含量。如，钙镁离子共存时，由于草酸铵沉淀钙时草酸铵也和镁离子发生反应，形成溶解度较低的草酸镁，使草酸钙的沉淀中必然混杂未知量的草酸镁，给常规测定法带来困难。而热重法仅需直接测出混合物的 TG 曲线，然后利用无水草酸镁和无水草酸钙在 397℃ 之后的 TG 曲线的差别，就能计算出钙镁的含量。

图 6.19(a) 中曲线 1 是草酸钙的 TG 曲线；曲线 2 是草酸镁的 TG 曲线，图 6.19(b) 是二者混合后的 TG 曲线。设原混合物中含 x mg 的 Ca 和 y mg 的 Mg，Ca 在 $CaCO_3$ 中占 40.08/100.09，Mg 在 MgO 中占 24.31/40.31，因此，若设 m_1 mg 的 $CaCO_3$ 和 m_2 mg 的 MgO 混合，则

$$m_1 = \frac{100.09}{40.08} x$$

$$m_2 = \frac{40.31}{24.31} y$$

(6-7)

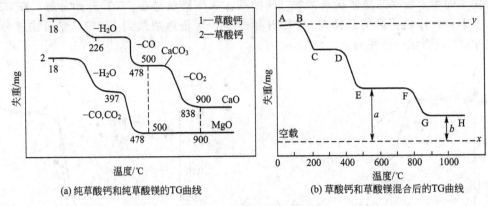

(a) 纯草酸钙和纯草酸镁的TG曲线　　(b) 草酸钙和草酸镁混合后的TG曲线

图 6.19　草酸盐的 TG 曲线

故有

$$a = \frac{100.09}{40.08}x + \frac{40.31}{24.31}y \tag{6-8}$$

同理

$$b = \frac{56.08}{40.08}x + \frac{40.31}{24.31}y \tag{6-9}$$

根据式(6-8)和式(6-9)即可求得 x 和 y 的大小，这样就达到了不经分离就能同时测定 Ca 和 Mg 离子含量的目的。

6.4　差　热　分　析

差热分析(Differential Thermal Analysis，DTA)是在程序控制温度下测量物质和参比物之间的温度差与温度(或时间)关系的一种技术。描述这种关系的曲线称为差热曲线或DTA曲线。

6.4.1　差热分析的基本原理

1. 差热分析的原理

物质在加热或冷却过程中会发生物理或化学变化，与此同时，往往还伴随吸热或放热现象。伴随热效应的变化有晶型转变、沸腾、升华、蒸发、熔融等物理变化，以及氧化还原、分解、脱水等化学变化。另有一些物理变化，虽无热效应发生，但比热容等某些物理性质也会发生改变。物质发生熔变时质量不一定改变，但温度必定会变化。差热分析正是在物质这类性质的基础上建立起来的。

若将在实验温区内呈热稳定的已知物质(即参比物)和试样一起放入一个加热系统中，并以线性程序温度对它们加热。在试样没有发生吸热或放热变化且与程序温度间不存在温度滞后时，试样和参比物的温度与线性程序温度是一致的。若试样发生放热变化，由于热量不可能从试样瞬间导出，于是试样温度偏离线性升温线，且向高温方向移动。反之，向低温方向移动。

为了方便，经常利用温差热电偶线路测量试样与参比物的温度差作为输出信号，图 6.20 是差热分析的工作原理简图。在炉温缓慢上升的过程中，如果试样和参比物的温度相同，则 $\Delta T=0$，记录仪上没有信号；如果试样由于热效应的发生或比热容的改变而使温度发生变化，而参比物无热效应时，$\Delta T\neq0$，记录仪上记录下 ΔT 的大小，当试样的热效应结束时，试样的温度再次与参比物的温度相同，$\Delta T=0$，信号指示再次回到零。

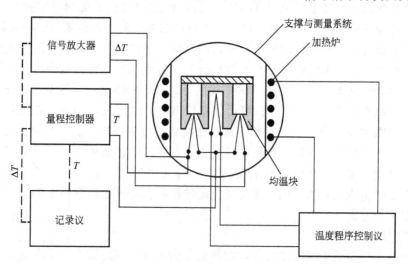

图 6.20　差热分析仪的工作原理简图

获得的实验数据以 DTA 曲线形式表示，横坐标为时间或温度，纵坐标为试样和参比物之间的温度差。吸热过程以向下的峰表示，放热过程以向上的峰表示。

从图 6.20 可以看出，差热分析仪由试样支撑与测量系统、加热炉、温度程序控制仪和记录仪四部分组成。

试样支撑与测量系统包括热电偶、坩埚等，有的仪器还有陶瓷或金属均热块，用来使热量分布均匀，消除试样内的温度梯度。试样和参比物分别放入杯状坩埚中，而坩埚底部有个小孔，恰好使装在支撑座上的热电偶头插入。加热炉是具有较大均匀温度区域的热源，温度是程序控制的，并具有一定的升温速率，没有任何明显的热滞现象，为避免氧化，还可封入 N_2、Ne 等非活泼性气体。温度程序控制仪根据需要对加热炉供给能量，以保证获得线性的温度变化速率。记录系统用来显示或记录热电偶的热电势信号。图 6.21 示出了差热分析仪的实物结构图。

图 6.21　差热分析仪实物结构图

2. DTA 曲线分析

图 6.22 是比较接近实际的典型 DTA 曲线。当试样和参比物在相同条件下一起等速升温时，在试样无热效应的初始阶段，它们间的温度差 ΔT 为近于零的一个基本稳定的值，得到的差热曲线是近于水平的基线（T_1 至 T_2）。当试样吸热时，所需的热量由加热炉传入。由于有传热阻力，在吸热变化的初始阶段，传递的热量不能满足试样变化所需的热量，这时试样温度降低。当 ΔT 达到仪器已能测出的温度时，就出现吸热峰的起点 T_2，在试样吸收的热量等于加热炉传递的热量时，曲线到达峰顶 $T_{\min}$。当炉子传递的热量大于试样吸收的热量时，试样温度开始升高，曲线折回，直到 ΔT 不再能被测出，试样转入热稳定状态，吸热过程结束（T_3）。反之，试样放热时，释放的热量除了传出一部分外，剩余部分又能使试样温度升高，在 ΔT 达到可由仪器检出时，曲线偏离基线，出现放热峰的起点 T_4。当释放出的热量和导出的热量相平衡，曲线到达放热峰顶 $T_{\max}$。当导出的热量大于释放出的热量，曲线便开始折回，直至试样与参比物的温度差接近零，仪器测不出为止。此时曲线回到基线，成为放热峰的结束点（T_5）。T_1 至 T_2、T_3 至 T_4 及 T_5 以后的基线均对应着一个稳定的相或化合物。但由于与反应前的物质在热容等热性质上的差别使它们通常不在一条水平线上。

1）转变点温度确定

测定差热分析曲线的目的之一是确定转变点的温度。确定转变点温度的方法如图 6.23 所示，取曲线陡峭部分的切线与基线延长线的交点 T_e 作为 DTA 曲线的温度转变点，此温度最接近热力学的平衡温度。

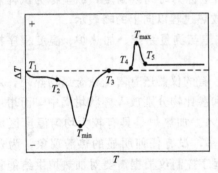

图 6.22　典型差热曲线

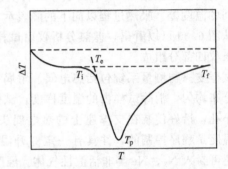

图 6.23　转变点温度的确定方法

2）DTA 曲线峰面积确定

DTA 曲线峰面积是反应热的一种度量，可以热效应的始点和返回到基线之点分别作为积分的上限和下限对温差进行积分，定量地表示这个反应热的数值。但是，当发生热反应时，试样的基本性质（主要是热传导、密度和比热容）发生变化，使热分析曲线偏离基线，这给作图计算面积造成一定困难，难以确定面积的包围线。对于反应前后基线没有偏移的情况，只要连接基线就可求得峰面积。而对于基线有偏移的情况，可以采用如下经验方法确定面积包围线。

（1）ICTA 规定的方法，如图 6.24(a)所示，分别作反应开始前和反应终止后的基线延长线，它们离开基线的点分别是反应开始点 T_i 和反应终止点 T_f，联结 T_i、T_p 和 T_f 各点便得到峰的面积。

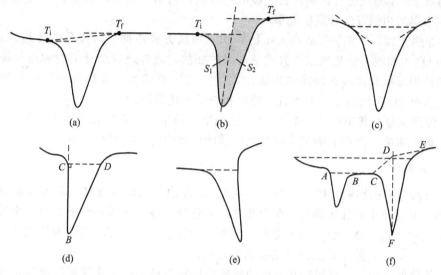

图 6.24　峰面积求法

（2）在图 6.24(b)中，作基线的延长线，得 T_i 和 T_f 点。过顶点 T_p 作基线的垂线，垂线将 DTA 曲线的面积分为面积 S_1 和 S_2，则 S_1+S_2 即为峰面积。这种求面积的方法是认为在 S_1 中去掉的部分由 S_2 中多余的部分补偿。

（3）在图 6.24(c)中，由峰两侧曲率最大的两点间连线得到峰面积。这种方法只适用于对称峰。

（4）在图 6.24(d)中，在图中的 C 点作切线的垂线，所得三角形 BCD 的面积作为所求峰面积。

（5）对于峰形很明确而基线有移动的吸热峰，也采用直接延长原来的基线而得峰面积的简单方法，如图 6.24(e)所示。

（6）对于基线有明显移动的情形，方法较为麻烦，需画参考线。在图 6.24(f)中，从有明显移动的基线 BC 连接 AB，显然这是视 BC 为产物的基线，而不是第一反应的持续。第二部分面积是 $CDEF$，DF 是从峰顶到基线的垂线。

6.4.2　影响 DTA 曲线的因素

影响 DTA 曲线的因素可分为仪器因素、实验条件和样品因素等三个方面。

1．仪器因素

（1）样品支持器。样品支持器中均温块对 DTA 曲线有明显的影响。通常，导热系数低的陶瓷均温块，对吸热过程有较好分辨率，测得的峰面积较大，得到的 DTA 曲线比较理想，但对放热峰的分辨率较低。用导热系数高的金属均温块，DTA 曲线的基线漂移小，得到的差热峰通常较窄，而且放热峰的形状常比吸热峰的理想，它对放热过程分辨率好。高温下，金属均温块有较高的灵敏度；在较低温度下陶瓷均温块有较高的灵敏度。

均温块中的样品腔的形状、大小和对称性对有质量变化的过程明显影响峰的振幅、温度区间和变化时间，而对没有质量变化的过程仅影响峰的振幅。

坩埚对 DTA 曲线也有影响，它的影响与坩埚的材料、大小、质量、形式及参比物坩埚和试样坩埚的相似程度有直接关系。

（2）加热方式、加热炉形状和大小的影响。加热方式不同，向样品的传热方式不同，因而影响 DTA 曲线。常见的结热方式是电阻炉加热，此外还有红外辐射加热与高频感应加热。加热炉形状和大小是决定炉内温度均匀一致区域的大小及加热炉热容量的主要因素，它们影响 DTA 曲线基线的平直、稳定和炉子的热惯性。

（3）温度测量与热电偶的影响。DTA 曲线上的峰形、峰面积及峰在温度轴上的位置，均受热电偶的影响，其中影响最大的是热电偶的节点位置、类型和大小。

2. 实验条件

（1）升温速率的影响。提高升温速率则使 DTA 曲线的峰温增高，峰面积也有某种程度的提高。升温速率增加还容易使两个相邻的差热峰，特别是那些跟随在另一个反应之后的快速反应峰互相重叠，使分辨率降低。此外，升温速率高，容易出现大量气体聚集而改变炉子气氛组成，使整个差热曲线发生明显变化。

（2）气氛的影响。气氛对差热分析的影响由气氛与样品的变化关系所决定。当样品的变化过程有气体逸出或能与气氛组分作用时，气氛对 DTA 曲线的影响就特别显著。

（3）试样装填的影响。装填情况对 DTA 曲线的影响与试样性质及所测定的反应性质有关，如测熔点与装填关系就不大，但对有气体参加或产生气体的反应装填情况对 DTA 曲线的影响就大得多。

3. 样品因素

样品包括试样和参比物，现分别叙述其影响。

（1）试样量的影响。试样用量越多，内部传热时间越长，形成的温度梯度越大，DTA 曲线峰形就会扩张，分辨率下降，峰顶温度会移向高温，即温度滞后会更严重。增加试样量的另一个影响是峰面积增加，并使基线偏离零线的程度增大。

（2）试样粒度和形状的影响。试样粒度对有气体参加反应的 DTA 曲线影响严重，因为凡有气体参加的反应都要经过颗粒表面进行，随着粒度的减小，比表面将增大有利于气体的扩散，使反应易于进行，反应的 DTA 峰将向低温移动。但细粒之间气体扩散更加困难，引起颗粒间分压的变化，对外扩散控制的气体反应有可能使 DTA 峰形扩展和使峰温移向高温。当试样进一步粉碎时，结晶度会发生变化，强烈地升高试样的内能，使 DTA 热效应变小，峰温也移向较低的温度。

（3）试样预处理的影响。试样预处理是对 DTA 曲线可能产生明显影响的另一因素。这可从两方面考虑，其一是在实验前所进行的化学处理，目的在于简化热分析曲线，消除杂质干扰；其二是试样在坩埚内所经历的过程。如某高聚物在第一次升温测得的 DTA 曲线玻璃化转变温度 T_g 很不明显。但当升温至 T_g 以上后在炉内缓慢冷却，第二次升温时便可观察到明显的玻璃化转变温度。

（4）参比物的影响。作为参比物的基本条件是在试验温区内具有热稳定的性质，它的作用是为获得 ΔT 创造条件。只有当参比物和试样的热性质、质量、密度等完全相同时才能在试样无任何类型能量变化的相应温区内保持 $\Delta T = 0$，得到水平的基线。实际上这是不可能达到的。实际应用中，为了获得尽可能与零线接近的基线，需要选择与试样导热系数尽可能相近的参比物。

（5）稀释剂的影响。稀释剂是为了实现某些目的而掺入试样，覆盖或填于试样底部的物质。理想的稀释剂应不改变试样差热分析的任何信息。然而在实际使用中已发现尽管稀释剂与试样之间没有发生化学作用，但稀释剂的加入或多或少会引起差热峰的改变并往往降低差热分析的灵敏度。

6.4.3 差热分析的应用

目前，DTA 技术已被广泛的应用于冶金、材料、地质、生命科学和药学等领域中。在冶金和材料方面，DTA 技术主要应用于：①研究金属或合金的相变，用以测定熔点或凝固点、制作合金的相图以及测定相变热等；②研究合金的析出过程，用于低温时效现象的解释；③研究过冷的亚稳态非晶金属的形成及其稳定性；④研究磁学性质（居里温度）的变化；⑤研究金属或合金的氧化及与气体的反应及抗腐蚀性等。在地质方面，DTA 技术主要用来进行：①矿物鉴定；②矿物定量；③矿物类质同象的研究；④确定矿物中水分存在的形式等。下面以二元体系相图的制作和矿物定量为例加以说明。

1. 二元体系相图的制作

图 6.25 是典型的二元体系共晶相图。横坐标为组分，纵坐标为温度，acb 线以上为液相；adc 中为固相 α 与液相平衡区；bce 中为固相 β 与液相平衡区，c 点为最低共熔点，在 c 点有三相（$L+\alpha+\beta$）共存。过去，相图主要是通过冷却曲线来制作的。

用 DTA 的方法绘制相图，比用冷却曲线的方法省时、省力、省样品，而且还能同时测出各个相变热。图 6.26 所示为图 6.25 中处于 Z 组分的试样，先加热到熔点以上几十度，再沿 WZ 线冷却，作降温 DTA 曲线。其中 WX 线是液体试样与参比物同时冷却形成的 DTA 基线，在 X 点固体 β 开始析出，因此要放出熔化热，DTA 曲线上即形成一个开始较陡，后来拖尾的峰，其峰面积的大小决定于 β 组分在混合试样 Z 中的含量。β 组分越多，峰面积越大。从外推起始温度可以求得 X 点对应的温度 T_1。在达到低共熔温度之前，DTA 曲线将再次回到基线。达到低共熔温度后，固体 α 开始结晶析出，同时放出熔化热。在所有固体 α 凝固之前，试样温度保持不变，而此时参比物还以同样的速率降温，DTA 曲线此时将形成一个很陡的放热峰，其峰面积与 α 组分在混合试样 Z 中的含量有关。α 组分越多，第二个峰面积越大。峰顶温度为 T_1。当 α 全部析出形成固体之后，试样进一步冷却，DTA 曲线将重新回到基线 YZ。改变 α 与 β 的配比，用同样的方法可以作另外的

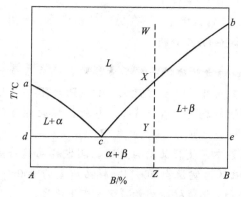

图 6.25　二元体系共晶相图

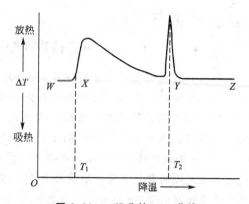

图 6.26　Z 组分的 DTA 曲线

DTA 曲线。当 DTA 曲线只有一个熔解峰时，此时组分即为最低共熔物组成，其对应温度为最低共熔温度，即相图中的 c 点。A 点与 B 点要用纯 α 与 β 分别测共熔点求得，相图即绘制完成。

2. 矿物定量

矿物的定量可分别依据 DTA 曲线的特征峰温和峰面积得到。

DTA 曲线峰温与矿物在试样中的含量有关，通常含量愈低峰温亦低。这一特征尤以脱水、分解更为显著，而结构转变和重结晶温度变化较小。因此，有人提出根据矿物分解吸热峰温，在已知矿物含量与热效应峰温的关系曲线上即可查得矿物在试样中的含量。但是，由于实验条件影响峰温，因而，根据峰温只能对矿物进行半定量。

另一方面，虽然 DTA 曲线峰的面积与反应物质的量成正比，但不同矿物分解吸热效应的峰面积却各不相同，因此，也不能直接以此来求出矿物含量。通常，由矿物吸热峰面积进行矿物定量的方法有两个。

1）与纯矿物样的比较测量法

在相同条件下，分别测定被测样和纯样的 DTA 曲线峰面积，然后按下式计算矿物含量：

$$\frac{W_i}{W_0} = \frac{S_i}{S_0} \qquad (6-10)$$

式中：W_i 为被测试样的矿物量；W_0 为该矿物的纯样量；S_i 为被测试样 DTA 曲线吸热峰面积；S_0 为纯矿物 DTA 曲线吸热峰面积。

2）利用试样中几种主要矿物热效应峰面积之间的比例关系进行矿物定量法

设试样中有 A、B 两种矿物，其吸热峰面积分别为 S_A 和 S_B。两种矿物的单位量吸热峰面积分别为 S_a 和 S_b，试样中 A 矿物的含量为 x，B 矿物的含量为 $1-x$，则

$$\frac{S_A}{S_B} = \frac{S_a \cdot x}{S_b \cdot (1-x)} \qquad (6-11)$$

$S_a/S_b = K$ 为一常数，可用相同量的 A、B 两矿物的混合试样实测求得，故上式可写为

$$x = \frac{S_A}{S_A + K \cdot S_B} \qquad (6-12)$$

对同一试样测定 A、B 两矿物相应的吸热峰面积，即可求得 A、B 矿物的含量。

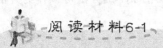 阅读材料6-1

铝箔精轧润滑油的 TG - DTA 分析

铝箔在退火过程中常出现黏结、表面油渍、退火油斑等一些质量缺陷，这些质量问题均与轧制油的热物性能及其与之匹配的退火工艺有关。本文运用 DU - PONT9900 热分析仪，对西南某厂的铝箔精轧润滑油的热解性能进行 TG 和 DTA 分析，据此综合评价轧制润滑的热物性能，科学制定退火工艺。

TG 分析采用程序升温法，即在静态空气气氛中，使样品均匀升温，测定样品随着温度增加而发生的质量变化。测试条件为：实验温区为室温至 500℃，样品质量为 800mg，热天平灵敏度为 0.0001mg，升温速率为 10℃/min，记录样品质量随温度变化曲线。

DTA 分析也是采用程序升温法，在静态空气气氛中，使供试样品均匀升温，升温速率为 10℃/min，样品质量为 11.55mg，自动记录铝箔轧制油与参比物的温差随温度变化曲线。

图 6.27 为铝箔精轧润滑油的 TG 和 DTA 曲线。

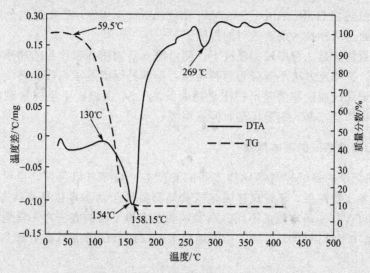

图 6.27　铝箔精轧润滑油的 TG - TDA 曲线

1. 铝箔轧制润滑油的热重分析

从图 6.27 所示的 TG 曲线可知：铝箔精轧润滑油的初始挥发温度仅为 59.5℃，比闭口闪点低 20.5℃，热安定性较低，在轧制生产时有少量的油品蒸发，油蒸气会弥漫在轧机周围，应加强通风和消防措施，以防轧机起火。

随着温度的升高，当温度到达 80℃(闭口闪点)后，精轧润滑油失重急剧增加，到升温至 154℃时，轧制油已基本挥发完全，挥发量(质量分数，下同)为 97.5%。以后，随着温度的增加，铝箔轧制油仅有极少量热解，为 1.2%。铝箔轧制油的总挥发热解量为 98.72%，残余量仅 1.28%，与馏程残余量 1.8mL 基本一致，这表明此轧制油具有良好的热解清净性。

2. 铝箔轧制润滑油的差热分析

从图 6.27 所示的 DTA 曲线分析可知：铝箔轧制油在温度 175℃ 以下，轧制油与参比物的温度差 $\Delta T < 0$，为吸热过程，吸热峰的峰值温度为 158.15℃，这表明在该温度区间，铝箔轧制油的挥发主要是蒸发所致，为物理变化。当温度升高到 175℃ 以上至 406℃时，轧制油与参比物的温度差 $\Delta T > 0$，为放热过程，这时轧制油在高温时发生氧化反应，放出热量，但在 269℃ 处有一小的吸热峰，这是轧制油中少量分子量较大的化合物蒸发或热裂解吸热而形成的。

综合分析 TG - DTA 曲线可以看出，铝箔轧制油在程序线性升温的条件下，轧制油在 145℃ 以下，已基本完全挥发，是受热而蒸发，为物理变化。在 175℃ 以上，少量残余轧制油发生热解反应，为氧化反应。145～175℃ 为过渡区，是从急剧挥发向缓慢热解的过渡，是从吸热过程向放热过程过渡，也是从蒸发到氧化热解的过渡，还是物理反应向化学反应的过渡。这是在制定铝箔退火工艺时一个值得重视的温度段。

　资料来源：周亚军. TG - DTA 热分析在铝箔退火工艺上的应用. 轻合金加工技术，2001，29(8).

6.5　差示扫描量热法

差示扫描量热法(Differential Scanning Calorimetry，DSC)是在差热分析的基础上发展起来的，因而这两种技术没有绝对的界限。

差示扫描量热法是在程序控制温度下，测量输入到物质和参比物的功率差与温度的关系的一种技术。按测定方法不同分为两种类型：功率补偿型差示扫描量热法和热流型差示扫描量热法。记录的曲线称为差示扫描量热曲线或 DSC 曲线。纵坐标是试样与参比物的功率差，也可称作势流率，横坐标是时间或温度。

6.5.1　差示扫描量热法的基本原理

DTA 曲线记录的是试样与参比物之间的温度差，温差可以是正，也可以是负。DSC 则要求试样与参比物温度，不论试样吸热或放热都要处于动态零位平衡状态，即 $\Delta T=0$。这是 DSC 与 DTA 技术最本质的不同。而实现动态零位平衡的方法之一就是功率补偿。

图 6.28 是功率补偿型 DSC 的工作原理示意图。整个仪器由两个交替工作的控制回路组成。

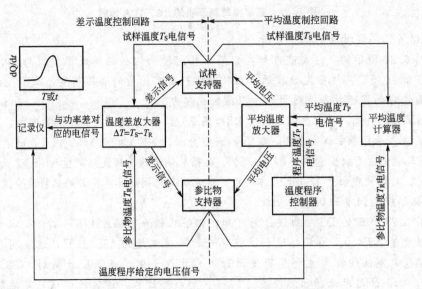

图 6.28　功率补偿型 DSC 的工作原理示意图

平均温度控制回路用于控制样品以预定程序改变温度，它是通过温度程序控制器发出一个与预期的试样温度 T_S 成比例的信号，这一电信号先与平均温度计算器输出的平均温度 T_P' 电信号比较后再由放大器输出一个平均电压。这一电压同时加到设在试样和参比物支持器中的两个独立的加热器上。随着加热电压的改变，消除了 T_S 与 T_P' 的差。于是，试样和参比物均按预定的速率线性升温或降温。同时，温度程序控制器的电信号输入到记录仪中，作为 DSC 曲线的横坐标信号。平均温度计算器输出的电信号的大小取决于反映试样和参比物温度的电信号，它的功能是计算和输出与参比物和试样平均温度相对应的电信号，供与温度程序电信号相比较。试样的电信号由设在支持器里的铂电阻测得。

差示温度控制回路的作用是维持两个样品支持器的温度始终相等。当试样和参比物间的温差电信号经变压器耦合输入前置放大器放大后，再由双管调制电路依据参比物和试样间的温度差改变电流，以调整差示功率增量，保持试样和参比物支持器的温度差为零。与差示功率成正比的电信号同时输入记录仪，得到 DSC 曲线的纵坐标。

平均温度控制回路与差示温度控制回路交替工作，受时基同步控制电路所控制，交替次数一般为 60 次/s。

图 6.29 是德国 NETZSCH 公司生产的 DSC200F3 实物图。

图 6.29 DSC200F3 实物图

6.5.2 影响差示扫描量热曲线的因素

由于 DSC 和 DTA 都是以测量试样焓变为基础的，而且两者在仪器原理和结构上又有许多相同或相似处，因此，影响 DTA 的各种因素同样会以相同或相近规律对 DSC 产生影响。但是，由于 DSC 试样用量少，因而试样内的温度梯度较小且气体的扩散阻力下降。此外，还有热阻影响小的特点，因而某些因素对 DSC 的影响程度与对 DTA 的影响程度不同。

影响 DSC 的因素主要是实验条件、仪器因素及样品因素。在实验条件中，主要是升温速率，它影响 DSC 曲线的峰温 T_p 和峰形。升温速率越大，一般峰温越高、峰面积越大和峰形越尖锐。但是这种影响在很大程度上还与试样种类和受热转变的类型密切相关。升温速率对有些试样相变焓的测定值也有影响。其次是炉内气氛类型和气体性质。气体性质不同、峰的起始温度和峰温甚至过程的焓变都会不同。其他因素对 DSC 的影响参见 6.4.2 节。

6.5.3 差示扫描量热法的应用

与 DTA 相比，DSC 具有准确度高，使用试样少，测温范围宽等特点，能够准确定量的测定热量的变化，因此在各个领域得到了广泛的应用。下面举例说明 DSC 的应用。

1. 焓变的测量

由于 DTA 曲线峰面积与试样吸放热量成正比，与热阻成反比，而热阻又是温度的函数，所以，不能用 DTA 曲线的峰面积来直接定量热量。然而，DSC 曲线峰面积是热量的直接量度，可用来来测量焓变 ΔH。

图 6.30 给出了聚对苯二甲酸乙二脂（PET）的 DSC 曲线。在升温到 81.8℃时，DSC 基

线向吸热方向偏移，即发生玻璃化转变，到87℃时，基线又开始平直。当升温到140℃左右时，基线向放热方向出峰，峰顶为164.3℃，到200℃时峰结束，这个峰是结晶峰，根据量得的峰面积，求出结晶放热时的焓变 ΔH 为 $-32.5J/g$。结晶峰的外延起始温度为149℃。升温到210℃时，基线又向吸热方向出峰，峰顶温度为251.4℃，到265℃时，吸热峰结束，这是熔融峰，从量得的峰面积中，求得熔融吸热时的焓变 ΔH 为 $33.1J/g$。

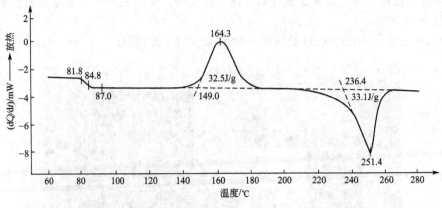

图 6.30　PET 的 DSC 曲线

2. 金属冷加工积蓄能的测定

金属在进行冷加工变形之后，内部都会或多或少的产生一些点阵缺陷，同时还以应变的形式将一部分能量积留下来。升高温度时，这种积蓄能便会释放出来。研究它们的释放方式或释放过程的活化能，就能得到点阵缺陷的性质（如空穴或位错），明确的得知再结晶温度。DSC 可以方便直接地用于上述过程的研究。

图 6.31 给出了纯度为 99.98%，于室温下轧制得到的铜板的升温 DSC 曲线放热峰。从图中可以看出，再结晶过程中积蓄能释放峰发生的温度和峰面积的大小都与冷加工的变形度有关，加工变形量越大，峰面积就越大，相应的峰温便越低。

图 6.32 表示不同纯度的三种铜试样，分别进行扭曲变形（直到断裂为止）后测得的升温 DSC 放热峰。实验结果表明试样的再结晶温度随试样纯度的提高而向低温方向移动。纯度较低的试样，在300℃以前呈现的台阶表示复原过程的能量释放。

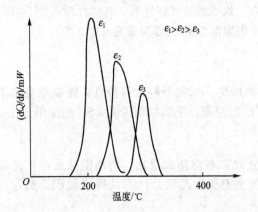
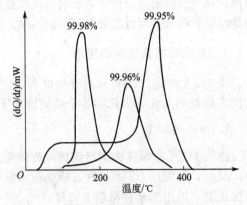

图 6.31　不同压缩变形的铜板在升温时的 DSC 曲线　图 6.32　不同纯度的铜板在升温时的 DSC 曲线

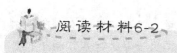

阅读材料6-2

热分析技术发展简史

最早发现的一种热分析现象是热失重,由英国人 Edgwood 在 1786 年研究陶瓷黏土时首先观察到的,他注意到加热陶瓷黏土到达暗红色时有明显的失重,而在其前后的失重都极小。1887 年法国的 Le chatelier 使用了热电偶测量温度的方法对试样进行升温或降温来研究黏土类矿物的热性能,获得了一系列黏土试样的加热和冷却曲线,根据这些曲线去鉴定一些矿物试样。此外,他使用了高纯度物质(如水、硫、金等)作为标准物质来标定温度。为了提高仪器的灵敏度,以便观察黏土在某一特定温度时的吸热或放热现象,采用了分别测试试样温度与参比物温度之差的差示法读得数据,第一次发表了最原始的差热曲线。为此,人们公认他为差热分析技术的创始人。

◆ 1875 年,以优异的成绩毕业于巴黎工业大学,1887 年获博士学位,随即在高等矿业学校取得普通化学教授职位。1907 年兼任法国矿业部长,在第一次世界大战期间出任法国武装部长,1919 年退休。

◆ 他研究过水泥的煅烧和凝固、陶器和玻璃器皿的退火、磨蚀剂的制造以及燃料、玻璃和炸药的发展等问题。发明了热电偶和光学高温计,1877 年提出用热电偶测量高温,光学高温计可顺利测定 3000℃以上的高温。此外,还发明了氧炔焰发生器,迄今还用于金属的切割和焊接。

◆ 1888 年宣布了勒夏特列原理。可使某些工业生产过程的转化率达到或接近理论值,同时也可以避免一些并无实效的方案,其应用非常广泛。

Le Chatelier
(1850—1936)
法国化学家

1899 年,英国人 Roberts Austen 改进了 Le Chatelier 温差测量时的差示法,他把试样与参比物放在同一炉中加热或冷却,并采用两对热电偶反向串联,分别将热电偶插入试样和参比物中的测量方法,提高了仪器的灵敏度和重复性。

◆ 18 岁进入皇家矿业学院,后在造币厂从事金、银和合金成分的研究。

◆ 用量热计法测定银铜合金的凝固点,并首先用"冰点"曲线表示其实验成果。1885 年开始研究钢的强化,同时着手研究少量杂质对金的拉伸强度的影响,并在 1888 年的论文中加以阐述,成为早期用元素周期表解释一系列元素特性的范例。

◆ 采用 Pt/(Pt-Rh) 热电偶高温计测定了高熔点物质的冷却速率,创立共晶理论。他用显微镜照相研究金属的金相形貌。为纪念他,把 γ-铁及其固溶体的金相组织命名为奥氏体(Austenite)。所著的《冶金学研究入门》一书很有影响。1875 年当选为英国皇家学会会员。

Roberts Austen
(1843—1902)
英国冶金学家

另一种重要的热分析方法是热重法。1915 年日本的本多光太郎发明了第一台热天平。由于当时的差热分析仪和热天平是极为粗糙的，重复性差、灵敏度低、分辨力也不高，因而很难推广。所以，在一段很长时间内进展缓慢。第二次世界大战后，由于仪器自动化程度的提高，热分析方法的普及，在20世纪40年代末，美国的Leeds和Northrup公司，开始制作了商品化电子管式的差热分析仪。此后，也出现了商品化的热天平。当然，初期的热分析仪器体积庞大，价格昂贵，所用试样较大。

在1955年以前，人们进行差热分析实验时，都是把热电偶直接插到试样和参比物中测量温度和差热信号的，这样容易使热电偶被试样或试样分解出来的气体所污染而老化。1955年Boersma针对这种方法的缺陷提出了改进办法，即坩埚里面放试样或参比物，而坩埚的底壁与热电偶接触。目前的商品化差热分析仪都采用了这种办法。

1953年Teitelbaum发明了逸气检测法，即对试样在加热时放出的气体进行检测。

1959年Grim发明了逸气分析法，即对试样在加热时放出的气体进行定性和定量的分析。

1962年Gillham发明了扭辫分析法，主要用于测量高分子材料的模量和内耗等参数随温度变化曲线。

1963外Waston和O'Neill等发明了差示扫描量热法。后来，国际热分析协会称它为功率补偿式差示扫描量热法。根据这个方法生产出来的仪器称为功率补偿式差示扫描量热仪。

20世纪70年代末，英国PerkinElmer公司制成商品化的专用于热分析仪器方面的微处理机温度控制器，接着日本理学电机、第二精工舍、岛精、瑞士Mettler、美国Du-Pont、德国Netzsch等公司相继制成了类似的产品。在20世纪80年代初各公司先后又把微型计算机用于热分析方面的数据处理中，并制成商品化的热分析数据台。

从热分析技术的应用来看，19世纪末到20世纪初，差热分析法主要用来研究黏土、矿物以及金属合金方面。到20世纪中期，热分析技术才应用于化学领域中，起初应用于无机物领域，而后才逐渐扩展到络合物、有机化合物和高分子领域中，现在已成为研究高分子结构与性能关系的一个相当重要的工具。在20世纪70年代初，又开辟了对生物大分子和食品工业方面的研究。从20世纪80年代开始应用于胆固醇和前列腺结石的研究以及检测解毒药的毒性和两活性等。

现在，热分析技术已渗透到物理、化学、化工、石油、冶金、地质、建材、纤维、塑料、橡胶、有机、无机、低分子、高分子、食品、地球化学、生物化学等各个领域。所以，有人说热分析技术并不是某一行业或几个行业专用的，几乎所有行业都可以用得上。

资料来源：http://bbs.instrument.com.cn/forum_436.htm.

小　结

热分析是指根据程序控制温度下测量物质的物理性质与温度关系的一类技术。ICTA将其划分为9类17种，其中应用最为广泛的是热重法(TG)和差热分析(DTA)，其次是差示扫描量热法(DSC)。此外，铸造热分析也得到了广泛的应用。

铸造热分析是基于测定金属或合金的冷却曲线来研究凝固过程中所发生的各种相变，其测试装置主要由样杯和二次仪表组成。热分析样杯为一次性消耗元件，由样杯壳、热电偶和保护管组成。目前，铸造热分析已经广泛用于测定合金的主要化学成分、机械性能、铸造性能等。

热重法是测量物质的质量与温度关系的一种技术。它基于热天平原理测量，所得TG曲线的横坐标为温度或时间，纵坐标为质量，主要用于质量变化的定量分析中。差热分析是测量物质和参比物之间的温度差与温度（或时间）关系的一种技术，所得曲线称为DTA曲线，可用于二元相图的制作或矿物定量中等。差示扫描量热法是在差热分析的基础上发展起来的，测量输入到物质和参比物的功率差与温度的关系的一种技术，所得曲线称为DSC曲线。按测定方法不同分为功率补偿型和热流型。

影响TG、DTA和DSC曲线的因素可从仪器因素、实验条件和试样因素三方面分析。仪器因素包括浮力和对流、样品支持器（坩埚）、挥发物冷凝、温度测量、加热方式等；实验条件包括升温速率、气氛、纸速、装填方式等；试样因素包括用量、粒度、试样预处理、参比物等。在上述各因素中，针对不同的热分析方法，其影响程度和影响方式不一样。

【关键术语】

铸造热分析　热重法　差热分析　差示扫描量热法　TG　DTA　DSC

综合习题

一、填空题

1．热分析是测定物质的_____随_____变化的一种技术。

2．铸造热分析装置一般由样杯和二次仪表构成。其中样杯占有极其重要的地位，一般为一次性消耗元件，它由_____、_____和_____等组成，壁厚应保证_____，内腔尺寸应能使试样具有合适的体积，即保证_____。

3．差热分析记录仪上的两支笔画出的分别是_____线和_____线。差热谱图上峰的数目表明_____，峰的位置表明_____，峰的方向表明_____，峰面积的大小表明_____。测试过程中，为了得到较准确的结果，应该采用较少的样品用量和_____的升温速度。

4．影响热分析曲线的因素很多，但可归结为三大类，即_____、_____和_____。

二、选择题

1．差热分析需选择符合一定条件的参比物，对参比物的要求中哪些应该除外？_____。

A．在整个实验温度范围是热稳定的

B．其导热系数与比热容尽可能与试样接近

C．其颗粒度与装填时的松紧度尽量与试样一致

D．使用前不能在实验温度下预灼烧

2. 热分析实验中，当使用双笔记录仪同时记录加热时的升温曲线和差热曲线时，若已知试样在加热过程中既有吸热效应也有放热效应，则差热曲线的基线应调在_____。

A. 记录仪量程范围内的任何位置　　　　B. 记录仪的左端位置

C. 记录仪的中间位置　　　　　　　　　D. 记录仪的右端位置

3. 下面属于常用的热分析法有哪些？_____。

A. TG　　　　　　　　　　　　　　　B. GTA

C. DTA　　　　　　　　　　　　　　D. TAD

E. DSC

三、简答题

1. 差热分析和差示扫描量热法的区别是什么？

2. 试分析亚共晶灰铸铁的冷却曲线。

3. 简述热分析在铸造生产中的应用。

四、名词解释

热分析　热重法　差热分析　差示扫描量热法

第7章

微机检测系统的输入/输出通道

本章知识构架

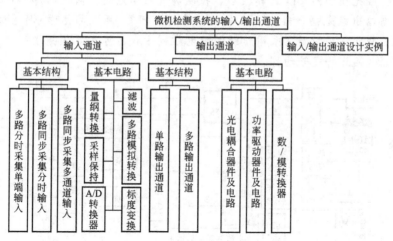

本章教学目标与要求

- 了解微机检测系统输入通道的基本结构，熟悉输入通道的基本电路；
- 掌握五种常用的数字滤波方法，即程序判断滤波法、中值滤波法、算术平均值法、加权平均值法和惯性滤波法；
- 掌握逐次逼近式 A/D 转换器和双积分式 A/D 转换器的原理，熟悉 A/D 转换的主要技术指标；
- 了解微机检测系统输出通道的基本结构，熟悉输出通道的基本电路；
- 熟悉常用的光电耦合器件和功率驱动器件；
- 掌握权电阻解码网络 D/A 转换器和 T 型电阻解码网络 D/A 转换器的原理；
- 了解微机检测系统输入/输出通道的设计实例。

导入案例

目前，在薄板单面焊双面成形、厚板打底焊及精密部件焊接时普遍采用钨极氩弧焊，而钨极氩弧焊对焊接工艺参数的精确性和稳定性要求高，其中熔深控制是自动焊的一个关键技术。因此，有人发展了一种基于红外检测的钨极氩弧焊焊缝熔深微机检测系统。

焊接时，接头各区的温度不同，所发出的辐射量不同。然而，目前常用的非接触式辐射检测方法只能近似规定波长范围内光辐射的总量，所以尚不能判断熔池和热影响区。但由于温度不同的金属所发出的红外线波长也不同，故可通过选取适当的波长范围，滤去所有低于一定温度的辐射能，而仅仅检测熔化和接近熔化金属发出的辐射能。基于此原理，采用对红外光谱段敏感的热释电型红外传感器，与特定的滤光器结合，配合电路上模拟和数字滤波，可以成功地监测焊缝的熔透情况。

据此建立的焊缝熔深红外检测与控制系统框图如图 7.1 所示。焊缝熔深的检测与控制主要由微机实现。由红外监测探头所检测到的信号，经信号处理，整形放大后，由光耦合器输入 8098 单片机的 P0.5 口。霍尔检流器检测的焊接电流信号也经信号处理电路和光耦合器后，输入微机的 P0.4 口，由软件控制令其与给定值比较、判断，决定焊接电流的大小，经光耦合器、D/A 转换后，控制调节驱动电路，实现对焊接电流的调节。微机的另一路输出经光耦合器、D/A 转换，控制晶闸管（闸流晶体管）调速机构，控制转胎的步进。焊接程序控制则采用传统的继电控制方式，可实现预先送气、高频引弧、电流衰减熄弧、延迟停气等动作。

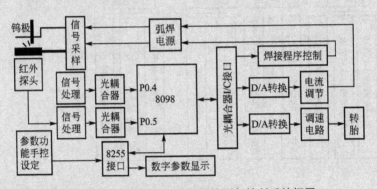

图 7.1　红外检测微机 TIG 焊检测与控制系统框图

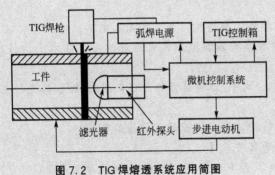

图 7.2　TIG 焊熔透系统应用简图

该系统的典型应用简图如图 7.2 所示。由红外探头检测到的反映熔深状态的电压模拟量 U_o 在预置熔透参数范围以内时，焊接电流不变，工件不动。只有当红外探头检测到的反映熔深状态的电压模拟量 U_o 在预置熔透参数范围以外时，焊接电流停止。熔池有一段冷却时间，进行电流整定。在此期间内工件移动，重新引弧焊接，直到形成一系列连续的搭接焊缝为止。

问题：

(1) 该微机检测与控制系统的输入/输出通道是由哪几部分组成？加入光耦合器的作用是什么？

(2) D/A 转换完成何种功能？该检测系统的 P0.4 和 P0.5 是 A/D 的输入口，它的作用是什么？

➡ 资料来源：洪波，胡煌辉. 红外检测钨极氩弧焊焊缝熔深微机控制系统的研究.
焊接技术，2003, 32(1).

7.1 输 入 通 道

7.1.1 输入通道的基本结构

被测信号通常可分为数字量信号、开关量信号和模拟量信号。对于数字信号，其输入通道结构比较简单，而模拟信号的输入通道相对较为复杂。在微机测试系统中，输入大多是模拟信号。

一个简单的单通道输入电路应包括传感器、信号变换电路、采样保持(S/H)电路和模/数(A/D)转换电路等部分。实际的微机检测系统往往都需要同时测量多个物理量，因此，多通道数据采集系统更为普遍。多通道数据采集系统的典型输入结构有三种。

1. 多路分时采集单端输入通道结构

图 7.3 是多路分时采集单端输入通道的结构框图。

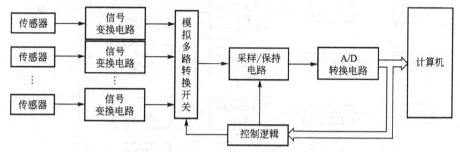

图 7.3 多路分时采集单端输入通道结构框图

多个信号分别由各自的传感器和信号变换电路组成多路通道，经多路转换开关切换，进入共用的采样/保持电路(S/H)和 A/D 转换电路，然后输入到主机部分。它的特点是多路信号共同使用一个 S/H 电路和 A/D 电路，简化了电路结构，降低了成本。它对信号的采集是由多路转换开关分时切换、轮流选通的，因而相邻两路信号在时间上是依次被采集的，不能获得同一时刻的数据，这样就产生了时间偏斜误差。尽管这种时间偏斜是很短的，对于要求多路信号严格同步采集检测的系统来讲，一般不适用，但它对于中速和低速微机检测系统仍是一种应用广泛的结构。

2. 多路同步采集分时输入通道结构

图 7.4 是多路同步采集分时输入通道结构框图。

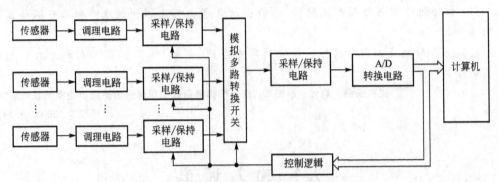

图 7.4　多路同步采集分时输入通道结构框图

多路同步采集分时输入通道结构的特点是在多路转换开关之前，给每个信号通路增加一个 S/H 电路，使多个信号的采样在同一时刻进行，即同步采样，然后由各自的保持器来保持采集的数据，等待多路转换开关分时切换进入共用的 S/H 电路和 A/D 电路，并输入主机，这样就可以消除上述结构的时间偏斜误差。

这种结构既能满足同步采集的要求，又比较简单。它的缺点是在被测信号路数较多的情况下，同步采得的信号在保持器中保持时间会加长，而实际使用中保持器总会有一些泄漏，使信号有所衰减。同时由于各路信号保持时间不同，致使各个保持信号的衰减量不同。因此，严格地说，这种结构还是不能获得真正的同步输入。

3. 多路同步采集多通道输入结构

这是由多个单通道并列构成的输入通道结构，如图 7.5 所示。

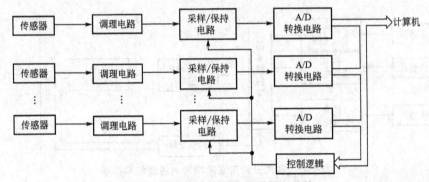

图 7.5　多路同步采集多通道输入结构

显然，它的每个信号从采集到转换，在时间上完全可以瞬时对应，即完全同步。这种结构的缺点是电路比较复杂，元器件数量多，成本高。它一般适用于高速采集多通道检测系统和被测信号严格要求同步采集的检测系统中。

7.1.2　输入通道的基本电路

图 7.6 是典型的模拟量输入通道框图，它主要由量纲转换、滤波、放大和模/数转换

等部分组成。在热加工过程中各种各样的被测参数，如温度、压力、位移、转速等，经检测元件、变送器或转换器变换为电流或电压，再由标度变换器变换成统一的电信号后，经滤波、放大和 A/D 转换后送入主计算机处理。

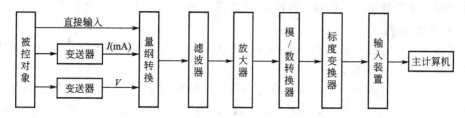

图 7.6　典型模拟量输入通道框图

下面介绍量纲转换、滤波、模/数转换和标度变换的原理和方法。

1. 量纲转换

在热加工过程中的大多数物理量都是非电量，如温度、压力、位移、转速等。这些参数的量纲往往不同，数值大小也不同，转换时常根据信号本身的特点转换为电流或电压或频率。而 A/D 转换器只能接受一种标准的电压信号，因此，有必要把检测的信号变成统一的信号，这种转换称为量纲转换。目前普遍采用的是将被检信号变换为直流电压信号或频率信号。当然，如果现场信号的量纲符合要求时，也可不采用量纲转换。如常用的 f/V 转换器和前面讲述的 I/V 转换器都属于量纲转换器。

2. 滤波

滤波分为模拟滤波和数字滤波两种。模拟滤波电路在前面已经讲述过，在这里重点介绍一下数字滤波。严格上讲，数字滤波不属于微机检测系统输入通道部分，它在通过软件编程而实现的，但它与模拟滤波相比具有诸多优点：①由于数字滤波是用程序实现的，因而不需要增加硬件设备，并且可以多个通道共用一个滤波程序；②由于数字滤波不需要硬件设备，因而可靠性高，稳定性好，各回路之间不存在阻抗匹配等问题；③数字滤波可以对频率很低的信号实现滤波，克服了模拟滤波器的缺陷，而且通过改写滤波程序，可以方便地实现不同滤波方法或改变滤波参数，也可以容易地实现多种滤波方式的组合使用，达到最佳滤波效果。

数字滤波的方法各种各样，可以根据不同的测量工艺参数进行选择或组合，现简要介绍几种常用的数字滤波方法如下。

1) 程序判断滤波法

程序判断滤波的方法是根据生产经验，确定出两次采样输入信号可能出现的最大偏差。若超过此偏差，则表明该输入信号是干扰信号，应该去掉；若小于该偏差值，可将此信号作为本次的有效采样值。

该方法适合被测参量变化幅度不大，采样信号由于随机干扰和误检或者变送器不稳定而引起信号失真的场合。根据滤波方法及应用对象不同，程序判断滤波可分为限幅滤波和限速滤波。

2) 中值滤波法

所谓中值滤波法就是对某一被测参数连续采样 n 次（一般 n 取奇数），然后把 n 个采样值从小到大(或从大到小)排列，取出中间值作为本次的采样有效值。

中值滤波对于去掉脉动性质的干扰比较有效，但对快速变化过程的参数不宜采用。

本滤波方法中，一般来说 n 值不宜过大，否则滤波效果反而不好，并且总的采样控制时间会增长，正常情况下，n 值一般取 $3\sim5$ 即可。

3) 算术平均值法

所谓算术平均值法就是对某一被测参数连续采样几次，然后取该组采样结果的算术平均值作为本次的采样有效值。

算术平均值法适合对压力、流量等一类信号的平滑处理。由于这一类信号的特点是有一个平均值存在，信号在某一数值范围内上下波动，在这种情况下，仅取一个采样值作为有效结果显然是不准确的。算术平均值法对信号的平滑程度取决于采样次数 n。当 n 较大时，平滑度高，但灵敏度低；当 n 较小时，平滑度低，但灵敏度高。因而，实际应用时，应视具体情况合理选取 n 值。对于流量检测，通常选取 $n=10\sim15$；对于压力检测，通常选取 $n=3\sim8$。

4) 加权平均滤波法

加权平均滤波法对每次采样值给出相同的加权系数，即 $1/n$，加权平均滤波法就是通过改变对每次采样值的权重而实现的一种滤波方法。其原理可用下式表示：

$$\overline{Y}=a_0x_0+a_1x_1+\cdots+a_nx_n \tag{7-1}$$

式中：a_0，a_1，$\cdots$，a_n 均为常数，且满足下式：

$$\begin{cases} 0<a_0<a_1<\cdots<a_n \\ a_0+a_1+\cdots+a_n=1 \end{cases} \tag{7-2}$$

常数 a_0，a_1，$\cdots$，a_n 的选取方法多种多样，最常用的是加权系数法，即

$$\begin{cases} a_0=\dfrac{e^{-0\cdot\tau}}{\Delta} \quad a_1=\dfrac{e^{-1\cdot\tau}}{\Delta} \quad \cdots \quad a_n=\dfrac{e^{-n\cdot\tau}}{\Delta} \\ \Delta=1+e^{-\tau}+e^{-2\tau}+\cdots+e^{-n\tau} \end{cases} \tag{7-3}$$

式中：τ 为控制对象的纯滞后时间。

加权平均滤波法适用于纯滞后时间常数较大，采样周期较短的过程，它给不同采样时间得到的采样值以不同的权系数，以便能迅速反应系统当前所受干扰的严重程度。但采用加权平均滤波法需要测试不同过程的纯滞后时间并输入计算机，同时要不断计算各系数，将会导致频繁的调用乘、除、加子程序，增加了计算量，降低了控制速度。

5) 惯性滤波法

惯性滤波法是一种以数字形式实现低通滤波的动态滤波方法。它能很好地克服低通 RC 模拟滤波器中难以实现大时间常数及高精度 RC 网络不宜制作的不足。在 RC 滤波电路中，时间常数越大，R 值要求越大，漏电电流随之增加。

惯性滤波的表达式为

$$\overline{Y}_n=(1-\alpha)x_n+\alpha\overline{Y}_{n-1} \tag{7-4}$$

式中：x_n 为第 n 次采样值；$\overline{Y}_{n-1}$ 为上次滤波结果输出值；$\overline{Y}_n$ 为第 n 次采样后滤波结果输出值；α 为滤波平滑系数 $\alpha=\tau/(\tau+T)$；τ 为滤波环节的时间常数；T 为采样周期。

通常采样周期 T 远小于滤波环节的时间常数 τ，也就是输入信号的频率快，而滤波器的时间常数相对大。惯性滤波适用于波动频繁的工艺参数滤波，它能很好地消除周期性干

扰，但同时也带来了相位滞后。

3. 采样保持电路和多路模拟转换开关电路

模拟转换电路一般由采样保持电路、模拟多路转换开关以及 A/D 转换器等组成。

1) 采样保持电路

采样保持电路是在逻辑控制信号控制下处于采样或保持状态的电路。在采样状态下，它跟踪输入的被测模拟信号变化，转为保持状态时，电路就保持着采样结束时刻的模拟信号电平，直到进入下一次采样状态。目前，采样保持电路一般都采用集成电路芯片。

最基本的采样保持器由模拟开关 S，保持电容 C_H 和缓冲放大器 A 组成，如图 7.7 所示。

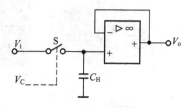

图中 V_c 为模拟开关 S 的控制信号。当 V_c 采样电平时，开关 S 导通，模拟信号向保持电容 C_H 充电，这时缓冲放大器 A 的输出电压 V_o 就跟踪 V_i 变化。当 V_c 转为保持电平时，开关 S 断开，此时输出电压 V_o 保持在开关 S 断开瞬间的输入信号值。通常保持电容不能直接与负载相连接，否则在保持阶段，C_H 上的电荷会通过负载放电，所以必须加一级高输入阻抗的缓冲放大器 A。

图 7.7 采样保持电路原理图

2) 多路模拟转换开关

在数据采集中，往往需要同时对多个传感器的信号进行测量，为此经常使用多路转换开关轮流切换各被测信号，采用分时方式使被测信号与共用的 A/D 转换器接通。这样，由于多路转换开关的作用而使输入通道可以共用 A/D 转换器，使电路结构简化，成本降低。

多路转换开关的种类较多，最简单的是机械式波段开关，如今它仍在一些场合使用。它们的转换时间慢，不便控制，体积也较大。继电器、步进开关、干簧管等都是应用较广的电磁换转开关。它们可以实现自动控制且能承受较高的分断电压，但是开关时间略长，使其应用受到一定限制。

各种集成电路的模拟转换开关把驱动电路与开关集成在一起。最常用的是 CMOS 场效应晶体管开关，其导通电阻 R_{ON} 与信号电平的关系曲线较为平直，如图 7.8 所示。CMOS 多路转换开关的导通电阻 R_{ON} 一般可做到小于 100Ω，此外，它还具有功耗小、速度快等优点。

图 7.9 为 CMOS 集成模拟转换开关示意图。图中 $S_0 \sim S_7$ 为 8 路输入通道，1 路公共输出 OUT，3 条地址线 A_0、A_1、A_2 和 EN 允许选通信号来选择 8 路通道的工作状态。

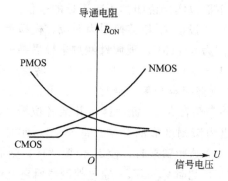

图 7.8 MOS 转换开关导通电阻特性

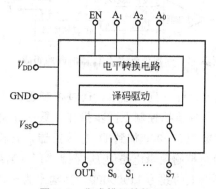

图 7.9 集成模拟转换开关

4. 模/数(A/D)转换器

A/D 转换器是微机检测系统的重要组成部分,常用的 A/D 转换器如图 7.10 所示。A/D 转换器有双积分式、电压反馈比较式(逐次逼近式、计数器式)和并行比较式等多种形式。其中,双积分式 A/D 转换器的转换精度高、抑制噪声能力强,但转换时间长,多应用于容许转换速度较慢而转换精度要求较高的场合;而逐次逼近比较式 A/D 转换器具有稳定性好、转换速度快等优点,常用于要求高分辨率的场合,是最常用的转换方式之一。并行比较式 A/D 转换器的转换速度最快,常用于视频信号等的数字图像处理方面。

| LQFP64 16位 | LFCSP48 24位 | DIP28 8位 | SOIC16 12位 |

| QFP44 12位 | SSOP28 12位 | SO-16 12位 | SSOP20 24位 | DIP28 4.5位 BCD码 |

图 7.10 常见 A/D 转换器

1) 逐次逼近式 A/D 转换器

逐次比较式 A/D 转换器的基本原理在于比较,用一套标准电压和被测电压进行逐次比较,不断逼近,由高位到低位逐位加码比较,若 $V_x > V_o$,则保留这一位,否则去掉这一位,即大者去,小者留,逐次比较,如此进行下去,直至最低位的反馈电压 V_o(基准电压)参与比较为止,最后达到一致。标准电压的大小就表示了被测电压的大小。将这一和被测电压相平衡的标准电压以二进制形式输出,经译码显示器显示出来,就实现了 A/D 转换过程。

逐次逼近式 A/D 转换器的组成见图 7.11。下面以实例说明其逐次逼近的过程。

设该 A/D 转换器为 8 位,模拟量输入范围为 $0\sim10V$。现假设经过采样后某一时刻的电压幅值 $x(kT_s) = V_x = 6.6V$,转换过程如下。

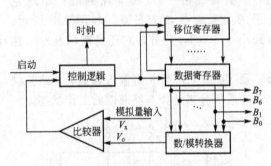

图 7.11 逐次逼近式 A/D 转换器的组成

当启动脉冲到来之后,通过控制逻辑使移位寄存器清零,给时钟脉冲开门,于是开始在时钟脉冲节拍控制下同步操作。第一个脉冲使最高位 B_7 置"1",其余各位清"0"。该二进制数 10000000 加到 D/A 转换器,其输出为满刻度值的一半,即 $+5V$,此时,$V_x > V_o$,通过控制逻辑电路使 B_7 保持"1"。当第二个脉冲到来时,使 B_6 位置"1",则加在 D/A 转换器上的数为 11000000,其输出为 $+7.5V$,此时 $V_x < V_o$,通过控制逻辑电路使 B_6 复位到"0",数字量输出线上的数字量又回到 10000000。同理,第三个脉冲使 B_5 置"1",

对应 10100000，$V_o = +6.25\text{V}$，此时 $V_x > V_o$，B_5 保持 "1"，数字输出 10100000。

继续下去，直到第八个时钟脉冲使 B_0 置 "1"，$V_o = +6.582\text{V}$，此时 $V_x > V_o$，B_0 保持 "1"，数字输出 10101001，第九个脉冲使移位寄存器溢出，表示转换结束。

逐次逼近式 A/D 转换器每完成一个幅值量化编码过程需要 $n+1$ 脉冲周期。

2）双积分式 A/D 转换器

双积分式 A/D 转换器又称双斜率 A/D 转换器。它的基本原理是将一段时间内的输入模拟电量（电压）通过两次积分，变换成与其平均值成正比的时间间隔，然后由脉冲发生器和计数器来测量此时间间隔内的脉冲数而得到数字量。

图 7.12 是双积分式 A/D 转换器工作原理图。积分器的输入电压有两个：一个为反映被测参数的未知被测电压 V_x，另一个为已知的标准电压 V_R。积分器由电子开关控制轮流与 V_x 和 V_R 接通。

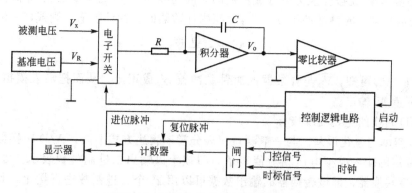

图 7.12 双积分式 A/D 转换器原理图

首先，由控制逻辑电路发生控制脉冲，把输入电压 V_x 接到积分器的输入端，对 V_x 进行定时积分。图 7.13 是积分器输出电压波形图，其积分过程是：从 t_1 开始，切换开关首先接通被测电压 V_x，积分器从原始状态（0V）开始对被测电压定时积分，积分时间限定为 T_1（计数器计到满量程），积分区间为 $t_1 \sim t_2$。此区间内积分器的输出电压 V_o 可表示为

$$V_o = -\frac{1}{RC}\int_{t_1}^{t_2} V_x \mathrm{d}t \qquad (7-5)$$

实际上被测电压 V_x 在 T_1 积分时间内可能是变化的，可用它在 T_1 时间内的平均值 $\overline{V}_x$ 代替实际的输入电压 V_x，则有

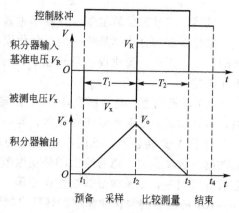

图 7.13 双积分式 A/D 转换器电压波形图

$$\overline{V}_x = \frac{1}{T_1}\int_{t_1}^{t_2} V_x \mathrm{d}t \qquad (7-6)$$

从而

$$V_o = -\frac{T_1}{RC}\overline{V}_x \qquad (7-7)$$

从时间 t_2 的瞬时开始，换开关自动接通电压 V_R，由于输入极性反向，积分器反向积分，输出电压从 V_o 开始随时间线性下降，直至 V_o 等于零，检零比较器动作。若从 V_o 下降到使比较器动作的零电平这段时间为 T_2，计数器所计的数就是电压 V_o 的数字量，可表示被测电压 V_x 在 T_1 时间内的平均值 $\overline{V}_x$ 的数字量。在这段时间内，积分器的输出电压 V_o 可表示为

$$V_o = \frac{1}{RC}\int_{t_2}^{t_3} V_R \mathrm{d}t = \frac{T_2}{RC} V_R \qquad (7-8)$$

由式(7-7)和式(7-8)可得

$$T_2 = -\frac{T_1}{V_R}\overline{V}_x \qquad (7-9)$$

由此可知，在 T_1、V_R 一定的情况下，时间间隔 T_2 与被测电压 V_x 的平均值成正比例。这样，被测电压 V_x 就被变换为与其成比例的时间间隔 T_2，从而完成电压-时间的转换。用 N_1 和 N_2 表示在同一时钟脉冲下 T_1、T_2 时间内计数器的脉冲计数值，则式(7-9)变为

$$N_2 = -\frac{N_1}{V_R}\overline{V}_x \qquad (7-10)$$

由式(7-10)可知，$\overline{V}_x$ 与计数器的时钟脉冲数 N_2 成正比。从而把输入模拟电量 V_x 转换成为数字量 N_2 输出。

3）A/D转换的主要技术指标

(1) 分辨率与量化误差。与一般测量仪表分辨率表达方式不同，A/D转换器的分辨率不采用可分辨的输入模拟电压相对值表示，习惯上以输出二进制位数表示。如 ADC0809 为 8 位 A/D 转换器，即该转换器的输出数据可以用 2^8 个二进制数进行量化，其分辨率为 1LSB。当用百分数来表示分辨率时，其分辨率为

$$\frac{1}{2^n}\times100\% = \frac{1}{2^8}\times100\% = 0.39\% \qquad (7-11)$$

显然，二进制位数越多，分辨率越高。

量化误差和分辨率是统一的，量化误差是由于有限数字对模拟数值进行离散取值而引起的误差。因此，量化误差理论上为一个单位分辨率，即 $\pm1/2$LSB。提高分辨率可减少量化误差。

(2) 转换精度。转换精度是指 A/D 转换器实际输出的数字量与理想的数字量之间的差值，可表示成绝对误差或相对误差，与一般测试仪表的定义相似。

对于 A/D 转换器，不同厂家给出的精度参数可能不完全相同，有的给出综合误差，有的给出分项误差。通常给出的分项误差包括非线性误差、失调误差或零点误差、增益误差或标度误差，以及微分非线性误差等。

(3) 转换时间与转换速率。转换时间是指 A/D 转换器完成一次转换所需要的时间，即从接到转换控制信号开始到输出端得到稳定的数字输出信号所经过的时间。通常，转换速率是转换时间的倒数。

集成 A/D 转换器按转换速率分类：转换时间在 $20\sim300\mu s$ 之间的为中速型；大于 $300\mu s$ 的为低速型；小于 $20\mu s$ 的为高速型。

5. 标度变换

生产过程中的各个参数都由不同的量纲和数值，但经 A/D 转换后得到的是一系列数

码，这些数码的值并不等于原来带有量纲的参数值，如工业过程测量用的数字显示仪表的输出，往往要求用被测参数(如温度、压力、流量、物位等)的形式显示，这就存在一个量纲还原问题，通常称之为"标度变换"。

图 7.14 为一般微机检测系统或仪表标度变换的原理框图，其输出的数字量 y 与输入的模拟量 x 之间的关系可表示为

$$y = x \cdot S_1 \cdot S_2 \cdot S_3 = x \cdot S \qquad (7-12)$$

式中：S 为数字式仪表的总灵敏度或称标度变换系数；S_1、S_2、S_3 分别为模拟部分、A/D 转换部分、数字部分的转换系数。

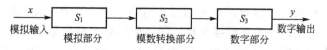

图 7.14　标度变换原理框图

显然，可通过改变 S 来实现标度变换，使所显示的数字量与被测量具有相同的计量单位。通常，A/D 转换器的转换系数 S_2 是确定的，要想改变仪表的标度变换系数 S，可以通过改变模拟部分的转换系数 S_1(如传感器的灵敏度或放大器的放大倍数等)；或通过改变数字部分的转换系数 S_3 来实现。前者称为模拟量的标度变换，后者称为数字量的标度变换。对于数字量的标度变换有以下两种情况。

1) 线性参数标度变换

对于一般的线性检测系统，其标度变换的公式为

$$A_x = A_0 + (A_M - A_0) \frac{N_x - N_0}{M - N_0} \qquad (7-13)$$

式中：A_0 为参数量程起点值；A_M 为参数量程终点值；A_x 为参数测量值；N_0 为量程起点对应的模/数转换值；M 为量程终点对应的模/数转换值；N_x 为测量值对应的模/数转换值。

A_0、A_M、N_0 和 M 对于特定的被测参数来说，它们是常数，不同的参数有不同的数值。

2) 非线性参数标度变换

有时计算机采集到的现场信号与该信号所代表的物理量不一定呈线性关系，则其标度变换应根据具体问题首先求出它所对应的标度变换公式，然后再进行处理。

如，在流量检测中，从差压变送器来的信号 ΔP 与实际流量 q 成平方根关系，即

$$q = K \sqrt{\Delta P} \qquad (7-14)$$

式中：K 为刻度系数，与流体的性质及节流装置的尺寸有关。

根据上式，测量流量时的标度变换公式如下：

$$q_x = \frac{\sqrt{N_x} - \sqrt{N_0}}{\sqrt{N_m} - \sqrt{N_0}} (q_m - q_0) + q_0 \qquad (7-15)$$

式中：q_x 为被测量的流量值；q_m 为流量仪表的上限值；q_0 为流量仪表的下限值；N_x 为差压变送器所测得的差压值(数字量)；N_m 为差压变送器上限所对应的数字量；N_0 为差压变送器下限所对应的数字量。

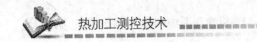
7.2 输 出 通 道

7.2.1 输出通道的基本结构

输出通道一般可分为单路输出通道和多路输出通道。

1. 单路输出通道

微机检测系统常见的普通单路输出通道形式有三种：①在 CRT 显示器屏幕上显示测试结果，通过串行通信接口实现数据传输；②在数码管上显示数字，经过数据寄存器和译码器等数字电路实现数据输出和变换；③由打印机或绘图仪打印数据或绘制数据曲线和图形。

除上述这些普通形式外，在微机检测系统中，通常模拟信号输出通道将主计算机处理结果馈送到控制部件或指示仪表及记录仪器，这一类输出通道比上述普通形式的输出结构稍微复杂些。一般单通道的输出结构应包括数据缓冲寄存器、D/A 转换器、信号变换(放大)电路等几部分，如图 7.15 所示。

图 7.15　单通道输出结构

2. 多路输出通道

多路输出通道结构都是在单路输出通道结构的基础上变换而成的，主要有以下三种。

1) 多路分时输出通道结构

图 7.16 所示为多路分时输出通道结构，它的特点是每个输出通道配置数据寄存器、D/A 转换器和信号变换电路，犹如多个单通道输出电路并列，主计算机控制数据总线分时选通各输出通道，将输出数据传送到各自通道的寄存器中。这个过程是分时进行的，因此，各路信号在其输出通道的传输过程中不是同步的。这对于要求多参量同步控制执行的

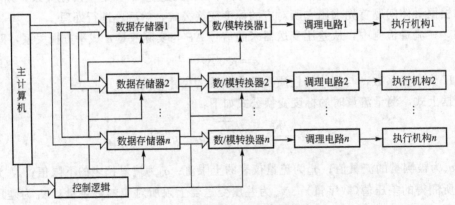

图 7.16　多路分时输出通道结构

系统就会产生时间偏斜误差。

2）多路同步转换输出通道结构

多路同步转换输出通道结构如图7.17所示。

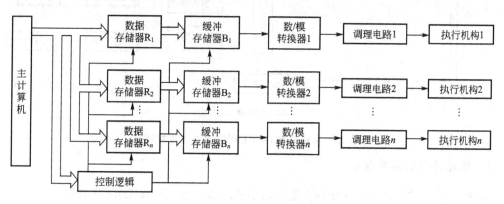

图7.17 多路同步转换输出通道结构

它与多路分时输出通道结构的差异仅在于多路输出通道中D/A转换器的操作是同步进行的，因此，各信号可以同时到达记录仪器或执行部件。为了实现这个功能，在各路数据寄存器与D/A转换器之间增设了一个缓冲寄存器B_i。这样，前一个数据寄存器R_i与数据总线分时选通接收主机的输出数据，然后在同一命令控制下将数据由R_i传送到B_i，并同时进行D/A转换输出模拟量。显然，各通道输出的模拟信号不存在时间偏斜。主机分时送出的各信号之间的时间差由第二个数据寄存器的缓冲作用所消除。

3）多路共用D/A分时输出通道结构

多路共用D/A分时输出通道结构如图7.18所示，它的特点是各路信号共用一套数据寄存器和D/A转换器。显然，各信号是分时通过的，它们转换成模拟量后可采用两种传输方案，图7.18(a)所示为将各模拟信号由各自的采样/保持电路接收，经调理电路驱动记录显示装置或执行部件。图7.18(b)则采用多路转换开关控制共用D/A转换器与各路跟随保持放大器的连接。

多路共用D/A分时输出结构的优点是结构简单，成本低，但由于各通道信号之间的分时间隔明显增加，时间偏斜误差加大，因此，对于高准确度的测控系统应谨慎使用。

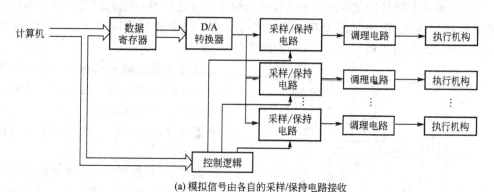

(a) 模拟信号由各自的采样/保持电路接收

图7.18 多路共用D/A分时输出通道结构

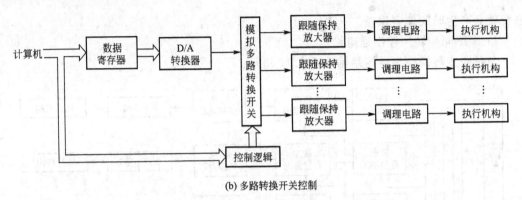

(b) 多路转换开关控制

图 7.18　多路共用 D/A 分时输出通道结构(续)

7.2.2　输出通道的基本电路

输出通道中常用的器件有光耦合器、功率驱动器和数/模(A/D)转换器等。

1. 光耦合器件及电路

光耦合器是把发光器件和光敏器件组装在一起，通过光实现耦合，构成电/光/电的转换器件。光耦合器件的用途很多，如实现信号的可靠隔离，进行信号隔离驱动及远距离传送等，故在检测系统的输出通道中经常使用。常见的光耦合器有晶体管输出型和晶闸管输出型两种。

1) 晶体管输出型光耦合器

晶体管输出型光耦合器的受光器是光敏三极管。光敏三极管跟普通三极管基本一样，所不同的是以光作为三极管的基极输入信号。当光耦合器的发光二极管发光时，光敏三极管受光的影响在 cb 间和 ce 间会有电流流过，这两个电流基本上受光的照度控制，常用 ce 极间的电流作为输出电流，输出电流受 V_{ce} 的电压影响很小，当 V_{ce} 增加时，输出电流稍有增加。光敏三极管的集电极电流 I_c 与发光二极管的电流 I_F 之比称为光耦合器的电流传输比。不同结构的光耦合器的电流传输比相差很大，如输出端是单个晶体管的光耦合器 4N25 的电流传输比不小于 20%，输出端使用达林顿管的光耦合器 4N33 的电流传输比不小于 500%。电流传输比受发光二极管的工作电流大小影响。当电流为 $10\sim20\text{mA}$ 时，电流传输比最大；当电流小于 10mA 或大于 20mA 时，传输比都下降。因此，在使用时要留一些余量。

光耦合器在传输脉冲信号时，输入信号和输出信号之间有一定的延迟时间，不同结构的光耦合器的输入/输出延迟时间相差很大。4N25 的导通延迟是 $2.8\mu s$，关断延迟是 $4.5\mu s$；4N33 的导通延迟是 $0.6\mu s$，关断延迟是 $45\mu s$。

晶体管输出型光耦合器可作为开关使用。当无电流通过时，发光二极管和光敏三极管都处于关断状态。在发光二极管通入电流脉冲时，光敏三极管在电流持续的时间内导通。

图 7.19 是使用 4N25 的光耦合器的接口电路图。4N25 起到耦合脉冲信号和隔离单片机 8031 系统输出部分的作用，使两部

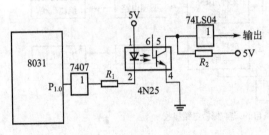

图 7.19　4N25 接口电路

分的电源相互独立。4N25输出端的地线接机壳或接大地，而8031的电源地线与机壳隔离。这样有效消除地线干扰，提高系统的可靠性。

接口电路中使用同相驱动器7407作为光耦合器4N25输入端的驱动。光耦合器输入端的电流一般为10~15mA，发光二极管的管压降约为1.2~1.5V。限流电阻R由下式计算：

$$R = \frac{V_{cc} - (V_F + V_{cs})}{I_F} \tag{7-16}$$

式中：V_{cc}为电源电压；V_F为输入端发光二极管的压降，取1.5V；V_{cs}为驱动器的压降；I_F为发光二极管的工作电流。

当8031的$P_{1.0}$端输出高电平时，输入4N25发光二极管的电流为0，光敏三极管处于截止状态，74LS04的输入端为高电平，其输出为低电平。当8031的$P_{1.0}$端输出低电平时，7407输出端为低电平，4N25的输入电流为15mA，光敏三极管饱和导通，74LS04输出高电平。4N25的6脚是光敏三极管的基极，在一般使用中可以悬空。

2）晶闸管输出型光耦合器

晶闸管输出型光耦合器的输出端是光敏晶闸管或光敏双向晶闸管。当光耦合器的输入端有一定的电流流入时，晶闸管即导通。有的光耦合器的输出端还配有过零检测电路，用于控制晶闸管过零触发，以减少负载在接通电源时对电网的影响。

4N40是常用的单相晶闸管输出型光耦合器。当输入端有15~30mA电流时，输出端的晶闸管导通。输出端的额定电压为400V，额定电流有效值为300mA。输入/输出端隔离电压为1500~7500V。4N40的6脚是输出晶闸管的控制端，不使用此端时，可对阴极接一个电阻。

MOC3041是常用的双向晶闸管输出的光耦合器，带过零触发电路，输入端的控制电流为15mA，输出端额定电压为400V，最大重复浪涌电流为1A，输入/输出端隔离电压为7500V。MOC3041的5脚是器件的衬底引出端，使用时不需要接线。图7.20所示为4N40和MOC3041的接口驱动电路。

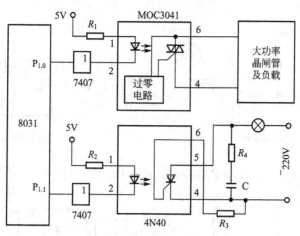

图7.20 4N40及MOC3041接口电路

2. 功率驱动器件及电路

在热加工过程中，被控对象往往是功率较大的机电元件或设备，而控制系统开关量是通过单片机的 I/O 口或扩展 I/O 口输出的，这些 I/O 口的驱动能力有限。如标准的 TTL 门电路在低电平时吸收电流的能力约为 16mA，常常不足以驱动一些功率开关（如继电器、电机、电磁开关等）。因此，在控制和应用中要用到各种功率器件组成功率接口，对上述器件进行驱动。

（1）功率晶体管。它的基本原理和一般的晶体管是一样的，但其功率比一般晶体管要大得多。当晶体管用做开关器件时，其集电极与发射极之间的压降仅为 0.3V 左右，故输出电流基本上取决于负载的阻抗。如果用低增益晶体管来获得大电流输出时，前级电路仍需提供一定大小的驱动电流，在该驱动电路中采用 TTL 集电极开路门来提供。

（2）达林顿晶体管。达林顿晶体管主要是采用多级放大来提高晶体管增益，以避免加大输入驱动电流。它实际上使用两个晶体管构成达林顿晶体管。这种结构形式具有高输入阻抗和极高的增益。

（3）闸流晶体管（简称晶闸管）。晶闸管的功率放大倍数很高，可以用微小的信号（几十到一二百毫安的电流，几伏的电压）对大功率（电流为几百安、电压为数千伏）的电源进行控制和变换，是较为理想的大功率开关器件。但是，晶闸管导通后，即使去掉控制极信号，电流也不会截止，只有在通过晶闸管的电流小于维持电流，或在其阳极与阴极间加上反向电压时，才能关断。因此，晶闸管在交流功率开关电路中得到了广泛应用。

（4）机械继电器。在数字逻辑电路中最常使用的机械继电器是簧式继电器。它由两个磁性簧片组成，受磁场作用时，两个簧片相接触而导通。这种簧式继电器控制电流要求很小，而簧式触点可开关较大的电流。

（5）功率场效应晶体管（MOSFET）。用功率场效应管构成的功率开关驱动器件可在高频条件下工作，输入电流小，并能可靠截止，兼有晶体管开关和晶闸管的全部优点。

由于场效应管是电荷控制器件，只在开关的过程中才需要电流，而且只要求微安级的输入电流，控制的输出电流可以很大。

在输出通道中，上述功率器件接成的接口电路如图 7.21 所示。

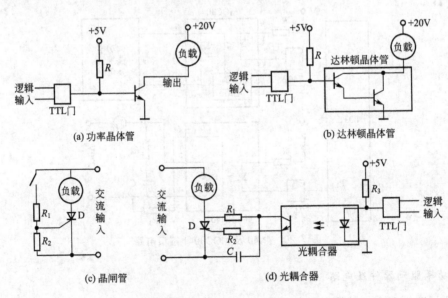

图 7.21　功率驱动器件及接口电路

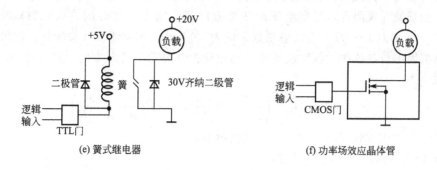

图 7.21 功率驱动器件及接口电路(续)

3. 数/模(D/A)转换器

D/A 转换器是将数字量转换成与其数字量成正比的模拟量,常见的 D/A 转换器如图 7.22 所示。D/A 转换器的核心电路是解码网络,其主要形式有两种:一种是权电阻解码网络;另一种是 T 型电阻网络。

图 7.22 常见的数/模转换器

1) 权电阻解码网络 D/A 转换器原理

权电阻解码网络 D/A 转换原理如下:根据 1 个二进制数的每一位产生 1 个与二进制数的权成正比的电压,将这些电压叠加起来就是该二进制数所对应的模拟电压信号。

图 7.23 所示为 1 个输入 4 位二进制数的 D/A 转换电路,V_R 是基准电压,d0~d3 是 4 位二进制数,控制 4 位切换开关,开关分别接 4 个加权电阻,权电阻阻值分别按 8∶4∶2∶1 比值分配。权电阻解码网络的输出接至运算放大器的反相输入端,R_f 是负反馈电阻。运算放大器用以放大模拟电压信号。

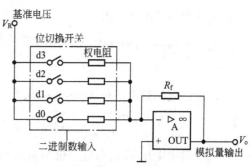

图 7.23 权电阻解码网络 D/A 转换电路

转换过程如下：位切换开关受被转换的二进制数 d0～d3 控制。当二进制数某位为"1"时，位切换开关闭合，基准电压加在相应的权电阻上，此时运算放大器输出电压为 $V_\text{o}=-(R_\text{f} \cdot V_\text{R})/(2^n \cdot R)$；当二进制数某位为"0"时，该位切换开关断开，输出 $V_\text{o}=0$。显然，模拟输出与各位的"权"成正比，当位切换开关同时输入 4 位二进制数 d0～d3 时，其模拟输出为

$$V_\text{o}=-V_\text{R} \cdot R_\text{f} \cdot \left(\frac{\text{d3}}{2^0 \cdot R}+\frac{\text{d2}}{2^1 \cdot R}+\frac{\text{d1}}{2^2 \cdot R}+\frac{\text{d0}}{2^3 \cdot R}\right) \tag{7-17}$$

当二进制数位数较多时，此方法精度受影响。

2）T 型电阻网络 D/A 转换器原理

T 型电阻网络如图 7.24 所示。T 型电阻网络的特点是电阻接成"T 型"，电阻网络由相同的环节组成，每一环节仅有两个电阻 R 和 $2R$，电阻网络的节数与二进制数的位数相同，每一节的等效电阻皆为 R。T 型电阻网络等效电路见图 7.25。

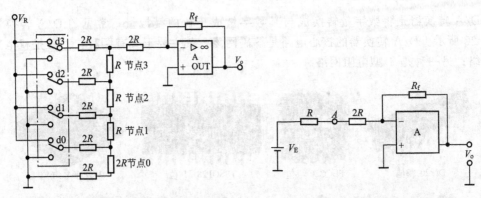

图 7.24　T 型电阻网络 D/A 转换电路　　　图 7.25　T 型电阻网络等效电路

如图 7.25 所示，V_E 为等效电源电压，R 为 T 型网络等效电阻。设电阻网络与运算放大器输入端从 A 点断开，开路电压为 V_A。根据等效电压定理，各节点开路电压从上到下依次递减 1/2。图 7.24 所示电路中的第 0～3 号节点电压依次为：$(V_\text{R} \cdot \text{d0})/2^4$、$(V_\text{R} \cdot \text{d1})/2^3$、$(V_\text{R} \cdot \text{d2})/2^2$、$(V_\text{R} \cdot \text{d3})/2^1$。应用叠加原理，$A$ 点开路电压等于各节点开路电压之和，即：

$$V_A=\frac{V_\text{R}}{2^4}(\text{d3} \cdot 2^3+\text{d2} \cdot 2^2+\text{d1} \cdot 2^1+\text{d0} \cdot 2^0) \tag{7-18}$$

运算放大器输出电压为

$$V_\text{o}=-\frac{R_\text{f}}{3R} \cdot V_\text{E}=-\frac{R_\text{f}}{3R} \cdot V_A=-\frac{R_\text{f} \cdot V_\text{R}}{3R \cdot 2^4}(\text{d3} \cdot 2^3+\text{d2} \cdot 2^2+\text{d1} \cdot 2^1+\text{d0} \cdot 2^0) \tag{7-19}$$

如，设二进制数为 4 位 d3～d0＝1001，$R_\text{f}=3R$，利用上式，则模拟输出电压为

$$V_\text{o}=-\frac{3R \cdot V_\text{R}}{3R \cdot 2^4}(1×2^3+0×2^2+0×2^1+1×2^0)=-\frac{9}{16}V_\text{R} \tag{7-20}$$

可见，模拟电压 V_o 的数值不仅与输入的二进制数有关，还与反馈电阻 R_f 及标准电压 V_R 有关。

7.3   微机检测系统输入/输出通道设计实例

7.3.1   设计要求

设计热加工过程中某一熔炼设备的检测系统，要求对温度、压力和流量3个参数进行监视，具体性能指标如下：

(1) 温度用热电偶传感器监测，变换范围为0～1300℃，灵敏度为38μV/℃，共有8个监测点，允许误差为±2℃；

(2) 压力传感器输出电压范围为0～10V，共有4个监测点，允许误差为±2%；

(3) 流量传感器输出电压范围为0～5V，共有4个监测点，允许误差为±5%；

(4) 各参数的监测点每秒测量一次数据；

(5) 要求每隔半小时输出一份测量数据报表；

(6) 各参数具有超限报警监示功能；

(7) 本设备工作环境温度为10～30℃(室温)。

7.3.2   主计算机的选择

主计算机是一个微机检测系统的核心，所以在设计输入/输出通道前，简单介绍一下主计算机的选择。主计算机一般可按字长、运算速度和内存容量3个重要性能指标来选择。

本例中，字长可根据被测参数变换范围来估计是否满足测量准确度要求。在温度、压力和流量3个参数中，温度变化范围为0～1300℃，允许误差±2℃。如果用8位字长且以定点数表示温度值时，则1LSB=5.08℃，显然它不能满足要求。因此，可采用双字节定点数或浮点运算或采用16位字长的主机。

运算速度多数场合使用计算机的主振频率来衡量。本实例中采样频率要求较低，$f_s=1\mu s$，共有16个数据需要采集，巡回采集一遍，每个数据采集间隔时间为62.5ms，这样慢的采集速度，一般的8位机均能满足要求。

存储器容量通常按程序长度和数据量大小衡量，本例中数据处理并不复杂，因此程序长度占据内存很少，而数据占据内存的主要部分。按给定要求，每秒采集16个数据，30min的数据量为$16\times1800=28800$，若一个数据占一个字节，则需要29KB；若一个数据占一个字，则需58KB。若再考虑程序存放区、中间数据单元等，则至少应有64KB内存。

7.3.3   输入通道的设计

输入通道的一般结构类型已讨论过。本例采样频率较低，通道数较多，其输入通道的结构原理图如图7.26所示。

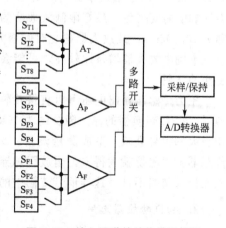

图7.26   输入通道的结构原理框图

1. 传感器选用

传感器是影响系统性能的重要因素之一。本例中已给定温度传感器的灵敏度。由此可知，它的电压输出范围为 $0 \sim 50 \mathrm{mV}(38 \mu \mathrm{V} / ℃ \times 1300 ℃ = 49.4 \mathrm{mV} \approx 50 \mathrm{mV})$；压力传感器输出电压为 $0 \sim 10 \mathrm{V}$；流量传感器输出电压为 $0 \sim 5 \mathrm{V}$。

三种电压信号变化范围相差较大，必须经过信号调理电路才能进入共用的 A/D 转换器。

2. 信号调理器选用

如果采用 $0 \sim 10 \mathrm{V}$ 工作范围的单极性 A/D 转换器，三种信号需要增益不同的放大器进行调理。

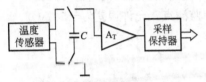

图 7.27　浮动电容差动输入结构

温度传感器输出电压信号为 $0 \sim 50 \mathrm{mV}$，必须配置增益为 200 的测量放大器，八个监测点可以共用一个固定增益的测量放大器。为防止共模信号的干扰引入测量误差，可采用"浮动电容"多路转换差动输入结构，如图 7.27 所示，以实现信号源与放大器的完全隔离。

放大器的动态性能是设计中应该予以重视的重要参数。本例中给定信号测量允许误差为 2℃，其相对误差为 0.15%。如果要求放大器的准确度达到 0.1%，则应考虑它的输出电压所需的建立时间是否被采样周期所允许。若采样周期不允许放大器占用所需的建立时间，那么放大器的输出电压就不能保证 0.1% 的准确度。因此，必须进行放大器动态性能的核算。

单级放大器的输出值到达到稳定状态所需要的建立时间与准确度有关。若允许误差为 0.1%，则建立时间约是 9 倍时间常数 τ，其中 τ 可按下式计算：

$$\tau = \frac{t_{\mathrm{r}}}{2.2} = \frac{0.35}{2.2 f_{\mathrm{w}}} \tag{7-21}$$

式中：t_{r} 为放大器上升时间 (s)；f_{w} 为放大器频带宽度 (Hz)。

如设放大器带宽 $f_{\mathrm{w}} = 5 \mathrm{kHz}$，代入上式得 $\tau = 32 \mu \mathrm{s}$，则放大器建立时间 $t = 9\tau = 0.288 \mathrm{ms}$，这对于通道采样的时间间隔 62.5 ms 来说是一个很小的时间量。但是从抑制噪声影响的角度来看，最好限制放大器的频带宽度，若将放大器的带宽压缩到 $f_{\mathrm{w}} = 200 \mathrm{Hz}$，则 $\tau = 0.795 \mathrm{ms}$，故放大器建立时间增大到 $t = 7.16 \mathrm{ms}$，这是一个不容忽视的时间量。

本例中放大器增益比较高，可能会使温度漂移引起的误差增大，但同时也起到了阻抗变换的作用。

压力传感器输出电压可以直接传输到 A/D 转换器。但考虑到阻抗变换，往往要加跟随器。A/D 转换器的输入阻抗约为 $10 \mathrm{k\Omega}$ 左右。如果传感器输出阻抗为 $\mathrm{k\Omega}$ 级，即可引起相当大的信号衰减，造成测量误差。集成运算放大器的输入阻抗为 $10^6 \sim 10^7 \mathrm{k\Omega}$，相对于传感器输出阻抗就大得多。运放跟随器的输出阻抗约为 0.1Ω 左右，相对 A/D 转换器的输入阻抗可忽略不计，这样信号传输中的衰减就可以忽略。

3. A/D 转换器选用

温度、压力和流量三个参数的测量准确度，以温度测量的准确度要求最高，所以应根据它来确定 A/D 转换器的位数。若分配到 A/D 转换器的允许相对误差为 0.1%，把它作为转换量化误差，则 AD 的转换位数 n 应满足 $1/2^n \leqslant 0.1\%$，由此得 $n \geqslant 10$。若取 $n=10$，则 $1LSB=1/2^n \approx 0.098\%$。满量程工作电压定为 10V，可用单极性工作方式。

若转换速率要求并不高，则可采用逐次逼近式或双积分式 A/D 转换器。一个 10 位逐次逼近 A/D 转换器的转换时间在 $100\mu s$ 以内，一个 10 位双积分式 A/D 转换器的转换时间在 10ms 左右。

4. 采样/保持(S/H)电路的设计

从原理上讲，S/H 电路是必要的。但在实际工程中，有时可以用一个电容器代替 S/H 电路的功能，但只有在被测信号变化缓慢的场合才允许这样配置。怎样确定是否设置 S/H 电路，工程上通常按下式来判别：

$$\mu T_{AD} < \frac{U_m}{2^n} \tag{7-22}$$

式中：μ 为被测模拟信号最大变化速率；T_{AD} 为 A/D 转换器的转换时间；U_m 为 A/D 转换器的最大工作电压；n 为 A/D 转化器的数字量位数。

若此关系式成立，则可不设专门的 S/H 电路，只在 A/D 转换器的输入端并联一个电容器即可。若此关系式不成立，则必须设置 S/H 电路或单个芯片或含在 A/D 芯片内。

将 A/D 转换器的选定参数代入式(7-22)，可以判断是否需要设置 S/H 电路，即已知 $T_{AD}=10ms$，$U_m=10V$，$n=10$，$f_s=1\mu s$，依据采样定理可以估算出 μ 值，进行判断。

设 f_c 为被测信号中的最高频率，由采样定理 $f_s \geqslant 2f_c$ 得，$f_c \leqslant 0.5f_s = 0.5Hz$，并按最大电压值估计：

$$\begin{cases} \mu = 2\pi f_c U_m = 31.4V/s \\ \mu T_{AD} = 31.4 \times 10^{-2} \\ U_m/2^n \approx 10^{-2} \end{cases} \tag{7-23}$$

可见，$\mu T_{AD} > U_m/2^n$，因此应设置 S/H 电路。

7.3.4 输出通道设计

按照设计要求，输出通道必须具有打印机和报警电路。一般可选用微型打印机，以减小体积和降低成本。报警电路由计算机发出的开关信号驱动，可采用编程并行接口 PIO 作为接口电路。报警方式常为声光信号同时发作，以提醒操作人员。图 7.28 为输出通道原理结构图。

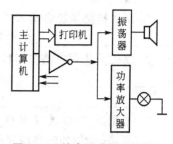

图 7.28 输出通道原理结构图

小　结

　　微机检测系统多输入通道有多路分时采集单端输入通道、多路同步采集分时输入通道和多路同步采集多通道输入三种典型的结构。不管哪种结构的输入通道，其基本电路主要由量纲转换、滤波、放大和模/数转换等部分组成。

滤波分为模拟滤波和数字滤波两种。模拟滤波依靠硬件电路来实现，数字滤波一般由程序完成。常用的数字滤波方法有程序判断滤波法、中值滤波法、算术平均值法、加权平均滤波法和惯性滤波法等。与模拟滤波相比，数字滤波具有灵活方便，可对频率很低的信号实现滤波等诸多优点。

常用的 A/D 转换器有双积分式、电压反馈比较式(逐次逼近式、计数器式)和并行比较式等多种形式。双积分式的转换精度高、抑制噪声能力强，但转换时间长；逐次逼近式具有稳定性好、转换速度快等优点。评价 A/D 转换的主要技术指标有分辨率与量化误差、转换精度、转换时间与转换速率等。

数字量的标度变换有线性参数标度变换和非线性参数标度变换两种。

微机检测系统多路输出通道有多路分时输出通道、多路同步转换输出通道和多路共用 D/A 分时输出通道三种。

输出通道中常用的器件有光耦合器、功率驱动器和数/模(D/A)转换器等。

光耦合器又有晶体管输出型和晶闸管输出型之分。常见的功率驱动器件主要有功率晶体管、达林顿晶体管、晶闸管、机械继电器和功率场效应管等。D/A 转换器的核心电路是解码网络，其主要形式有两种：权电阻解码网络和 T 型电阻解码网络。

【关键术语】

微机检测系统　输入通道　输出通道　A/D 转换器　D/A 转换器　光耦合器　功率驱动器

 综合习题

一、填空题

1. 微机检测系统多输入通道可分为＿＿＿＿＿＿＿、＿＿＿＿＿＿＿和＿＿＿＿＿＿＿三种典型结构。

2. 滤波分为模拟滤波和数字滤波两种，其中常用的模拟滤波电路按通带的频率可分为＿＿＿、＿＿＿、＿＿＿和＿＿＿四种；常用的数字滤波方法有＿＿＿、＿＿＿、＿＿＿、＿＿＿和＿＿＿五种。

3. 常用的 A/D 转换器有＿＿＿、＿＿＿和＿＿＿等多种形式。其中，＿＿＿转换器的转换精度高、抑制噪声能力强，但转换时间长；而＿＿＿转换器具有稳定性好、转换速度快等优点；＿＿＿转换器的转换速度最快，常用于视频信号等的数字图像处理方面。

4. 评价 A/D 转换的主要技术指标有＿＿＿、＿＿＿、＿＿＿等。

5. 标度变换包括模拟量的标度变换和数字量的标度变换两种，而对于数字量标度变换可分为以下两种，分别是＿＿＿和＿＿＿。

6. 微机检测系统多路输出通道结构有＿＿＿、＿＿＿和＿＿＿三种。

7. 光耦合器是把发光器件和光敏器件组装在一起，通过光实现耦合，构成电/光/电的转换器件。常见的光耦合器有＿＿＿(如＿＿、＿＿)和＿＿＿(如＿＿、＿＿)两种。

8. 常见的功率驱动器件主要有_____、_____、_____、_____和_____等。

9. D/A 转换器的核心电路是_____，它主要有两种形式，即_____和_____。

二、简答题

1. 与模拟滤波相比，数字滤波方法有哪些优点？

2. 采样保持电路的作用是什么？

3. 简述逐次逼近型 A/D 转换器的工作原理。

4. 简述双积分型 A/D 转换器的工作原理。

5. 在微机检测系统的输出通道中经常加入光耦合器件，其作用是什么？

三、思考题

现已知某炉温变化范围为 0～1000℃，测试时，采用 9 位的 A/D 变换器（带符号位），问此时系统对炉温变化的分辨率为多少？若测试时，通过变送器将测试起点迁移到 500℃，保持同样的系统对炉温变化的分辨率，问此时可采用几位的 A/D 变换器就可以？

四、设计题

根据所授内容，并查阅相关资料，试设计一微机化温度检测系统，对该温度检测系统的要求如下：

（1）2 个被测温度以负温度系数（NTC）热敏电阻为传感器，温度范围为 0～50℃，允许误差为 ±1℃；

（2）2 个被测温度以 AD590 为传感器，温度范围为 −40～100℃，允许误差为 ±1℃；

（3）2 个被测温度以 NiCr－NiSi 热电偶为传感器，温度范围为 0～1300℃，允许误差为 ±1.5℃；

（4）1 个 4～20mA 电流，允许误差为 ±2％；

（5）1 个 0～5V 电压，允许误差为 ±2％；

（6）6 路温度测量具有零位和增益校准；

（7）可以控制 8 路 1kW／～220V 的负载。

根据设计要求组建微机检测系统。在设计过程中，要求选出合理的计算机、合适 A/D 转换器、选定热敏电阻的型号和特性、确定强电负载控制方法等。

第 **8** 章
自动控制系统基础

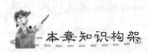

本章知识构架

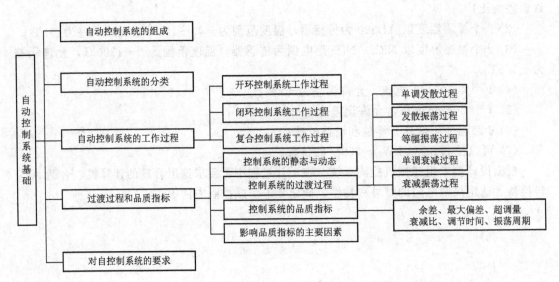

本章教学目标与要求

- 熟悉自动控制系统的组成，掌握自动控制系统中各部分的作用；
- 了解自动控制系统的分类；
- 熟悉开环控制系统、闭环控制系统和复合控制系统的工作过程；
- 了解自动控制系统的静态与动态，熟悉自动控制系统的过渡过程，掌握自动控制系统的品质指标；
- 熟悉对自动控制系统的要求。

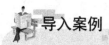**导入案例**

烘烤炉温度控制系统

图8.1所示为烘烤炉温度控制系统原理图。图中被控对象是烘烤炉，被控量为炉温 T，给定元件为电位器 R_{P1}，其上的输出电压 u_t 对应炉温的预期值。测量元件为热电偶，它将炉温转换并经放大器放大为相应的电压信号 u_r。比较与放大元件由集成运放及功率放大装置组成。由于 $\Delta u = u_t - u_r$，因此实现的是负反馈。执行器为电动机、传动装置及阀门。

系统的框图如图8.2所示，系统是一个闭合回路。总输入量包括给定值和外部干扰量，信号经控制装置、烘烤炉后又反馈到控制装置。由于系统是按偏差进行调节的，因此必须测量炉温，反馈闭合回路是必需的。

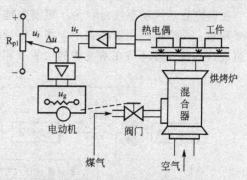

图8.1 烘烤炉温度控制系统原理图

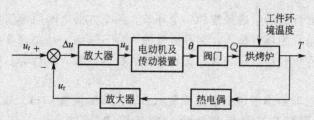

图8.2 烘烤炉温度控制系统框图

系统控制过程如下：设系统原处于静止状态，在 $t=0$ 时刻加上恒值给定信号，驱动电动机运转，使阀门开度 Q 增大，炉温慢慢上升；只要 T 还小于预期值，则偏差信号 Δu 始终为正，Q 持续增大，炉温 T 也就持续增长；当 T 第一次到达预期值时，$\Delta u=0$，Q 不再增大，但由于阀门已经开过头了，因此，T 仍然会继续增长，导致 $\Delta u<0$，驱动电动机反向旋转，Q 下降。只要 T 的值比稳态时的阀门开度（也可以认为就是阀门开度的预期值 Q_0）要大，T 就会继续上升，直到 $Q<Q_0$，T 才会开始下降，此时 T 的变化有一个极大值存在；只要 T 还大于预期值，$\Delta u<0$，Q 就会继续下降，然后以相反的方向重复上述的运动过程。因此，炉温要经过几次振荡后才会逐渐趋于平稳状态（假定系统稳定）。在扰动作用下系统的调节过程与此类似。

问题：

（1）根据该案例，你能总结出自动控制系统有哪几部分组成吗？它们各有什么作用？

（2）若烘烤炉具有很大的滞后特性，将对过渡过程的快速性与平稳性产生什么影响？

资料来源：潘丰，张开如.自动控制原理.北京：北京大学出版社，2006，11-12.

8.1 自动控制系统的组成

自动控制是在没有人直接参与的情况下，利用控制装置使某种设备、工作机械或生产过程的某些物理量或工作状态能自动地按照预定的规律运行或变化。

在研究自动控制系统时，为了更清楚地表示控制系统各环节的组成、特性和相互间的信号联系，一般都采用框图表示。图 8.3 所示是一个典型的自动控制系统框图，该图表示了组成该系统的各环节在系统中的位置及相互关系。

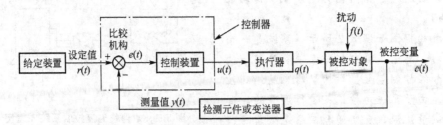

图 8.3 典型自动控制系统框图

图 8.3 中每个方框表示组成系统的一个环节，两个方框之间用带箭头的线段表示信号联系；进入方框的信号为环节输入，离开方框的为环节输出。从图 8.3 可以看出，一个典型的自动控制系统应该包括给定装置、比较机构、控制装置、执行器、检测元件或变送器及被控对象。

检测元件或变送器的作用是把被控变量 $c(t)$ 转化为测量值 $y(t)$。如，用热电阻或热电偶测量温度，并用温度变送器转换为统一的气压信号（20～100kPa）或直流电流信号（0～10mA 或 4～20mA）。

比较机构的作用是比较设定值 $r(t)$ 与测量值 $y(t)$ 并输出其差值 $e(t)$。在自动控制系统分析中，把 $e(t)$ 定义为 $[r(t)-y(t)]$。

控制装置的作用是根据偏差的正负、大小及变化情况，按某种预定的控制规律给出控制作用 $u(t)$。比较机构和控制装置通常组合在一起，称为控制器，又称调节器。目前应用最广的控制器是气动和电动控制器，它们的输出 $u(t)$ 也是统一的气压或电流信号。

执行器的作用是接受控制器送来的 $u(t)$，相应地去改变操纵变量 $q(t)$。执行器根据输入能量不同可分为电动、气动和液压三类。电动执行器安装灵活，使用方便，在自动控制系统中应用最广；气动执行器结构简单，质量小，工作可靠，并且有防爆特性；液压执行器功率大，快速性好，运行平稳，广泛用于大功率的控制系统。

被控对象是指要求实现自动控制的机器、设备或生产过程。被控对象中要求实现自动控制的物理量称为被控量或系统的输出量。

一般而言，控制系统受到两种作用，即给定作用（给定值）和干扰作用，它们都称为系统的输入信号。系统的给定值决定系统被控量的变化规律。干扰作用在实际系统中是难于避免的，而且它可以作用于系统中的任意部位。通常所说的系统的输入信号是指给定值信号，而系统的输出信号是指被控量。设定给定值这一端称为系统的输入端；输出被控量这一端称为输出端。

8.2 自动控制系统的分类

自动控制系统的种类很多，其结构类型、性能和完成的任务各不相同，因而也有多种分类方法。下面简单介绍几种常见的分类方法。

（1）按系统的功能分类，自动控制系统可分为温度控制系统、位置控制系统、压力控制系统、液位控制系统、流量控制系统等。

（2）按系统装置的类型分类，自动控制系统可分为机电控制系统、气动控制系统、液压控制系统等。

（3）按调节器的控制规律分类，自动控制系统一般可分为比例控制系统、积分控制系统、微分控制系统、比例积分控制系统、比例微分控制系统、比例积分微分控制系统。

（4）按系统内部的信号特征分类，自动控制系统可分为连续系统和离散系统。若系统中各元件的输入量和输出量均为时间的连续函数时称该系统为连续系统。连续系统的运动规律可用微分方程来描述。若系统中某一处或几处的信号是以脉冲系列或数码的形式传递时称该系统为离散系统。离散系统的运动规律可用差分方程来描述。

（5）按使用的数学模型分类，自动控制系统可分为线性系统与非线性系统和时变系统与定常系统两种。

根据描述系统的数学模型，凡是由线性微分方程或线性差分方程描述的系统统称为线性系统，而由非线性方程描述的系统则称为非线性系统。线性系统具有可叠加性和均匀性。非线性系统不满足叠加原理。线性系统一个重要的性质是系统的响应可以分解为两个部分，即零输入响应和零状态响应之和。

特性随时间变化的系统称为时变系统，特性不随时间变化的系统称为定常系统，又称时不变系统。描述其特性的微分方程或差分方程的系数不随时间变化的系统是一个定常系统。定常系统分为定常线性系统和定常非线性系统。对于定常线性系统，不管输入在哪一时刻加入，只要输入的波形是一样的，则系统输出响应的波形也总是同样的；对于时变系统，其输出响应的波形不仅与输入波形有关，而且还与输入信号加入的时刻有关。

严格地说，没有一个系统是定常的。但是，在许多情况下，在所考察的时间间隔内，其参数的变化相对于系统运动变化要缓慢得多，则该系统可近似作为定常系统处理。在工程中，应用最广的是所谓冻结系数法，这一方法的实质是在系统工作时间内，分段将时变系数"冻结"为常值。通常，冻结系数法只对参数变化比较缓慢的时变系数才可行。

（6）按控制系统输入信号特征分类，自动控制系统通常可分为定值控制系统、程序控制系统和随动控制系统。

设定值 $r(t)$ 不变，要求被控量 $c(t)$ 保持恒定或在限定的小范围内保持不变的称为定值控制系统。这是一种应用最多、最广，也是构成方案较多的系统。针对一个被控对象，采用一个控制器、一个执行器、一个测量装置构成的系统称为单回路控制系统，也称为简单控制系统。只要 $c(t) \neq r(t)$，控制器就要动作，直到使 $c(t) = r(t)$ 为止。如果影响被控量变化的因素较多，或者对象的惯性与滞后较大，采用单回路控制系统不能满足要求，就必须采用复杂的控制系统，如串级控制系统或带扰动自动补偿的前馈控制系统等，通称为多回路控制系统。

在程序控制系统中，测定值按工艺过程的需要改变，如热处理炉的升温、保温及降温曲线，要求炉温控制随设定值的变化程序符合该曲线的要求。在控制系统中，它是用程序设定装置设定值的，控制器就按规定的程序自动进行下去。

在随动控制系统中，设定值是随机变化的，被控量在一定精度范围内，随设定值变化，这是一种按被控量与设定值的偏差进行调节的系统，只要被控量能既快而稳地跟随设定值，就达到了自动控制的要求。采用气体或液体燃料的热处理炉温控制，燃料量取决于炉温高低与燃烧条件。燃料量改变，空气量就要跟着变化，保持规定的燃料与空气比例，使燃料合理燃烧，并达到规定的炉温。

(7) 按控制方式分类，自动控制系统可分为开环控制系统、闭环控制系统以及复合控制系统。复合控制系统是前两种控制系统的组合。

8.3 自动控制系统的工作过程

8.3.1 开环控制系统

若系统的控制器与被控对象之间只有正向作用而没有反向作用，即系统的输出量对控制作用没有影响，则该系统称为开环控制系统。在开环控制系统中，输入端与输出端之间，只有信号的前向通道而不存在由输出端到输入端的反向通路，因此，开环控制系统也称为无反馈控制系统。

图 8.4 为一个电加热炉开环控制原理图。该系统控制对象是加热炉，被控量是炉温，控制装置是调压器和电阻丝。控制系统要求炉温维持在给定值附近的一定范围内。该系统的控制过程是根据给定炉温所要求的期望值，调节调压器活动触点在某一位置上，从而改变加于电阻丝两端的电压，电阻丝两端将释放热能，当调压器调节在某一位置且外界条件及元部件参数不变时，炉子对应地处于某一温度。但是，当外界条件或元部件参数发生变化，如由于电源的波动或炉门的开闭会使炉温产生漂移，炉内实际温度与期望的温度会出现偏差，此时，因炉温变化的信息不回送到输入端，系统将不会自动调整调压器触点的位置，通过改变电阻丝的电流来自动消除温度偏差，也就是说输出量对系统的控制作用没有任何影响。因此，该炉温控制系统是一个开环控制系统，可用图 8.5 的框图表示。

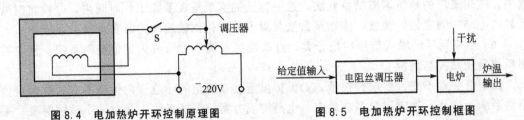

图 8.4 电加热炉开环控制原理图　　　　图 8.5 电加热炉开环控制框图

开环控制又可分为按给定值控制和按干扰补偿控制两种形式。按给定值的控制形式在干扰或特性参数变化时，被控量随之发生变化，但无法自动补偿，控制精度难以保证，因此，按给定值控制的开环控制对被控对象和其他元件的要求高。按干扰补偿的控制形式对破坏系统正常运行的干扰进行测量，利用干扰信号产生控制作用，以补偿干扰对被控量的影响。但是，由于只能对可测干扰进行补偿，对不可测干扰、被控对象及各功能部件内部参数变化无法测量，系统自身仍无法真正自动补偿，因此，控制精度仍不高。

目前，开环控制系统被广泛应用在各种设备上，如自动洗衣机、自动售货机、交通指挥的红绿灯转换、产品自动生产流水线等。

8.3.2 闭环控制系统

系统的输出量或状态变量对控制作用有直接影响的系统称为闭环控制系统，又称反馈控制系统。在闭环控制系统中，既存在由输入端到输出端的信号前向通路，也存在从输出端到输入端的信号反馈通道，两者组成一个闭合的回路。控制系统要达到预定的目的或具有规定的性能，必须把输出量的信息反馈到输入端进行控制。通过比较输入值与输出值，产生偏差信号，该偏差信号以一定的控制规律产生控制量，作用于执行机构，使偏差逐步减小至消除，从而实现所要求的控制性能。

图8.6给出了电加热炉炉温控制的闭环控制系统原理图。要求将炉温控制在某一温度值附近，首先通过给定电路将炉子要求控制的温度变换成相应的电压量 e，炉子内的温度通过热电偶检测，与设定电压进行比较，所产生的电压差 Δe 经前置放大器和功率放大器放大后，驱动执行电动机带动减速器转动，使调压器滑动触点向减少电压误差 Δe 的方向移动。通过改变流过加热电阻丝的电流，消除温度偏差，使炉内实际温度等于或接近设定的温度。

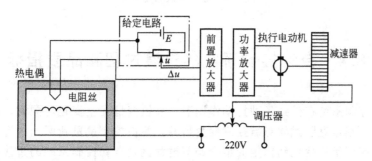

图8.6 电加热炉炉温控制的闭环控制系统原理图

图8.7为加热炉炉温闭环控制系统框图。在闭环控制系统中，不仅有从输入端到输出端的信号作用路径，还有从输出端到输入端的信号作用路径。前者称为前向通道，后者称为反馈通道。

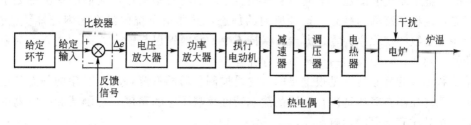

图8.7 电加热炉闭环控制系统框图

与开环控制相比，闭环控制具有如下优点：①由负反馈构成闭环，利用误差信号进行控制，不论是输入信号的变化或干扰的影响，或系统内部的变化，只要是被控量偏离了规定值，都会产生相应的作用去抑制或消除偏差；②对于外界扰动和系统内参数的变化等引起的误差能够自动纠正，提高了系统的精度。但是，闭环控制也有自身的缺点，如当系统元件参数配合不当时，容易产生振荡，使系统不能正常工作，因而存在稳定性的问题。

8.3.3　复合控制系统

反馈控制是在外部作用（输入信号或干扰）对控制对象产生影响后才能做出相应的控制，如果控制对象具有较大延迟时，反馈控制就不能及时地影响输出的变化。前馈控制能预测输出外部作用的变化规律，在控制对象还没有产生影响之前就做出相应的控制，使系统在偏差即将产生之前就注意纠正偏差。前馈控制和反馈控制相结合构成了复合控制，也就是说复合控制是开环控制和闭环控制相结合的一种控制方式。复合控制是构成高精度控制系统的一种有效控制方式，使自动控制系统具有更好的控制性能。复合控制基本上具有两种形式，即按输入前馈补偿的复合控制和按干扰前馈补偿的复合控制，如图 8.8 所示。

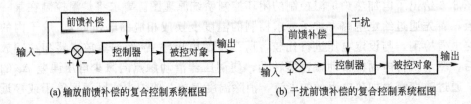

(a) 输放前馈补偿的复合控制系统框图　　　　(b) 干扰前馈补偿的复合控制系统框图

图 8.8　复合控制系统框图

8.4　自动控制系统的过渡过程和品质指标

一个自动控制系统在受到各种扰动作用下，被控变量发生变化，同时，控制系统的控制器产生控制作用，克服扰动对被控制变量影响，使被控变量重新回到给定值范围内稳定下来。这个被控变量从变化到稳定的整个调节过程就是自动控制系统的过渡过程。它实际上是从一个平衡态到另一个平衡态的动态变化过程。

8.4.1　自动控制系统的静态与动态

自动控制系统的输入有两种：一种是设定值的变化；另一种是扰动的变化。当输入恒定不变时，整个系统若能建立平衡，系统中各个环节将暂不动作，它们的输出都处于相对静止状态，这种状态称为静态。这里所说的静态，并非指系统内没有物料与能量的流动，而是指各个参数的变化率为零，即参数保持不变。此时输出与输入之间的关系称为系统的静态特性。同样，对于任何一个环节也存在静态。

系统和环节的静态特性是很重要的，它是控制品质的重要一环。对象的静态特性是扰动分析、确定控制方案的基础；系统的静态特性反映了它的精度；控制器和执行器的静态特性对控制品质有显著的影响。

若一个系统原本处于静态，由于出现了扰动即输入起了变化，系统的平衡就会受到破坏，被控量（即输出）将发生变化，自动控制装置就会动作，进行控制，以克服扰动的影响，力图使系统恢复平衡。从输入开始，经过控制，直到再建立静态，在这段时间中整个系统的各个环节和变量都处于变化的过程之中，这种状态称为动态。另一方面，在设定值变化时，也引起动态过程，控制装置力图使被控变量在新的设定值或其附近建立平衡。总之，由于输入的变化，输出随时间而变化，它们之间的关系称为动态特性。同样，对任何环节来说也存在动态。

在控制系统中，了解动态特性甚至比静态特性更为重要，也可以说，静态特性是动态特性的一种极限情况。在定值控制系统中，扰动不断产生，控制作用也就不断克服其影响，系统总是处于动态过程中。同样，在随动控制系统中，设定值不断变化，系统也总是处于动态过程中。因此，控制系统的分析重点要放在系统和环节的动态特性上，这样才能设计出良好的控制系统，以满足生产提出的各种要求。

8.4.2 自动控制系统的过渡过程

在实际生产过程中，扰动大多数是随机发生的，扰动的形式千差万别，幅度和周期等也各不相同。不同的扰动对工艺生产和系统的影响也不同。为了便于分析和研究系统的特性，常常选择一些典型的干扰输入信号。

对于一个稳定的系统要分析其稳定性、准确性和快速性，阶跃扰动信号是最常用的一种，如图 8.9 所示，干扰信号从 t_0 时刻起由原来数值突然变到另一数值上，且保持此幅值一直不变。

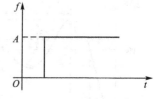

图 8.9 阶跃扰动信号

分析自动控制系统在阶跃扰动作用下的过渡过程变化曲线，可归纳为以下五种形式。

（1）单调发散过程。控制系统在受到阶跃扰动作用下，被控变量偏离给定值作单向变化，最后被控变量超出生产工艺规定的允许范围。这种被控变量单向变化不能稳定在规定范围内的过渡过程称为单调发散过程，如图 8.10(a)所示，发散过程是一个不稳定的过程，严重时会引起事故。

（2）发散振荡过程。被控变量在扰动作用下偏离给定值来回波动振荡，且振荡幅度越来越大，超出工艺生产规定范围。它也是一个不稳定的过程，如图 8.10(b)所示。

（3）等幅振荡过程。被控变量在干扰作用下在给定值附近作上下波动，振荡幅值保持不变的，如图 8.10(c)所示。等幅振荡过程也是不稳定的，但在某些生产过程中，如果振荡的幅值不超过工艺生产所允许的范围，这种过渡过程还是允许的。

（4）单调衰减过程。系统在受干扰作用下，被控变量在给定值的某一侧作缓慢变化，当达到最大偏差数值后逐渐衰减，最后又重新回到给定值或稳定在某一数值上，如图 8.10(d)

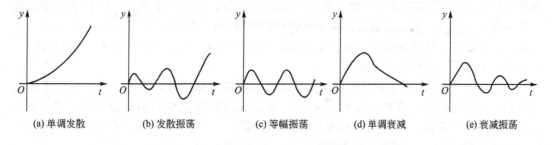

| (a) 单调发散 | (b) 发散振荡 | (c) 等幅振荡 | (d) 单调衰减 | (e) 衰减振荡 |

图 8.10 自动控制系统的五种过渡过程形式

所示。可见它是一个稳定的过程，但由于其变化速度慢，且又一直作单向变化，易造成操作人员判断不准，故较少被采用。

（5）衰减振荡过程。被控变量在偏离给定值后上下来回振荡，且振荡幅度逐渐减小，经过两三个周期后，又稳定在某一数值上，如图 8.10(e)所示。这种过渡过程是一个稳定的过程，其特点是变化趋势明显、过渡时间短、易观察等。所以，自控系统常采用这种过渡过程作为分析系统的品质指标。

8.4.3　自动控制系统的品质指标

控制系统过渡过程的曲线变化是衡量一个系统质量的重要依据。从前面分析可知，人们总希望大多数控制系统能得到一个衰减振荡过程。但是不同的衰减振荡过程曲线，品质质量也可能不同。

图 8.11 是在阶跃给定和干扰作用下的过渡过程品质指标示意图，为衡量其品质特性，从快、稳、准三个方面提出了如下指标。

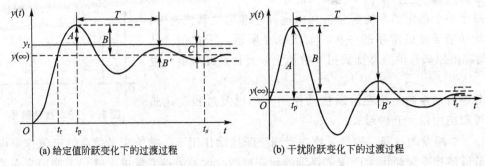

(a) 给定值阶跃变化下的过渡过程　　　(b) 干扰阶跃变化下的过渡过程

图 8.11　过渡过程品质指标示意图

（1）余差 C。余差 C 是指新的稳态值 $y(\infty)$ 与给定值 y_r 之差，也就是过渡过程终了时的残余偏差。余差是一个静态指标，它反映了控制系统的控制精确度，人们希望余差尽量小，最好是完全消除，但这也不是绝对的，对于余差的要求应根据实际系统确定。

（2）最大偏差 A 与超调量 σ。最大偏差是指在过渡过程中被控变量相对于给定值出现的最大偏差。对于定值系统的衰减振荡过程，最大偏差就是第一个波的峰值，在图 8.11(b)中以 A 表示。对于图 8.11(a) 的随动控制系统，经常用超调量 σ 这个指标，参见1.5.2 节。

最大偏差（或超调量）是一个反映超调情况和衡量稳定程度的指标。若最大偏差（或超调量）越大，说明被控变量离开规定的生产状态就越远，这是不希望的，特别是对于一些有约束条件的系统，都会对最大偏差的允许值有所限制。同时考虑到干扰会不断出现，并且偏差是叠加的，这就更限制了最大偏差的允许值。所以，在决定最大偏差（或超调量）允许值时，要根据工艺情况慎重选择。

（3）衰减比 n。衰减比是表示衰减振荡过渡过程的衰减程度，它是过渡过程同方向的前后相邻两峰值的比，习惯上表示为 $n:1$。衰减比反映了系统的相对稳定性，如 $n<1$，过渡过程是发散振荡；如 $n=1$，过渡过程是等幅振荡，一般工业上这两种情况都不允许发生，因此应取 $n>1$，为了保证足够的稳定性，衰减比以 $4:1 \sim 10:1$ 为宜。

（4）调节时间 t_s。调节时间又称为过渡过程时间，它是反映系统快速性的一个重要指标。规定调节时间是从干扰作用开始之时起，至被控变量进入最终稳态值的±5%（或±2%）的时间，具体请参见 1.5.3 节介绍。

（5）振荡周期 T。过渡过程同向两波峰（或波谷）之间的间隔时间称为振荡周期或工作周期，其倒数称为振荡频率。在衰减比相同的条件下，振荡周期与调节时间成正比，因此振荡周期在一定程度上也是衡量系统快速性的指标。

前面所述都是单项考核指标，还有一些综合评价指标。如对偏差绝对值进行积分的 IAE 指标和对偏差平方进行积分的 ISE 指标等，可根据情况采用。需要说明的是，上述指标都是反映过渡过程的品质指标，但不能要求所有的控制系统都能同时满足上述指标，有些指标之间本身就有矛盾，不能同时予以保证，在选择这些指标时应根据具体的控制系统分清主次，区别轻重。

8.4.4 影响过渡过程品质指标的主要因素

自动控制系统是由生产过程的工艺设备对象和自动化装置两大部分组成的。而控制系统过渡过程品质的优劣，取决于组成控制系统的各个环节特性，特别是取决于被控对象的特性好坏。此外，自动化装置的性能好坏、参数选择和调整等都影响控制系统质量。如果过程和自动化装置两者配合不当，或在控制系统运行过程中自动化装置的性能和过程特性发生变化时，也会影响系统的控制质量。总之，影响自动控制过渡过程质量的因素是多方面的，只有充分而又全面了解和考虑各个环节的作用和特性，才能提高控制系统的控制质量，达到预期的控制目标。

8.5　对自动控制系统的要求

虽然自动控制系统的种类繁多，控制功能也不一样，但对自动控制系统的要求一般可归结为如下三方面。

（1）稳定性。稳定性是指系统处于平衡状态下，受到扰动作用后，系统恢复原有平衡状态的能力。要求没有扰动时系统处于平衡状态，系统输出量也是确定的。当系统受到扰动后，其输出量必将发生相应变化，经过一段时间，其被控量可以达到某稳定状态，但由于系统含有具有惯性或储能特性的元件，输出量不可能立即达到与输入量相应的值，而要有一个过渡过程。稳定性是一切自动控制系统必须满足的最基本要求。

（2）过渡过程性能。描述过渡过程性能可以用平稳性和快速性。平稳性是指系统由初始状态运动到新的平衡状态时，具有较小的超调量和振荡性。系统由初始状态运动到新的平衡状态所经历的时间表示系统过渡过程的快速程度。系统的超调量反映了系统的相对稳定性。超调量大的系统不容易稳定，相对稳定性差；而超调量过小的系统的相对稳定性较好。

（3）稳态性能。稳定的系统在过渡过程结束后所处的状态称为稳态。稳态精度常以稳态误差来衡量，稳态误差是指稳态时系统期望输出量和实际输出量之差。控制系统的稳态误差越小，说明控制精度越高，设计时希望稳态误差要小。

以上仅是对控制系统的基本要求，对于不同用途的控制系统，还有一些其他的要求。如，被控量应能达到的最大速度、最大加速度、最低速度；对参数变化敏感要求；对环境的要求等。

小　结

　　自动控制是在没有人直接参与的情况下，利用控制装置使某种设备、工作机械或生产过程的某些物理量或工作状态能自动地按照预定的规律运行或变化。

　　为了更清楚地表示控制系统各环节的组成、特性和相互间的信号联系，一般都采用框图表示。一个典型的自动控制系统应该包括给定装置、比较机构、控制装置、执行器、检测元件或变送器及被控对象。

　　自动控制系统的分类方法很多。按系统的功能可分为温度控制系统、位置控制系统、压力控制系统等；按系统装置的类型可分为机电控制系统、气动控制系统、液压控制系统等；按调节器的控制规律一般可分为比例控制系统、积分控制系统、微分控制系统、比例积分控制系统、比例微分控制系统、比例积分微分控制系统；按系统内部的信号特征可分为连续系统和离散系统；按使用的数学模型可分为线性系统与非线性系统和时变系统与定常系统两种；按控制系统输入信号特征可分为定值控制系统、程序控制系统和随动控制系统；按控制方式可分为开环控制系统、闭环控制系统以及复合控制系统。

　　若系统的控制器与被控对象之间只有正向作用而没有反向作用，即系统的输出量对控制作用没有影响，则该系统称为开环控制系统。系统的输出量或状态变量对控制作用有直接影响的系统称为闭环控制系统。复合控制系统是前两种控制系统的组合。

　　自动控制系统的静态特性反映了它的精度，静态特性对其控制品质有显著的影响。但是，了解动态特性比静态特性更为重要，系统总是处于动态过程中。

　　自动控制系统的输入有两种，其一是设定值的变化，另一个是扰动的变化。由于扰动大多数是属于随机发生的，因此为了便于分析和研究系统的特性，常常选择一些典型的干扰输入信号。在阶跃扰动作用下的过渡过程变化曲线可归纳为单调发散过程、发散振荡过程、等幅振荡过程、单调衰减过程和衰减振荡过程五种形式。

　　用于评价自动控制系统的品质指标主要有余差 C、最大偏差 A、超调量 σ、衰减比 n、调节时间 t_s 和振荡周期 T 等。

　　尽管自动控制系统的种类繁多，控制功能也不尽相同，但一般可从稳定性、过渡过程性能(平稳性和快速性)和稳态性能三方面对自动控制系统的提出基本要求。

【关键术语】

　　自动控制　控制系统组成和分类　开环控制系统　闭环控制系统　复合控制系统　过渡过程　品质指标

综合习题

一、填空题

1. 在自动控制系统的框图中，给定值 $r(t)$、测量值 $y(t)$ 和偏差 $e(t)$ 三者之间的关系

是_____该种关系是由_____来完成的。

2. 在阶跃扰动作用下，自动控制系统的过渡过程变化曲线可归纳为五种形式，即：_____、_____、_____、_____、_____。

3. 自动控制系统有多种分类方法，按控制方式可分为_____、_____、_____等。

4. 自动控制系统过渡过程的品质指标有_____、_____、_____、_____和_____等。

5. 对于一个自动控制系统的基本要求可以概括为三个方面：_____、_____和_____。

二、选择题

1. 反馈控制系统又称_____。

A. 开环控制系统　　　　　　　　B. 闭环控制系统

C. 扰动顺馈补偿系统　　　　　　D. 输入顺馈补偿系统

2. 开环控制的特征是_____。

A. 系统无执行环节　　　　　　　B. 系统无给定环节

C. 系统无反馈环节　　　　　　　D. 系统无放大环节

3. 与开环控制系统相比较，闭环控制系统通常对_____进行直接或间接地测量，通过反馈环节去影响控制信号。

A. 输出量　　　　　　　　　　　B. 输入量

C. 扰动量　　　　　　　　　　　D. 设定量

4. 根据系统内部的信号的特性，控制系统可分为_____。

A. 反馈控制系统和前馈控制系统　　B. 线性控制系统和非线性控制系统

C. 定值控制系统和随动控制系统　　D. 连续控制系统和离散控制系统

5. 研究自动控制系统时最常用的典型输入信号是_____。

A. 脉冲函数　　　　　　　　　　B. 斜坡函数

C. 抛物线函数　　　　　　　　　D. 阶跃函数

6. 在自动控制系统中，引起被调参数偏离给定值的因素称为_____。

A. 衰减　　　　　　　　　　　　B. 差值

C. 偏差　　　　　　　　　　　　D. 干扰

7. 在加热炉温度控制系统中，被控温度 T 的设定值为175℃。设原已经稳定的系统在 t_0 时刻受到一单位阶跃扰动，致使 T 偏离设定值，经过一定的控制过程，到 t_1 时刻重新稳定在174.1℃。从记录数据及曲线上看控制过程中被控温度的两个最大峰值分别为185.5℃和179℃。则根据控制系统品质指标的定义，可以确定该系统过渡过程的超调量为_____。

A. 6.5℃　　　　　　　　　　　　B. 185.5℃

C. 11.4℃　　　　　　　　　　　D. 10.5℃

三、简答题

1. 组成自动控制系统的各环节的作用分别是什么？

2. 自动控制系统是如何分类的？

3. 简要解释自动控制系统的静态和动态。

4. 对自动控制系统有哪些基本要求？

5. 举一个日常生活中闭环控制的例子。

四、名词解释

自动控制　开环控制系统　闭环控制系统　单回路控制系统

五、综合分析题

图 8.12 所示为一个水塔的水位自动控制系统，它由水箱、水泵电动机、晶体管 T_1 组成的电路、继电器 K_1 和 K_2 组成。

根据该图回答以下问题：

(1) 该系统的被控对象和被控量是什么？

(2) 该系统的测量元件是什么？执行元件和控制元件是什么？

(3) 说明该系统的工作原理。

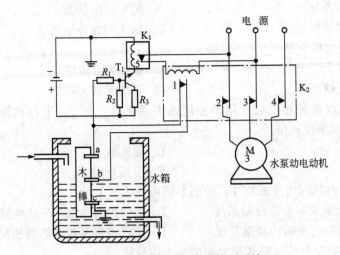

图 8.12　水塔的水位自动控制系统

第9章
控制规律和控制器

本章知识构架

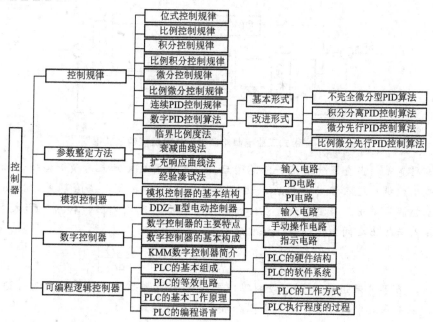

本章教学目标与要求

- 了解控制器和控制器控制规律的定义；
- 熟悉位式控制规律，掌握 P 控制、I 控制、D 控制、PI 控制、PD 控制和 PID 控制的控制规律；
- 掌握数字 PID 控制常用控制算法，掌握控制器的参数整定方法；
- 熟悉常用的模拟控制器 DDZ-Ⅲ 和常用的数字控制器 KMM；
- 了解 PLC 的基本组成，熟悉 PLC 的基本工作原理，掌握 PLC 的编程语言和编程方法。

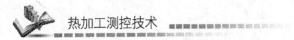

网带式工业电阻炉温度控制系统

在热处理工业中，常用网带式工业电阻炉来处理工件。该电阻炉共有七个温区，每个温区功率 5kW。热处理工件放在炉膛中央的网带上，由第一区运行至第七区，完成热处理工艺要求。

网带式工业电阻炉具有大滞后、非线性、参数时变和单向升温特性。同时，各温区是空间相通的，相互影响很大，主要扰动因数是电网电压波动和进料出料口空气的对流。由于不同工件热处理工艺要求不同，会对温度设定值进行修改，因此，对温度控制系统的快速性要求较高。

目前，工业控制中广泛使用的 PID 控制具有结构简单、动态跟踪品质好和稳态精度高的优点。但对于像网带式工业电阻炉等具有大时滞特性的对象而言，单纯采用 PID 控制品质较差。模糊控制由于鲁棒性强、上升时间快、超调小等优点在工业中取得了成功应用，但稳定精度较差。因此，可考虑由模糊控制和 PID 控制构成复合控制器来控制网带式工业电阻炉，如图 9.1 所示。

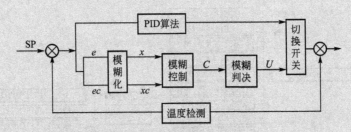

图 9.1 网带式工业电阻炉模糊 PID 温度控制系统框图

基本思想是：当全压升温至一定范围后，温度偏差较大时采用模糊控制，加快响应速度，减小超调；进入稳态过程后，切换到改进的 PID 控制，消除静差，提高控制精度。在本控温系统中，当温度误差在 [−15℃，15℃] 范围内时，转入 PID 控制。PID 调节器输入与输出之间为比例-积分-微分关系，即：

$$u(t) = K_p \left[e(t) + \frac{1}{T_I} \int_0^t e(t)\,\mathrm{d}t + T_D \frac{\mathrm{d}e(t)}{\mathrm{d}t} \right]$$

然而，若单纯采用普通 PID 控制难以取得好的控制效果，因此需要对普通 PID 进行改进。在本系统中，进行了不完全微分和分区积分的改进。

在普通 PID 中，当有阶跃信号输入时，微分项输出急剧增加，容易引起调节过程的振荡从而导致调节品质下降。因此，可以在控制器中串接低通滤波器（一阶惯性环节）来抑制高频干扰。这就是不完全微分 PID 控制。

此外，系统中加入积分校正后，会产生过大的超调量。而电阻炉具有单向升温性，降温是依靠自然冷却，当温度一旦超调就很难用控制手段使其迅速降温。在本控温系统中，采用分区积分的策略，既保持了积分的作用，又减小了超调量，使得控制性能有了很大的改善。分区积分控制实质是根据偏差所在的区域与偏差变化趋势，通过变化积分系数来改变控制强度。

问题:

(1) 何为 PID 控制? PID 控制的控制规律是什么?

(2) 为什么要对普通 PID 控制进行改进? 具体有哪些改进方法?

➡ 资料来源:潘健,陈尉,刘斌. 模糊 PID 在工业电阻炉温度控制中的应用. 自动化技术与应用,2007, 26(3).

9.1 控制器的控制规律

所谓控制器的控制规律是指控制器输出信号与输入信号之间随时间变化的规律。它通常是在控制器输入端加入一阶跃信号,研究其输出信号随时间变化的规律。

控制器的输入信号是经比较机构后的偏差信号 e,它是给定值信号 r 与变送器送来的测量值信号 y 之差。在分析时,偏差采用 $e=r-y$。控制器的输出信号就是控制器输入执行器的信号 u。因此,所谓控制器的控制规律就是指 u 与 e 之间的函数关系,即

$$u=f(e)=f(r-y) \tag{9-1}$$

控制器的基本控制规律有位式控制、比例(P)控制、积分(I)控制和微分(D)控制四种以及它们的组合形式,如比例积分(PI)控制、比例微分(PD)控制和比例积分微分(PID)控制。下面分别介绍控制器的基本控制规律。

9.1.1 位式控制规律

位式控制中最常用的是双位控制。双位控制的控制规律是当测量值大于给定值时,控制器的输出值为最大(或最小),而当测量值小于给定值时,则输出值为最小(或最大),即控制器只有两个输出值,相应的控制机构只有开和关两个极限位置,因此又称开关控制。

理想的双位控制器其输出 u 与输入偏差 e 之间的关系为

$$u=\begin{cases} u_{max} & e>0(\text{或 } e<0) \\ u_{min} & e<0(\text{或 } e>0) \end{cases} \tag{9-2}$$

理想的双位控制特性如图 9.2 所示。利用双位控制的系统中,控制机构的动作非常频繁,这样会使系统中的运动部件(如继电器、电磁阀等)因动作频繁而损坏,因此实际应用的双位控制器具有一个中间区。偏差在中间区内时,控制机构不动作。当被控变量的测量值上升到高于给定值某一数值(即偏差大于某一数值)后,控制器的输出变为最大 u_{max},控制机构处于开(或关)的位置;当被控变量的测量值下降到低于给定值某一数值(即偏差小于某一数值)后,控制器的输出变为最小 u_{min},控制机构才处于关(或开)的位置。所以实际的双位控制器的控制特性如图 9.3 所示。

在双位控制系统中,由于双位控制器只有两个特定的输出值,相应的控制阀也只有两个极限位置,被控变量不可避免地产生持续的等幅振荡过程。要使控制过程平稳下来,必须使用输出大小能连续变化的控制器,并通过引入微分、积分等控制规律来提高控制质量。

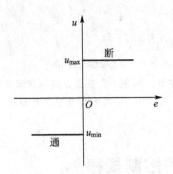
图9.2 理想的双位控制特性

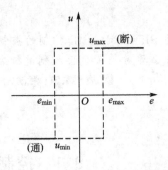
图9.3 实际的双位控制特性

9.1.2 比例控制规律

先来看一个日常生活中的水位控制实例，如图9.4所示。如果靠人工维持水位，进水阀的开度可根据偏差大小而定。当水位低于给定位时，必须将进水阀开大些，水位低得越多，阀门的开度也应该越大。反之，当水位高于给定值时，就应该把阀门关小些，高得越多应该关得越小。操作人员可以按照这样的规律来控制进水阀，使进水阀开度的变化量与水位偏差成比例。如果采用自动控制来代替人工时可以模仿这个动作规律，这就称为比例控制规律，记为 P 控制。

为了易于理解比例控制的原理并分析它的特点，可参见图9.5所示浮子杠杆式水位控制器。图中浮子 J 随水位升高而转动，于是 C 点下降，通过阀杆使调节阀关小，因而减小进水流量，起到了控制水位的作用。如果把水位的波动看成控制器的输入量并用 e 表示，阀门开启程度的变化就是控制器的输出量，用 Δu 表示。当杠杆支点 B 的位置决定以后，a 和 b 的长度就一定，所升高得越多，阀门关小得越多，即 Δu 与 e 在数值上成比例，因此这是一种比例控制。

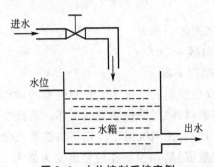
图9.4 水位控制系统实例

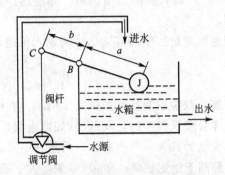
图9.5 浮子杠杆式水位控制器

对于具有比例控制规律的控制器，其输出变化量 Δu 与输入偏差 e 之间成比例关系，即

$$\Delta u = K_p \cdot e \tag{9-3}$$

式中：K_p 为一个可调的放大倍数，即比例增益。

比例控制的输出响应曲线如图9.6所示，输出与输入呈比例关系。由式(9-3)可以看出，比例控制的放大倍数 K_p 是一个重要的系数，它决定了比例控制作用的强弱。K_p 越

大，比例控制作用越强。在实际的比例控制器中，习惯
上使用比例度 δ 而不用放大倍数 K_p 来表示比例控制作用
的强弱。

仍然看图 9.5，浮子的位移量和阀杆的位移量之间的
关系取决于支点 B 的位置。如果支点 B 恰在杠杆的中央，
即 a 和 b 相等，则浮子升高多少阀门也就关小多少，阀门
开度的变化和偏差之间就成为 1：1 的关系。如果支点 B
向右移动，使 $a<b$，则只要出现少许偏差，阀门开度就
会变化很多，显然，这样会使控制作用更为灵敏。通常
把比值 $a:b$ 称为比例度或比例带。为了更为普通，将比
例度给出如下定义。

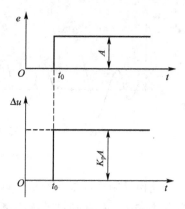

图 9.6 比例控制规律的响应曲线

所谓比例度就是指控制器输入的变化相对值与相应的输出变化相对值之比的百分数，
用式子表示为

$$\delta = \frac{\dfrac{e}{e_{max} - e_{min}}}{\dfrac{\Delta u}{u_{max} - u_{min}}} \times 100\% \qquad (9-4)$$

式中：$e_{max} - e_{min}$ 输入最大变化量，即仪表的量程；$u_{max} - u_{min}$ 输出最大变化量，即控制器输
出的工作范围。

将式(9-3)代入式(9-4)可得

$$\delta = \frac{1}{K_p} \cdot \frac{u_{max} - u_{min}}{e_{max} - e_{min}} \times 100\% \qquad (9-5)$$

在单元组合仪表中，控制器的输入和输出都是标准统一信号，即 $u_{max} - u_{min} = e_{max} - e_{min}$，
此时比例度 δ 为

$$\delta = \frac{1}{K_p} \times 100\% \qquad (9-6)$$

对于一个具体的比例作用控制器，指示值的刻度范围 $e_{max} - e_{min}$ 及输出的工作范围
$u_{max} - u_{min}$ 应是一定的，所以由式(9-5)可以看出，比例度 δ 与放大倍数 K_p 成反比，也就
是说，控制器的比例度 δ 越小，它的放大倍数 K_p 就越大，它将偏差 e 放大的能力越强，
反之亦然。因此比例度 δ 和放大倍数 K_p 都能表示比例控制器控制作用的强弱。

比例控制具有及时迅速的优点，但是它容易出现余差，这是由比例控制本身固有的特
性所决定的。如果偏差为零，控制器的输出就不会发生变化，那么系统也就无法保持平
衡。余差的大小可以通过控制比例增益 K_p 来改变，即 K_p 越大，比例度 δ 越小，控制精
度越高，系统的余差也就越小。

不同比例度对比例控制过渡过程的影响如图 9.7 所示。

图 9.7(b)中曲线的被控变量发生等幅振荡，此时的比例度称为临界比例度 δ_k。当
$\delta < \delta_k$ 时，系统会发生发散振荡，如图 9.7(a)所示；当 $\delta > \delta_k$ 并增大到适当值时，过渡过程
曲线比较理想，如图 9.7(c)所示；当比例度太大时，被控量变化缓慢，有较大的余差，如
图 9.7(d)所示。通常希望的是被控量比较平稳而余差又不大，衰减比大约为 4：1～10：1
的曲线，如图 9.7(c)所示。

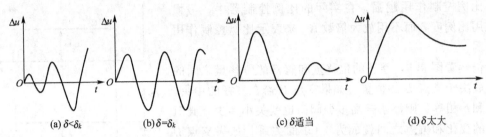

(a) $\delta<\delta_k$ (b) $\delta=\delta_k$ (c) δ适当   (d) δ太大

图 9.7　比例度对比例控制过渡过程的影响

比例控制规律是一种最基本的控制规律，适合于干扰较小、对象的滞后较小而时间常数并不大小、控制精度要求不高、允许在一定范围内有余差的场合。

9.1.3　积分控制和比例积分控制规律

1．积分控制规律

比例控制的结果不能使被控变量回复到给定值而存在余差，控制精度不高，所以，有时把比例控制比作"粗调"，这是比例控制的缺点。当对控制精度有更高要求时，必须在比例控制的基础上，再加上能消除余差的积分控制作用。

当控制器的输出变化量 Δu 与输入偏差 e 的积分成比例时，就是积分控制规律。积分控制规律的数学表示式为

$$\Delta u = K_I \int e \, dt = \frac{1}{T_I} \int e \, dt \qquad (9-7)$$

式中：K_I 为积分比例系数，称为积分速度；T_I 为积分时间，$T_I = 1/K_I$。

由式(9-7)可以看出，积分控制作用输出信号的大小不仅取决于偏差信号 e 的大小，而且主要取决于偏差存在的时间长短。只要有偏差，尽管偏差可能很小，但它存在的时间越长，输出信号就变化越大。

积分控制作用的特性可以由阶跃输入下的输出来说明。当控制器的输入偏差 e 是一常数 A 时，式(9-7)就可写为：

$$\Delta u = K_I \int e \, dt = K_I A t \qquad (9-8)$$

在阶跃输入作用下的输出变化曲线如图 9.8 所示。从图 9.8 中可以看出，当积分控制器的输入是一常数 A 时，输出是一直线，其斜率与 K_I 有关。从图中还可以看出，只要偏差存在，积分控制器的输出就随着时间不断增大(或减小)。

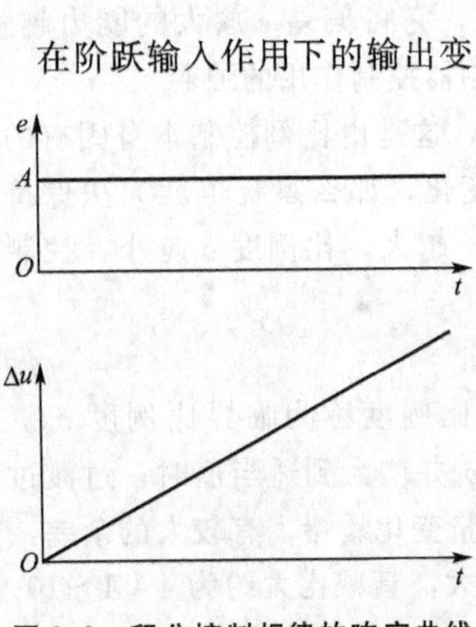

对式(9-7)微分，可得

$$\frac{\mathrm{d}\Delta u}{\mathrm{d}t} = K_I \cdot e \qquad (9-9)$$

从上式可以看出，积分控制器输出的变化速度与偏差成正比。这就进一步说明了积分控制规律的特点是：只要偏差存在，控制器输出就会变化，调节机构就要动作，系统不可能稳定。只有当偏差消除时(即 $e=0$)，输出信号才不再继续变化，调节机构才停止动作，系统才

图 9.8　积分控制规律的响应曲线

可能稳定下来。这也就是说,积分控制作用在最后达到稳定时,偏差是等于零的。

虽然积分控制规律可以消除偏差,但是控制动作缓慢,在偏差信号刚出现时,控制作用很弱,不能及时克服系统扰动的影响,致使被控参数的动态偏差增大,控制过程拖长,甚至使系统难以稳定。因此,很少单独使用积分控制,绝大多数是把积分控制和比例控制组合起来,形成比例积分控制器。

2. 比例积分控制规律

比例控制规律是输出信号变化量与输入偏差成比例,因此作用快,但有余差。而积分控制规律能消除余差,但作用较慢。比例积分控制规律是这两种控制规律的结合,因此也就吸取了两者的优点。比例积分控制规律可用下式表示:

$$\Delta u = K_P \left(e + \frac{1}{T_I} \int e \, dt \right) \tag{9-10}$$

当输入偏差是一幅度为 A 的阶跃变化时,比例积分控制器的输出是比例和积分两部分之和,其控制规律如图 9.9 所示。从图中可以看出,Δu 的变化一开始是一阶跃变化,其值为 $K_P A$,这是比例作用的结果。然后随时间逐渐上升,这是积分作用的结果。比例作用是即时的、快速的,而积分作用是缓慢的、渐近的。

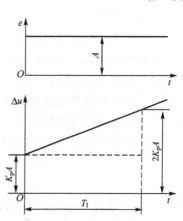

由于比例积分控制是在比例控制的基础上,又加上积分控制,相当于在"粗调"的基础上再加上"细调",所以既具有控制及时、克服偏差的特点,又具有能克服余差的性能。

当输入偏差是一幅度为 A 的阶跃变化时,式(9-10)可写为

图 9.9 PI 控制规律的响应曲线

$$\Delta u = K_P \cdot A + \frac{K_P}{T_I} \cdot A \cdot t \tag{9-11}$$

式(9-11)中,第一部分表示比例部分的输出,第二部分表示积分部分的输出。在时间 $t = T_I$ 时,有 $\Delta u = 2K_P A$,这说明,当总的输出等于比例作用输出的两倍时,其时间就是积分时间 T_I。积分时间 T_I 越小,表示积分速度 K_I 越大,积分特性曲线的斜率越大,即积分作用越强。反之,积分时间 T_I 越大,表示积分作用越弱。若积分时间为无穷大,则表示没有积分作用,控制器就成为纯比例控制器了。

积分时间对过渡过程的影响具有两重性。当缩短积分时间,加强积分控制作用时,一方面克服余差的能力增加,这是有利的一面。但另一方面会使过程振荡加剧,稳定性降低。积分时间越短,振荡倾向越强烈,甚至会成为不稳定的发散振荡,这是不利的一面。

在同样的比例度下,积分时间 T_I 对过渡过程的影响如图 9.10 所示。

从图 9.10 可以看出,积分时间 T_I 过大或过小均不合适。积分时间 T_I 过大,积分作用太弱,余差消除很慢,如图 9.10 (c) 所示,当 $T_I \to \infty$ 时,成为纯比例控制器,余差将得不到消除,如图 9.10 (d) 所示;积分时间 T_I 太小,过渡过程振荡太剧烈,如图 9.10 (a) 所示;只有当 T_I 适当时,过渡过程能较快地衰减而且没有余差,如图 9.10 (b) 所示。

比例积分控制规律适用于控制通道滞后较小、负荷变化不大、被控参数不允许有余差的场合。

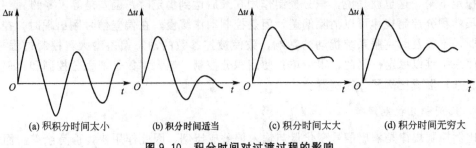

(a) 积积分时间太小　　(b) 积分时间适当　　(c) 积分时间太大　　(d) 积分时间无穷大

图 9.10　积分时间对过渡过程的影响

9.1.4　微分控制和比例微分控制规律

1. 微分控制规律

比例积分控制规律由于同时具有比例控制规律和积分控制规律的优点，针对不同的对象，比例度和积分时间两个参数均可以调整，因此适用范围较宽，工业上多数系统都可采用。但是当对象滞后特别大时，可能控制时间较长、最大偏差较大；当对象负荷变化特别剧烈时，由于积分作用的迟缓性质，使控制作用不够及时，系统的稳定性较差。在上述情况下，可以采用微分控制作用。

具有微分控制规律的控制器，其输出变化量 Δu 与偏差 e 的关系可用下式表示：

$$\Delta u = T_{\mathrm{D}} \frac{\mathrm{d}e}{\mathrm{d}t} \tag{9-12}$$

式中：T_{D} 为微分时间；$\mathrm{d}e/\mathrm{d}t$ 为偏差对时间的导数，即偏差信号的变化速度。

由此可知，偏差变化的速度越大，则控制器的输出变化也越大，即微分作用的输出大小与偏差变化的速度成正比。对于一个固定不变的偏差，不管这个偏差有多大，微分作用的输出总是零，这是微分作用的缺点。但是，只要出现偏差变化的趋势，即使很小，它也马上进行控制，故有超前控制之称。

如果控制器的输入是一阶跃信号，则微分控制器的输出如图 9.11(b) 所示。在输入变化的瞬间，输出趋于无穷大。在此以后，由于输入不再变化，输出立即降到零。在实际工作中，要实现图 9.11(b) 所示的控制作用是很难的或不可能的，也没有什么实用价值。这种控制作用称为理想微分控制作用。图 9.11(c) 所示是一种近似的微分作用，在阶跃输入发生时刻，输出 Δu 突然上升到一个较大的有限数值（一般为输入幅值的 5 倍或更大），然后呈指数规律衰减直至零。

不管是理想的微分作用，还是近似的微分作用，都有这样的特点：在偏差存在但不变化时，微分作用都没有输出。也就是说，微分控制作用对恒定不变的偏差是没有克服能力的。因此，微分控制器不能作为一个单独的控制器使用。在实际上，微分控制总是与比例控制或比例积分控制同时使用的。

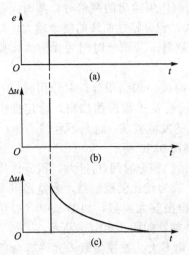

图 9.11　微分控制规律的响应曲线

2. 比例微分控制规律

比例微分控制器具有比例微分控制规律，其输出变化量 Δu 与输入偏差 e 关系式为

$$\Delta u = K_P\left(e + T_D\frac{de}{dt}\right) \tag{9-13}$$

由式(9-13)可以看出：比例微分控制器的输出 Δu 等于比例作用的输出 Δu_P 与微分作用的输出 Δu_D 之和。改变比例度 δ(或 K_P)和微分时间 T_D 分别可以改变比例作用的强弱和微分作用的强弱。

比例微分控制器在输入阶跃信号 A 的作用下，输出响应曲线如图 9.12 所示，这是理想的比例微分控制器。但由于比例微分控制缺乏抗干扰能力，当偏差信号 e 中含有高频干扰时，会造成输出大幅度变化，引起执行器误动作。因此，实际的比例微分控制器都要限制微分输出的幅度，使之具有饱和性。实际比例微分控制器在阶跃输入信号的作用下输出响应曲线如图 9.13 所示。控制器微分作用的强弱总是通过与比例作用相比较来衡量的。工程上把阶跃输入作用下，比例微分控制器输出的最大跳变值与单纯由比例作用产生的输出变化值之比，称为微分增益 K_D，一般控制器中，K_D 取 $5\sim10$。

从图 9.13 中可以看出，控制器输出的初始值为 $K_P K_D A$，主要是微分作用的输出。然后随着时间的增加，微分输出下降，但不像理想的比例微分控制器那样瞬间完成，而是按时间常数为 $t_D(t_D = T_D/K_D)$ 的指数曲线下降，下降的快慢取决于微分时间 T_D，最后稳定在 $K_P A$，为比例作用的输出。微分时间 T_D 越大，微分作用越强；T_D 越小，微分作用越弱。

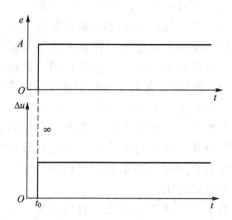

图 9.12　理想的 PD 控制规律的阶跃相应曲线　　图 9.13　实际的 PD 控制规律的阶跃相应曲线

微分输出的大小与偏差变化速度及微分时间 T_D 成正比。微分时间越长，微分作用就越强。微分时间对过渡过程的影响如图 9.14 所示。

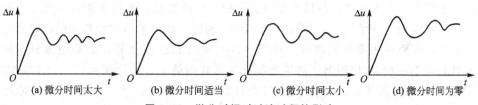

(a) 微分时间太大　　　(b) 微分时间适当　　　(c) 微分时间太小　　　(d) 微分时间为零

图 9.14　微分时间对过渡过程的影响

从图 9.14 中可以看出，若微分时间 T_D 选择适当，被控变量的过渡过程比较理想，不会产生振荡，如图 9.14(b)所示；若 T_D 选择太大，微分作用太强，引起被控变量剧烈振荡，如图 9.14(a)所示；若 T_D 选择太小，对惯性大的调节对象的调节不够及时，如图 9.14(c)所示；当 $T_D=0$ 时，微分作用就消除了。

微分控制是根据偏差变化速度进行控制的，即使偏差很小，只要出现变化趋势，马上就有控制作用输出，即微分具有超前作用。对于具有容量滞后的过程控制通道，引入微分控制对于改善系统的动态性能指标有显著的效果。因此，对于控制通道的时间常数或容量滞后较大的场合，为了提高系统的稳定性，减小动态偏差等可选用比例微分控制，如温度对象特别适用。但对于纯滞后较大，测量信号有噪声或周期性扰动的系统，则不宜采用微分控制。

9.1.5 模拟 PID 控制规律

比例微分控制过程是存在余差的。为了消除余差，生产上常引入积分作用。同时具有比例、积分、微分三种控制作用的控制器称为比例积分微分控制器，简称为 PID 控制器。

比例积分微分控制规律的输入/输出关系可用下式表示：

$$\Delta u = K_P \left(e + \frac{1}{T_I} \int_0^t e \, dt + T_D \frac{de}{dt} \right) \qquad (9-14)$$

由式(9-14)可见，PID 控制作用就是比例、积分、微分三种控制作用的叠加。当有一个阶跃信号 A 输入时，PID 控制器的输出信号 Δu 就等于比例输出 Δu_P、积分输出 Δu_I 与微分输出 Δu_D 三部分之和，如图 9.15 所示。

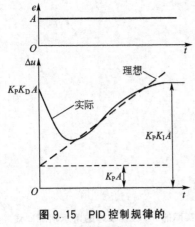

图 9.15　PID 控制规律的阶跃响应曲线

由图 9.15 可见，PID 控制器在阶跃输入下，开始时，微分作用的输出变化最大，使总的输出大幅度地变化，产生一个强烈的"超前"控制作用，这种控制作用可看成为"预调"。然后微分作用逐渐消失，积分输出逐渐占主导地位，只要余差存在，积分作用就不断增加。这种控制作用可看成为"细调"，一直到余差完全消失，积分作用才有可能停止。而在 PID 的输出中，比例作用是自始至终与偏差相对应的，它一直是一种最基本的控制作用。

PID 控制器中，有三个可以调整的参数，就是比例度 δ、积分时间 T_I 和微分时间 T_D。适当选取这三个参数的数值，可以获得良好的控制质量。

由于 PID 控制器综合了各类控制器的优点，因此具有较好的控制性能。但这并不意味着在任何条件下，采用这种控制器都是最合适的。一般来说，当对象滞后较大、负荷变化较快、不允许有余差的情况下，可以采用 PID 控制器。如果采用比较简单的控制器已能满足生产要求，那就采用简单控制器。对于一台实际的 PID 控制器，如果把微分时间调到零，其就相当于一台 PI 控制器；如果把积分时间放到最大，其就相当于一台 PD 控制器；如果把微分时间调到零，同时把积分时间放到最大，此时，其主相当于一台纯比例控制器。

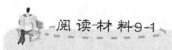
阅读材料9-1

比例、积分、微分控制作用分析

PID控制器有简单的控制结构，在实际工作中又较易于整定，因此在工业过程控制中有最广泛的应用。现在以一个二阶系统实例来说明PID控制中各参数的作用。

1. 比例控制的作用

当把K_I和K_D的值设为零的时候，只有K_P起作用，则当K_P增大时，闭环系统响应的灵敏度增大，稳态误差减小，当达到某个K_P的值，闭环系统趋于不稳定，如图9.16所示，图中K_P分别取值为10、20、30、50，K_I和K_D都取0。可以看出：随着K_P的增大，系统响应速度越快，但是超调也随着增大，当K_P达到50的时候，系统已经开始趋于不稳定了。

2. 积分控制的作用

在积分控制中，控制器的输出与输入误差信号的积分成正比关系。对一个自动控制系统，如果在进入稳态后存在稳态误差，则称这个控制系统是有稳态误差的。只有比例控制的系统是存在稳态误差的。为了研究积分控制的作用，可以把K_P的值固定，采用PI控制，在这个例子中，把K_P的值固定为15，K_I分别取为0、5、10、15。做出控制的图形，如图9.17所示。

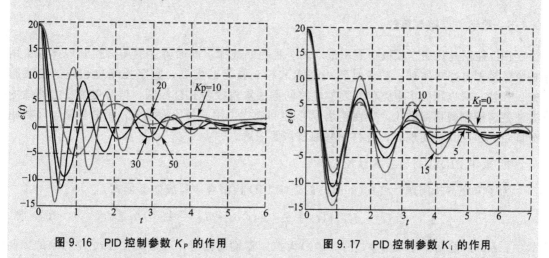

图9.16　PID控制参数K_P的作用　　　　图9.17　PID控制参数K_I的作用

由图9.17可以看出：积分作用的存在可以减少甚至消除稳态误差，但是随着积分作用的加强，系统的超调逐渐变大，系统将变得不稳定。

3. 微分控制作用

如果仅存在PI控制，没有添加微分控制的话，系统可以达到稳定，且可以没有稳态误差，不过存在比较大的超调。由于微分作用反映系统偏差变化率，能预见偏差变化的趋势，因此能产生超前的控制作用，在偏差还没有形成之前，已被微分调节作用消除。微分作用不能单独使用，要与另外两种调节规律结合，组成PD或者PID控制器。这里让这个二阶系统的$K_P=15$，$K_I=15$，K_D分别取0、1、2、10。做出系统的误差图形，如图9.18所示。可以看出：K_D的存在大大减少了超调，不过微分作用过大会导致系统稳定时间延长。

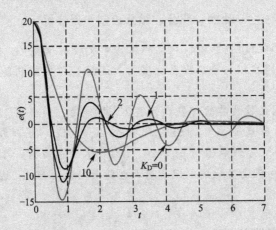

图 9.18　PID 控制参数 K_D 的作用

由以上对比分析可以知道，PID 控制是一种很好的算法，通过参数的调节，能够使系统达到稳定，而且还可以做到超调较小。

资料来源：http://www.yangsky.com/researches/teams/2009/PID.html.

9.1.6　数字 PID 控制算法

PID 控制是热加工领域中应用最广的一种控制规律。前面讲述的所有控制规律都可用相应的模拟电路来实现。随着计算机技术和控制技术的发展，数字控制也相应地发展起来。当然，可以用数字电路代替模拟电路的方法实现数字 PID 控制，但是更为行之有效的方法是将控制规律离散化，如在连续 PID 控制规律中用差分代替微分，用分步累加代替积分即可。但在具体实现时，还有一些细节需要注意。

1. 数字 PID 控制的基本形式

为了方便分析问题，将式(9-13)的连续 PID 控制规律写成如下形式：

$$u(t) = K_P\left[e(t) + \frac{1}{T_I}\int_0^t e(t)\mathrm{d}t + T_D\frac{\mathrm{d}e(t)}{\mathrm{d}t}\right] \tag{9-15}$$

式中：$e(t)$ 为控制器输入偏差信号；$u(t)$ 为控制器输出信号，一般为给予受控对象的控制信号；其他符号的定义同前。

数字调节器的特点是断续动作。它以采样周期 T 为间隔，对偏差信号 $e(t)$ 采样和作模/数转换后，按一定的控制规律算出输出值，再经数/模转换向外送出。当采样周期 T 很小时，可以通过离散化，将式(9-15)直接化为差分方程。为此用一阶差分代替一阶微分，用累加代替积分，连续 PID 控制将变为离散化的 PID 控制，即

$$u(k) = K_P\left\{e(k) + \frac{T}{T_I}\sum_{i=0}^{k} e(i) + \frac{T_D}{T}[e(k) - e(k-1)]\right\} \tag{9-16}$$

式(9-16)为位置式 PID 算法公式。这是控制算法的一种非递推公式，在计算 $u(k)$ 时，不仅需要本次与上次采样的输入值 $e(k)$ 和 $e(k-1)$，而且还需要用到 $e(0) \sim e(k)$ 的所有值。当 k 很大时，直接用上式计算是很不方便的。为此，应把它化成递推公式。根据

式(9-16)可写出 $k-1$ 次采样的输出为

$$u(k-1) = K_P\left\{e(k-1) + \frac{T}{T_I}\sum_{i=0}^{k-1}e(i) + \frac{T_D}{T}[e(k-1) - e(k-2)]\right\} \quad (9-17)$$

由式(9-16)和式(9-17)可得

$$\Delta u(k) = u(k) - u(k-1) = a_0 e(k) + a_1 e(k-1) + a_2 e(k-2) \quad (9-18)$$

式中：$a_0 = K_P\left(1 + \frac{T}{T_I} + \frac{T_D}{T}\right)$；$a_1 = -K_P\left(1 + 2\frac{T_D}{T}\right)$；$a_2 = K_P \cdot \frac{T_D}{T}$。

式(9-18)为增量式 PID 算法公式。按式(9-18)计算 k 次采样的数字控制器的输出 $u(k)$ 只需要本次偏差 $e(k)$、前两次偏差 $e(k-1)$ 和 $e(k-2)$ 以及计算的输出值 $u(k-1)$。

在数字控制系统中，当需要限制输出量的变化速率，以及需要实现自动/手动无扰切换等场合，使用增量式算法有许多便利之处，所以有些控制系统中不直接计算 $u(k)$，而是计算 $\Delta u(k)$。

2. 数字 PID 算法的改进形式

在实际使用时为了改善控制质量，对 PID 算式进行了改进，出现了多种改进形式的 PID 算法。下面简单介绍几种代表性的 PID 变形算法。

1) 不完全微分型 PID 算法

完全微分型 PID 算法的控制效果较差，故在数字式控制器及计算机控制中通常采用不完全微分型 PID 算法。

以不完全微分的 PID 位置型为例，其算式为

$$u(k) = K_P\left\{e(k) + \frac{T}{T_I}\sum_{i=0}^{k}e(i) + \frac{T_D}{T^*}[e(k) - e(k-1)] + \beta u(k-1)\right\} \quad (9-19)$$

式中：$\beta = \dfrac{\dfrac{T_D}{K_D}}{\dfrac{T_D}{K_D} + T}$；$T^* = \dfrac{T_D}{K_D} + T$，$K_D$ 为微分增益，一般取 $5\sim10$。

该算法与完全微分型算法相比，多出 $\beta u(k-1)$ 一项，它是 $k-1$ 次采样的微分输出值，算法的系数设置和计算变得复杂，但控制质量变好。

完全微分作用在阶跃扰动的瞬间，输出有很大的变化，这对于控制不利。如果微分时间 T_D 较大，比例度 δ 较小，采样时间 T 又较短，就有可能在大偏差阶跃扰动的作用下引起算式的输出值超出极限范围，输出值溢出停机。另外，完全微分算法的输出只在扰动产生的第一个周期内有变化，微分仅在瞬间起作用，从总体上看微分作用不明显；而不完全微分算法在偏差阶跃扰动的作用下微分作用瞬间不是太强烈，并可保持一段时间，从总体上看，微分作用得以加强，控制质量较好。

2) 积分分离 PID 控制算法

在使用一般 PID 控制时，当开始或停止工作的瞬间，或者大幅度改变设定值时，由于短时间内产生很大偏差，会造成严重超调或长时间的振荡。采用积分分离 PID 算法可以克服这一缺点。所谓积分分离，就是在偏差大于一定数值时，取消积分作用；而当偏差小于这一数值时，才引入积分作用。这样既可减小超调，又能使积分发挥消除余差的作用。

积分分离 PID 算法如下：

$$u(k) = K_P\left\{e(k) + K_I\frac{T}{T_I}\sum_{i=0}^{k}e(i) + \frac{T_D}{T}[e(k) - e(k-1)]\right\} \quad (9-20)$$

式中：当 $e(k) \leqslant A$ 时 $K_I = 1$，引入积分作用；当 $e(k) > A$ 时 $K_I = 0$，积分不起作用。

3）微分先行 PID 控制算法

在基本 PID 算法中，因为 PID 运算是对设定值 $r(t)$ 与测量值 $y(t)$ 之差进行的，当设定值改变时，微分作用会使控制器输出产生急剧的跳动，即所谓微分冲击，影响工况的稳定。因此，在改变这种控制器的设定值时，必须小心翼翼地观察着输出的变化。

为了改善这种操作特性，有人提出让微分对设定值 $r(t)$ 不起作用，而只对测量值 $y(t)$ 进行微分运算的算法，称为微分先行 PID 算法。

微分先行 PID 算法只对测量值进行微分，而不是对偏差进行微分。这样，在设定值变化时，输出不会突变，而被控变量的变化是较为缓和的。其算法如下：

$$u(k) = K_P \left\{ e(k) + \frac{T}{T_I} \sum_{i=0}^{k} e(i) - \frac{T_D}{T} [y(k) - y(k-1)] \right\} \tag{9-21}$$

4）比例微分先行 PID 控制算法

微分先行 PID 算法的采用，解决了在改变设定值时对微分冲击的担心，这使人想到，如果对比例动作也作同样的修改，那么比例冲击也能消除，设定值的变更可以更大胆地进行。特别是在数字仪表内，因为设定值一般用键盘修改，变化是阶跃式的，所以特别希望将比例冲击和微分冲击一起消除。

比例微分先行 PID 控制算法如下：

$$u(k) = K_P \left\{ \frac{T}{T_I} \sum_{i=0}^{k} e(i) - \left\{ y(k) + \frac{T_D}{T} [y(k) - y(k-1)] \right\} \right\} \tag{9-22}$$

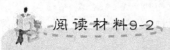

阅读材料9-2

智能 PID 控制方法简介

近年来，智能控制方法和常规 PID 控制方法不断融合，形成了许多形式的智能 PID 控制。由于它们吸收了智能控制和常规 PID 控制的优点，成为一种较理想的控制方法。下面介绍几种智能 PID 控制。

1. 基于神经网络的 PID 控制

在常规 PID 控制的基础上，加入一个神经网络控制器（NNC），构成图 9.19 所示的神经网络 PID 控制器。

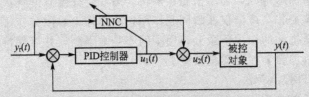

图 9.19　神经网络 PID 控制

此时神经网络控制器实际是一个前馈控制器，它建立的是被控对象的逆向模型。由图 9.19 看出，神经网络控制器通过向传统控制器的输出进行学习，在线调整自己，目标是使反馈误差 $e(t)$ 或 $u_1(t)$ 趋近于零，从而使自己逐渐在控制作用中占据主导地位，以便最终取消反馈控制器的作用。但是以 PID 构成的反馈控制器一直存在，一旦系统出现干扰，反馈控制器马上重新起作用。因此，采用这种前馈加反馈的智能控制方法，不仅可确保控制系统的稳定性，而且可有效地提高系统的精度和自适应能力。

2. 模糊自适应 PID 控制

模糊自适应 PID 控制如图 9.20 所示。FAC 为模糊自适应控制器，与常规 PID 控制器一起组成 FAPID 控制。FAPID 控制的设计分为独立的两步进行，简单方便。FAC 的输出即为 PID 控制的输入。由于模糊控制部分已隐含对误差的 PD 成分，所以在采用 FAPID 控制时，PID 控制器中微分部分没有必要加入。与传统 PID 控制比较，FAPID 控制大大减小了超调量，提高了抗干扰能力，缩短了调节时间。

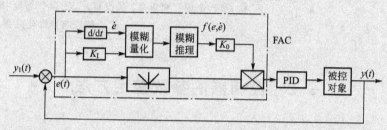

图 9.20　FAPID 控制

3. 专家 PID 控制器

具有专家系统的自适应 PID 控制如图 9.21 所示，它由参考模型、可调系统和专家系统组成。其中，参考模型由模型控制器和参考模型被控对象组成；可调系统由数字式 PID 控制器和实际被控对象组成。控制器的 PID 参数可以任意加以调整，当被控对象因环境原因而特性有所改变时，在原有控制器参数作用下，可调系统输出 $y(t)$ 的响应波形将偏离理想的动态特性。这时，利用专家系统以一定的规律调整控制器的 PID 参数，使 $y(t)$ 的动态特性恢复到理想状态。该系统由于采用闭环输出波形的模式识别方法来辨别被控对象的动态特性，不必加持续的激励信号，因而对系统造成的干扰小。

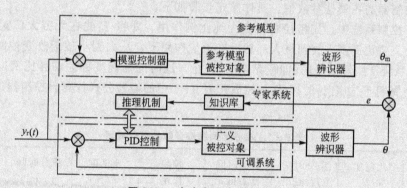

图 9.21　专家自适应 PID 控制

4. 基于遗传算法的 PID 控制

遗传算法是一种基于自然选择和基因遗传原理的迭代自适应概率性搜索算法。基本思想就是将待求解问题转换成由个体组成的演化群体和对该群体进行操作的一组遗传算子，包括三个基本操作：复制、交叉、变异。基于遗传算法的 PID 具有以下特点：①把时域指标同频域指标做了紧密结合，鲁棒性和时域性能都得到良好保证；②采用了新型自适应遗传算法，收敛速度和全局优化能力大大提高；③具有较强的直观性和适应性；

④较为科学地解决了确定参数搜索空间的问题，克服了人为主观设定的盲目性。

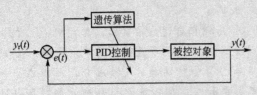

图 9.22　基于遗传算法的自适应 PID 控制

基于遗传算法的自适应 PID 控制的原理框图如图 9.22 所示。其思想就是将控制器参数构成基因型，将性能指标构成相应的适应度，便可利用遗传算法来整定控制器的最佳参数，并且不要求系统是否为连续可微的，能否以显式表示。

资料来源：沈永福，吴少军，邓方林. 智能 PID 控制综述.
工业仪表与自动化装置，2002，(6).

9.2　控制器的参数整定方法

在选择了控制规律及相应的控制器后，下一步的问题是如何整定参数，以得到某种意义下的最佳过渡过程。所谓控制器参数的整定，就是按照已定的控制方案，求取使控制质量最好的控制器参数值。具体来说，就是确定最合适的控制器比例度 δ、积分时间 T_I 和微分时间 T_D。下面介绍几种实用的参数整定方法。

9.2.1　临界比例度法

临界比例度法是目前应用较广的一种工程整定方法，其特点是直接在闭合的控制系统中进行整定，而不需要进行对象动态特性的试验。它是通过整定，使被控变量过渡过程出现等幅振荡，从而得到临界比例度 δ_k 和临界振荡周期 T_k 值。然后由 δ_k 和 T_k 值，用经验公式计算出控制器的各最佳参数值。具体整定步骤如下：

在闭环控制系统中，先将控制器变为纯比例作用，即将 T_I 放在无穷大位置上，T_D 放在零位置上。将比例度 δ 放到最大，然后在干扰作用下，从大到小逐渐改变控制器的比例度 δ，直至系统产生等幅振荡（即临界振荡）为止。这时的比例度称为临界比例度 δ_k，周期为临界振荡周期 T_k。记下 δ_k 和 T_k，然后按表 9-1 中的经验公式计算出控制器的各参数整定数值。

表 9-1　临界比例度法参数计算公式表

控制作用	比例度 $\delta/\%$	积分时间 $T_I/\min$	微分时间 $T_D/\min$	控制作用	比例度 $\delta/\%$	积分时间 $T_I/\min$	微分时间 $T_D/\min$
P	$2\delta_k$	—	—	PD	$1.8\delta_k$	—	$0.1T_k$
PI	$2.2\delta_k$	$0.85\delta_k$	—	PID	$1.7\delta_k$	$0.5T_k$	$0.125T_k$

临界比例度法比较容易掌握，适用于一般的控制系统。但是对于 δ_k 很小的系统不适用。因为 δ_k 很小，则控制器输出的变化一定很大，被控参数容易超出允许范围。

临界比例度法是要使系统达到等幅振荡后，才能找出 δ_k 和 T_k，因此，对于工艺上不允许产生等幅振荡的系统本方法并不适用。

9.2.2 衰减曲线法

衰减曲线法是通过使系统产生衰减振荡来整定控制器的参数值的，具体作法如下：

在闭环控制系统中，先将控制器变为纯比例控制，并将比例度预置在较大的数值上。在达到稳定后，用改变给定值的办法加入阶跃干扰，观察被控变量，记录曲线的衰减比，然后从大到小改变比例度，直至出现 4∶1 衰减比为止，记下此时的比例度 δ_s（称为4∶1衰减比例度），从曲线上得到衰减周期 T_s。然后根据表 9-2 中衰减比 4∶1 的经验公式，求出控制器的参数整定值。

如果有的过程 4∶1 衰减振荡过强，则可采用 10∶1 衰减曲线法。方法同上，得到 10∶1衰减曲线后，记下此时的比例度 δ'_s 和最大上升时间 t_r，然后根据表 9-2 中衰减比 10∶1 的经验公式，求出相应的 δ、T_I 和 T_D 值。

表 9-2 衰减曲线法参数计算公式表

	衰减比 4∶1				衰减比 10∶1		
控制作用	$\delta / \%$	$T_I/\min$	$T_D/\min$	控制作用	$\delta / \%$	$T_I/\min$	$T_D/\min$
P	δ_s	—	—	P	δ'_s	—	—
PI	$1.2\delta_s$	$0.5T_s$	—	PI	$1.2\delta'_s$	$2t_r$	—
PID	$0.8\delta_s$	$0.3T_s$	$0.1T_s$	PID	$0.8\delta'_s$	$1.2t_r$	$0.4t_r$

采用衰减曲线法必须注意以下三点：①加的干扰幅值不能太大，要根据生产操作要求来定，一般为额定值的 5% 左右。②必须在工艺参数稳定情况下才能施加干扰，否则得不到正确的 δ_s 和 T_s 或 δ'_s 和 t_r 值。③对于反应快的系统，要在记录曲线上严格得到 4∶1 衰减曲线比较困难。一般以被控变量来回波动两次达到稳定，就近似认为达到 4∶1 衰减过程。

衰减曲线法比较简便，适用于一般情况下的各种参数的控制系统。但对于干扰频繁、记录曲线不规则、不断有小摆动的情况不适用。

9.2.3 扩充响应曲线法

用扩充响应曲线法整定控制器的参数应该先测定对象的动态特性，即对象输入量作单位阶跃变化时被控变量的响应曲线。根据响应曲线定出几个能代表该控制对象动态特性的参数，然后可直接按这个数据定出控制器最佳整定参数。

图 9.23 是用实验测得的响应曲线。如果从拐点 p_1 作切线，并将它近似地当做具有纯滞后的一阶惯性环节来看待，则从曲线上可得三个参数，即等效滞后时间 τ、等效时间常数 T 和广义对象的放大系数 K，K 可表示成无因次量，即

$$K = \frac{\dfrac{\Delta y}{y_{\max} - y_{\min}}}{\dfrac{\Delta x}{x_{\max} - x_{\min}}} \qquad (9-23)$$

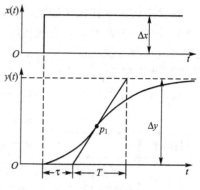

图 9.23 实测的响应曲线

根据代表对象动特性的参数 τ、T 和 K，可根据表 9-3 所示的经验公式，计算对应于衰减比为 4:1 下控制器的最佳整定参数。

表 9-3　扩充响应曲线法参数计算公式

控制作用	比例度 δ/%	积分时间 T_I/min	微分时间 T_D/min
P	$(K\tau)/T$	—	—
PI	$(1.1K\tau)/T$	3.3τ	—
PID	$(0.85K\tau)/T$	2τ	0.5τ

【例 9.1】　有一个蒸汽加热器温度控制系统，当电动 DDZ-Ⅱ型控制器(输出电流范围 0～10mA)手动输出电流从 6mA 突然增加到 7mA 时，加热器温度从原先的稳态值 85.0℃上升到新的稳定值 87.8℃。所用测温仪表量程为 40～100℃。试验测得响应曲线的 $\tau=1.1$min，$T=2.3$min。如果采用 PI 控制器，其整定参数应为多少？如果改用 PID 控制，其整定参数又应是多少？

解：

由已知条件可计算出：

$$\Delta x=7-6=1\ (\text{mA})\qquad x_{\max}-x_{\min}=10-0=10\ (\text{mA})$$

$$\Delta y=87.8-85.0=2.8\ (℃)\qquad y_{\max}-y_{\min}=100-40=60\ (℃)$$

根据式(9-23)可求得：

$$K=\frac{2.8/60}{1/10}=0.47$$

采用 PI 控制时：

$$\begin{cases}\delta(\%)=(1.1K\tau)/T=(1.1\times0.47\times1.1)/2.3=0.25\\ T_I=3.3\tau=3.3\times1.1=3.63(\text{min})\end{cases}$$

采用 PID 控制时：

$$\begin{cases}\delta(\%)=(0.85K\tau)/T=(0.85\times0.47\times1.1)/2.3=0.19\\ T_I=2\tau=2\times1.1=2.2(\text{min})\\ T_D=0.5\tau=0.5\times1.1=0.55(\text{min})\end{cases}$$

9.2.4　经验凑试法

经验凑试法是在长期的生产实践中总结出来的一种整定方法。它是根据经验先将控制器参数放在一个数值上，直接在闭环控制系统中，通过改变给定值施加干扰，在记录仪上观察过渡过程曲线，以 δ、T_I 和 T_D 对过渡过程的影响为指导，按照规定顺序，对比例度 δ、积分时间 T_I 和微分时间 T_D 逐个整定，直到获得满意的过渡过程为止。

各类控制系统中控制器参数的经验数据列于表 9-4 中，供整定时参考选择。

表 9-4　控制器参数的经验数据表

控制对象	对象特征	δ/%	T_I/min	T_D/min
温度	对象容量滞后大，即参数受干扰后变化迟缓，δ 应小，T_I 要长，一般需加微分	20～60	3～10	0.5～3

（续）

控制对象	对象特征	$\delta/\%$	$T_I/\min$	$T_D/\min$
流量	对象时间常数小，参数有波动，δ 要大，T_I 要短，不用微分	40～100	0.3～1	—
压力	对象的容量滞后一般，不算大，一般不加微分	30～70	0.4～3	—
液位	对象时间常数范围大，要求不高时，δ 可在一定范围内选取，一般不用微分	20～80	—	—

具体的整定方法有以下两种：

（1）先作比例作用凑试，后加积分，再加微分。

在整定时，先令 PID 控制器 $T_I = \infty$，$T_D = 0$，使其成为纯比例控制器。比例度 δ 根据经验或参考表 9-4 中选定某一数值设置为起始值，把系统投入自动运行。改变给定值，整定纯比例控制系统的比例度，观察曲线变化，使系统过渡到 4∶1 衰减振荡过渡过程曲线，然后再加入积分作用，一般积分时间可先取衰减周期的一半左右。在加积分作用的同时，把比例度加大 10%～20%。积分时间 T_I 由大到小进行调整，观察曲线，直到系统出现 4∶1 衰减振荡的过渡过程曲线为止。微分作用最后加入，这时可把比例度调整到比原来再小一点，T_I 值也可再小一点。微分时间 T_D 可据表 9-4 中的经验值范围内由小到大调整，使过渡时间缩短，超调量减小，直至过渡过程曲线达到满意为止。

（2）先设置 T_I 和 T_D，再凑试 δ。

先按表 9-4 中给出的范围初定 T_I 值，如系统需要引入微分作用时，可取 $T_D = \left(\dfrac{1}{4} \sim \dfrac{1}{3} \right) T_I$，然后对 δ 进行反复凑试。凑试的步骤与前一种方法相同。

一般来讲，这种凑试法可以较快地找到合适的 δ 值，但是如果开始时 T_I 和 T_D 设置的不合适，则有可能得不到要求的理想曲线。这时应对 T_I 和 T_D 作适当的调整，然后再重新凑试，如此反复进行，直至曲线符合控制系统的要求为止。

经验凑试法适用于各种控制系统，特别是对象干扰频繁、过渡过程曲线不规则的控制系统。此法的缺点是主要靠经验，在经验缺乏或过程本身较慢时，整定所花费的时间较多。

9.3 PID 控制实例——直线电动机的数字 PID 控制

直线电动机是一种利用电能直接产生直线运动的电气设备，本实例将介绍一种以 MCS51 单片机为主要控制器的数字 PID 控制系统。该系统采用软件技术实现 PID 控制参数的智能化整定，并利用整定后的控制参数控制直线电动机的运行过程，使电动机系统获得较高的响应速度、稳定的控制精度。

9.3.1 控制系统的组成

直线电动机数字 PID 控制系统的硬件由 MCS51 单片机、总线控制电路、控制台、显示器、存储器、D/A 转换控制电路、功率放大器、位移检测器、通信接口电路等组成。其相互连接方式如图 9.24 所示。

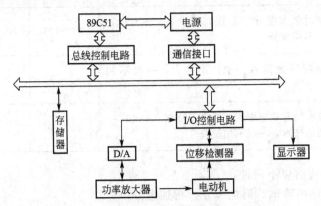

图 9.24　直线电机控制系统硬件组成示意图

直线电动机运行过程的数字 PID 控制由 MCS51 单片机完成，位移检测器用于实时检测直线电动机的输出位移，并将结果反馈给单片机系统。通信接口用于控制系统与上位计算机的通信，传输所需信息。

软件由主程序、PID 控制程序、参数自整定程序、数据处理显示程序、通信程序、阶跃响应控制程序、仿真控制程序等部分组成。仿真控制程序可根据阶跃响应实验得到的对象参数和初始 PID 控制参数，进行离线仿真，并根据仿真结果自动调整各控制参数。

9.3.2　PID 控制算法的选取

在数字 PID 控制中，加入积分校正后，会产生过大的超调量，在直线电动机的运行过程中，这是不允许发生的。为了减少在电动机运行过程中积分校正对积分控制系统动态特性的影响，需要在直线电动机的启停阶段或改变幅值给定时，采用积分分离 PID 控制算法。

$$\begin{cases} \text{PID 控制} & \text{当 } |e(k)| > \varepsilon \text{ 时} \\ \text{PID 控制} & \text{当 } |e(k)| \leqslant \varepsilon \text{ 时} \end{cases} \tag{9-24}$$

其 PID 控制算法的选取可由式(9-23)确定。即此时只加比例和微分，取消积分校正。而当电动机的实际位移与给定目标位移的偏差小于一定值时，则恢复积分校正作用，以消除电动机系统的稳态误差。利用单片机的数据处理功能，可方便地确定积分分离 PID 控制的进程。实现直线电动机的积分分离 PID 控制，弥补模拟 PID 控制的不足，改善系统的控制性能，减少超调量，缩短调节时间。

9.3.3　PID 参数的自整定

1. PID 参数整定系统分析

在直线电动机 PID 控制系统中，将人工整定 PID 参数的调整经验作为知识和推理规则存入单片机系统中，并根据直线电动机控制系统的实际响应情况，自动实现对 PID 参数的最佳调整。

PID 控制参数的自动整定分两步进行。第一步，初始确定 PID 控制参数；第二步，在初定的 PID 控制参数基础上，根据电动机控制系统的响应过程和控制的目标期望值，自动修正初定 PID 参数，直到电动机系统的控制指标符合要求为止。

在确定初始 PID 控制参数时，采样周期 T 是一个比较重要的因素，采样周期的选取应与 PID 参数的整定综合考虑。在本系统中，PID 控制过程是在定时中断状态下完成的。因此，采样周期 T 的大小必须保证中断程序正常运行。在不影响中断程序运行的条件下，可取采样周期 $T=0.1\tau$（τ 为电动机系统的纯滞后时间）。设中断程序运行时间为 T_z，则

$$T=\begin{cases}0.1\tau & T_z\leqslant 0.1\tau \\ T_z & T_z>0.1\tau\end{cases} \tag{9-25}$$

2. PID 参数整定方法

初始确定数字 PID 控制参数时，可利用临界比例度法进行参数整定。在用上述方法确定了采样周期 T 的条件下，从电机的数字 PID 控制回路中，去掉控制器的积分和微分控制作用，只采用比例环节来确定系统的振荡周期 T_k 和临界比例系数 K_s。由单片机系统控制比例系数 K_s，并逐渐增大，直到电动机系统发生持续的等幅振荡，然后由单片机系统自动记录电动机系统发生持续等幅振荡时的临界比例度 δ_k 和相应的临界振荡周期 T_k。

根据所得的 δ_k 和 T_k，便可根据表 9-1 初始确定 PID 控制参数为

$$K_p=1.7\delta_k \quad T_I=0.5T_k \quad T_D=0.125T_k \tag{9-26}$$

采样周期 T 取为

$$T=\begin{cases}0.05T_k & T_z\leqslant 0.05T_k \\ 0.05T_z & T_z>0.05T_k\end{cases} \tag{9-27}$$

利用初始确定的数字 PID 控制参数，便可以对直线电机系统进行实时控制，再采用人工智能的方法实现 PID 控制参数的自动整定，以达到良好的控制效果。

9.4 模拟控制器

在模拟式控制器中，所传送的信号形式为连续的模拟信号。根据所加的能源不同，目前应用的模拟式控制器主要有气动控制器与电动控制器两种。

9.4.1 模拟控制器的基本结构

尽管气动控制器与电动控制器的构成元件与工作方式有很大的差别，但基本上都是由比较环节、放大器和反馈环节三大部分组成，如图 9.25 所示。

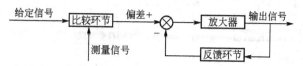

图 9.25 模拟控制器的基本构成

（1）比较环节。比较环节的作用是将给定信号与测量信号进行比较，产生一个与它们的偏差成比例的偏差信号。

在气动控制器中，给定信号与测量信号都是与它们成一定比例关系的气压信号。然后通过膜片或波纹管将它们转化为力或力矩。所以，在气动控制器中，比较环节是通过力或

力矩比较来实现的。在电动控制器中，给定信号与测量信号都是以电信号出现的，因此，比较环节都是在输入电路中进行电压或电流信号的比较。

（2）放大器。放大器实质上是一个稳态增益很大的比例环节。气动控制器中采用气动放大器来将气压（或气量）进行放大。电动控制器中可采用高增益的运算放大器。

（3）反馈环节。反馈环节的作用是通过正、负反馈来实现比例、积分、微分等控制规律的。在气动控制器中，输出的气压信号通过膜片或波纹管以力或力矩的形式反馈到输入端。在电动控制器中，输出的电信号通过由电阻和电容构成的无源网络反馈到输入端。

9.4.2 DDZ-Ⅲ型电动控制器

气动控制器虽然结构简单、价格便宜。但由于它信号传送慢、滞后大，不易与计算机联用，故近年来使用较少。下面仅介绍 DDZ-Ⅲ 型电动控制器。

DDZ-Ⅲ型电动控制器是模拟式控制器中较为常见的一种，如图 9.26 所示，它以来自变送器或转换器的 $1\sim5\text{V}$ 直流测量信号作为输入信号，与 $1\sim5\text{V}$ 直流设定信号相比较得到偏差信号，然后对此信号进行 PID 运算后，输出 $1\sim5\text{V}$ 或 $4\sim20\text{mA}$ 的直流控制信号，以实现对工艺变量的控制。

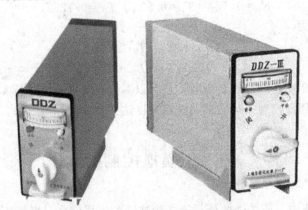

图 9.26 DDZ-Ⅲ电动控制器实物图

DDZ-Ⅲ型控制器中的基型控制器有全刻度指示和偏差指示两种类型，它们的主要部分是相同的，仅指示部分有区别。基型全刻度指示控制器的原理框图如图 9.27 所示。

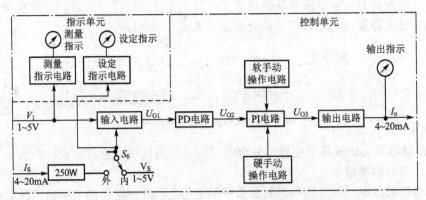

图 9.27 DDZ-Ⅲ全刻度指示控制器原理框图

由图 9.27 可以看出，全刻度指示控制器由控制单元和指示单元两大部分组成，其中控制单元包括输入电路、PD 电路、PI 电路、输出电路以及手动操作电路（硬手动操作电路和软手动操作电路）；指示单元包括测量信号指示电路、设定信号指示电路以及内设定电路。控制器的设定信号可由开关 S_6 选择为内设定或外设定，内设定信号为 $1\sim5\mathrm{V}$ 直流电压，外设定信号为 $4\sim20\mathrm{mA}$ 直流电流，它经过 $250\,\Omega$ 精密电阻转换成 $1\sim5\mathrm{V}$ 直流电压。

控制器的工作状态有"自动"、"软手动"和"硬手动"三种工作状态。下面分别叙述各部分的原理。

1. 输入电路

输入电路实际上是一个偏差差动电平平移电路（图 9.28），它的主要作用是用来获得与输入信号 U_i 和给定信号 U_s 之差成比例的偏差信号，并对偏差信号实现电平移动。

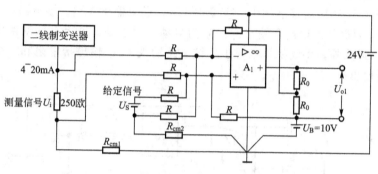

图 9.28　输入电路

测量信号 U_i 和给定信号 U_s 反相地通过两对并联输入电阻 R 加到运算放大器 A_1 的两个输入端，其输出是以 $U_B=10\mathrm{V}$ 为基准的电压信号 U_{o1}，它一方面作为下一级比例微分电路的输入，另一方面则取出 $U_{o1}/2$ 通过反馈电阻 R 反馈至 A_1 的反相输入端。其输入/输出关系如下：

$$U_{o1}=2(U_s-U_i) \tag{9-28}$$

可见，输入电路的输出电压 U_{o1} 是偏差电压 (U_s-U_i) 的两倍，从而获得与输入信号 U_i 和给定信号 U_s 之差成比例的偏差信号。

2. PD 电路

图 9.29 所示为比例微分电路。以偏差信号 U_{o1}，通过 $R_D C_D$ 电路进行比例微分运算，再经比例放大后，其输出信号 U_{o2} 送给比例积分电路。图中 R_P 为比例电位器，R_D 为微分电位器，C_D 为微分电容，调节 R_D 和 R_P，即可改变微分时间和比例度。

由图可见，比例微分电路由比例微分网络和比例运算放大器组成。当开关 S 置于"断"位置时，微分作用将被切除，电路只具有比例作用，这时 C_D 并联在 $9.1\mathrm{k}\Omega$ 电阻的两端，C_D 的电压始终跟随 $9.1\mathrm{k}\Omega$ 电阻的压降。当 S 需要从"断"切换到"通"位置时，在切换瞬间由于电容器两端的电压不能跃变，从而保持 U_{o2} 不变，对控制系统不产生扰动。

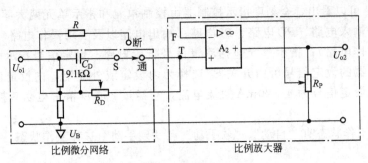

图 9.29　比例微分电路

3. PI 电路

比例积分电路如图 9.30 所示，它接收以 10V 为基准的 PD 电路的输出信号 U_{o2}，进行 PI 运算后，输出以 10V 为基准的 1～5V 电压 U_{o3}，送至输出电路。该电路由 A_3、R_I、C_I、C_M 等组成，S_3 为积分档切换开关，S_1、S_2 为自动、软手动、硬手动联动切换开关，该电路除了实现 PI 运算外，手动操作信号也从该电路输入。A_3 输出接电阻和二极管，然后通过射极跟随器输出。

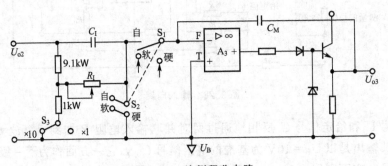

图 9.30　比例积分电路

4. 输出电路

输出回路实际上是一个具有电平移动的电压/电流转换器，如图 9.31 所示，其输入信号是经过 PID 运算后以电平 $U_B=10V$ 为基准的 1～5V 直流电压信号 U_{o3}，输出是流经一端接地的负载电阻 R_L 的电流（$I_o=4～20mA$）。

为使控制器的输出电流不随负载电阻大小变化，输出电路应具有良好的恒流特性，该电路使用集成运算放大器 A_4，并以强烈的电流负反馈保证这一点。为了提高控制器的负载能力，在放大器 A_4 的后面，用晶体管 T_1、T_2 组成复合管带动负载，这不仅可以提高放大器 A_4 的放大倍数，增进恒流性能，而且可以提高电流转换的精度。

图 9.31 所示输出电路实际上是一个比例运算器，电阻 $R_3=R_4=10k\Omega$，若令

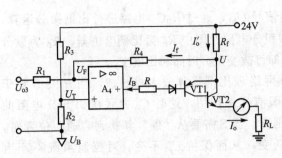

图 9.31　输出电路

$R_1＝R_2＝4R_3$，则用理想放大器的分析方法可推出：

$$I_o'＝\frac{U_{o3}}{4R_f}\qquad(9-29)$$

如果认为反馈支路中的电流 I_f 和晶体管 T_1 的基极电流 I_B 都比较小，可以忽略的话，则

$$I_o＝I_o'＝\frac{U_{o3}}{4R_f}\qquad(9-30)$$

若取图中所标阻值 $R_f＝62.5\Omega$，当 $U_{o3}＝(1\sim5)V$ 时，输出电流 $I_o＝4\sim20mA$。

5. 手动操作电路

DDZ-Ⅲ型控制器的手动操作分软手动和硬手动两种，软手动操作是指控制器的输出电流与手动输入电压信号成积分关系；而硬手动操作是指控制器的输出电流与手动输入电压信号成比例关系。

DDZ-Ⅲ型控制器的手动操作电路是在 PI 电路中附加硬手动和软手动操作电路而实现的，如图 9.32 所示。图中 S_1 和 S_2 为联动的自动、软手动、硬手动切换开关，$S_{41}\sim S_{44}$ 为软手动操作开关，R_{PH} 为硬手动操作电位器。当 S_1 和 S_2 处于"软手动"位置而不按下 S_4 时，控制器处于"软手动"位置，而按下 S_4 时，控制器处于保持状态。在 DDZ-Ⅲ型控制器中，自动/软手动，硬手动/软手动和硬手动/自动的切换都具有无平衡无扰动特性。

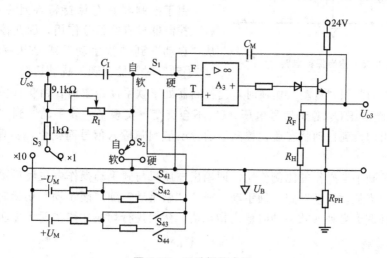

图 9.32 手动操作电路

（1）软手动操作。在图 9.32 中，当 S_1、S_2 置于软手动位置时，按下 $S_{41}\sim S_{44}$ 中的任一开关，便可得到图 9.33 所示的软手动操作等效电路。此时，A_3 和电阻 R_M、电容 C_M 组成积分运算电路，输入信号通过 R_M 接至 $+U_M$ 或 $-U_M$，其输出电压信号变化规律为

$$\Delta U_{o3}＝-\frac{\pm U_M}{R_M C_M}\Delta t\qquad(9-31)$$

式中：Δt 为开关 S_4 接通 U_M 的时间。

（2）硬手动操作。在图 9.32 中，当 S_1、S_2 置于硬手动位置时，便可得到图 9.34 所示的硬手动操作等效电路。此时，电阻 R_F 与电容 C_M 并联，硬手动操作电位器 R_{PH} 上的电压 U_H 经电阻 R_H 输入放大器。这样，放大器成为时间常数 $T＝R_F C_M$ 的惯性环节。

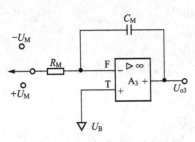

图 9.33　软手动操作等效电路

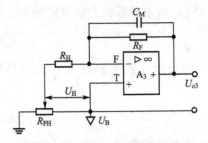

图 9.34　硬手动操作等效电路

考虑到硬手动操作电路的输入信号 U_H 一般为变化缓慢的直流信号，且 $R_F(30k\Omega)$ 与 $C_M(10\mu F)$ 并联后，可忽略 C_M 的影响。由于及 $R_f=R_H$，所以硬手动操作电路实际上是一个比例增益为 1 的比例运算电路，即 $U_{o3}=-U_H$。

（3）自动/手动的无扰动切换。当开关 S_1、S_2 切换到软手动位置而不扳动 S_4 时，电路处于无扰动切换状态，如图 9.35 所示的保持电路。由 C_M 电容贮存的电荷没有放电通路，因此在切换前后，电压 U_{CM} 都等于输出电压 U_{o3}，即输出电压 U_{o3} 能保持开关切换前瞬间的值不变，这一特性称为控制器的输出保持特性。

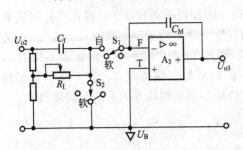

图 9.35　输出保持电路

由于控制器具有保持特性且在扳动开关以后，控制器只有纯积分作用，因此控制器无论是从"自动"到"软手动"或是从"硬手动"到"软手动"时都能实现无扰动切换。

从"软手动"到"自动"切换时，当控制器处于软手动位置时，由于开关 S_2 的作用，使电容 C_I 两端电压 U_{CI} 等于信号电压，U_{o2} 不会突变，实现了"软手动"到"自动"的无扰动切换。当切换到自动状态后，控制器的输出值则随输入信号而变化，实现正常的 PID 控制。

但是由于硬手动操作的比例作用，即输出电压只与硬手动操作电位器滑动端的位置相对应，因此，当从"自动"到"硬手动"或从"软手动"到"硬手动"切换时，都需要预先将硬手动杆调到自动或软手动时输出指示值，然后进行切换才能实现无扰动切换。

6. 指示电路

输入信号指示电路与给定信号指示电路完全一样，下面介绍输入信号的指示电路。

图 9.36 所示为全刻度指示电路，是一个具有电平移动的差动输入式比例运算放大器，将以零伏为基准的 1~5V 直流输入信号转换为以 U_R 为基准的 1~5mA 直流的电流信号。

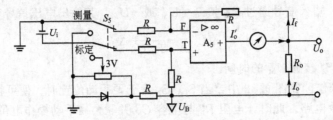

图 9.36　全刻度指示电路

若放大器是理想的，则 $U_o = U_i$。由于反馈支路电流 I_f 很小，可以忽略，故流过表头的电流为

$$I = \frac{U_o}{R_o} = \frac{U_i}{R_o} \tag{9-32}$$

若 $R_o = 1k\Omega$，则 $U_i = 1\sim 5V$ 时，I 即为 $1\sim 5mA$。

图 9.36 中设有测量/标定切换开关 S_5，来校验指示电路的工作。当 S_5 置于标定位置时，就有 3V 的电压输入指示电路，这时流过表头的电流应为 3mA，电表指针应指在 50% 的位置上。如果不准，应调整仪表的机械零点，或检查其他故障。

9.5 数字控制器

数字控制器以其强大的控制功能、灵活方便的操作手段和高的性价比等特点逐渐得到推广应用。它以微处理机为运算和控制核心，可由用户编制程序，组成各种控制规律。目前，被广泛使用的产品有 KMM、SLPC、PMK 和 Micro760/761 等，图 9.37 所示是三种常见的数字控制器。由于上述产品均控制一个回路，因此习惯上称为"单回路数字控制器"。

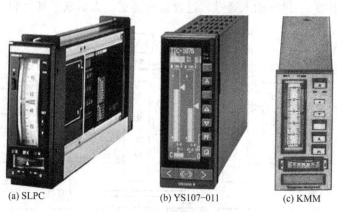

(a) SLPC   (b) YS107-011   (c) KMM

图 9.37 常见的数字控制器

9.5.1 数字控制器的主要特点

数字控制器与模拟控制器在构成原理和所用器件上有很大差别。数字控制器采用数字技术，以微型计算机为核心部件；而模拟控制器采用模拟技术，以运算放大器等模拟电子器件为基本部件。数字控制器有如下主要特点：

（1）实现了模拟仪表与计算机一体化。将微处理机引入控制器，充分发挥了计算机的优越性，使控制器电路简化，功能增强，提高了性价比；同时，考虑人们长期以来习惯使用模拟控制器的情况，数字控制器的外形结构、面板布置保留了模拟控制器的特征，而且使用操作方式也与模拟控制器相似。

（2）具有丰富的运算控制功能。数字控制器有许多运算模块和控制模块。用户根据需要选用部分模块进行组态，可以实现各种运算处理和复杂控制。除了具有模拟式控制器

PID 运算等一切控制功能外，还可以实现串级控制、比值控制、前馈控制、选择性控制、自适应控制、非线性控制等。因此，数字控制器的运算控制功能大大高于常规的模拟式控制器。

（3）使用灵活方便，通用性强。数字控制器模拟量输入/输出均采用国际统一标准信号（4～20mA 直流电流，1～5V 直流电压），可方便的与 DDZ‑Ⅲ型仪表相连。同时，它还有数字量输入/输出，以进行开关量控制。用户程序采用面向过程语言编写，易学易用。

（4）具有通信功能，便于系统扩展。通过数字控制器标准的通信接口，可以挂在数据通道上与其他计算机、操作站等进行通信，也可以作为集散控制系统的过程控制单元。

（5）可靠性高，维护方便。在硬件方面，一台数字控制器可以替代数台模拟仪表，所用元件高度集成化，可靠性高；在软件方面，数字控制器具有一定的自诊断功能，能及时发现故障，采取保护措施。

9.5.2 数字控制器的基本构成

通常数字控制器由硬件和软件两大部分构成。

1．硬件部分

图 9.38 是数字控制器硬件构成原理框图，它由主机电路（CPU、ROM、RAM、I/O 接口和定时计数器等）、过程输入通道、过程输出通道、人机联系部件和通信部件等组成。

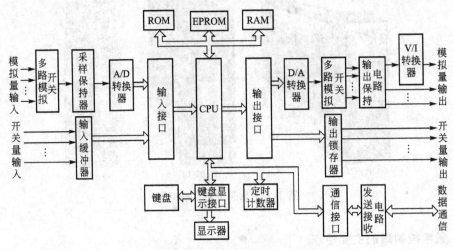

图 9.38　数字控制器硬件构成原理框图

（1）主机电路。CPU 是数字控制器的核心，完成接受指令、数据传送、运算处理和控制功能。它通过总线与其他部分连在一起构成一个系统。

ROM 中存放系统程序。系统程序由制造厂家编制，用来管理用户程序、功能子程序、人机接口及通信等。用户程序一般采用 EPROM 或 $E^2 PROM$ 片，存放用户编制的程序。用户程序在编制并调试通过后固化在 EPROM 或 $E^2 PROM$ 中。

RAM 用来存放控制器输入数据、显示数据、运算的中间值和结果等。

系统掉电时，ROM 中的程序不会丢失，而 RAM 中的内容会丢失。因此，数字式控制器以镍镉电池作为 RAM 的后备电源，系统掉电时自动接入，以保证 RAM 中内容不丢失。

定时计数器(CTC)有定时和计数功能。定时功能用来确定控制器的采样周期,产生串行通信接口所需的时钟脉冲;计数功能主要对外部事件进行计数。

I/O 接口是 CPU 向输入、输出通道及其他外设进行数据交换的部件,它有并行接口和串行接口两种。并行接口具有数据输入、输出、双向传送和位传送功能,用来连接输入、输出通道,或直接输入、输出开关量信号。串行接口具有异步或同步传送串行数据的功能,用来连接可接收或发送数据的外围设备。

(2) 过程输入/输出通道。模拟量输入通道由多路模拟开关、采样保持器及 A/D 转换等构成。模拟量输入信号在 CPU 的控制下经多路模拟开关采入,经过采样保持器,输入 A/D 转换电路转换成数字量信号并送往主机电路。

开关量和数字量输入通道是接受控制系统中的开关信号("通"或"断")以及逻辑部件输出的高、低电平("0"或"1"),并将这些信号通过输入缓冲电路或者直接经过输入接口送往主机。为了抑制来自现场的电气干扰,开关量输入通道常采用光隔离器件作为输入隔离,使通道的输入与输出在直流上互相隔离,彼此无公共连接点,增强抗干扰能力。

模拟量输出通道由 D/A 转换器、多路模拟开关和输出保持电路等组成。来自主机的数字信号经 D/A 转换器转换成 1~5V 直流电压信号,再经过多路模拟开关和输出保持电路输出。输出电压也可经过电压/电流(V/I)转换器转换成 4~20mA 的直流电流信号。

开关量和数字量输出通道通过输出锁存器输出开关量(包括数字信号和脉冲信号)信号,以便控制继电器触点和无触点开关的接通与释放,以及控制步进电动机的运转。输出通道也常采用光隔离器件作为输出隔离,以免受到现场干扰的影响。

(3) 人机联系部件。在数字控制器的正面和侧面放置人机联系部件。正面板的布置与常规模拟式控制器相似,有测量值和设定值显示表、输出电流显示表、运行状态(自动/串级/手动)切换按钮、设定值增/减按钮、手动操作按钮以及一些状态显示灯。侧面板有设置和指示各种参数的键盘和显示器。

(4) 通信部件。数字控制器的通信部件包括通信接口和发送、接收电路等。它大多采用串行通信方式通信接口将欲发送的数据转换成标准通信格式的数字信号,由发送电路送往外部通信线路,同时,通过接收电路接收来自通信线路的数字信号,将其转换成能被计算机接收的数据。

2. 软件部分

数字控制器软件包括系统程序和用户程序。

系统程序主要包括监控程序和中断处理程序两部分,是控制器软件的主体。控制器上电复位开始工作时,首先进行系统初始化,然后依次调用其他各个模块并且重复进行调用。一旦发生中断,在确定了中断源后,程序就进入相应的中断处理模块,待执行完毕,又返回监控程序,再循环重复上述工作。

用户程序由用户自行编制,实际上是根据需要将系统程序中提供的有关功能模块组合连接起来(通常称为"组态")以达到控制目的。控制器的编程工作是通过专用的编程器进行的,有在线和离线两种编程方法。编程过程中采用的是面向过程语言。

9.5.3 KMM 数字控制器简介

KMM 型控制器是一种单回路的数字控制器,它是 DK 系列中的一个重要品种,而

DK 系列仪表又是集散控制系统 TDC - 3000 的一部分,是为把集散控制系统中的控制回路分散到每一个回路而研制的。

KMM 型数字控制器可以接收五个模拟输入信号(1~5V),四个数字输入信号,输出三个模拟信号(1~5V),其中一个可为 4~20mA,输出三个数字信号。这种控制器的功能强大,它是在比例积分微分运算的功能上再加上几个辅助运算的功能,并将它们都装到一台仪表之中的小型面板式控制仪表。它能用于单回路的简单控制系统与复杂的串级控制系统,除完成传统模拟控制器的比例、积分、微分控制功能外,还能进行加、减、乘、除、开方等运算,并可进行高、低值选择和逻辑运算等。这种控制器除了功能丰富的优点外,还具有控制精度高、使用方便灵活等优点,而且控制器本身具有自诊断的功能。当与计算机联用时,该控制器能以通信方式直接接受上位计算机来的设定值信号,可作为分散型数字控制系统中装置级的控制器使用。

KMM 数字控制器的正面面板布置如图 9.39 所示。

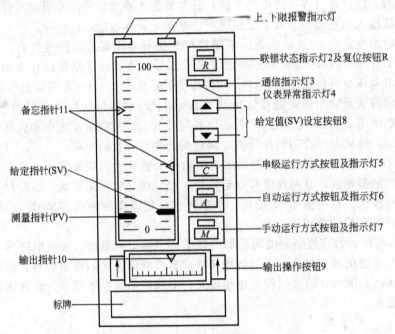

图 9.39 KMM 数字控制器的面板布置图

在面板的上方是两个上、下限报警指示灯 1,当测量值(PV)越限时,灯亮报警。立式大表头为设定值(SV)和测量值(PV)的双针指示表,绿针指示设定值,红针指示测量值,另外两支黑针 11 是备忘指针,它们分别用来给正常运行时的测量值和给定值作记号用。下部为一个卧式小表头,它显示控制器的输出信号值。

当输入外部的联锁信号后,指示灯 2 闪亮,此时控制器功能与手动方式相同。但每次切换到此方式后,联锁信号中断,如不按复位按钮 R,就不能切换到其他运行方式。一按复位按钮 R,就返回到"手动"方式。

KMM 控制器通过附加通信接口,就可与上位计算机通信。在通信进行过程中,通信指示灯 2 亮。

当控制器依靠内部诊断功能检出异常情况后,指示灯 3 就发亮(红色),表示控制器处于"后备手操"运行方式。在此状态时，各指针的指示值均为无效。以后的操作可由装在仪表内部的"后备操作单元"进行。只要异常原因不解除，控制器就不会自行切换到其他运行方式。

按钮 C、A、M 及指示灯 5、6、7 分别代表串级、自动与手动运行方式。

当按下按钮 C 时，指示灯 5 亮（橙色）。这时调节器为"串级"运行方式。控制器的给定值可以来自另一个运算单元或从控制器外部来的信号。

当按下按钮 A 时，指示灯 6 亮（绿色）。这时调节器为"自动"运行方式，通过给定值（SV）设定按钮 8 可以进行内给定值的增减。上面的按钮为增加给定值；下面的按钮为减小给定值。当进行 PID 定值调节时，PID 参数可以借助表内侧面的数据设定器加以改变。数据设定器除可以进行 PID 参数设定外，还可以对给定值、测量值进行数字式显示。

当按下按钮 M 时，指示灯 7 亮（红色）。这时控制器为"手动"运行方式，通过输出操作按钮 9 可进行输出的手动操作。按下右边的按钮时，输出增加；按下左边的按钮时，输出减小。输出值由输出指针 10 进行显示。

控制器的启动步骤如下：

（1）控制器在启动前，要预先将"后备手操单元"的"后备/正常"运行方式切换开关扳到"正常"位置。另外，还要拆下电池表面的两个止动螺钉、除去绝缘片后重新旋紧螺钉。

（2）使控制器通电，控制器即处于"联锁手动"运行方式，联锁指示灯亮。

（3）用"数据设定器"来显示、核对运行所必需的控制数据，必要时可改变 PID 参数。

（4）按下复位按钮 R，解除"联锁"。这时就可进行手动、自动或串级操作。

这种控制器由于具有自动平衡功能，所以手动、自动、串级运行方式之间的切换都是无扰动的，不需要任何手动调整操作。

9.6 可编程逻辑控制器

可编程序控制器初期主要用于顺序控制，虽然也采用了计算机的设计思想，但实际上只能进行逻辑运算，故称为可编程逻辑控制器（PLC）。

自 1969 年美国研制出了第一台 PLC 以来，日本、德国、英国等也相继研制了各自的 PLC。目前，世界上著名的 PLC 厂家主要有美国的 Allen-bradley 和 General Electric、日本的 Mitsubshi Electric 和 Omron、德国的 AEG 和 Siemmens 等，图 9.40 是日本 Mitsubshi 生产的几种 PLC 实物图。

PLC 的出现是基于微计算机技术，用来解决工艺生产中大量的开关控制问题。与过去的继电器系统相比，它的最大特点是在于可编程序，可通过改变软件来改变控制方式和逻辑规律，同时，由于其功能丰富、可靠性强，故可组成集中分散系统或纳入局部网络。

9.6.1 PLC 的基本组成

一个典型的 PLC 主要由硬件和软件两部分构成，下面分别介绍这两部分。

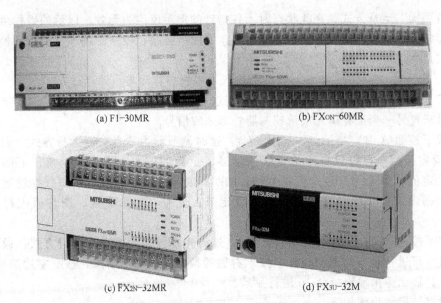

(a) F1-30MR

(b) FXON-60MR

(c) FX2N-32MR

(d) FX3U-32M

图 9.40   日本 Mitsubshi 生产的 PLC

1. PLC 的硬件结构

PLC 的硬件基本结构如图 9.41 所示。由图可见，PLC 的硬件是由主机、编程器、I/O 扩展模块及各种外围设备组成。

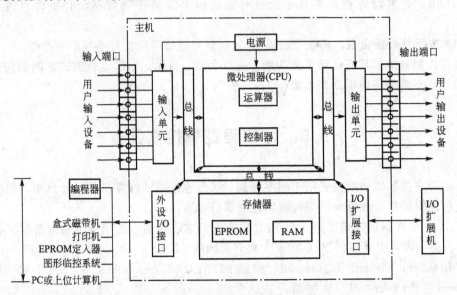

图 9.41   PLC 硬件结构简化框图

1）主机

主机是 PLC 的本体，是以微处理器为核心的一台专用计算机，其主要由微处理器、存储器和输入/输出单元等构成。

PLC 中采用的微处理器随机型不同而有所不同，通常有三种：通用微处理器，如 Z280、8086、80286、80386 等；单片微处理器，如 8031、8096 等；位片式微处理器，如

AMD29W 等。在小型 PLC 中，大多采用 8 位通用微处理器和单片微处理器芯片；在中型 PLC 中，大多采用 16 位通用微处理器或单片微处理器芯片；在大型 PLC 中，大多采用高速位片式微处理器。

PLC 内部配有两种不同类型的存储器，一种是只读存储器 ROM、PROM、EPROM、E^2PROM，用来固化 PLC 生产厂家编写的系统工作程序，用户无法更改或调用。另一种为可进行读写操作的随机存储器 RAM，用来存储用户编程的程序或数据，存于 RAM 中的程序可随意修改、增删。

输入/输出单元又称 I/O 接口电路，是 PLC 与工业现场被控对象之间的连接部件。PLC 程序执行过程中需调用的各种开关量、数字量或模拟量等各种外部信号，都是通过输入接口电路进入 PLC，而程序执行结果又通过输出接口电路控制外围设备。PLC 接口电路一般都通过光电隔离和滤波把 PLC 和外部电路隔开，以提高 PLC 的抗干扰能力。

2）编程器

编程器主要由键盘、显示器、工作方式选择开关和外存储器接插口等部件组成。编程器的作用是用来编写、输入、调试用户程序，也可以在线监视 PLC 的工作状况。编程器按其功能可分为简易型和智能型两类。简易型编程器只能联机编程，且往往需将梯形图转化为机器语言助记符后才能送入。智能编程器又称图形编程器，它既可联机编程，又可脱机编程，具有 LCD 或 CRT 图形显示功能，可直接输入梯形图和通过屏幕对话。

3）I/O 扩展模块和外围设备

每种 PLC 都有与主机相配的扩展模块，用来扩展输入/输出点数，以便根据控制要求灵活组合系统。PLC 扩展模块内不设微处理器，仅对 I/O 通道进行扩展，不能脱离主机独立实现系统的控制要求。

根据系统软件控制需要，PLC 还可以通过自身的专用通信接口连接一些其他外围设备，如盒式磁带机、打印机、图形监控器等。

4）电源

PLC 的工作电源一般为单相交流电源（通常为交流 110 或 220V），也有用直流 24V 供电的，PLC 对电源的稳定度要求不高，一般允许电源电压在其额定值 ±15% 的范围内变动。

2. PLC 的软件系统

PLC 的软件系统由系统程序和用户程序组成。

PLC 的系统程序有如下三种类型：①系统管理程序。由它决定系统的工作节拍，包括 PLC 运行管理（各种操作的时间分配安排）、存储空间管理（生成用户数据区）和系统自诊断管理（电源、系统出错、程序语法、句法检验等）。②用户程序编辑和指令解释程序。编辑程序能将用户程序变为内码形式以便于程序的修改、调试。解释程序能将编程语言变为机器语句以便微处理器操作运行。③标准子程序与调用管理程序。为提高运行速度，PLC 程序执行中某些信息处理（如 I/O 处理）或特殊运算等是通过调用标准子程序来完成的。

根据系统配置和控制要求编辑用户程序，是 PLC 应用于工业控制的一个重要环节。

9.6.2　PLC 的等效电路

用 PLC 来实现继电器接替控制系统的功能时，要将 PLC 等效为继电器电路。在 PLC 内部的一个触发器等效为一个继电器，通过预先编制好并存入内存的程序来实现控制作用的。因此，对使用者来说，可以不去理会内部的复杂结构，而是将 PLC 看成是由许多继电器组成的控制器，但这些继电器的通断是由软件来控制的，因此称为"软继电器"。

当将 PLC 看成是由许多"软继电器"组成的控制器时，可以画出其相应的等效电路，如图 9.42 所示。

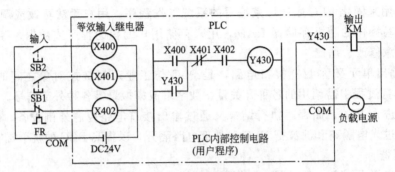

图 9.42 PLC 的等效继电器电路

由图可以看出，PLC 的等效电路可分为三个部分：收集被控设备（开关、按钮、传感器等）的信息或操作命令的输入部分；运算、处理来自输入部分信息的 PLC 内部控制电路；驱动外部负载的输出部分。

图 9.42 所示电路中 X400、X401、X402 为 PLC 的输入继电器，Y430 为 PLC 的输出继电器。图中的继电器并不是实际的继电器，线圈中也没有相应的电流通过，它实质上是存储器的每一位触发器。该位触发器为"1"态，相当于继电器接通；该位触发器为"0"态，则相当于继电器断开。在用户程序中，其线圈一般用 —○— 表示，继电器的动合触点一般用 ┤├ 表示，继电器的动断触点一般用 ┤╱├ 表示。

在 PLC 内部为用户提供的等效继电器有输入继电器、输出继电器、辅助继电器、时间继电器和计数继电器等。

输入继电器与 PLC 的输入端子相连接，用来接受外部输入设备发来的信号，它不能用内部的程序指令控制。输出继电器的触头与 PLC 的输出端子相连接，用来控制外部输出设备，它的状态由内部的程序指令控制。

以上两种软继电器都是和用户有联系的，因而又称为 PLC 与外部联系的窗口。

辅助继电器相当于继电器控制系统中的中间继电器，其触点不能直接控制外部输出设备，它的状态由内部的程序指令控制。

时间继电器又称为定时器。每个定时器的定时值确定后，一旦启动定时器，便以一定的时间间隔开始递减或递增，当定时器中的设定值减为 0 或增加到设定值时，定时器的触点就动作。

计数继电器又称计数器。每个计数器的计数值确定后，一旦启动计数器，每来一个脉冲，计数值便减 1 或加 1，直到设定的计数值减为 0 或增加到设定值时，计数器的输出触点就动作。

9.6.3 PLC 的基本工作原理

1. PLC 的工作方式

当 PLC 运行时，有许多操作需要进行，但 CPU 不可能同时执行多个操作，它只能按分时操作原理每一时刻执行一个操作。由于 CPU 的运算处理速度很高，使 PLC 外部出现的结果从宏观上来看似乎是同时完成的。这种分时操作的过程称为 PLC 的扫描工作方式。

PLC 执行用户程序时，采用扫描工作方式完成，整个扫描过程中，PLC 除了执行用户程序外，还要完成其他工作。

在执行用户程序前，PLC 还要完成内部处理、通信服务与自诊检查。在内部处理阶段，PLC 检核 CPU 模块内部硬件是否正常，监视定时器复位以及完成其他一些内部处理。在通信服务阶段，PLC 完成与一些带处理器的智能模块或其他外设的通信，完成数据的接收和发送任务，响应编程器键入命令，更新编程器显示内容，更新时钟和特殊寄存器内容等工作。PLC 具有很强的自诊断功能，如电源检测、内部硬件是否正常、程序语法是否有错等，一旦有错或异常，则 PLC 能根据错误类型和程度发出提示信号，甚至进行相应的出错处理，使 PLC 停止扫描或强制变成 STOP 方式。

当 PLC 处于 STOP 状态时，只完成内部处理和通信服务工作。当 PLC 处于运行状态时，除完成内部处理和通信服务的操作外，还要完成输入处理、程序执行、输出处理工作。

2. PLC 执行程序的过程

PLC 执行程序的过程分三个阶段，即输入采样（输入处理）阶段、程序执行阶段、输出刷新（输出处理）阶段。

（1）输入处理阶段。在这阶段，PLC 以扫描工作方式按顺序将所有输入端的输入状态采样并存入输入映像寄存器中。在本工作周期内，这个采样结果的内容不会改变，而且这个采样结果将在 PLC 执行程序时被使用。

（2）程序执行阶段。在这一阶段，PLC 按顺序进行扫描，即从上到下、从左到右的扫描每条指令，并分别从输入映像寄存器和输出映像寄存器中获得所需的数据进行运算、处理，再将程序执行的结果写入寄存执行结果的输出映像寄存器中保存。但这个结果在全部程序未执行完毕之前不会送到输出端口上。

（3）输出刷新阶段。在所有用户程序执行完后，PLC 将输出映像寄存器中的内容送入输出锁存器中，通过一定方式输出，驱动外部负载。

从上述 PLC 的工作过程可以看出，PLC 工作方式的主要特点是采用周期循环扫描、集中输入与集中输出的方式，这种"串行"工作方式可以避免继电器控制系统中触点竞争和时序失配的问题，使 PLC 具有可靠性高、抗干扰能力强的优点。但是也存在输出与输入在时间上的响应滞后、速度慢的缺点。对一般的工业设备，响应滞后是允许的，对某些需要 I/O 快速响应的设备则应采取相应措施，如在硬件设计中采用快速响应模块等。

9.6.4 PLC 的编程语言

PLC 的编程语言多种多样，不同的 PLC 厂家，不同系列 PLC 采用的编程语言也不尽相同。常用的编程语言主要有梯形图、语句表、功能表图和高级语言。

梯形图是目前 PLC 应用最广、最受欢迎的一种编程语言。梯形图与继电器控制原理图相似，具有形象、直观、实用的特点，与继电器控制图设计思路基本一致，很容易由继电器控制线路转化而来。

语句表是一种与汇编语言类似的编程语言，它采用助记符指令，并以程序执行。梯形图和语句表由于能完成同样的控制功能，因此两者之间存在一定对应关系。但不同的 PLC 厂家使用的助记符不尽相同，所以同一梯形图写成的语句表也不尽相同。

功能表图又称为状态转换图，简称 SFC 编程语言。它将一个完整的控制过程分成若干个状态，各状态具有不同动作。状态间有一定的转换条件，条件满足则状态转换，上一状态结束则下一状态开始。它的作用是表达一个完整的顺序控制过程。

随着软件技术的发展，为了增加 PLC 的运算功能和数据处理能力，方便用户使用，许多大中型 PLC 已采用高级语言来编程，如 Basic、C 语言等。

这里以日本三菱公司生产的 F1 系列 PLC 说明语句表的编写方法。在编写语句表前，要先画出梯形图。F1 系列 PLC 共有 20 条基本指令。为了说明 F1 系列 PLC 指令系统的应用，下面举一个简单的例子。

图 9.43 是一个较简单的梯形图，根据该梯形图写出的语句表见表 9-5。在根据梯形图编写语句表时，要遵循由上到下、由左到右的原则。现对梯形图说明如下。

表 9-5   对应梯形图的语句表

0	LD	X401
1	AND	M101
2	OUT	Y433
3	LD	X402
4	ANI	X403
5	OUT	M100
6	AND	T450
7	OUT	Y434

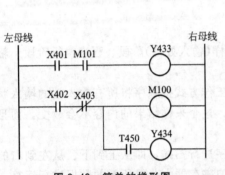

图 9.43   简单的梯形图

该梯形图的第一逻辑行起始于左母线，经过动合触点 X401，与动合触点 M101 串联，然后终止于继电器线圈 Y433。第二逻辑行也起始于左母线，并由动合触点 X402 与动断触点 X403 串联，然后一方面将逻辑运算结果输出到继电器线圈 M100，另一方面又与动合触点 T450 串联后，再将运算结果输出到继电器线圈 Y434。

需要指出的是：这里仅简单说明了语句表的编写方法，具体的 PLC 应用和语言编写请参照相关专业书籍。

9.6.5   PLC 控制在铸造中的应用

垂直分型无箱射压造型机是一种质量好、效率高的铸造设备。该造型机采用脱箱造型，并通过射砂及高压压实的方法进行填砂和紧砂，可以节省大量的砂箱及运输费用。另外，由于该工艺造型的全部过程都在造型机上完成，在流水线上就不需要翻箱机、合箱机以及套箱和压铁等机构，从而便于实现自动化控制。

以往该类造型机的控制器主要采用与非门、R-S 触发器等电子逻辑元器件及继电器组成的步进式顺序控制器控制，因而控制系统易受环境的干扰，可靠性低，维修困难，工艺适应性也较差。针对上述问题，可采用 PLC 控制技术，对上述铸造生产线进行技术改造。

1. 造型生产线工艺流程及控制要求

造型生产线主要由风力输送料装置、带式输送机、混砂机、垂直分箱射压造型机和托送式砂型输送机等部分组成。

造型机的造型循环由射砂、压实、起模Ⅰ、推出合型、起模Ⅱ和关闭造型室等六个工序组成。这六个工序自动循环工作，其控制系统由电、气、液系统联合构成。液压部分主要采用甲、乙、丙、丁四个凸轮阀分别控制主油缸和增速油缸的五个进排油孔 A、B、C、D、E 的开闭，其动作顺序见表 9-6。为了便于控制，将甲、乙、丙、丁四个凸轮阀组合在一起，装在同一根轴上。控制电动机经减速机构带动凸轮轴转动，每转动 60°后停止，当完成一个工序动作后，控制电动机又被重新起动带动凸轮轴转动 60°，然后再循环进行。凸轮转动的角度由数字角码器检测。

表 9-6　组合阀动作顺序表

阀名称	工序名称					
	射砂	压实	起模Ⅰ	推出	起模Ⅱ	合型
组合阀甲			动作		动作	
组合阀乙			动作			动作
组合阀丙		动作				
组合阀丁				动作		动作
增速油缸截止阀			动作			

气路部分主要按照六个工序对射砂阀、排气阀等进行控制，其动作顺序见表 9-7 所示。每一工序结束时相应的控制器元件为：射砂工序由时间继电器定时控制；压实工序由电接点压力继电器 KP 定压控制；其余四个工序皆由限位开关 ST1～ST5 进行限位控制。其中，ST1 在关闭造型室工序结束时发讯；ST2 在起模Ⅱ工序结束时发讯；ST4 在起模Ⅰ工序结束时发讯；ST5 在推出合型工序结束时发讯；ST3 起安全保护作用，即造型室砂量不足时，使压实板在此处停止前进。

表 9-7 气动元件动作顺序表

阀名称	工序名称					
	射砂	压实	起模Ⅰ	推出	起模Ⅱ	合型
射砂阀	开关					
排气阀	开关					
闸板	开关					

（续）

阀名称	工序名称					
	射砂	压实	起模Ⅰ	推出	起模Ⅱ	合型
闸板吹净	吹／停					
增速缸截止阀	开／关					
压铸型器	上／下					
反压板振动器	振／停					
压实板振动器	振／停					
导杆润滑	有／无					
分裂剂喷雾器	开／停					
铸型桩头吹净	开／停					
供砂系统	运行／停					

托送式砂型输送机主要由两组与造型室底板位于同一水平线上的栅格做升降运动，输送栅格既做升降运动又做水平往复运动。当造型机推出合型工序结束时，砂型输出机动作。具体过程如下：输送栅格前进→升降栅格上升→输送栅格下降→输送栅格退回→输送栅格上升→升降栅格下降。上述动作间的转换分别由位置接近开关 JJK1 和 JJK2 发讯。

2. 造型生产线 PLC 控制系统的硬件设计

上述造型生产线工艺过程的所有控制量均为开关量。针对铸造车间生产环境较为恶劣的特点，选用抗干扰性强、可靠性高、适用面广、编程方便的 PLC 作为控制核心。PLC 控制部分设计成手动、单循环和自动循环等操作方式，手动和单循环控制方式主要供系统调试和设备维修时使用。此外，为了显示各工序运行的现状，控制台上设计了各工序运行状态指示灯及故障报警指示器等。

整个系统的输入信号均为数字量，分为位置检测信号和控制命令信号两部分。输出负载信号也为数字量，分负载驱动信号和指示信号两部分。

依据以上分析，选用日本三菱公司生产的 F1-60MR 可编程控制器为控制核心，其输入点为 36 点，输出点为 24 点，输出类型为继电器输出，可满足通断交流或直流负载的要求。其电阻性负载为 2A/点，感性负载在 80VA 以下，触点寿命为 100 万次。对一般电磁阀、指示灯和报警器等类型的负载，可由 PLC 直接驱动；但对较大负载（如电动机），则要增加一级接触器作为功率驱动。PLC 控制系统输入、输出接口分配见表 9-8 和表 9-9。

表9-8 PLC控制系统输入接口分配表

接口	说明	接口	说明	接口	说明
Y030	砂处理停工指示	Y430	主控阀指示	Y530	压实板振动指示
Y031	浇注停工指示	Y431	截止阀指示	Y531	导杆润滑指示
Y032	总线故障指示	Y432	射砂指示	Y532	分型喷嘴指示
Y033	造型自动循环指示	Y433	排气指示	Y533	铸型桩头吹砂指示
Y034	单循环指示	Y434	砂闸板指示	Y534	组合阀电动机指示
Y035	手动指示	Y435	闸板吹砂指示	Y535	升降栅格升/降指示
Y036	停机指示	Y436	压砂型指示	Y536	输送栅格升/降指示
Y037	砂箱缺砂指示	Y437	反压板振动指示	Y537	输送栅格进/退指示

表9-9 PLC控制系统输出接口分配表

接口	说明	接口	说明	接口	说明
X000	造型线停车	X400	转角脉冲	X500	吹砂
X001	手动/自动转换	X401	计数器复位	X501	压砂型
X002	单循环	X402	SN2	X502	反压板振动
X003	自动循环	X403	SN3	X503	压实板振动
X004	总线故障	X404	SN4	X504	分型喷嘴
X005	压力继电器KP	X405	SN5	X505	导杆润滑
X006	ST1	X406	SN6	X506	组合阀电动机
X007	ST2	X407	砂处理浇注停机	X507	主控阀
X010	ST3	X410	砂箱料位计	X510	截止阀
X011	ST4	X411	射砂	X511	升降栅格升/降
X012	ST5	X412	排气	X512	输送栅格升/降
X013	SN1	X413	砂闸板	X513	输送栅格进/退

3. 造型生产线PLC控制系统的软件设计

针对造型机和输送机的工作过程和工艺特点，采用步进式控制方式对整个铸造造型线进行控制。程序设计时，整个工作过程分为六个程序步序。在每个步序中，要分别对造型机中的组合阀、气路元件和输送机中的升降栅格、输送栅格等进行控制，因此采用并行分支/联结的编程形式。在编程中，组合阀电动机和增速油缸截止阀简称为ZZF；控制元件简称为KR；升降栅格简称为SJ；输送栅格简称为SS。系统的程序过程如下：

（1）射砂。ZZF按照组合阀动作顺序表中的要求到位后再进行控制，KR按照气动元件动作顺序表中的要求进行动作，与此同时控制托送式砂型输送机的SS前进。待上述动作完成后，转入压实工序。

（2）压实。ZZF和KR动作，分别按照组合阀动作顺序表和气动元件动作顺序表中的规定进行，与此同时，输送机的 SJ 上升。待上述动作完成后，转入起模Ⅰ工序。

（3）起模Ⅰ。ZZF 和 KR 动作要求分别按照组合阀动作顺序表和气动元件动作顺序表中的规定进行，与此同时，输送机的 SS 下降。待上述动作完成后，转入推出工序。

（4）推出。ZZF 和 KR 动作要求分别按照组合阀动作顺序表和气动元件动作顺序表中的规定进行，与此同时，输送机 SS 后退。待上述动作完成后，转入起模Ⅱ工序。

（5）起模Ⅱ。ZZF 和 KR 动作，分别按照组合阀动作顺序表和气动元件动作顺序表中的规定进行，与此同时，输送机 SS 上升。待上述动作完成后，转入合型工序。

（6）合型。输送机的 SJ 下降后，驱动 ZZF 按组合阀动作顺序表中的要求动作，到位后再驱动 KR 按气动元件动作顺序表中的要求进行动作。待上述动作完成后，就转到下一个循环控制工作中去。

小　结

控制器的控制规律是指控制器输出信号与输入信号之间随时间变化的规律。常用的控制规律有位式控制、比例（P）控制、积分（I）控制、微分（D）控制、比例积分（PI）控制、比例微分（PD）控制和比例积分微分（PID）控制。

位式控制中最常用的是双位控制，它的输出只有两个数值（最大或最小），其控制作用不是连续变化的，由于其所构成的控制系统的被控变量的变化是一个等幅振荡过程而不能稳定在某一数值上。因此位式控制器只能应用在被控变量允许在一定范围内波动的场合，如某些液位控制、恒温箱和管式炉的温度控制等。

比例控制的优点是反应快、控制及时；其缺点是控制结果有余差，因此只能用于控制精度要求不高的场合。比例度越大（即 K_P 越小）过渡过程曲线越平稳，但余差也越大；比例度越小，过渡过程曲线越振荡，余差也越小。若比例度过小，则可能出现发散振荡。

积分控制具有消除余差的作用。但是，控制作用是随着时间积累才逐渐增强的，所以控制动作缓慢，控制不及时，因此称积分控制为"滞后控制"。为此，常把比例控制与积分控制组合起来，这样既控制及时，又能消除余差。积分时间 T_I 表征了积分作用的强弱。T_I 过大，积分作用不明显，余差消除很慢；T_I 太小，易于消除余差，但系统振荡加剧。

微分控制具有超前调节的作用，但它的输出不能反映偏差的大小，因而能消除余差。所以理想微分控制器不能单独使用。微分控制常与比例控制或比例积分控制结合起来使用。微分时间 T_D 表征了微分控制作用的强弱。T_D 太大，微分作用太强，系统振荡频繁；而 T_D 太小，微分作用太弱，系统稳定性较好，但余差较大；当 T_D 适当时，最大偏差减小，余差也减小（但并不能消除），控制时间短，系统的稳定性提高。

PID 控制中，比例作用始终与偏差相对应起控制作用；微分作用具有超前控制；而积分作用又能消除余差。只要合理选择 δ、T_I、T_D 三个参数，就能获得较高的控制质量，但这并不意味着它在任何情况下都是最适合的。

PID 控制有连续 PID 控制和数字 PID 控制之分，采用差分代替连续 PID 中的微分，用分步累加代替积分即可获得基本形式的数字 PID 算法(位置式和增量式)。但在实际使用中，为了改善控制质量，对数字 PID 基本算法进行改进后可得多种改进形式的 PID 算法，如不完全微分 PID 算法、积分分离 PID 算法、微分先行 PID 算法、比例微分先行 PID 算法等。

控制器参数的整定是指按照已定的控制方案，求取使控制质量最好的控制器参数值，也就是确定最合适的控制器比例度 δ、积分时间 T_I 和微分时间 T_D。参数整定的方法主要有理论计算法和工程整定法两大类，其中常用的是工程整定法。常用的工程整定法主要有临界比例度法、衰减曲线法、扩充响应曲线法和经验试凑法。

DDZ-Ⅲ型模拟控制器主要由输入电路、给定电路、PID 运算电路、自动与手动(包括硬手动和软手动两种)切换电路、输出电路及指示电路等组成。

数字式控制器以微型计算机为核心部件，一般由硬件和软件两部分构成。可由用户编制程序，组成各种控制规律，灵活方便。

PLC 是基于微计算机技术工作的，它主要是用于逻辑控制。其最大特点是通过编程的方式实现控制，并可通过改变软件来改变控制方式和逻辑规律。PLC 的硬件是由主机、编程器、I/O 扩展模块及各种外围设备组成。软件系统由系统程序和用户程序组成。

PLC 采用循环扫描方式工作，整个工作过程一般包括内部处理、通信服务、输入处理、程序执行和输出处理五个阶段。编程语言多种多样，常用的编程语言主要有梯形图、语句表、功能表图和高级语言等。其中梯形图是目前 PLC 应用最广、最受欢迎的一种编程语言。

【关键术语】

控制器　控制规律　PID 控制　数字 PID　参数整定　模拟控制器　数字控制器
PLC　DDZ-Ⅲ型　KMM 型

综合习题

一、填空题

1. 常用的控制规律有_____、_____、_____、_____以及它们的组合控制规律。

2. 在 PID 调节中，比例作用是依据_____来动作的，在系统中起着_____的作用；积分作用是依据_____来动作的，在系统中起着_____作用；微分作用是依据_____来动作的，在系统中起着_____作用。

3. 调节器的比例度 δ 越大，则放大倍数 K_P 越_____，比例调节作用就越_____，过渡过程曲线越_____，但余差也越_____。积分时间 T_I 越小，则积分速度越_____，积分特性曲线的斜率越_____，积分作用越_____，消除余差越_____。微分时间 T_D 越大，微分作用越_____。

4. 控制器的参数整定方法主要有理论计算法和工程整定法两大类，其中常用的工程整定法主要有_____、_____、_____和_____。

5. 试凑法整定 PID 参数的时候，可以先_____，后_____，再_____的顺序反复调整 PID 三大参数。

6. DDZ－Ⅲ型控制器用来接受来自变送器或转换器的_____测量信号作为输入信号，与_____给定信号相比较得到偏差信号，然后对此偏差信号进行_____、_____、_____运算，再将运算后的_____作为输出信号，实现对工艺参数的自动控制。

7. PLC 采用循环扫描工作方式，这个工作过程一般包括五个阶段：_____处理、与编程器等的_____、_____处理、_____执行、_____处理。

8. PLC 的软件由_____程序和_____程序组成。

二、选择题

1. 可编程序逻辑控制器(PLC)产生于 1969 年，最初只具备逻辑控制、定时、计数等功能，主要是用来取代_____。

A. 手动控制   B. 自动控制

C. 继电接触器控制   D. 交直流控制

2. 在电阻炉二位式控制系统中，系统过渡过程为_____。

A. 发散振荡   B. 等幅振荡

C. 衰减振荡   D. 非振荡的单调过程

3. 调节器输入/输出都是标准电流信号，则下列哪一项正确的表示了调节运算的比例度与比例增益之间的关系？_____

A. 相等   B. 比例

C. 平方   D. 倒数

4. 积分控制器能消除_____。

A. 动态偏差   B. 静态偏差

C. 振荡   D. 调节时间

5. 有一台控制器，当输入一个线性变化的偏差信号时，它立即按线性规律输出，这是一台_____。

A. 比例控制器   B. 积分控制器

C. 比例积分控制器   D. 微分控制器

6. 采用比例控制器的定值调节系统若要减少静态偏差，则需要_____。

A. 减少放大系数   B. 减小比例度

C. 减少时间常数

7. 在控制对象时间常数较大的控制系统中，为了改善其动态性能，应采取_____控制规律。

A. 比例   B. 比例微分

C. 比例积分   D. 双位

8. 具有比例积分作用的控制系统，若积分时间 T_I 选得太小，则_____。

A. 积分作用太强，准确性降低 B. 积分作用太强，稳定性降低

C. 积分作用太弱，稳定性降低 D. 积分作用太弱，准确性降低

9. 下列哪一项是离散 PID 调节中积分运算的系数？_____

A. T/T_I B. T_I/T

C. $1/(T \cdot T_I)$ 　　　　　　　　　D. $T \cdot T_I$

10. 下列情况中，能引起自控系统不稳定的有_____。

A. δ 太小 　　　　　　　　　　B. T_I 太小

C. T_D 太大 　　　　　　　　　　D. 比例作用太弱

11. 如果要使一个控制系统过渡过程的余差尽可能的小，在调节器调节规律中一般可用哪一种调节规律？_____

A. 比例调节规律 　　　　　　　　B. 比例积分调节规律

C. 比例微分调节规律

12. 使控制系统超调量、振荡周期、过渡过程时间都增加的控制器是_____。

A. 比例控制器 　　　　　　　　　B. 比例积分控制器

C. 位式控制器 　　　　　　　　　D. 比例微分控制器

13. DDZ－Ⅲ控制器_____的切换为有扰动的切换

A. 从硬手动向软手动 　　　　　　B. 从硬手动向自动

C. 从自动向硬手动 　　　　　　　D. 从自动向软手动

14. 某台 DDZ－Ⅲ型温度比例控制器，测温范围为 $200\sim1200$℃。当温度设定值由 800℃ 变化到 850℃ 时，其输出由 12mA 变化到 16mA。则该控制器的比例度 δ 及放大系数 K_P 分别应是_____。

A. 40%、2.5 　　　　　　　　　B. 25%、4

C. 20%、5 　　　　　　　　　　D. 80%、1.25

三、简答题

1. 纯比例调节为什么不能清除残余偏差？

2. 在什么场合下选用比例(P)，比例积分(PI)，比例积分微分(PID)控制规律？

3. 炉温度控制中，当适当引入微分作用后，有人说比例度可以比微分时小些，积分时间也可短些，对吗？为什么？

4. 简述比例度、积分时间、微分时间的大小和变化对控制系统过渡过程有什么影响？

5. 某控制系统采用 DDZ－Ⅲ型控制器，用临界比例度法整定参数。已测得 $\delta_k = 30\%$，$T_k = 3$min，试确定 PI 作用和 PID 作用时控制器的参数。

6. 某控制系统用 4∶1 衰减曲线法整定控制器的参数。已测得 $\delta_s = 50\%$，$T_s = 5$min，试确定 PI 作用和 PID 作用时控制器的参数。

四、思考题

1. 设有离散 PID 控制器，其运算参数如下：$K_P = 5$，$T_D = 3$，$T_I = 6$，$\Delta T = 0.6$，且有采样输入 $x_n = 5$，$x_{n-1} = 2$，$x_{n-2} = 3$，求增量式离散 PID 调节运算结果 Δy_n？

2. 在对数字 PID 控制器的微分作用进行改进时，常用什么方法？如何实现？

第10章

执 行 器

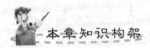
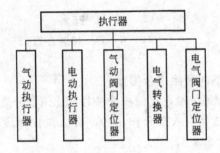

● 了解控制阀的选择，熟悉气动执行器的结构和分类，掌握控制阀的流量特性；

● 熟悉电动执行器；

● 熟悉气动阀门定位器；

● 熟悉电-气转换器和电-气阀门定位器。

导入案例

　　某市造纸厂圆网造纸机高位槽工艺过程如图 10.1 所示。经浓度控制后的纸浆由泵送至高位槽。其中一部分送至圆网机，其余部分经溢流返回浆池。当造纸机转速恒定时，纸张单位面积的重量取决于一定浓度的纸浆流量。因此，平稳流向上网机的纸浆流量是保证产品质量的重要因素。人工控制时，操作人员通过检测成纸的克重，然后根据克重偏差的大小去调节挡板的高度，这样造成的误差往往很大。为此，设置浆流量控制回路是非常必要的。对于浆流量控制采用管道流量调节，由于浆浓度较高，流量较小，控制阀容易阻塞，如果降低浓度，提高流量又会给浓度控制系统带来困难。因此，在原有设备基础上选用电动执行机构带动挡板作为流量控制回路的执行器。该执行器由电动执行机构和控制阀两部分组成，执行机构完成控制信号到阀芯位移量的转换，控制阀完成阀芯的位移量与流经控制阀流量之间的转换，可用阀的流量特性来描述。

　　改用控制器后，该厂进行了生产实践，结果表明：控制器的控制效果明显优于人工控制，但是，当纸浆流量控制回路采用方形挡板时，若成纸规格为 80g/m^2，则成纸克重波动为 $\pm 2 \text{g}$；若成纸规格改为 70g/m^2，成纸克重波动则变为 $\pm 3.5 \text{g}$。分析原因可能是由于方形挡板为线性流量特性，当工作在小流量时，其浆流量相对放大系数较大。后来，采用三角形挡板(见图 10.2)后，成纸的克重波动基本保持在 $\pm 2 \text{g}$ 以内。这说明修改挡板形状可得到不同的流量特性，从而满足特殊场合的需要。

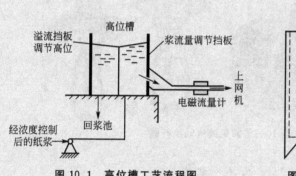

图 10.1　高位槽工艺流程图

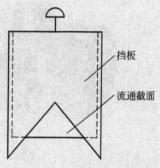

图 10.2　三角形挡板示意图

问题：

　　(1)案例中提到了一种由执行机构和挡板构成简易电动执行器，那么一般而言，执行器由哪几部分构成？除了提到的执行器外，你还知道有哪些类型的执行器？

　　(2)案例中通过改变挡板(可看作控制阀)的形状，获得了所要的流量特性。请问控制阀的流量特性有哪几种？如何描述它们？

　　■▶ 资料来源：李书臣. 执行器的应用. 自动化仪表, 1997, 18(4).

　　执行器是自动控制系统中的一个重要组成部分。它的作用是接收控制器送来的控制信号改变被控介质的流量，从而将被控变量维持在所要求的数值上或一定的范围内。

　　从结构来说，执行器一般由执行机构和控制机构两部分组成。执行机构是执行器的推动部分，它按照控制器所给信号的大小，产生推力或位移；控制机构是执行器的控制部分，最常见的是控制阀，它受执行机构的操纵，改变阀芯与阀体间的流通面积，控制工艺介质的流量。

执行器按其能源形式可分为气动、电动、液动三大类。执行器应顺着介质的流动方向安装，检查的方法是看阀体上的箭头是否与介质的流向一致。其中，气动执行器具有结构简单、工作可靠等优点，在自动控制中获得最普遍的应用。电动执行器的优点是能源取用方便，信号传输速度快和传输距离远，适用于防爆要求不高及缺乏气源的场所。液动执行器的特点是推力最大，但目前使用不多。

10.1 气动执行器

10.1.1 气动执行器的结构和分类

气动执行器是指以压缩空气为动力的执行器，一般由气动执行机构和控制阀两部分组成。图 10.3 所示为几种常见的气动执行器，图 10.4 是某种气动执行器的示意图。根据图 10.4 可知，气压信号由执行器上部引入，作用在薄膜上，产生向下的推力，克服弹簧的反作用力，推动阀杆产生位移，改变了阀芯与阀座之间的流通面积，从而达到了控制流量的目的。图中上半部为薄膜式执行机构，下半部为控制阀。薄膜式执行机构主要由弹性薄膜、压缩弹簧和推杆等组成。控制阀部分主要由阀杆、阀体、阀芯及阀座等部件组成。

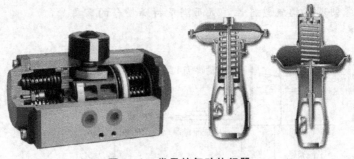

图 10.3 常见的气动执行器

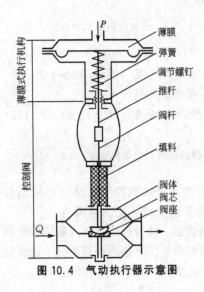

图 10.4 气动执行器示意图

1. 执行机构

气动执行机构主要分为薄膜式、活塞式和长行程式三种。其中薄膜式执行机构最为常用，它可以用作一般控制阀的推动装置，组成气动薄膜式执行器，其结构简单、价格便宜、维修方便，应用广泛。气动活塞式执行机构的推力较大，主要适用于大口径、高压差控制阀或蝶阀的推动装置中。长行程式执行机构的行程长、转矩大，适于输出转角($0°\sim90°$)和力矩，如蝶阀。

气动薄膜式执行机构有正作用和反作用两种型式。当来自控制器的信号压力增大时，阀杆向下动作的称为正作用执行机构；当信号压力增大时，阀杆向上动作的称为反作用执行机构。正作用执行机构的信号压力是通入膜片上方的薄膜气室；反作用执行机构的信号压力是通入膜片下方的薄膜气室。通过更换个别零件，两者便能互相改装。

根据有无弹簧，执行机构可分为有弹簧的和无弹簧的。有弹簧的薄膜式执行机构最为常用，有弹簧的薄膜式执行机构的输出位移与输入气压信号成比例关系。当信号压力通入薄膜气室时，在薄膜上产生一个推力，使阀杆移动并压缩弹簧，直至弹簧的反作用力与推力相平衡，推杆稳定在一个新的位置，如图 10.4 所示。信号压力越大，阀杆的位移量也越大。

2. 控制阀

控制阀是按信号压力的大小，通过改变阀芯行程来改变阀的阻力系数，以达到控制流量的目的。根据不同的使用要求，控制阀的结构有很多种类，如直通单座阀、直通双座阀、角阀、三通阀、球阀、蝶阀、隔膜阀等，图 10.5 为其结构示意图。

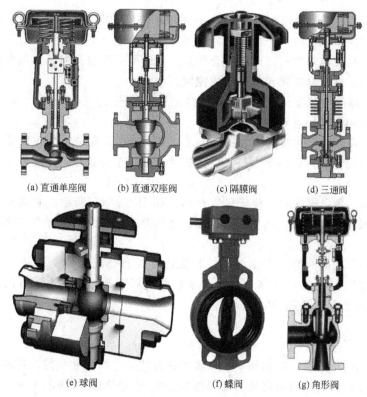

(a) 直通单座阀　　(b) 直通双座阀　　(c) 隔膜阀　　(d) 三通阀

(e) 球阀　　　　　(f) 蝶阀　　　　(g) 角形阀

图 10.5　控制阀的结构示意图

图 10.6 是各种控制阀的阀芯和流体流向示意图。

（1）直通单座阀。直通单座阀的阀体内只有一个阀芯和阀座，如图 10.6(a) 所示，其特点是结构简单、泄漏量少。但由于阀座前后存在压力差，对阀芯产生不平衡力较大。一般适用于阀两端压差较小，对泄漏量要求比较严格的场合。

（2）直通双座阀。直通双座阀的阀体内有两个阀座和阀芯，如图 10.6(b) 所示。由于流体作用在上、下阀芯上的推力方向相反而大小近似相等，因此介质对阀芯造成的不平衡力小，允许使用的压差较大，应用比较普遍。但是，因加工精度的限制，上下两个阀芯不易保证同时关闭，所以关闭时泄漏量较大。

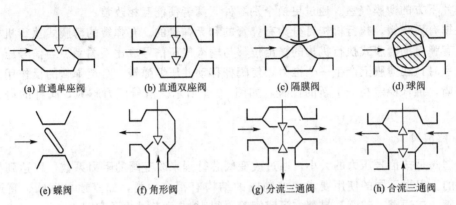

(a) 直通单座阀　　(b) 直通双座阀　　(c) 隔膜阀　　(d) 球阀

(e) 蝶阀　　(f) 角形阀　　(g) 分流三通阀　　(h) 合流三通阀

图 10.6　控制阀阀芯和流体流向示意图

（3）隔膜阀。隔膜阀采用耐腐蚀衬里的阀体和隔膜代替阀组件，如图 10.6(c) 所示。这种控制阀结构简单、流阻小、流通能力比同口径的其他种类的阀大。由于流动介质用隔膜与外界隔离，故几填料密封，介质不会外漏。它适用于强酸、强碱、强腐蚀性介质的控制，也能用于高黏度及悬浮颗粒状介质的控制。

（4）球阀。球阀的节流元件是带圆孔的球形体，如图 10.6(d) 所示。转动球体可起到控制和切断的作用，常用于双位式控制中。

（5）蝶阀。蝶阀又称翻板阀，如图 10.6(e) 所示。它具有结构简单、质量小、流阻极小的优点，但泄漏量大。适用于大口径、大流量、低压差的场合，也用悬浮颗粒状介质的控制。

（6）角形阀。角形阀的两个接管呈直角形，如图 10.6(f) 所示。它的流路简单，阻力较小。流向一般是底进侧出，适用于高黏度、高压差和含有少量悬浮物和颗粒状物质的流量控制。

（7）三通阀。三通阀有三个出入口，其流通方式有分流和合流两种，分别如图 10.6(g) 和 10.6(h) 所示。这种产品基本结构与单座阀或双座阀相仿。通常可用来代替两个直通阀，适用于配比调节和旁路调节。

10.1.2　控制阀的流量特性

从自动控制的角度看，控制阀一个最重要的特性是它的流量特性。控制阀的流量特性是指被控介质流过阀门的相对流量与阀门相对开度（相对位移）之间的关系。

实际上，控制阀的流量大小不仅与阀的开度有关，还和阀前后的压差高低有关。工作在管路中的控制阀，当阀开度改变时，随着流量的变化，阀前后的压差也发生变化。为分析方便，称阀前后的压差不随阀的开度变化的流量特性为理想流量特性；阀前后的压差随阀的开度变化的流量特性为工作流量特性。

1. 理想流量特性

理想流量特性完全取决于阀芯的形状，不同的阀芯曲面可得到不同的流量特性，它是一个控制阀固合的特性。

在常用的控制阀中，有三种典型的理想流量特性。第一种是直线特性，其流量与阀芯位移成直线关系；第二种是对数特性，其阀芯位移与流量间成对数关系，由于这种阀的阀芯移动所引起的流量变化与该点原合流量成正比,即引起的流量变化的百分比是相等的,所以也称为等百分比流量特性;第三种典型的特性是快开特性,这种阀在开度较小时,流量变化比较大,随着开度增大,流量很快达到最大值,所以称为快开特性,它不像前两种特性可有一定的数学式表达。

这三种典型阀的理想流量特性如图10.7所示,在作图时为便于比较都采用相对值。从流量特性曲线来看,线性阀的放大系数在任何一点都是相同的;对数阀的放大系数随阀的开度增加而增加;快开阀与对数阀相反,在小开度时具有最高的放大系数。从阀芯的形状来说,如图10.8所示,快开特性的阀芯是平板形的,加工最为简单;对数和直线特性的阀芯都是柱塞形的,两者的差别是:对数阀阀芯曲面较宽,而直线特性的阀芯较窄。阀芯曲面形状的确定是在理论计算的基础上,再通过流量试验进行修正得到的。三种阀芯中以对数阀芯的加工最为复杂。

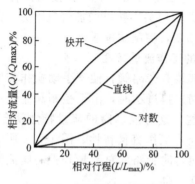

图 10.7　理想流量特性曲线

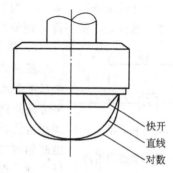

图 10.8　三种阀芯的形状

2. 工作流量特性

在实际生产中,控制阀前后压差总是变化的,这时的流量特性称为工作流量特性。

1) 串联管道的工作流量特性

以图10.9(a)所示的串联系统为例来讨论串联管道的工作流量特性,系统总压差 ΔP 等于管路系统(除控制阀外)的压差 ΔP_G 与控制阀的压差 ΔP_V 之和,如图10.9(b)所示。以 S 表示控制阀全开时阀上压差与系统总压差之比;以 Q_{max} 表示管道阻力等于零时控制阀的全开流量,此时阀上压差即为系统总压差。于是可得串联管道以 Q_{max} 作参比值的工作流量特性,如图10.10所示。图中 $S=1$ 时,管道阻力损失为零,系统总压差全降在阀上,工作特性与理想特性一致。随着 S 值的减小,直线特性渐渐趋近于快开特性,对数特性渐渐接近于直线特性。所以,在实际使用中,一般希望 S 值不低于 $0.3\sim0.5$。

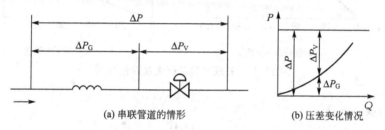

(a) 串联管道的情形　　　　　　　(b) 压差变化情况

图 10.9　控制阀和管道串联及压差分布情况

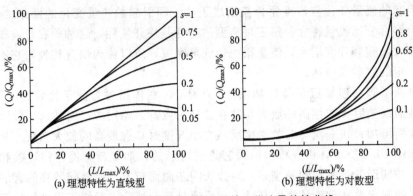

(a) 理想特性为直线型 (b) 理想特性为对数型

图 10.10　管道串联时控制阀的工作流量特性曲线

在现场使用中，如果控制阀选得过大或生产在低负荷状态下，控制阀将工作在小开度。有时，为了使控制阀有一定的开度而把工艺阀门关小些以增加管道阻力，使流过控制阀的流量降低，这样，S 值下降，使流量特性畸变，控制质量恶化。

2）并联管道的工作流量特性

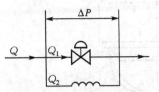

图 10.11　并联管道的情形

控制阀一般都装有旁路阀，便于手动操作和维护。当生产量提高或控制阀选得过小时，由于控制阀流量不够而只好将旁路阀打开一些，这时控制阀的流量特性就会受到影响，理想流量特性畸变为工作流量特性。图 10.11 所示为并联管道时的情况，显然这时管路的总流量是控制阀流量与旁路流量之和，即 $Q = Q_1 + Q_2$。

并联时的工作流量特性曲线如图 10.12 所示，图中 x 为控制阀全开时的流量 Q 与总管最大流量 Q_{max} 之比。由图可见：当 $x=1$，即旁路阀关闭时，控制阀的工作流量特性同理想流量特性一样。随着 x 的减小，即旁路阀逐渐打开，虽然阀本身的流量特性变化不大，但可调范围大大降低，从而使控制阀的控制能力大大下降，影响控制效果。根据实际经验，x 值不能低于 0.8。

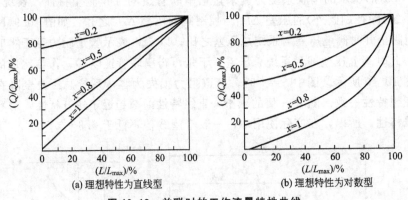

(a) 理想特性为直线型 (b) 理想特性为对数型

图 10.12　并联时的工作流量特性曲线

10.1.3　控制阀的选择

控制阀选用得正确与否是很重要的。选用控制阀时，一般要根据被控介质的特点（温度、压力、腐蚀性和黏度等)、控制要求、安装地点等因素，参考各种类型控制阀的特点合理地选用，在具体选用时，一般应考虑以下几方面。

1. 气开式与气关式的选择

气动执行器有气开式与气关式两种型式。有压力信号时阀开，无压力信号时阀关的为气开式。反之，为气关式。由于执行机构有正、反作用，控制阀也有正、反作用。因此气动执行器的气关或气开即由此组合而成。组合方式如图 10.13 所示和表 10-1 所列。

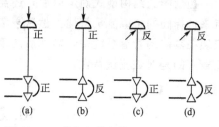

图 10.13 执行机构与控制阀的组合方式

表 10-1 执行机构与控制阀的组合方式表

序号	执行机构	控制阀	气动执行器	序号	执行机构	控制阀	气动执行器
(a)	正作用	正作用	气关(正)	(c)	反作用	正作用	气开(反)
(b)	正作用	反作用	气开(正)	(d)	反作用	反作用	气关(反)

气开与气关的选择主要从工艺生产的安全要求出发。考虑原则是：信号压力中断时，应保证设备和操作人员的安全。如果阀处于打开位置时危害性小，则应选用气关式，以确保气源系统发生故障，气源中断时，阀门能自动打开，保证安全。反之，阀处于关闭时危害性小，则应选用气开阀。如，加热炉的燃料气或燃料油应采用气开式控制阀，即当信号中断时应切断进炉燃料，以免炉温过高造成事故。

2. 控制阀口径的选择

控制阀口径选择得合适与否将会直接影响控制效果。口径选择得过小，会使流经控制阀的介质达不到所需要的最大流量，若企图通过开大旁路阀来弥补介质流量的不足，则会使阀的流量特性产生畸变；口径选择得过大，不仅会浪费设备投资，而且会使控制阀经常处于小开度工作，控制性能也会变差，容易使控制系统变得不稳定。

控制阀的口径选择是由控制阀流量系数 C 值决定的。它与阀芯与阀座的结构、阀前后的压差 ΔP、流体的密度 ρ、所需要的流量 Q 等因素有关。它们之间的关系为

$$C = Q\sqrt{\frac{\rho}{\Delta P}} \tag{10-1}$$

从式(10-1)可知，当生产工艺中所要的流量 Q 和压差 ΔP 决定后，就可确定阀门的流量系数 C，再从流量系数 C 就可选择阀门的口径及尺寸。

控制阀的流量系数 C 表示控制阀容量的大小，是表示控制阀流通能力的参数。因此，控制阀流量系数 C 也可称为控制阀的流通能力。

制造商提供的流通能力是指阀全开时的流量系数，称为额定流量系数。它的定义为：在给定的行程下，当阀两端压差为 0.1MPa，流体密度为 $1.0 \times 10^3 kg/m^3$ 时，流经控制阀的流体流量，以 m^3/h 表示。如，有一 C 值为 $20m^3/h$ 的控制阀，表示此阀全开，阀前后两端压差为 0.1MPa 时，每小时能通过的流量为 $20m^3$。

3. 控制阀的结构与特性的选择

控制阀的结构形式主要根据工艺条件，如温度、压力及介质的物理、化学特性(如腐

蚀性、黏度等)来选择。如，强腐蚀介质可采用隔膜阀、高温介质可选用带翅形散热片的结构形式等。

控制阀的结构型式确定以后，还需确定控制阀的流量特性。一般是先按控制系统的特点来选择阀的希望流量特性，然后再考虑工艺情况来选择相应的理想流量特性，使控制阀安装在具体的管道系统中，畸变后的工作流量特性能满足控制系统对它的要求。目前使用比较多的是对数流量特性。

10.2　电动执行器

电动执行器与气动执行器一样，也是控制系统中的一个重要部分。它接收来自控制器的 $0\sim10\text{mA}$ 或 $4\sim20\text{mA}$ 的直流电流信号，并将其转换成相应的角位移或直行程位移，去操纵阀、挡板等控制机构，以实现自动控制。

电动执行器由执行机构和控制阀两部分组成。其中控制阀部分常和气动执行器是通用的，不同的只是电动执行器使用电动执行机构来启闭控制阀。

电动执行器根据不同的使用要求有不同的结构，最简单的电动执行器称为电磁阀，如图 10.14 所示，它利用电磁铁的吸合和释放，对小口径阀门进行通断两种状态的控制。由于结构简单、价格低廉，常和双位式控制器组成简单的自动控制系统，在生产中有一定的应用。除电磁阀外，其他连续动作的电动执行器都使用电动机作动力元件，将控制器来的信号转变为阀的开度。

图 10.14　各种电磁阀

电动执行机构根据配用的控制阀不同，输出方式有直行程式、角行程式和多转式三种类型，如图 10.15 所示。直行程式执行机构接收输入的直流电流信号后，使电动机转动，然后经减速器减速并转换为直线位移输出，去操纵单座、双座、三通等各种控制阀和其他直线式控制机构。角行程式电动执行机构将输入的直流电流信号转换为相应的角位移(0°~90°)，这种执行机构适用于操纵蝶阀、挡板之类的旋转式控制阀。多转式电动执行机构主要用来开启和关闭闸阀、截止阀等多转式阀门，一般用做就地操作和遥控。

图 10.16 是电动执行器的组成框图，它由伺服放大器、位置发送器、电动操作器、伺服电动机、减速器和控制阀等组成。其工作原理如下：来自控制器的电流 I_1 作为伺服放大器的输入信号，与位置反馈信号 I_f 相比较，其差值经伺服放大器放大后控制两相伺服电动机转动正传或反转，再经减速器减速，带动输出轴改变转角 θ，从而控制阀的开度。与此同时，输出轴的位移又经位置发送器转换成电流信 I_f，当 $I_f=I_1$，即差值为零时，伺服电动机才停止转动。此时，输出就稳定在与从控制器送来的输入信号 I_1 相对应的阀门位置上。

(a) 直行程式 (b) 角行程式 (c) 多转式

图 10.15　电动执行机构

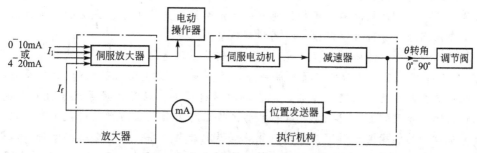

图 10.16　电动执行器的组成框图

当比较后差值为正时，伺服电动机正转，输出转角增大；当差值为负时，伺服电动机反转，输出转角减小。

电动执行机构不仅可与控制器配合实现自动控制，还可通过操作器实现控制系统的自动控制和手动控制的相互切换。当操作器的切换开关置于手动操作位置时，由正、反操作按钮直接控制电动机的电源，以实现执行机构输出轴的正转或反转。

 阅读材料10-1

电动执行器的应用现状

自 1929 年 LIMITORQUE 公司制造出了世界上第一台电动执行机构以来，国际上电动执行器技术水平发展迅速。

从 20 世纪 80 年代起，国外相继推出了符合各种现场总线标准的智能执行器，在工业现场取得了较好的应用效果。由于高新技术的迅猛发展，目前国外已开发出新一代智能化电动执行器产品，电子计算机技术、微机控制技术已在阀门设计中得到广泛应用。这些智能化电动执行器功能强大、简单可靠。国际著名的电动执行器公司英国的 ROTORK 生产的 IQ 系列智能化电动执行器（图 10.17），不但具有智能通信、智能控制、支持多种现场总线的功能，而且其独有的双密封系统和红外线非

图 10.17　ROTORK 智能化电动执行器

侵入式设定使它可用在任何环境中，防水防暴，调试及故障排除简单。德国 Hartmann & Braum 公司的新一代产品智能电动执行器 MOE700 实现了智能式电子一体化，变频变速定位监控等功能。代表着该领域世界先进水平的公司还有美国的 JORDAN 公司和 LIMITORQUE 公司等。JORDAN 公司的智能电动执行器突出特点是动作频率高，其动作频率是 2000～4000 下/h，而国内的电动执行器动作频率在 2000 下/h 以下。

国际上智能电动执行器有以下特点：①智能通信和智能控制。智能电动执行器利用微机技术和现场通信技术，实现双向通信、PID 调节、在线自动标定、自校正与自诊断等，有效地提高了控制水平；②机电一体化。新型智能化电动执行器将伺服放大器与执行机构合为一体，结构简单，控制性能好；③控制策略更为先进。先进的控制方法有利于解决惯性问题，实现准确定位，提高控制精度。

我国电动执行器的研制起步较晚，是从仿制前苏联有触点的执行机构开始的。进入 20 世纪 80 年代以来，电动执行器发展快速，无触点的 DKJ 型角行程和 DKZ 型直行程电动执行机构两大类产品进入市场，此产品以结构简单、经济实用等优点被广泛使用。与以前相比，今天的 DKJ 和 DKZ 系列电动执行器有了两大实质性改进：①生产出直接受计算机控制的智能电子型、户外型、隔爆型等改进型产品；②将电路控制部分灌封在小型塑料盒中，即模块，形成了便于维护的即插即用型。因此，普通 DKJ 型和 DKZ 型的可靠性、精度、负载能力、信号品质系数等性能有了很大提高。但是，在控制要求较高的实验和生产控制中，主要还是依赖价格较高的国外智能产品。

📰 资料来源：吴举秀，慕星光. 电动执行器的应用现状及发展趋势.
山东轻工业学院学报，2007, 21(3).
季锋. 国产电动执行机构现状及发展趋势. 世界仪表与自动化，2009, (3).

10.3 气动阀门定位器

在大多自动执行器中，阀杆的位移是由薄膜上的气压推力与弹簧反作用力平衡来确定。为了防止阀杆引出处的泄漏，填料总要压得很紧，致使摩擦力可能相当大。此外，被控流体对阀芯的作用力也可能相当大。所有这些都会影响执行机构与输入信号之间的定位关系，使执行机构产生回环特性，严重时造成控制系统振荡。因此，在执行机构工作条件差或要求控制质量高的场合，都在控制阀上加装阀门定位器。图 10.18 是两种气动阀门定位器的实物图。

图 10.18　气动阀门定位器实物图

图 10.19 是配气动薄膜控制阀的阀门定位器的基本结构及工作原理图，它是按力矩平衡原理工作的。从控制仪表输出的气压信号送入 1 内，当信号压力增加时，使 2 绕 15 偏转，13 靠近 14，喷嘴背压经 16 放大后，进入 8，使阀杆向下移动，并带动 9 绕 4 转动，5 也跟着做逆时针方向转动，通过 10 使 6 绕 7 转动，并将 11 拉伸，当 11 对 2 的拉力与信号压力作用在 1 上的力达到力矩平衡时，仪表达到平衡状态。此时，一定的信号压力就对应于一定的阀门位置。12 是供调整零位用的，使仪表信号压力为 0.02MPa 时，阀杆开始动作。

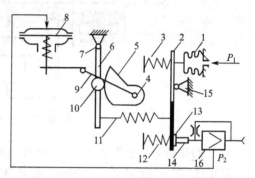

图 10.19　气动阀门定位器示意图

1—波纹管；2—主杠杆；3—量程弹簧；4—反馈
凸轮支点；5—反馈凸轮；6—副杠杆；7—副杠
杆支点；8—薄膜气室；9—反馈杆；10—滚轮；
11—反馈弹簧；12—调整弹簧；13—挡板；
14—喷嘴；15—支点；16—放大器

　　定位器有正作用和反作用两种，前者当信号压力增加时，输出压力也增加，见图 11.16；后者当信号压力增加时，输出压力则减少。欲将定位器由正作用改为反作用，只要把波纹管从主杠杆的右侧调到左侧，而把 3 从左侧调到右侧即可。

10.4　电–气转换器和电–气阀门定位器

　　在实际系统中，电与气两种信号常是混合使用的，这样可以取长补短。因而有各种电–气转换器及气–电转换器把电信号（0～10mA 或 4～20mA）与气信号（0.02～0.1MPa）进行转换。电–气转换器可以把电动变送器来的电信号变为气信号，送到气动控制器或气动显示仪表；也可把电动控制器的输出信号变为气信号去驱动气动控制阀，此时常用电–气阀门定位器，它具有电–气转换器和气动阀门定位器两种作用。

　　1. 电–气转换器

　　图 10.20 是电–气转换器的实物图。图 10.21 是一种力平衡式电–气转换器的原理图，由电动控制器送来的电流 I 通入线圈，该线圈能在永久磁铁的气隙中自由的上下运动，当输入电流 I 增大时，线圈与磁铁产生的吸力增大，使杠杆作逆时针方向转动，并带动安装在杠杆上的挡板靠近喷嘴，改变喷嘴和挡板之间的间隙。当挡板靠近喷嘴，使喷嘴机构的背压升高，这个压力经过气动功率放大器的放大产生输出压力 p，作用于波纹管，对杠杆

图 10.20　电–气转换器实物图

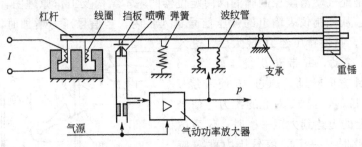

图 10.21　电-气转换器的原理图

产生向上的反馈力。它对支点 O 形成的力矩与电磁力矩相平衡，于是输出压力与输入电流 I 成正比，0～10mA 或 4～20mA 的电信号就转换成 0.02～0.1MPa 的气压信号，该信号可用来推动气动执行机构。

2. 电-气阀门定位器

电-气阀门定位器的实物图如图 10.22 所示，一方面它具有电-气转换器的作用，可用电动控制器输出的 0～10mA 或 4～20mA 信号去操纵气动执行机构；另一方面还具有气动阀门定位器的作用，可以使阀门位置按控制器送来的信号准确定位。

图 10.22　电-气阀门定位器实物图

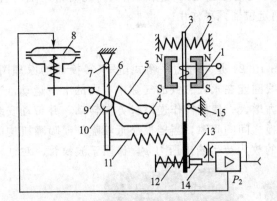

图 10.23 电-气阀门定位器的动作原理

1—力矩电动机；2—主杠杆；3—平衡弹簧；
4—反馈凸轮支点；5—反馈凸轮；6—副杠杆；
7—副杠杆支点；8—薄膜气室；9—反馈杆；
10—滚轮；11—反馈弹簧；12—调整弹簧；
13—挡板；14—喷嘴；15—支点

图 10.23 是配薄膜执行机构的电-气阀门定位器的动作原理图，它是按力矩平衡原理工作的。当信号电流通入 1 的线圈时，它与永久磁铁作用后，对主杠杆产生一个力矩，于是挡板靠近喷嘴，使喷嘴背压升高，并且将此压力经放大器放大后，送入薄膜气室使杠杆向下移动，并带动反馈杆绕 4 转动，连在同一轴上的反馈凸轮也作逆时针方向转动，通过滚轮使副杠杆绕其支点偏转，拉伸反馈弹簧。当反馈弹簧对主杠杆的拉力矩与电动机作用在主杠杆上的力矩平衡时，仪表达到平衡状态，此时，一定的信号电流就对应于一定的阀门位置。

小　结

　　执行器的作用是接收控制器送来的控制信号，改变被控介质的流量，从而将被控变量维持在所要求的数值上或一定的范围内。从结构来说，执行器一般由执行机构和控制机构两部分组成。执行器按其能源形式可分为气动、电动、液动三大类。

　　气动执行器是指以压缩空气为动力的执行器，一般由气动执行机构和控制阀两部分组成。气动执行机构主要分为薄膜式、活塞式和长行程式三种，其中薄膜式执行机构最为常用。气动薄膜式执行机构有正作用和反作用两种型式。控制阀的结构有很多种类，主要有直通单座阀、直通双座阀、角阀、球阀、蝶阀、隔膜阀和三通阀等。

　　控制阀的流量特性有理想流量特性和工作流量特性两种。理想流量特性完全取决于阀芯的形状，它是一个控制阀固有的特性。在常用控制阀中，有三种典型的理想流量特性，即直线特性、对数特性和快开特性。但实际生产中，控制阀前后压差总是变化的，这时的流量特性称为工作流量特性。在选用控制阀时，一般应考虑以下三方面：气开式和气关式的选择、控制阀口径的选择和控制阀结构与特性的选择。

　　电动执行器接收来自控制器的 $0\sim10\text{mA}$ 或 $4\sim20\text{mA}$ 的直流电流信号，并将其转换成相应的角位移或直行程位移，去操纵阀、挡板等控制机构，以实现自动控制。

　　电动执行器也由执行机构和控制阀两部分组成。其中控制阀部分常和气动执行器通用，不同的只是电动执行器使用电动执行机构来启闭控制阀。

　　气动阀门定位器的作用是使阀门位置按控制器送来的信号准确定位，定位器有正作用和反作用两种。电-气转换器可把电信号（$0\sim10\text{mA}$ 或 $4\sim20\text{mA}$）转换为气信号（$0.02\sim0.1\text{MPa}$），从而去操纵气动执行机构。电-气阀门定位器一方面具有电-气转换器的作用，另一方面还具有气动阀门定位器的作用。

【关键术语】

　　气动执行器　电动执行器　气动阀门定位器　电-气转换器　电-气阀门定位器　控制阀的流量特性

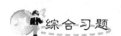综合习题

一、填空题

　　1. 执行器按其能源形式可分为_____、_____和_____ 三类。执行器应_____介质的流动方向安装，检查的方法是看阀体上的_____是否与介质的流向一致。

　　2. 电-气转换器能够把_____或_____的电流信号转换成_____的气信号。

　　3. 控制阀的理想流量特性有_____、_____、_____和抛物线特性。

　　4. 选用控制阀时，一般要根据被控介质的特点、控制要求、安装地点等因素，参考各类型控制阀的特点合理地选用。在具体选用时，一般应考虑_____、_____和_____等方面。

5. 电动执行机构根据配用的控制阀不同，输出方式有＿＿＿＿＿＿＿、＿＿＿＿＿＿＿和＿＿＿＿＿＿＿三种类型。

6. 气开阀门是指当信号压力增大时阀的开度逐渐增大，无信号压力时阀门处于＿＿＿＿＿状态。

7. 等百分比流量特性控制阀的放大系数随着阀门相对开度的增加而逐渐＿＿＿＿＿。

8. 在理想情况下，线性流量特性控制阀的相对流量与相对开度之间满足＿＿＿＿＿关系。

二、选择题

1. 执行器中，常用的气动执行机构有＿＿＿＿＿＿＿。

A. 薄膜式执行机构　　　　　　　　B. 活塞式执行机构

C. 短行程执行机构　　　　　　　　D. 长行程执行机构

2. 自行车刹车控制过程如下：刹车时，施加一定的握把力，通过杠杆系统，使刹车片压紧车圈（或轮轴），车轮减速。刹车握紧力与车轮转速一一对应。在这个控制系统中执行器是＿＿＿＿＿＿＿。

A. 握把　　　　　　　　　　　　　B. 杠杆系统

C. 刹车片　　　　　　　　　　　　D. 车轮

3. 控制阀的理想流量特性取决于＿＿＿＿＿＿＿。

A. 介质特性　　　　　　　　　　　B. 阀芯形状

C. 流通能力

4. 对于串联在管道上的控制阀来说，随着分压比 S 减小，意味着下面哪种情况？＿＿＿＿＿＿＿

A. 控制阀全开时压差减小，流量减小，实际可调比减小

B. 控制阀全开时压差增大，流量增大，实际可调比增大

C. 控制阀全开时压差减小，流量增大，实际可调比增大

D. 控制阀全开时压差增大，流量减小，实际可调比减小

5. 执行器的气开、气关选择原则是由＿＿＿＿＿＿＿决定的？

A. 工艺生产设备和人身安全

B. 控制机构的正、反作用

C. 执行机构的正、反作用

D. 执行机构的正、反作用和控制机构的正、反作用组合

三、简答题

1. 电动执行器由哪几部分组成？简述其作用。

2. 什么是调节阀的工作流量特性？在串联管道中，怎样才能使调节阀的工作流量特性接近理性流量特性？

3. 试述气动阀门定位器有哪些作用。

4. 什么是气动执行器的气开式与气关式？其选择原则是什么？

四、思考题

电磁阀是最简单的电动执行器，除此之外，你还知道有哪些？说明它们的工作原理。

第11章

热加工中的智能控制技术概论*

本章知识构架

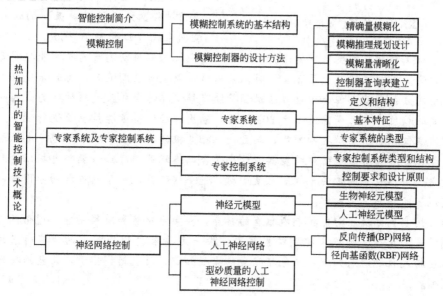

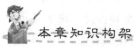
本章教学目标与要求

● 了解智能控制的含义；

● 了解模糊控制系统的基本结构，掌握模糊控制器的设计方法，熟悉以电阻炉为例的炉温模糊控制系统；

● 熟悉专家系统的定义、结构、基本特征和专家系统的类型；

● 熟悉专家控制系统的类型、结构、控制要求和设计原则；

● 了解生物神经元模型和人工神经元模型；

● 掌握反向传播人工神经网络和径向基函数人工神经网络；

● 熟悉型砂质量的人工神经网络控制技术。

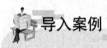导入案例

电弧炉的仿人智能控制

仿人智能控制的基本思想是在控制过程中利用计算机模拟人的控制行为功能，最大限度的识别和利用控制系统动态过程所提供的特征信息，进行启发和直觉推理，从而实现对缺乏精确模型的对象进行有效的控制。

由于电弧炉控制系统具有不确定性，因此，用常规的控制策略是无法对其进行控制

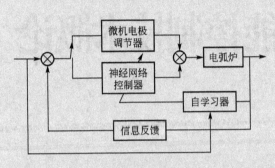

图 11.1 电弧炉智能控制系统

的。电弧炉在熔炼过程中由于电极周围介质、电气参数、被熔物质温度的影响，使得系统电弧电压、电流和功率随机波动，严重时可能使电弧熄灭或短路。另外，由于上述随机因素的影响，造成三相功率不平衡或电弧闪烁，从而导致炉内温度不稳定和不均匀，能源浪费很大。针对电弧炉运行中的这些存在的问题，采用神经网络设计了电弧炉的仿人智能控制系统，如图 11.1 所示。

为了确保该智能控制系统的运行安全，采用微机电极自动调节器与智能控制器配合使用的方法。当功率偏差大于 30kW 时，采用微机电极自动调节器，目的是使电弧炉向功率减小的方向调节，但由于电极自动调节没有辨识相功率相互关联的能力，因而不能达到很高的精度。当功率偏差小于 30kW 时，采用神经网络智能控制器进行调节，神经元控制器不仅学会了电炉控制规律，而且使三相电极的功率调节相互解耦。电弧炉和神经网络组合成神经智能电弧炉控制器，这个复合网络能够学习如何调整电极以达到电炉控制设定值，当电弧闪烁的干扰减至最小时，这个网路就达到了电流和功率因素的设定值，实现了能量的优化控制。

该应用实例体现了智能控制所独有的特点，即学习功能和决策功能。通俗而言，智能控制就是利用有关知识来控制被控对象，按一定要求达到预定目的。其所采用的知识，既包括定性的浅层知识，又包括定量的深层知识；既包括模糊量，又包括精确量。

问题：

（1）何谓智能控制？

（2）从该案例中可以看出：神经网络控制是一种智能控制方法，那么除此之外，你知道还有哪些智能控制方法吗？

资料来源：王中杰，余章雄，柴天佑. 智能控制综述. 基础自动化，1998，(6).

11.1 智能控制简介

智能控制(Intelligent Control)的概念最早是由美国普渡大学的美籍华人傅京孙教授提出的，他在 1965 年发表的论文中首先提出把人工智能的启发式推理规则用于学习系统，

为控制技术迈向智能化揭开了崭新的一页。接着，Mendel 于 1966 年提出了"人工智能控制"的新概念。20 世纪 80 年代以来，智能控制是极受人们关注的一个领域，它被认为是继经典控制和现代控制之后的新一代的控制方法。目前，理论和应用研究很多，在国内外都是受人瞩目的热点。在热加工领域中也得到了一定程度的应用，如冲天炉及加热炉的模糊控制、塑性成形及湿型砂铸造的人工神经网络控制、基于专家系统的铸造工艺设计、焊接过程的模糊控制及神经网络控制等。

智能控制最直观的定义是引入人工智能的控制，也就是人工智能与自动控制的结合，人工智能与自动控制两者是不可或缺的。它一方面表明智能控制范围很广，而且会不断接纳新的内容；另一方面也给出明显的界限，与人工智能无关的控制不是智能控制。

典型的智能控制系统的基本结构如图 11.2 所示，它由智能控制器和对象组成，具备一定的智能行为。在该系统中，对象就是具体的热加工设备，通常将变送器和执行器的特性纳入对象之中，统称为广义对象。感知信息处理、认知以及规划和控制等部分构成智能控制器。感知信息处理将变送器送来的生产过程信息加以处理。认知部分主要接收和储存知识、经验和数据，并对它们进行分析、推理和预测，作出控制的决策，送至规划和控制部分。它根据系统的要求、反馈的信息及经验知识进行自

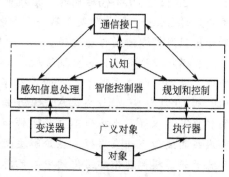

图 11.2 智能控制系统的典型结构

动搜索、推理决策和规划，最终产生具体的控制作用，经执行器直接作用于对象。通信接口可建立各环节的信号联系和人机界面、在需要时还可将智能控制系统与上位计算机联系起来。

对于不同用途的智能控制系统，其形式和功能可能存在差异。通常智能行为包括感知、学习、判断、推理、证明、理解、决策、预测等。人工智能的内容也很广泛，其中有不少内容可用于控制，当前最主要的是三种形式：模糊控制、专家控制和人工神经网络控制。它们可以单独应用，也可以与其他形式结合起来；可以用于基层控制，也可用于过程建模、操作优化、故障检测等不同层次。

11.2 模 糊 控 制

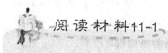

阅读材料11-1

模糊控制的发展

模糊控制(Fuzzy Control)是以模糊集合论、模糊语言变量和模糊逻辑推理为基础的一种计算机数字控制技术。模糊控制实质上是一种非线性控制，从属于智能控制的范畴。模糊控制的一大特点是既具有系统化的理论，又有着大量实际应用背景。与一般工业控制的根本区别是模糊控制并不需要建立控制过程的精确的数学模型，而是完全凭人的经验指示"直观"地控制。

L. A. Zadeh

1965 年，美国加利福尼亚大学伯克利分校的 L. A. Zadeh 教授创立了模糊集合论；1973 年他给出了模糊控制的定义和相关的定理，并在各种学会上从模糊信息处理观点出发，阐述了他的理论。

在模糊信息处理发展过程中，1974 年英国伦敦大学玛丽皇后分校的 E. H. Mamdani 教授提出可以把模糊理论用于控制领域，把 Zadeh 教授提出的模糊规则用于模糊推理，首次用模糊控制语句组成模糊控制器，并把它应用于锅炉和蒸汽机的控制中，在实验室获得成功。这一开拓性的工作标志着模糊控制论的诞生。

从 20 世纪 70 年代后期起，把规则型模糊推理用于控制领域的研究颇为盛行。1980 年丹麦的 Smidth 公司发表了第一个把模糊理论用于工业生产中的实例，该公司的水泥窑开始利用模糊控制自动运转。

在模糊理论实用化的初期阶段，主要以欧美为中心，然而，在欧美反对以模糊理论处理"模糊"和"主观"问题的人很多，使实用化过程遇到不少障碍。日本则与之不同，从 1980 年 Smidth 公司水泥窑开始运转后，日本企业就开始关心模糊理论，在他们的努力下，取得了地铁列车自动运转和自来水厂加药进行水净化处理等具体成果。在这些成绩的鼓舞下，应用模糊理论解决实际问题的热情大为高涨，可以说，从 20 世纪 80 年代开始，模糊理论实用化的中心已转移到日本。

到了 20 世纪 90 年代，模糊控制的发展更是如日中天，各种模糊商品相继问世。近 20 多年来，模糊控制不论从理论上还是技术上都有了长足的进步，成为控制领域中一个非常活跃而又硕果累累的分支，其典型应用的例子涉及生产和生活的许多方面，如在家用电器设备中有模糊洗衣机、空调、微波炉、吸尘器、照相机和摄录机等；在工业控制领域中有水净化处理、发酵过程、化学反应釜、水泥窑炉等的模糊控制；在专用系统和其他方面有地铁靠站停车、汽车驾驶、电梯、自动扶梯、蒸汽引擎以及机器人的模糊控制等。

同样，在热加工领域中，许多复杂的过程控制对象的操作特征或输入/输出特征，都难以用简明实用的物理规律或数学关系给出，因此，无法用经典的数学建模方法获取可采用的可控模型。但是，对于这类复杂的控制对象，在人工手动操作下却常常能正常运行，并能达到一定的性能指标要求。这些人工手动操作的策略一般是指操作者长期的经验积累，通常用自然语言的形式表述。如电炉炉温控制过程中的"若炉温偏高，则降低电流"，焊接操作中的"若熔透偏小，则加大电流或减小焊速"等均属于语言规则控制，若这些自然语言规则采用模糊数学逻辑系统化，则成为模糊控制规则。

📖 资料来源：晏勇，杜继宏，冯元琨. 模糊控制. 计算机测量与控制，1999，7(1).

11.2.1 模糊控制系统的基本结构

图 11.3 为典型的双输入/单输出模糊控制系统的框图，根据从被控对象中测得的被控变量 y（如温度、压力等）与结定值 r 进行比较，将偏差 e 和偏差变化率 $\dot{e}$ 输入到模糊控制器，由模糊控制器推断出控制量 u，用它来控制被控对象。

由于对一个模糊控制来说，输入和输出都是精确的数值，而模糊控制原理是采用人的思维，也就是按语言规则进行推理，因此必须将输入数据变换成语言值，这个过程称为精确量的模糊化(Fuzzification)，然后进行推理及控制规则的形成(Rule Evaluation)，最后将推理所得结果变换成实际的一个精确的控制值，即清晰化(Defuzzification，也称反模糊化)。模糊控制器的基本结构框图如图 11.4 所示。

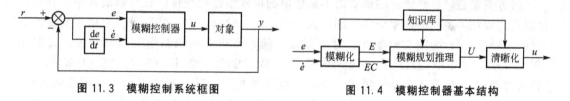

图 11.3 模糊控制系统框图   图 11.4 模糊控制器基本结构

11.2.2 模糊控制器的设计方法

模糊控制器的设计应包括以下步骤：①确定模糊控制器的结构，即输入/输出变量；②确定输入/输出变量的模糊论域和模糊量与精确量之间的变换参数；③精确量模糊化；④设计模糊推理规则；⑤输出模糊量清晰化；⑥设计控制器查询表并编写计算机语言程序。下面以双输入/单输出模糊器为例，简要说明模糊控制器的设计方法。

1. 精确量模糊化

这部分的作用是将给定值 r 与被控变量 y 的偏差 e 和偏差变化率 $\dot{e}$ 的精确量转换为模糊化量，即先对 e 和 $\dot{e}$ 进行尺度变换，再进行模糊处理，成为模糊量 E、EC。

1) 尺度变换

控制系统中，偏差 e 和偏差变化率 $\dot{e}$ 的实际变化范围称为偏差及其变化率语言变量的基本论域，分别记为 $[-e, e]$ 和 $[-\dot{e}, \dot{e}]$，设对应的模糊集合论域分别为

$$\left.\begin{array}{l} X=\{-n, -(n-1), \cdots, 0, \cdots, n-1, n\} \\ Y=\{-m, -(m-1), \cdots, 0, \cdots, m-1, m\} \end{array}\right\} \qquad (11-1)$$

式中：n 和 m 分别为在 $-e\sim e$ 和 $-\dot{e}\sim\dot{e}$ 范围内连续变化的偏差及偏差变化率离散化后分成的挡数，它构成论域 X 和 Y 的元素，一般 n 和 m 常取 6 或 7。

在实际的控制系统中，$e\neq n$，$\dot{e}\neq m$，所以，在这种情况下，需要通过所谓量化因子 k 进行论域变换，即

$$k_e=\frac{n}{e} \quad 和 \quad k_{\dot{e}}=\frac{m}{\dot{e}} \qquad (11-2)$$

一旦量化因子 k 选定后，系统的偏差 e 和偏差变化率 $\dot{e}$ 总可以量化为论域 X 和 Y 的某一元素。从式(11-2)可以看出，一旦给定论域 X 和 Y，即选定基本论域 $[-e, e]$ 和 $[-\dot{e}, \dot{e}]$ 的量化挡数 n 和 m 后，量化因子 k 的取值大小可使基本论域 $[-e, e]$ 和 $[-\dot{e}, \dot{e}]$ 发生不同程度的缩小或放大。当 k 大时，基本论域缩小，有增大偏差控制灵敏度的作用；当 k 小时，基本论域放大，从而降低了偏差控制的灵敏度。

基于量化因子的概念，对于模糊控制器的输出量 u，定义从其模糊量 U 到精确量 u 变换的比例因子为

$$k_u=\frac{u}{n} \qquad (11-3)$$

式中：n 为控制量变化基本论域 $[-u, u]$ 的量化挡数。

可见，比例因子 k_u 与量化挡数 n 之积就是实际加到被控对象上去的量的变化 u。若比

例因子 k_u 取得过大，则会造成被控过程阻尼程度下降；若取得过小，则将导致被控过程的响应特性迟缓。

2）语言变量赋值

语言变量是以自然语言的形式而不是数值的形式给出的变量。在模糊语言中，利用自然语言比较同类事物的抽象概念，如"大、中、小"，"高、中、低"等。考虑到变量的正负性，一般在设计模糊控制器时，对于偏差、偏差变化率和控制量等语言变量，常选用"正大（PB）"、"正中（PM）"、"正小（PS）"、"一致（ZE）"、"负小（NS）"、"负中（NM）"和"负大（NB）"七种语言变量来描述。当然，也可以在这七种变量中再加入更细致的分级，如"较"、"偏"等，使基本论域的量化分档以及模糊控制规则更细化，但会使控制规则变的较复杂。一般来说，每个语言变量宜选用 2～10 个，最常选用 PB、PM、PS、ZE、NS、NM 和 NB 七个值。

语言变量论域上的 Fuzzy 子集由隶属函数 $\mu(x)$ 来描述。对于常采用的论域 $\{-6, -5, -4, -3, -2, -1, 0, +1, +2, +3, +4, +5, +6, +7\}$ 来说，在其上定义的七个语言变量值 PB、PM、PS、ZE、NS、NM、NB 的 Fuzzy 子集中，具有最大隶属度"1"的元素习惯上取为

$$\begin{cases} \mu_{PB}(x)=1\leftrightarrow x=+6 & \mu_{NS}(x)=1\leftrightarrow x=-2 \\ \mu_{PM}(x)=1\leftrightarrow x=+4 & \mu_{NM}(x)=1\leftrightarrow x=-4 \\ \mu_{PS}(x)=1\leftrightarrow x=+2 & \mu_{NB}(x)=1\leftrightarrow x=-6 \\ \mu_{ZE}(x)=1\leftrightarrow x=0 \end{cases} \tag{11-4}$$

根据人们对事物的判断往往沿用正态分布的思维特点，还常采用正态函数来确定 Fuzzy 集合 A 的隶属函数 $\mu_A(x)$，即

$$\mu_A(x)=e^{-\left(\frac{x-a}{b}\right)^2} \tag{11-5}$$

式中：参数 a 对于 Fuzzy 集合 PB、PM、PS、ZE、NS、NM、NB 分别取 +6、+4、+2、0、-2、-4 和 -6；参数 b 取大于零的正数，它决定了正态曲线的宽窄程度，b 值大，$\mu(x)$ 曲线宽，b 值小，$\mu(x)$ 曲线窄。

2. 模糊推理规则设计

模糊推理规则又称模糊控制算法，实质上是将操作者在控制过程中的实践经验加以总结而得到的一条条模糊条件语句的集合，它是模糊控制器的核心。

在以偏差 e 和偏差变化率 $\dot{e}$ 双变量为输入，控制作用 u 为单变量输出的双输入/单输出模糊控制器中，控制器的规则通常由如下模糊条件语句来表达。即

$$\text{if E and EC then U} \tag{11-6}$$

一般一条模糊语句只代表一种特定情况下的一个对策。如下面给出某控制过程的手动控制策略总结出的一组模糊条件语句：

if E＝NB and EC＝NB or NM or NS or ZE
then U＝PB
if E＝NM and EC＝NB or NM
then U＝PB
······
if E＝PB and EC＝ZE or PS or PM or PB

then U＝NB

上述一组若干条模糊条件语句表达的控制规则，还可写出一种称为模糊控制状态表的表格，它是控制规则的另一种表达形式。

3. 模糊量清晰化

模糊控制推理规则给出的输出 U 是模糊量，需要从其模糊子集中判决出一个精确量作为模糊控制器的精确输出量，以供给执行器。因此，需要设计一个由模糊集合到普通集合的数学映射，这个映射称为模糊判决。运用模糊判决完成模糊量到精确量的变换过程称为模糊量的清晰化。判决的方法有很多，常用的有下列几种：

（1）最大隶属度法。这个方法是在模糊集合中选取隶属度最大的论域元素作为判决结果，如果在多个论域元素上同时出现隶属度最大值，则取它们的平均值作为判决结果。

这种方法的优点是简单易行，缺点是概括的信息量较少。

（2）取中位数法。取中位数法是将输出模糊集合的隶属函数 $\mu(x)$ 曲线与横坐标围成的区域面积的均分点对应的论域元素作为判决结果。其优点在于比较充分地利用了模糊集合所包含的信息量进行判决。

（3）加权平均法。加权平均法是将论域中的元素 $x_i(i＝1, 2,\cdots, n)$ 作为其对应的隶属度 $\mu_{u1}(x_i)$ 的加权系数，取其乘积和与隶属度和的平均值 x_0 作为判决结果，即

$$x_0 = \frac{\sum_{i=1}^{n} x_i \mu_{u1}(x_i)}{\sum_{i=1}^{n} \mu_{u1}(x_i)} \tag{11-7}$$

4. 控制器查询表建立

如果已知系统偏差 e_i 为论域 $X＝\{-6, -5,\cdots, -0, +0,\cdots, +5, +6\}$ 中的元素 x_i，偏差变化率 $\dot{e}_i$ 为论域 $Y＝\{-6, -5,\cdots, 0,\cdots, +5, +6\}$ 中的元素 y_i，那么，可通过模糊关系推理合成得到控制量变化的模糊合集 U，经模糊判决得到论域 $Z＝\{-6, -5, \cdots, 0,\cdots, +5, +6\}$ 上的元素 z_i，最终得到实际控制量变化的精确量 u_{ij}。对论域 X、Y 中全部元素的所有组合，算出对应的以论域 Z 中元素表示的控制量变化值，并写成 $n\times m$ 矩阵的形式。由该矩阵构成的相应表格称为模糊控制器的查询表。

一般情况下，查询表是事先算出并存入计算机的。在实际控制过程中，计算机直接根据采样和论域变化得到的论域元素 e_i 和 $\dot{e}_i$，由查询表得到对应的论域元素的控制量 u，再乘以比例因子，即得到精确控制量输出给执行器。

阅读材料11-2

模糊控制的改进研究

模糊控制具有良好控制效果的关键是要有一个完善的控制规则。但由于模糊规则是人们对过程或对象模糊信息的归纳，对高阶、非线性、大时滞、时变参数以及随机干扰严重的复杂控制过程，人们的认识往往比较贫乏或难以总结完整的经验，这就使得单纯的模糊控制在某些情况下很粗糙，难以适应不同的运行状态，影响了控制效果。

对模糊控制的改进方法可大致的分为模糊复合控制、自适应和自学习模糊控制、专家模糊控制、神经网路模糊控制等方面。

1. 模糊复合控制

Fuzzy－PID复合控制，即模糊PID控制，通常是当误差较大时采用模糊控制，而误差较小时采用PID控制，从而既保证动态响应效果，又能改善稳态控制精度。一种简便有效的做法是模糊控制器和I调节器共同合成控制作用。

史密斯－模糊控制器：针对系统的纯滞后特性设计，用模糊控制器替代PID可以解决常规史密斯－PID控制器对参数变化适应能力较弱的缺陷；此外模糊推理和模糊规则的运用有利于在一定程度上适应时延的变化，在更复杂的情况下对对象的纯滞后进行有效的补偿。

三维模糊控制器：一种方法是利用误差E、误差变化Ec和误差变化速率Ecc作为三维变量，可以解决传统二维模糊控制器的快速响应与稳定性要求之间的矛盾；另一种方法是利用E，Ec和误差的累积和$\sum E$，这相当于变增益的PID控制器，提高了模糊控制的稳态精度。

2. 自适应和自学习模糊控制

修改控制规则的自校正模糊控制器：从响应性能指标的评价出发，利用模糊集合平移或隶属函数参数的改变，来实现控制规则的部分或全面修正，也可通过修正规则表或隶属函数本身来进行调整。

自调整比例因子的模糊控制：引入性能测量和比例因子调整的功能，在线改变模糊控制器的参数，较大的增强了对环境变化的适应能力。

模型参考自适应模糊控制器：利用参考模型输出与控制作用下系统输出间的偏差来修正模糊控制器的输出，包括比例因子、解模糊策略、模糊控制规则等。

具有自学习功能的模糊控制：包括多种对外扰影响或重复任务的性能具有自学习功能的模糊控制方法，以及自寻优模糊控制器等，其关键在于学习和寻优算法的设计，尤其是提高其速度和效率。

3. 专家模糊控制

专家系统能够表达和利用控制复杂过程和对象所需的启发式知识，重视知识的多层次和分类的需要，弥补了模糊控制器结构过于简单、规则比较单一的缺陷，赋予了模糊控制更高的智能；二者的结合还能够拥有过程控制复杂的知识，并能够在更为复杂的情况下对这些知识加以有效利用。

4. 神经网络的模糊控制

神经网络实现局部或全部的模糊逻辑控制功能，前者利用神经网络实现模糊控制规则或模糊推理，后者通常要求网络层数多于三层。

5. 模糊控制与其他智能控制方法的结合

尽管模糊控制在概念和理论上仍然存在着不少争议，但进入20世纪90年代以来，由于国际上许多著名学者的参与，以及大量工程应用上取得的成功，尤其是对无法用经典与现代控制理论建立精确数学模型的复杂系统特别显得成绩非凡，因而导致了更为广泛深入的研究，事实上模糊控制已作为智能控制的一个重要分支确定了下来。

➡ 资料来源：陈杰，薛彬. 模糊控制的研究现状与展望. 自动化与仪器仪表，2006，(6).

李晨晖. 模糊控制技术现状与展望. 青海大学学报(自然科学版)，2001，19(1).

11.2.3 模糊控制在热加工中的应用——炉温模糊控制系统

1. 系统构成

图11.5为热处理电阻炉炉温模糊控制系统结构原理框图。系统的被控对象是电阻炉，被控参数为炉内温度，用热电偶检测炉温。

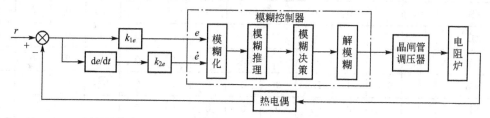

图 11.5 炉温模糊控制系统原理框图

模糊控制器根据设定温度与实际温度的差值及温度的变化率，利用模糊控制算法求出输出控制量。该输出量送到晶闸管调压器的输入端，使其导通角发生相应变化；导通角越大，输送到电炉两端的交流电压就会越高，电阻炉的输入功率也就越大，炉温上升；反之导通角减小，电阻炉输出功率减小。炉温偏差为零时，晶闸管保持一定的导通角，电阻炉输入一定的功率，使炉温稳定在给定的范围内。

2. 模糊控制算法

1) 精确量模糊化

在模糊控制中，输入/输出数据是精确量。由于模糊控制对数据进行处理是基于模糊集合的方法，因此要对精确化数据进行模糊化。炉温控制系统的算法为典型的二维模糊控制算法，确定的输入变量为：炉温偏差 e；炉温偏差变化率 $\dot{e}$ 和控制器输出电压 u。

这里将输入变量 e、$\dot{e}$ 与 u 的变化范围划分为13个档次，即变化范围在 $[-6, +6]$ 之间。输入变量的等级划分见表11-1。各输入变量可用模糊语言"正大(PB)"、"正中(PM)"、"正小(PS)"、"一致(ZE)"、"负小(NS)"、"负中(NM)"、"负大(NB)"来模糊化，对应的模糊变量分别为 E、EC 和 U，并确定相关隶属度，见表11-2。

表 11-1 输入变量的等级划分

变量\档次	e	$\dot{e}$	变量\档次	e	$\dot{e}$
-6	$(-\infty, -40]$	$(-\infty, 10]$	1	$(0.5, 2.5]$	$(0.25, 0.5]$
-5	$(-40, -20]$	$(-10, -5]$	2	$(2.5, 5]$	$(0.5, 1]$
-4	$(-20, -10]$	$(-5, -2]$	3	$(5, 10]$	$(1, 2]$
-3	$(-10, -5]$	$(-2, -1]$	4	$(10, 20]$	$(2, 5]$
-2	$(-5, -2.5]$	$(-1, -0.5]$	5	$(20, 40]$	$(5, 10]$
-1	$(-2.5, -0.5]$	$(-0.5, -0.25]$	6	$(40, +\infty)$	$(10, +\infty)$
0	$(-0.5, 0.5]$	$(-0.25, 0.25]$	—	—	—

表 11-2　模糊变量 *E*、*EC* 和 *U* 的隶属度表

变量＼档次	-6	-5	-4	-3	-2	-1	0	1	2	3	4	5	6
PB	0	0	0	0	0	0	0	0	0	0	0	0.5	1
PM	0	0	0	0	0	0	0	0	0	0.5	1	0.5	0
PS	0	0	0	0	0	0	0	0.5	1	0.5	0	0	0
ZE	0	0	0	0	0	0.5	1	0.5	0	0	0	0	0
NS	0	0	0	0.5	1	0.5	0	0	0	0	0	0	0
NM	0	0.5	1	0.5	0	0	0	0	0	0	0	0	0
NB	1	0.5	0	0	0	0	0	0	0	0	0	0	0

2）模糊推理规则

根据前面的介绍，对于双输入/单输出的炉温模糊控制系统，采用 if E and EC then U 表达，本例中可以写出 49 条模糊条件语句表达式。模糊关系采用 $R = \bigvee\limits_{i=1}^{49}(E \times EC \times U)$；模糊推理采用 $U = (E \times EC) \cdot R$。利用模糊关系和模糊推理公式可求出模糊推理规则。模糊规则推理是按照模糊规则来完成的，最后形成输出变量的隶属度。可以看出，对于每一对 (*E*，*EC*) 要得到控制量需要大量的计算，为了便于定时控制，制成模糊控制规则表 11-3。

表 11-3　模糊控制规则表

EC＼E	NB	NM	NS	ZE	PS	PM	PB
NB	PB	PB	PB	PB	PM	ZE	ZE
NM	PB	PB	PB	PM	PS	ZE	ZE
NS	PM	PM	PM	PS	ZE	NS	NS
ZE	PM	PM	PS	ZE	NS	NM	NM
PS	PS	PS	ZE	NS	NM	NM	NM
PM	ZE	ZE	NS	NS	NM	NB	NB
PB	ZE	ZE	NS	NM	NB	NB	NB

3）模糊量清晰化

若已知 *e* 和 *ė*，即可划分档次，并由表 11-3 确定模糊变量。但常存在对应的模糊变量不止一个，为此可以设定若干个推理规则。每个推理规则都可以得到模糊输出量，各模糊输出量采用最大隶属度法来确定总的模糊子集，该子集再按加权平均法求出模糊输出量。输出量最后进行清晰化，变成精确量。由于作用在晶闸管调压器控制电路上的信号为 0～10V 的直流信号，则可利用下式进行清晰化：

$$u = \frac{\text{INT}(U+0.5)}{k} + 5 \tag{11-8}$$

式中：u 为精确输出量；U 为模糊输出量；INT 为取整运算；k 为比例因子（$k=1.2$）。

3. 模糊运算举例

以某一时刻测得的数值为例，进一步说明模糊运算的具体过程。若 $e=5℃$，$\dot{e}=-1.5℃/s$，根据表 11-1 可确定其输入变量的档次为 $E=2$，$EC=-3$。表 11-2 中 $E=2$ 时，隶属度不为零的项有 PS，其隶属度为 1；$EC=-3$ 时，隶属度不为零的项有 NS 和 NM，其隶属度分别为 0.5 和 0.5，因此，根据表 11-3 模糊推理规则为：if PS and NS then ZE 和 if PS and NM then PS。从而

$$\begin{cases} U_1 = (E \times EC) \cdot R = (E \times EC)\,\text{AND ZE} \\ \quad = 0.5\,\text{AND}\{0\ 0\ 0\ 0\ 0\ 0.5\ 1\ 0.5\ 0\ 0\ 0\ 0\ 0\} = \{0\ 0\ 0\ 0\ 0\ 0.5\ 0.5\ 0.5\ 0\ 0\ 0\ 0\ 0\} \\ U_2 = \{0\ 0\ 0\ 0.5\ 0.5\ 0.5\ 0\ 0\ 0\ 0\ 0\ 0\} \end{cases}$$

$$(11-9)$$

U_1 和 U_2 按列进行最大隶属度模糊决策得：

$$U' = \{0\ \ 0\ \ 0\ \ 0.5\ \ 0.5\ \ 0.5\ \ 0.5\ \ 0.5\ \ 0\ \ 0\ \ 0\ \ 0\ \ 0\} \qquad (11-10)$$

最后根据式（11-7）加权平均法求出模糊输出量为 $U=1$，利用式（11-8）可求得 $u=6.67V$。

11.3　专家系统及专家控制系统

专家系统和专家控制系统是人工智能的一个重要分支。专家系统产生于 20 世纪 60 年代中期，经过多年的发展，其理论和技术日臻成熟，其应用也得到了迅速发展。目前，被广泛应用于化学工程、图像处理、医疗诊断、石油、军事、材料等各个领域。

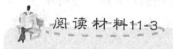

阅读材料11-3

专家系统发展史

1965 年斯坦福大学的费根鲍姆（E. A. Feigenbaum）和化学家勒德贝格（J. Lederberg）合作研制 DENDRAL 系统，使得人工智能的研究以推理算法为主转变为以知识为主。20 世纪 70 年代，专家系统的观点逐渐被人们接受，许多专家系统相继研发成功，其中较具代表性的有医药专家系统 MYCIN 和探矿专家系统 PROSPECTOR 等。20 世纪 80 年代，专家系统开发趋于商品化，创造了巨大的经济效益。

1977 年，费根鲍姆在第五届国际人工智能联合会议上提出知识工程的新概念。他认为："知识工程是人工智能的原理和方法，对那些需要专家知识才能解决的应用难题提供求解的手段。恰当运用专家知识的获取、表达和推理过程的构成与解释，是设计基于知识的系统的重要技术问题。"知识工程是一门以知识为研

爱德华·费根鲍姆
(Edward Albert Feigenbaum, 1936–)
1994年图灵奖获得者

究对象的学科，它将具体智能系统研究中那些共同的基本问题抽出来，作为知识工程的核心内容，使之成为指导具体研制各类智能系统的一般方法和基本工具，成为一门具有方法论意义的科学。20世纪80年代以来，在知识工程的推动下，涌现出了不少专家系统开发工具，如EMYCIN、CLIPS(OPS5和OPS83)、G2、KEE、OKPS等。

早在1977年，中国科学院自动化研究所就基于关幼波的经验，研制成功了我国第一个"中医肝病诊治专家系统"。1985年10月中科院合肥智能所熊范纶建成"砂姜黑土小麦施肥专家咨询系统"，这是我国第一个农业专家系统。经过20多年努力，一个以农业专家系统为重要手段的智能化农业信息技术在我国取得了引人瞩目的成就，许多农业专家系统遍地开花，将对我国农业持续发展发挥作用。中科院计算所史忠植与东海水产研究所等合作，研制了东海渔场预报专家系统。在专家系统开发工具方面，中科院数学研究所研制了专家系统开发环境"天马"，中科院合肥智能所研制了农业专家系统开发工具"雄风"，中科院计算所研制了面向对象专家系统开发工具"OKPS"。这期间，专家系统也应用到热加工领域中，比较有代表性的是铸造专家系统。

→ 资料来源：http://www.intsci.ac.cn/ai/es.html.

11.3.1 专家系统

1. 专家系统的定义

专家系统是一类包含着知识和推理的智能计算机程序，其内部含有大量的某个领域专家水平的知识和经验，能够利用人类专家的知识和解决问题的方法来处理该领域的问题。

专家系统可以解决的问题一般包括解释、预测、诊断、设计、规划、监视、修理、指导和控制等。发展专家系统的关键是表达和运用专家知识，即来自人类的并已被证明对解决有关领域内的典型问题是有用的事实和过程。专家系统和传统的计算机"应用程序"最本质的不同之处在于，专家系统所要解决的问题一般没有算法解，并且经常要在不完全、不精确或不确定的信息基础上做出结论。

2. 专家系统的结构

专家系统的结构是指专家系统各组成部分的构造方法和组织形式。图11.6表示专家系统的简化结构图。图11.7则为理想专家系统的结构图，主要包括知识库、数据库(黑

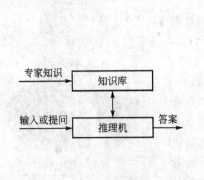

图11.6 专家系统的简化结构图

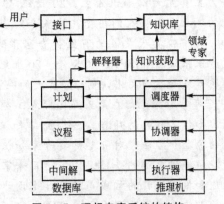

图11.7 理想专家系统的结构

板）、推理机、解释器、接口及知识获取六个部分。由于每个专家系统所需完成的任务和特点不同，其系统结构也不尽相同，一般只有图中部分模块。

知识库是知识的存储器，一般包括两部分内容。一部分是已知的同当前问题有关的数据信息，另一部分是进行推理时要用到的一般知识和领域知识，这些知识大多以规则、网络和过程等形式表示。知识库中的知识来源于知识获取机构，同时它又为推理机提供求解问题所需的知识。

数据库又称黑板，它是用来记录系统推理过程中用到的控制信息、中间假设和中间结果。它包括计划、议程和中间解三部分。计划记录了当前问题总的处理计划、目标、问题的当前状态和问题背景。议程记录了一些待执行的动作，这些动作大多是由数据库中已有结果与知识库中的规则作用而得到的。中间解区域存放当前系统已产生的结果。推理机根据数据库的内容从知识库中选择合适的知识进行推理，然后又把推理结果存入数据库中，同时又可记录推理过程中的有关信息，为解释器提供回答用户咨询的依据。

推理机包括调度器、协调器及执行器三部分。

协调器按照系统建造者所给出的控制知识，从议程中选择一项作为系统下一步要执行的动作。执行器应用知识库及数据库中记录的信息，执行调度器所选定的动作。协调器的主要作用是，当得到新数据和新假设时，对已得到的结果进行修正，以保持结果前后一致。

推理机的运行可以有不同的控制策略。从原始数据和已知条件推断出结论的方法称为正向推理或数据驱动策略；先提出假设或结论，然后寻找支持这个结论或假设的条件或证据，若成功则结论成立，推理成功，这种方法称为反向推理或目标驱动策略；若运用正向推理帮助系统提出假设，然后运用反向推理寻找支持假设的证据，称为双向推理。

解释器的功能是向用户解释系统的行为，包括解释结论的正确性及系统输出其他候选的原因。为完成这一功能，通常要利用数据库中记录的中间结果、中间假设和知识库中的知识。

接口是人与专家系统交流的媒介，它为用户提供了直观方便的交互作用手段。接口的功能是识别与解释用户向系统提供的命令、问题和数据等信息，并把这些信息转化为系统内部的表示形式。另一方面，接口也将系统对用户提出的问题、得出的结果做出解释，以用户易于理解的形式提供给用户。

知识获取是指通过人工方法或机器学习方法，将某个领域内的事实性知识和领域专家所特有的经验性知识转化为计算机程序的过程。目前，一些专家系统已经具有了自动知识获取的功能。自动知识获取包括两个方面：一方面是外部知识的获取，通过向专家提问，以接受教导的方式接收专家的知识，然后把它转换成内部形式存入知识库；另一方面是内部知识获取，即系统在运行中不断从错误和失败中归纳总结经验，并修改和扩充知识库。

3. 专家系统的基本特征

专家系统是一个基于知识的系统，它利用人类专家提供的专门知识，模拟人类专家的思维过程，解决对人类专家都相当困难的问题。一般来说，一个高性能的专家系统应具备如下特征。

（1）具有专家水平的专门知识。专家系统建造的一个最重要目标是达到一个专家在解决某些任务时所体现出的高水平性能。专家系统能够成功地解决本领域内的各种问题，在解题质量、速度和动用启发式规则的能力方面具有本领域人类专家的水平，其根本原因是系统中存储有专家水平的知识。

（2）符号处理。专家系统用符号准确地表示领域有关的信息和知识，并对其进行处理。

（3）一般问题的求解能力。各种专家系统应具备一种公共的智能行为，能够做一般的逻辑推理、目标搜索和常识处理等工作。而且专家系统往往采用试探性方式进行处理，为求解更加符合实际情况，往往采用不精确推理。因而，专家系统能够解决领域内各种问题。

（4）复杂度与难度。专家系统所拥有的知识是很专业的领域知识，涉及的面一般很窄，但必须具有相当的复杂度和难度。如果某领域不够复杂的话，不需要专家来解决，没有什么专家知识可言，就不能真正成为专家系统。

（5）具有获取知识的能力。人类专家能够通过学习不断丰富自身的知识，高性能的专家系统应该具备这种不断获取知识的能力。或者它提供一种手段使知识工程师和领域专家能够不断地给系统"传授"知识，使知识库越来越丰富，越来越完善；或者系统自身具有自学习能力，从系统的运行过程中不断总结经验，抽取新知识，更换旧知识，自动地使知识库中的知识不断丰富和更新。

（6）知识与推理机构相互独立。专家系统一般把推理机构与知识分开，使其独立，使系统具有良好的可扩充性和维护性。

综上所述，一个专家系统应具备以下三个显著特征：

（1）启发性。不仅能使用逻辑知识，也能使用启发性知识，它运用规范的专门知识和直觉的评判知识进行判断、推理和联想，实现问题求解。

（2）透明性。它使用户在对专家系统结构不了解的情况下可以进行相互交往，并了解知识的内容和推理思路，系统还能回答用户的一些有关系统自身行为的问题。

（3）灵活性。由于专家系统的知识与推理机构的分离，使系统不断接纳新知识，调整有关控制信息和结构，确保推理机与知识库的协调，同时便于系统的修改和扩充。

4. 专家系统的类型

专家系统的类型很多，包括演绎型、经验型、工程型、工具型和咨询型等。按照专家系统所求解问题的性质，可把它分为下列几种类型：

（1）控制型专家系统。控制型专家系统的任务是自适应地管理一个受控对象或客体的全部行为，使之满足预定要求。控制型专家系统的特点是，能够解释当前情况，预测未来发生的情况、可能发生的问题及其原因，不断修正计划并控制计划的执行。所以说，控制型专家系统具有解释、预测、诊断、规划和执行等多种功能。

（2）解释型专家系统。根据表层信息解释深层结构或内部可能情况的一类专家系统，如卫星云图分析、地质结构及化学结构分析等。

（3）监视型专家系统。这是用于对某些行为进行监视并在必要时进行干预的专家系统，如当情况异常时发生警报，可用于核电站的安全监视、机场监视、森林监视等。

（4）决策型专家系统。这是对各种可能的决策方案进行综合评判和选优的一类专家系统，它包括各种领域的智能决策及咨询。

（5）规划型专家系统。这是用于制订行动规划的一类专家系统，可用于自动程序设计、机器人规划、交通运输调度、军事计划制订及农作物施肥方案规划等。

（6）预测型专家系统。根据过去和现在观测到的数据预测未来情况的系统。其应用领域有气象预报、人口预测、农业产量估计、水文、经济、军事形势的预测等。

（7）教学型专家系统。这是能进行辅助教学的一类系统。它不仅能传授知识，而且还能对学生进行教学辅导，具有调试和诊断功能，如多媒体技术，其具有良好的人机界面。

（8）设计型专家系统。这是按给定的要求进行产品设计的一类专家系统，它广泛地应用于线路设计、机械产品设计及建筑设计等领域。

11.3.2 专家控制系统

根据专家系统在控制系统中应用的复杂程度，可分为专家控制系统和专家控制器。专家控制系统具有全面的专家系统结构、完善的知识处理功能和实时控制的可靠性能。专家控制器多为工业专家控制器，是专家控制系统的简化形式，由于其结构较为简单，因此应用日益广泛。

专家控制系统虽然引用了专家系统的思想和方法，但专家控制系统与专家系统之间有一些重要的差别。

专家系统只对专门领域的问题完成咨询作用，协助用户进行工作。专家系统的推理是以知识为基础的，其推理结果为知识项、新知识项或对原知识项变更的知识项。然而，专家控制系统需要独立自主地对控制作用做出对策，其推理结果可为变更的知识项，或者为执行某些解析算法。专家系统通常以离线方式工作，而专家控制系统需要获取在线动态信息并对系统进行实时控制。

1. 专家控制系统的类型

根据专家控制系统在过程控制中的用途和功能可分为直接型专家控制器和间接型专家控制器。按知识表达技术分类，则又可分为产生式专家控制系统和框架式专家控制系统等。

（1）直接型专家控制器。直接型专家控制器具有模拟操作工人的智能（经验和知识）的功能。它取代常规 PID 控制，实现在线实时控制，它的知识表达和知识库均较简单，由几十条产生式规则构成，便于增减和修改。其推理和控制策略也较简化，采用直接模式匹配方法，推理效率较高。

（2）间接型专家控制器。间接型专家控制器和常规 PID 控制器相结合，对生产过程实现间接智能控制。它具有模拟控制工程师的智能（知识和经验）的功能，可实现优化、适应、协调、组织等高层决策。按它的高层决策功能，可分为优化型、适应型、协调型和组织型专家控制器。这些专家控制器功能较复杂，要求智能水平较高，相应的知识表达需采用综合技术，既用产生式规则，也要用框架和语义网络，以及知识模型和数学模型相结合的广义模型化方法；知识库的设计需采用层次型、网络型或关系型的结构；推理机的设计需考虑启发推理和算法推理、正向推理和反向推理相结合，还要用到非精确、不确定和非单调推理等。优化型和适应型常在线实时联机运行，而协调型和组织型可离线非实时运行。

2. 专家控制系统的结构

专家控制系统由于应用场合和控制要求的不同，其结构也可能不一样。然而，几乎所有的专家控制系统都包含知识库、推理机、控制规则集和控制算法等。下面介绍两种专家控制器的具体结构。

1）工业专家控制器

工业专家控制器的结构如图 11.8 所示，它由知识库、控制规则集、推理机和特征识别与信息处理四部分组成。

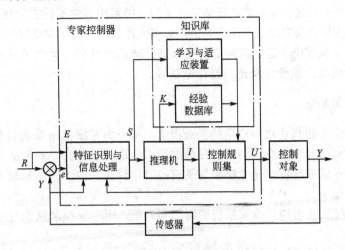

图 11.8　工业专家控制器结构

知识库用于存放工业过程控制的领域知识，由经验数据库和学习与适应装置组成。经验数据库主要存储经验和事实集。学习与适应装置的功能就是根据在线获取的信息，补充和维修知识库的内容，改进系统性能，以提高问题的求解能力。

建立知识库的主要问题是如何表达已获取的知识。工业专家控制器的知识库用产生式规则来建立。这种表达方式具有较高的灵活性，每条产生式规则都可以独立的增删、修改，使知识库的内容便于更新。

控制规则集是对受控过程的各种控制模式和经验的归纳与总结。由于规则条数不多，搜索空间很小，推理机构就十分简单。采用向前推理方法逐次判别各种规则的条件，满足则执行，否则继续搜索。

特征识别与信息处理部分的作用是实现对信息的提取与加工，为控制决策和学习适应提供依据。它主要包括抽取动态过程的特征信息，识别系统的特征状态，并对特征信息作必要的加工。

2）黑板专家控制系统

黑板结构是一种强功能的专家系统结构和求解模式，它能够处理大量的、不完全的和包含错误的知识，以求解问题。图 11.9 是黑板专家控制系统的结构图。基本黑板结构是由一块黑板、一套独立的知识源和一个调度器组成。黑板为一共享数据区；知识源存储各种相关知识；调度器起控制作用。黑板系统提供了一种用于组织知识应用和知识源之间合作的工具。

3. 专家控制系统的控制要求和设计原则

一般对专家控制系统没有统一和固定的要求，这种要求是由具体应用决定的。但我们可以对专家控制系统提出一些综合要求。

（1）运行可靠性高。尤其在关键性的材料加工及成形生产线上，必须对专家控制器提出较高的运行可靠性要求。

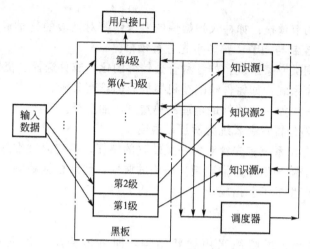

图 11.9　黑板专家控制系统的结构图

（2）决策能力强。决策是基于知识控制系统的关键能力之一。大多数专家控制系统要求具有较强的不同水平的决策能力。

（3）应用通用性好。应用的通用性包括易于开发、示例多样性、基本硬件的机动性、多种推理机制以及开放式的可扩充结构等。

（4）控制与处理的灵活性。这个原则包括控制策略的灵活性、经验表示的灵活性、数据管理的灵活性、解释说明的灵活性以及过程连接的灵活性等。

根据以上讨论，可以提出专家控制器的设计原则如下：

（1）模型描述的多样性。所谓模型描述的多样性是指在设计过程中，对被控对象和控制器的模型应采用多样性的描述方式，不应仅限于单纯的解析模型。

（2）在线处理的灵活性。智能控制系统的重要特征之一就是能够以有用的方式来划分和构造信息。在设计专家控制器时，应十分注意对过程在线信息的处理与利用。

（3）控制策略的灵活性。控制策略的灵活性是设计专家控制器所应遵循的一条重要原则。工业对象本身的时变性与不确定性以及现场干扰的随机性，要求专家控制器采用不同形式的开环与闭环控制策略，并能通过在线获取的信息灵活修改。此外，专家控制器中还应设计异常情况处理的适应性策略，以增强系统的应变能力。

（4）推理与决策的实时性。对于设计用于检测与控制过程的专家控制器，这一原则是必不可少的，这就要求知识库的规模不宜过大，推理机应尽可能简单，以满足控制过程的实时性要求。

11.3.3　专家系统在铸造中的应用

铸造过程是一个极为复杂的物理化学过程，铸件品质是多工艺流程配合的最终体现，其影响因素很多。在实际生产中，即使较为成熟的工艺也可能出现问题。对于铸造过程中的许多问题，比如铸件缺陷分析，用传统的分析技术往往难以解决，而建立铸造质量专家系统，利用系统中存有的大量有关专家的知识，便可得出正确的诊断结果。

对于铸造领域，专家系统已在如下几个方面得到应用：

（1）材料与工艺过程的数据分析：如怎样的金属熔炼工艺会导致球墨铸铁组织中共晶

石墨的形成？

（2）工艺过程调节预报：如冲天炉熔炼的专家系统对铁液的化学成分、温度、氧气状况等借助于风量的控制与调节，都能事先进行预报。

（3）建议、咨询类专家系统：如各种合金铸件的化学成分选择、浇冒口确定等。

（4）诊断类专家系统：如铸件缺陷或机器故障的诊断分析。

（5）优化与选择：如一个铸件最合适的铸造方法的选择。

下面以铸件缺陷分析专家系统为例加以说明。

铸件缺陷分析专家系统首先针对每一类缺陷的特征，系统通过推理机构访问由产生式规则集建立的铸造缺陷知识库，推理判断缺陷的属性，然后根据缺陷的属性提出缺陷的产生原因和防止缺陷产生的工艺措施。

1．知识库

专家系统中的知识库组织采用树状结构，即将铸造缺陷根据外观形貌分类，如图 11.10 所示。再在每一类缺陷下用每种缺陷表现的特征分析缺陷的属性，图 11.11 为孔洞类缺陷分类图。

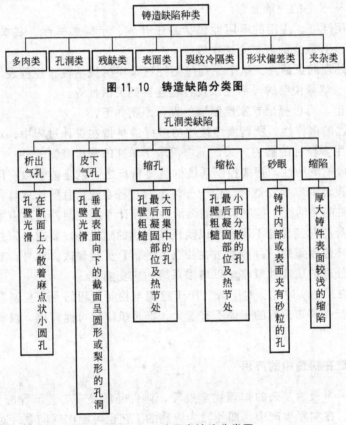

图 11.10　铸造缺陷分类图

图 11.11　孔洞类缺陷分类图

知识库的表达采用产生式规则形式，例如：

规则 39　IF 缺陷为聚集状孔洞群

　　　　THEN 缺陷类型为气孔；置信度 0.7

置信度指规则的可信程度。规则和置信度系数都是从铸件缺陷分析专家的经验分析、收集得到的。

2. 推理策略

铸件缺陷分析专家系统的推理策略采用反向推理，即假设推理目标（如聚集状孔洞群），从知识库中调用所有结论与目标相匹配的判别型规则，从中选取知识信息进行验证，通过一系列证据积累，得到一个该假设成立与否的置信度，把它和系统设置的"域值"相比较，大于域值则假设成立，判别出结论。然后系统启用相应分析型规则，实现铸造缺陷原因分析和提出其防止措施。

3. 人机接口

人机接口采用菜单方式向用户获取初始数据。

首先显示主菜单，有两大模块供用户选择，即判断缺陷和在缺陷已知的情况下咨询缺陷产生的原因和防止措施。

系统是通过向用户提出问题，由用户回答"是"或"否"完成推理的。为使用户准确地理解系统的提问，以便做出回答，系统在每提出一个问题时均解释问题的含义以及为什么提出该问题。用户根据系统的解释，正确地和系统交流。解释机构的实现使得系统对用户完全透明，用户彻底了解系统的推理思路。

11.4　神经网络控制

人工神经元网络以独特的结构和处理信息的方法，使其在许多实际应用领域中取得了显著的成效，在热加工领域的自动控制上也相当突出。

神经元网络是一种基本上不依赖于模型的控制方法，它较适合于那些具有不确定性或高度非线性的控制对象，并具有较强的自适应和自学习功能，因此，它也属于智能控制的范畴。

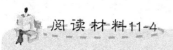
阅读材料11-4

人工神经网络发展史

人工神经网络早期的研究工作应追溯至 20 世纪 40 年代。1943 年，心理学家 W. S. McCulloch 和数理逻辑学家 W. H. Pitts 在分析和总结神经元基本特性的基础上，首先提出神经元的数学模型。此模型沿用至今，并且直接影响着这一领域研究的进展。因此，他们可称为人工神经网络研究的先驱。

1948 年，John von Neumann 在研究工作中比较了人脑结构与存储程序式计算机的根本区别，提出了以简单神经元构成的自再生自动机网络结构。但是，由于指令存储式计算机技术的发展非常迅速，迫使他放弃了神经网络研究的新途径。

20 世纪 50 年代末，F. Rosenblatt 设计制作了"感知机"，它是一种多层的神经网络，这项工作首次把人工神经网络的研究从理论探讨付诸工程实践。当时，世界上许多实验室仿效制作感知机，分别应用于文字识刷、声纳信号识别以及学习记忆问题的研究。60 年代初期，Widrow 提出了自适应元件网络，简称为 Adaline（Adaptive Linear Element），这是一种连续取值的线性加权求和阈值网络。后来，在此基础上发展了非线性多层自适应网络。当时，这些工作虽未标以"神经网络"的名称，而实际上就是一种人工神经网络模型。然而，1965 年 M. Minsky 和 S. Papert 在《感知机》一书中指出感知机的缺陷并表示出对这方面研究的悲观态度，使得神经网络的研究从兴起期进入了停滞期，这是神经网络发展史上的第一个转折。

随着人们对感知机兴趣的衰退，神经网络的研究沉寂了相当长的时间。直到 20 世纪 80 年代初期，美国物理学家 Hopfield 在美国科学院院刊上发表了两篇关于人工神经网络研究的论文，才引起了巨大的反响。他的主要贡献是：根据网络的非线性微分方程，引用能量函数的概念，使神经网络的平衡稳定状态有了明确的判断方法；利用模拟电路的基本元件构建了人工神经网络的硬件原理模型，为实现硬件奠定了基础；将上述成果用于求解目前数字机不善于解决的典型问题，其中，最著名的实例是"旅行商最优路径(TSP)"问题，取得了令人满意的结果。随后，一大批学者和研究人员围绕着 Hopfield 提出的方法展开了进一步的工作，形成了 80 年代以来人工神经网络的研究热潮。

1986 年 Rumelhart 和 McClelland 提出多层网络的"反传"（Back Propagation）学习算法，简称 BP 算法。该算法从后向前修正各层之间的连接权重，可以求解感知机所不能解决的问题，从实践上证实了人工神经网络具有很强的运算能力。BP 算法是最为引人注目、应用最广的神经网络算法之一。除了以上几位学者以外，还有不少人为神经网络研究热潮的形成作出了重要贡献。其中，最为著名的如 Hinton、Sejnowski 和 Aekley 提出的玻耳兹曼机、Grossberg 和 Carpenter 的自适应谐振理论以及 Kohonen 的自组织特征映射模型。

虽然神经网络的硬件实现遇到许多困难，但仍有相当多的研究机构和高等院校坚持不懈地做出努力，试图在这方面取得更大的进展，实现的途径可以借助半导体器件、光学元件或分子器件。大量的工作集中于硅半导体 VLSI 电路制作上，利用 CMOS 工艺、模拟与数字混合系统来实现，比较著名的研究单位如美国的 Bell 实验室、加州理工学院、麻省理工学院以及日本的富士通公司等。

到了 20 世纪 90 年代中后期，随着研究者们对神经网络的局限有了更清楚的认识，以及支持向量机等似乎更有前途的方法的出现，"神经网络"这个词不再像前些年那么"火爆"。很多人认为神经网络的研究又开始陷入了低潮，并认为支持向量机将取代神经网络。然而，有趣的是，著名学者 C. J. Lin 于 2003 年 1 月在德国马克斯·普朗克研究所所做的报告中说，支持向量机虽然是一个非常热门的话题，但目前最主流的分类工具仍然是决策树和神经网络。

资料来源：李浚泉．智能控制发展过程综述．工业控制计算机，1999(3)．

11.4.1　神经元模型

1. 生物神经元模型

人脑是由大量的神经细胞组合而成的，它们之间互相连接。每个神经细胞（也称神经元)具有图 11.12 所示的结构。

人脑神经元由细胞体、树突和轴突构成。细胞体是神经元的中心，它又由细胞核、细胞膜等组成，树突是神经元的主要接收器，用来接收信息。轴突的作用为传导信息，从轴突起点传到轴突末梢，轴突末梢与另一个神经元的树突或细胞体构成一种突能的机构。通过突能实现神经元之间的信息传递。

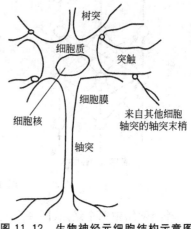

图 11.12 生物神经元细胞结构示意图

2. 人工神经元模型

人工神经元网络是利用物理器件来模拟生物神经元网络的某些结构和功能，人工神经元模型如图 11.13 所示。

此神经元模型的输入/输出关系为

$$y_j = f\Big(\sum_{i=1}^{n} w_{ji} x_i - \theta_j\Big) \tag{11-11}$$

式中：θ_j 为阈值；w_{ji} 为连接权系数，$f()$ 为输出变换函数。

常用的变换函数有二值函数、S形函数和双曲正切函数，分别如图 11.14(a)、(b)和(c)所示，其解析表达式如下：

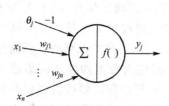

图 11.13 人工神经元模型图

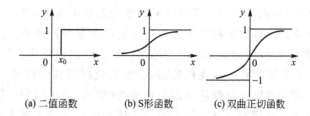

(a) 二值函数　(b) S形函数　(c) 双曲正切函数

图 11.14 神经元中常使用的变换函数

二值函数的表达式：

$$f(x) = \begin{cases} 1 & x \geqslant x_0 \\ 0 & x < x_0 \end{cases} \tag{11-12}$$

S形函数的表达式：

$$f(x) = \frac{1}{1 + e^{-\alpha x}} \quad 0 < f(x) < 1 \tag{11-13}$$

双曲正切函数的表达式：

$$f(x) = \frac{1 - e^{\alpha x}}{1 + e^{\alpha x}} \quad -1 < f(x) < 1 \tag{11-14}$$

11.4.2 人工神经网络

很多人工神经元模型，按一定方式连接而成的网络结构，称为人工神经网络，如图 11.15 所示，其中(a)为前馈型神经网络，(b)为反馈型神经网络。

人工神经网络可以从功能上模拟生物神经网络，如学习、识别和控制等功能。

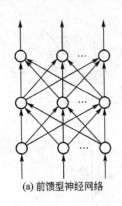

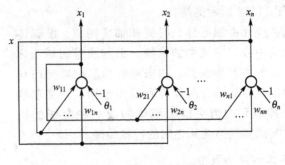

(a) 前馈型神经网络　　　　　　　　　　　(b) 反馈型神经网络

图 11.15　典型的神经网络结构

神经网络中每个结点(即一个人工神经元模型)都有一个状态变量 x_j，从结点 i 到结点 j 有一个连接权系数 w_{ji}，每个结点都有一个阈值 θ_j 和一个非线性变换函数 $f(\sum_{i=1}^{n} w_{ji} x_i - \theta_j)$。

由于神经网络具有大规模并行性、冗余性、容错性、本质非线性及自组织、自学习、自适应能力，已经成功地应用到许多不同的领域。下面介绍在自动控制中常用的两种神经网络。

1. 反向传播(BP)网络

反向传播网络为图 11.15(a)所示的多层前馈网络，它分为输入层、隐含层(可以有多个隐含层)和输出层，其神经元的变换函数为 S 形函数。其输入、输出量是 0~1 之间的连续变化量，可以实现从输入到输出的任意非线性映射。由于连接权的调整采用误差修正反向传播(Back Propagation)的学习算法，所以该网络称为 BP 网络。该学习算法也称监督学习，它需要组织一批正确的输入/输出数据对称训练样本。将输入数据加载到网络输入端后，把网络的实际响应输出与正确的(期望的)输出相比较，得到误差，然后根据误差的情况修改各连接权，使网络向着能正确响应的方向不断变化下去，直到实际响应的输出与期望的输出之差在允许范围之内。

该算法属于全局逼近的方法，有较好的泛化能力。当参数适当时，能收敛到较小的均方误差，是当前应用最广泛的一种网络。它的缺点是训练时间长，易陷入局部极小，隐含层数和隐含节点数难以确定。

BP 网络用于建模和控制的较多，需选择网络层数、每层的节点数、初始权值、阈值、学习算法、权值修改频度等。虽然有些指导原则可供参考，但更多的是靠经验和试凑。一般选择一个隐含层，用较少隐节点对网络进行训练，并测试网络的逼近误差，逐渐增加隐节点数，直至测试误差不再有明显下降为止。再用一组检验样本测试，如超差太多，需要重新训练。

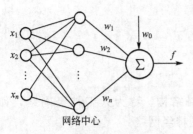

图 11.16　径向基函数网络的结构

2. 径向基函数(RBF)网络

径向基函数网络的结构如图 11.16 所示。中间是网络中心，第一层执行将输入 n 维空间映射到新的空间(网络中心)的确定的非线性变换，输出层实现新的空间内的线性组合，并带有可调连接权。

RBF 网络的连接权与输出呈线性关系。这种特点使它能使用可保证全局收效的线性优化方法，因此，RBF 网络的关键在于如何确定合适的中心点集。通常用数理统计的 F 检验确定中心的数目，用 K 均值法确定中心的位置。

K 均值法的基础是误差平方和准则。设训练集包括 M 个样本。按聚类 Γ 可分为 r 个，若第 i 个聚类 Γ_i 的样本数目为 N_i，而 C_i 是这 N_i 个样本的均值，称为聚类 Γ_i 的网络中心。计算各聚类集中每一个模式样本点到所属聚类中心的距离平方和 J，用迭代法找出使 J 达到最小的最优聚类结果。如果模式样本的聚类分布较好，一般迭代 $3\sim5$ 次就能得到收敛结果。

从小到大改变中心数目。按上述 K 均值和最小二乘法确定网络参数，并用 F 检验确定网络的中心数。用逆推最小二乘法修正网络权值，这使得 RBF 网络具有良好的自适应能力。

RBF 网络属于局部逼近网络，它对输入空间的某个局部区域，只有少数 n 个连接权影响网络输出。对于每组输入/输出数据对，只有少量的连接权需要进行调整，从而使 RBF 网络具有学习速度快的优点，使它特别适合于在自动控制中应用。

11.4.3　人工神经网络的应用——型砂质量的控制

美国 Neural Application Corp 与 John Deere Foundry 合作，首次将神经网络引入到型砂质量控制中。

John Deere Foundry 铸造车间的高压造型线配有两台连续式碾轮混砂机，其最大混砂能力为 230t/h，可供每小时 120 型的用砂要求，生产线实际混砂能力 210t/h，供给每小时 110 型。该生产线主要生产中、大型铸件。

研究开发工作分为三个阶段：

第一阶段，这部分工作的重要目标是验证在型砂控制中使用神经元网络的有效性，以及做进一步研究的可能性分析。

研究人员采用该厂原有的 SQL 数据库作为建模的基础。数据库中与型砂性能有关的变量每隔 90s 从两台混砂机采集一组数据，包括湿压强度、紧实率、混砂机电流、旧砂温度等。神经元模型的输出只有湿压强度、传导率、加水量、黏土加入量、混砂机电流等多项内容进行组合，此外，对于动态系统的控制，除了使用当前的输入/输出信号，还要使用过去的输入/输出信号，因而，在选择动态映射网络的学习方法中，还涉及系统时间常数分析的问题。

实践表明，尽管许多因素都会影响输出量的变化，但只要抓住重要影响因素，合理选用时间间隔、神经元网络动态预测的湿压强度、紧实率与实际检测值之间的偏差就会较小。

第二阶段，建立了一个人工神经元网络的型砂性能控制系统，如图 11.17 所示。

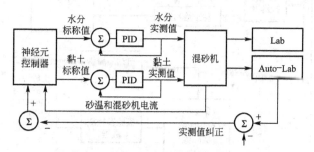

图 11.17　神经元网络型砂控制系统框图

采用原有一套 PID 控制器是用来完成水和黏土的加入量控制，该控制器利用安放在混砂机旁边的取样测试仪（Auto-Lab）每隔 90s 取得的测量值作为反馈信号。后来，在

PID 前端串联了神经元控制器。神经元控制器通过在线的动态学习调整权值，可以给出未来 90s 以内的紧实率，湿压强度目标值，从而作为 PID 的前馈控制端。实际上，二者构成了一个随动系统。

与原系统相比，神经元网络控制器属于预测型，而非反应型。但是在实际使用中，也暴露了一些问题，比如输出的目标值波动，需要几分钟才能稳定，在砂型中加入水、黏土后，到型砂具有均匀的与该加入量相对应的性能之间，有一定的时间滞后，影响控制效果。为此，对模型进行了修正。

第三阶段，研究人员在图 11.17 所示的控制系统基础上，新增了 Input Validator 确认器，如图 11.18 所示，其功能是将硬件测试错误导致的不合理数据扔掉。

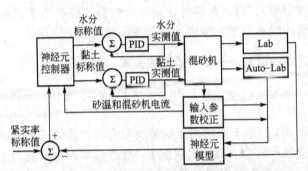

图 11.18　增强型神经元网络型砂控制系统框图

采用神经元网络控制器后，使生产过程控制得到了很大改善。神经元网络的实时紧实率预测值替代了实测值，系统响应时间间隔由 90s 减至 1s，新的控制器具有自适应功能，可根据型砂系统的状态不同而变化，也可根据混碾条件的变更而变动，对任何偏离紧实率设定值的状态有最快的响应。

最近，这项研究又有了新的进展，其工作原理如图 11.19 所示。它与图 11.18 的工作思路是一致的，不同之处在于其前馈控制器采用了模糊控制。该系统具有很好的一致性，对其进行评价的结果显示，型砂紧实率变化降低 7%、有效黏土变化降低了 33%，水/黏土比变化降低了 57%。

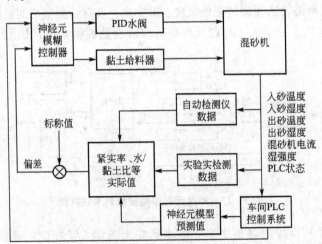

图 11.19　控制系统自优化控制器结构框图

小 结

智能控制在热加工领域中得到了一定程度的应用，如冲天炉及加热炉的模糊控制、塑性成形及湿型砂铸造的人工神经网络控制、基于专家系统的铸造工艺设计、焊接过程的模糊控制等。智能控制是人工智能与自动控制的结合，一个典型的智能控制系统包括智能控制器和控制对象两部分。

模糊控制、专家系统和专家控制系统、神经网络控制是三种常见的智能控制方法。一个典型模糊控制器的设计应包括以下六个步骤：①确定模糊控制器的结构，即输入/输出变量；②确定输入/输出变量的模糊论域和模糊量与精确量之间的变换参数；③精确量模糊化；④设计模糊推理规则；⑤输出模糊量清晰化；⑥设计控制器查询表并编写计算机语言程序。

专家系统是一类包含着知识和推理的智能计算机程序，其内部含有大量的某个领域专家水平的知识和经验，能够利用人类专家的知识和解决问题的方法来处理该领域的问题。理想的专家系统主要包括知识库、数据库（黑板）、推理机、解释器、接口及知识获取六个部分，它具有启发性、透明性和灵活性三个显著特征。专家系统的类型很多，主要包括控制专家系统、解释型专家系统、监视型专家系统、决策型专家系统、规划型专家系统、预测型专家系统、教学型专家系统、设计型专家系统等。

专家控制系统虽然引用了专家系统的思想和方法，但与专家系统之间有一些重要差别。根据过程控制中的用途和功能可分为直接型专家控制器和间接型专家控制器；根据知识表达技术分类，则又可分为产生式专家控制系统和框架式专家控制系统等。但是，所有的专家控制系统都包含知识库、推理机、控制规则集和控制算法等。

人工神经元是利用物理器件来模拟生物神经元的某些结构和功能的，很多人工神经元模型，按一定方式连接而成的网络结构就称为人工神经网络。人工神经网络一般包括输入层、输出层和若干个中间层，每层的结点依靠权系数来连接。常用的人工神经网络有前馈型网络和反馈型网络两种。

【关键术语】

智能控制　模糊控制　专家系统　专家控制系统　神经网络控制

综合习题

一、填空题

1. 模糊控制中，常用的语言变量的值用 PB、PM、PS、ZE、NS、NM 等表示，其中 PM 代表_____，NS 代表_____。

2. 在天气、学问、晴朗、表演、渊博中可作为语言变量的值有_____和_____。

3. 比较典型和常用的人工神经网络有_____和_____。

4. 专家系统一般由 _____、_____、_____、_____、_____ 和 _____ 组成。

5. 专家系统的类型很多，按照专家系统所求解问题的性质，常用的专家系统有 _____、_____、_____、_____、_____ 等。

二、选择题

1. 以下不属于智能控制的是 _____。

A. 人工神经网络控制　　　　　　　B. 遗传算法
C. 模糊控制　　　　　　　　　　　D. 专家系统

2. 若对误差、误差变化率论域 X、Y 中元素的全部组合计算出相应的控制量变化 u_{ij}，可写成矩阵 $(u_{ij})_{n \times m}$，一般将此矩阵制成 _____。

A. 输入变量赋值表　　　　　　　　B. 输出变量赋值表
C. 模糊控制器查询表　　　　　　　D. 模糊控制规则表

3. 以下应采用模糊集合描述的是 _____。

A. 大一学生　　　　　　　　　　　B. 好看
C. 大学老师　　　　　　　　　　　D. 旧社会

4. 某模糊控制器输出信息的解模糊判决公式为 $x_0 = \dfrac{\sum\limits_{i=1}^{n} x_i \mu_{u1}(x_i)}{\sum\limits_{i=1}^{n} \mu_{u1}(x_i)}$，该节模糊方法为 _____。

A. 最大隶属度法　　　　　　　　　B. 取中位数法
C. 加权平均　　　　　　　　　　　D. 法隶属度限幅元素平均法

5. 专家系统中的自动推理是基于 _____ 的推理。

A. 直觉　　　　　　　　　　　　　B. 逻辑
C. 预测　　　　　　　　　　　　　D. 知识

6. 由于各神经元之间的突触连接强度和极性有所不同并可进行相应调整，因此人脑才具有 _____ 的功能。

A. 学习和存储信息　　　　　　　　B. 输入/输出
C. 联想　　　　　　　　　　　　　D. 信息整合

7. 以下不属于人工神经网络特点的是 _____。

A. 信息并行处理　　　　　　　　　B. 可以逼近任意非线性系统
C. 信息分布在神经元的连接上　　　D. 网络中含有神经元

8. 下列哪部分不是专家系统的组成部分 _____。

A. 用户　　　　　　　　　　　　　B. 综合数据库
C. 推理机　　　　　　　　　　　　D. 知识库

9. 在专家系统中，组成知识库的两部分是（　　　）

A. 数据库和方法库　　　　　　　　B. 模型库和数据库
C. 规则库和方法库　　　　　　　　D. 事实库和规则库

三、判断题

1. 与传统控制相比较，智能控制方法可以较好地解决非线性系统的控制问题。（　　　）

2. 模糊控制只是在一定程度上模仿人的模糊决策和推理，用它解决较复杂问题时，还需要建立数学模型。（　　　）

3. 从模糊控制查询表中得到控制量的相应元素后，乘以比例因子即为控制量的变化值。（　　　）

4. BP 神经网络是一种多层全互连型结构的网络。（　　　）

5. 知识库和推理机是专家系统的核心部分。（　　　）

四、简答题

1. 模糊控制器的设计一般包括哪些步骤？

2. 在模糊控制器的设计中，常用的模糊判决方法有哪些？

3. 专家系统包括哪些基本部件？每一部分的主要功能是什么？

4. 什么是专家系统？专家系统具有哪些基本特征？

5. 简述人工神经网络的结构。

第12章

自动检测与控制技术在热加工领域中的应用

 本章知识构架

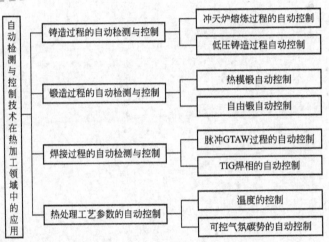

 本章教学目标与要求

● 根据授课专业和方向的不同，选择其中的1～2个应用实例讲解。

● 了解冲天炉熔炼过程中的影响因素，熟悉冲天炉熔炼过程中的参数检测方法，掌握冲天炉熔炼过程自动控制系统的构成；

● 了解低压铸造装置的结构，熟悉低压铸造液面加压控制的原理，掌握液面加压控制系统和模具温度控制系统的构成；

● 了解热模锻压力机和热模锻液压机自动控制的原理和方法，掌握自由锻加热炉的自动控制和液压机组的自动控制，了解快速自由锻液压机组自动控制；

● 了解脉冲 GTAW 控制系统的组成，掌握脉冲 GTAW 焊接中电流、电压和焊速的检测与控制方法，掌握 TIG 焊机的自动控制；

● 掌握热处理过程中温度检测与控制的方法和控制系统的组成，熟悉可控气氛碳势的控制原理和控制方法。

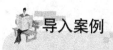
导入案例

检测与控制系统在热加工领域的应用

在热加工(包括铸造、锻造、焊接、热处理)生产和研究中,常常使用一些仪表对诸如温度、压力、流量等物理量信号进行实时检测,并根据测到的信号由人或仪器进行判断,然后采取相应措施加以控制。然而,热加工过程是一个涉及物理、流体、传热、冶金、力学的复杂过程,仅靠这样的检测与控制不能反映瞬间信号的变化和实时控制,因此,不能满足实际生产和科研测试与控制的需要。为此,以计算机为中心,并辅以各种控制算法,形成了适合热加工的计算机检测与控制系统。

一般而言,在该种控制系统中,首先通过传感器将被测非电物理量(如温度、压力、流量等)转换成电信号(如电压、电流等);该电信号放大后,由 A/D 转换器将其转为数字信号,经 I/O 接口输入计算机,由计算机进行运算、逻辑判断、比较,并将结果再由 I/O 接口输出,经 D/A 转换和放大后,用于带动相应的执行机构,从而实现对生产过程中的温度、压力、流量等参数的实时检测与控制。

近年来,随着自动控制技术的发展,热加工生产中越来越多地利用集散控制系统控制各种参数、监视生产状况、控制生产过程,从而有效地提高了产品质量和生产率。

目前,检测与控制系统已广泛应用于热加工的各领域中,实现了铸造、锻造、焊接、热处理等生产过程的自动检测和控制,一些典型应用如下:

(1)铸造中的应用:①冲天炉熔炼的自动检测与控制。包括配料的自动控制、风量调节、冷却水量及温度控制等;②金属液质量的炉前快速检测。包括各元素成分测定、金属液温度、共晶度、孕育效果及力学性能测定等;③铸件成形过程的检测与控制。包括金属液流动性检测、铸型性能检测、造型线主辅机工作状态的监控等;④型砂性能及砂处理过程的检测与控制。包括紧实率、透气性、强度、有效黏土含量及含水量的检测与控制;⑤特种铸造生产过程的控制。包括低压铸造、差压铸造、连铸机等的检测和控制;⑥铸造专家系统。

(2)锻造中的应用:在锻造中的应用主要围绕在装出料机(机械手)、压力机和操作机等的参数检测和自动控制上。目前,自由锻造、模锻、快速锻造等的生产过程都实现了自动检测和控制,使人类从繁重的体力劳动中解脱出来。

(3)焊接中的应用:①焊接生产过程参数的检测与控制分析;②焊接瞬态过程中参数的检测和控制,以便于研究焊接瞬态过程;③对焊机输出的焊接参数进行检测和控制;④焊接机器人以及焊接专家系统;⑤脉冲 GTAW 焊接、TIG 焊机、细丝二氧化碳焊接、双室真空钎焊等的自动控制等。

(4)热处理中的应用:①淬火介质能力检测与控制;②热处理炉温度的检测与控制。依据检测的实际炉温和预先确定的控制规律,可以对炉温进行 PID、飞升曲线控制等,并根据预先确定的升温速度、预热保温的时间、最终保温的时间实现程序升温;③渗碳、渗氮过程的碳势和氮势控制。对于碳势、氮势等工艺参数进行直接检测和控制,使所控制的参数保持在给定值;④热处理炉和工艺过程的整体控制。依据预先给定的最优化工艺数学模型,系统对测得的工艺参数进行分析、判断和数据处理,给出调节给定值并驱动执行机构来完成操作。

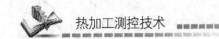

此外，检测技术还广泛应用在铸件、焊件、锻件的内部质量和表面粗糙度检测中，以及利用图像识别技术检测产品的尺寸精度、控制焊速等。

本章将以实例的形式对所学知识进行总结，分别说明检测和控制技术在铸造、锻造、焊接和热处理中的应用。

12.1 铸造过程的自动检测与控制

12.1.1 冲天炉熔炼过程的自动检测与控制

1. 冲天炉熔炼过程影响因素分析

冲天炉广泛应用于铸铁熔炼中，尽管在铸造车间已经应用多年，但对它的研究还不够充分，这主要是因为它的熔炼过程受到很多因素的影响，其中包括冶金因素，如原材料来源、配比、预处理以及化学成分波动等；炉子结构因素，如风口、风口比、有效高度、炉型和鼓风机类型等；工艺因素，如鼓风量、鼓风速度、焦铁比、铁料块度、焦炭质量及鼓风温度等。因此，所谓冲天炉熔化过程的检测与控制，就是在一定炉子结构，以一定的原材料及其配比条件下，调节各种工艺因素，以达到铁水化学成分及温度的基本要求，并且保证炉子在最佳状态下工作。

从控制角度来说，影响冲天炉的因素可分成下列四类：①控制因素或称控制参数，其中包括金属炉料量及其化学成分，焦炭量及其化学成分、鼓风量、鼓风温度及富氧送风；②干扰因素或称干扰参数，其中包括炉料化学成分及加入量的波动量、金属烧损量的波动量、送风量及其中含氧量的波动量、冲天炉内部几何尺寸的变化等；③输出变量，其中包括铁水的温度及其化学成分、铁水熔化速度；④监测参数，其中包括炉气的成分及温度、送风压力及炉渣化学成分等。可将上列四类因素绘成框图，如图 12.1 所示。

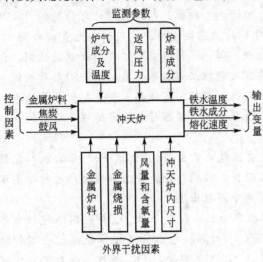

图 12.1 冲天炉熔化过程影响因素

2. 冲天炉熔化过程的参数检测

1) 送风量

送风量是指送入冲天炉内的实际风量（除去漏风量）。冲天炉的风量决定着整个熔化过程，合适的送风量是保证焦炭合理燃烧的重要条件，风量大小直接影响铁水熔化、过热、生产率及铁水的化学成分。空气量不足，燃料不能完全燃烧；空气量过多，加热多余的空气而使热量受到损失。因此，冲天炉的风量一定要合适，一般送风强度在 $100 \sim 150 \mathrm{m}^3/(\mathrm{m}^2 \mathrm{h})$ 之间。

风量的测定通常采用毕托管、孔板或笛形管，毕托管式风量检测系统如图12.2所示。在距管壁1/3处插入毕托管，以便感知平均流速气体的动压力，流体动压力通过差压传感器转变为相应的直流电信号，经A/D转换器送入微型计算机，微型计算机按风量公式计算出风量值，作为监视和控制的参数。

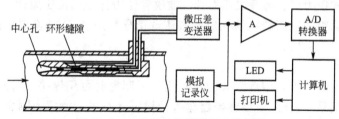

图12.2 毕托管式风量检测系统框图

2）送风湿度

送风湿度是指鼓入冲天炉内空气的绝对湿度。送风湿度增加，则铁水温度下降，C、Si、Mn的烧损、铁水的含氧量、白口深度也相应增加。另外，还会造成铁水的流动性下降、焦耗量增加、熔化率下降，铸件废品率增加。因此，送风湿度应控制在$5\sim8g/cm^3$的范围内。有时要采用加氧送风来改善冲天炉熔炼效果，加氧送风可以提高铁水温度、减少消耗、增加熔化率，还可以减少Si、Mn烧损，有利于增碳，与热风有类似的效果。加氧量一般在$1\%\sim4\%$。

送风湿度的测定可用干湿球电信号传感器测量，并将湿度信号转换成直流电信号，经A/D转换器送入微型计算机。

3）送风温度

送风温度是指送入冲天炉内的风温，一般指风箱的风温。送风温度的提高，可使炉内温度提高，还原性气氛增强，因而有利于铁水高温过热，减少元素烧损，降低焦耗和加快熔化速度。通常提高风温的办法是采用密筋炉胆加热送风，其风温数值一般在300℃以下。也有采用外热式热风系统的，风温可大大提高，但成本昂贵。

测定风温时，可选用镍铬-考铜热电偶或热电阻接温度变送器，将温度信号转变为相应的直流电信号，再经A/D转换器送入微型计算机，作为监测信号。

4）底焦高度

从第一排风口中心到底焦顶面的垂直距离称底焦高度。底焦高度偏高或偏低都会直接影响铁水温度、焦炭消耗和熔化速度等。底焦高度可以采用开孔观察法、γ射线法和压差法测量。

熔化过程应保持底焦高度在一定的波动范围之内，即保持熔化带的恒定。因此可用层铁焦比来保证底焦高度，所谓层铁焦比是指一批炉料中铁料、和焦炭重量之比。层焦的作用就是为了补充底焦熔化一批金属料后所消耗的焦炭，以保持底焦高度的稳定，生产上大多数根据实际经验确定层铁焦比。

5）送风压力

送风压力是由鼓风机鼓入冲天炉的空气克服炉内炉料阻力产生的。由鼓风机鼓入冲天炉的空气压力要比大气压力高，这样才能克服炉内炉料的阻力，将空气送入炉内，保证燃料的燃烧。对不同炉径、型式的冲天炉，所需风压的大小是不同的，在800～2000mm水柱的范围内变动。风压变化可以指示炉内气流阻力的变化，告知炉况是否正常。在风口截面已知条件下，风压代表进风速度。炉况的异常，首先反映在风压的变化上，如冲天炉上部棚料，则风压显著下降，而下部棚料则风压升高。

风压的测量位置通常选择在风带的上部气流平稳处，测量风压时，需要在风箱上取压。可选用液柱式压力计、弹簧式压力计、波纹管压力计和远传压力计等来测量压力，或由压力传感器将测得的风压转换为相应的直流电信号，经 A/D 转换器传送给微型计算机作为监视信号。

6）炉气温度

炉气温度是反映冲天炉熔炼效果的指标之一。测定时可用镍铬-镍硅热电偶配温度变送器输出直流电信号，再经 A/D 转换器输入给微型计算机。测温点通常取在料位线以下 $400 \sim 500mm$。炉气温度一般在 $100 \sim 200℃$ 左右。

7）炉气成分

炉气成分是指冲天炉加料口处的废气成分，它是评价和分析炉子热工效果、判断炉内的冶金特性的重要指标。在合金熔炼过程中，燃烧情况和炉气成分的变化，直接影响着熔炼过程的进行和金属液体的质量。在焦炭冲天炉熔化铸铁中，当供应的空气量合适时，焦炭能得到充分的燃烧，并放出大量的热量，使金属炉料被熔化和过热。当炉内气体成分合适时，冲天炉处于正常熔化状态，一般在加料口合适的炉气成分是：二氧化碳含量 $13\% \sim 16\%$，一氧化碳含量 $5\% \sim 8\%$，氧的含量约大于 1%，其余为氮。若炉气成分超出上述指标，便说明熔化不正常，或是焦炭得不到充分燃烧，炉温不高，铁水温度低；或是供氧供气过大，铁水严重氧化。通常用炉气中 CO_2 或 CO 含量来调节控制风量，从而进一步控制燃料的燃烧过程和合金的熔炼过程，达到控制炉气成分的目的。

炉气成分的测定可采用红外线气体分析仪，常用型号有 HW-001、HW-005、QGS-041、等，也可采用专为冲天炉测定炉气成分用的 CX-401 型气相色谱仪。取气位置一般在料位线以下 $400 \sim 500mm$ 处。测定时，炉气成分通过仪器装置输出为相应的直流电信号，经 A/D 转换器输入给微型计算机作为监测信号。

8）铁水温度

铁水温度是评价铁水质量的重要指标。铁水温度主要决定于鼓风量、鼓风的预热温度以及富氧送风量。连续测量铁水温度能及时反映炉况变化，从而根据铁水温度的变化来调整焦炭或调节富氧送风量。连续测温通常采用可更换保护套管埋入式热电偶法。有前炉的冲天炉，通常在过桥处测量铁水温度，无前炉的冲天炉，通常在炉缸内测量铁水温度。而过桥处的铁水温度从安装和及时反映炉内铁水温度方面均比较理想，因此对控制来说是较合理的测温点。

一般可选用铂铑$_{30}$-铂铑$_6$ 或者钨-铼热电偶测量温度，近几年来更多的采用钨-铼热电偶测量温度。通常将钨-铼热电偶封装在非氧化气氛的保护管中使用，外层选用铜金属陶瓷管、硼化锆管、石墨管，内层选用刚玉管，过桥测温装置示意如图 12.3 所示。

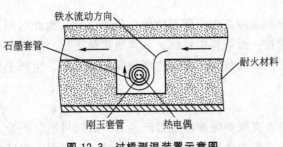

图 12.3　过桥测温装置示意图

9）铁水化学成分

铁水化学成分是评价铁水质量的重要指标。准确、快速地测定铁水中 C、Si 等元素，是控制铁水质量的有力保证。采用微型计算机控制的热分析测试仪，可在 2～3min 内准确地测定炉前铁水中的 C、Si、CEL。

铁水的化学成分主要取决于炉料的化学成分及其定量精度。金属中化学成分的烧损及炉渣的成分对铁水的化学成分有明显的影响。目前生产中采用计算机热分析测试系统可准确快速测定炉前铁水的 C、Si 含量，为准确控制铁水化学成分提供了有力保证。

10）熔化速度

铁水熔化速度主要决定于鼓风量和耗焦量。铁水熔化速度与鼓风量间几乎成直线关系，而与耗焦量成反比关系。为了获得较高的熔化速度，就要选择合适的上述两个参数。

3. 冲天炉熔炼过程自动控制系统

为了获得高温、优质的铁水，提高热效率，减少元素的烧损，稳定生产率，需对冲天炉的熔炼过程进行自动控制，一般可从配料和熔炼两个方面进行自动控制。

1）冲天炉配料优化系统

冲天炉内料位的高低与熔炼过程的正常进行有着密切关系。当料位过低时，炉料预热得不充分，铁水出炉温度低，由此所造成的铸件废品率高。当料位过高时，料位的透气性差，导致炉膛断面上的供风不均匀，使边缘气流发展，加剧炉壁效应，也严重影响着铁水的品质。所以很有必要实现冲天炉上料的自动化，对料位进行有效监控。料位监控的方式很多，下面主要介绍炉气压差式和光电式上料装置的自动控制。

（1）炉气压差式自动上料装置。冲天炉在熔炼过程中，炉内空气的压力随炉膛内料柱高度的升高而下降。在距加料口下沿约一批炉料位置的炉膛壁上安装一只测压管，与差压计一端连接，差压计的另一端与大气相通。差压计内装有导电介质和接通或断开电路的触点，如图 12.4 所示。当冲天炉内的炉料满料时，测压管管口被炉料埋没，差压计产生压差，炉气端电极位于导电介质之上，回路被切断，加料机处于停机状态。当炉内料位下降至测压管以下时，测压管露出料面，差压计两端压力相等，导电介质的左右液面平齐，此时电极接通，形成回路，发出电信号，电信号经放大后输出，控制加料机完成加料动作。

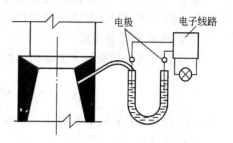

图 12.4 炉气压差式料位控制装置简图

（2）光电自动料位控制系统。光电自动料位控制系统的主要任务是根据冲天炉在熔炼过程中的实际情况，及时发出空料信号，给出加料指令，使加料机周期地加料，保持料位正常。

在冲天炉加料口以下 450～500m 处，也就是一批炉料的高度处，对开两个 $\phi50$ 的光控孔，光束从此孔通过，使硅光电池把接收的光信号转变为电信号，再通过电路放大器的配合，来实现光电自动加料。如果炉料未下降，挡住了光控小孔，光源被炉料挡住，照射不过去，硅光电池没有接收光信号，加料机不工作。一旦炉料下降到 $\phi50$ 光控孔以下的瞬间，光束射过光控孔，硅光电池立即接收光源信号，加料机即自动上升。

具体工作过程如下：炉料下降，硅光电池接收光源，加料机上升，同时下限位机构复位，光源熄灭。加料机到达上极限位置时，料桶碰撞上限位开关，使加料机停车的同时卸料，卸料后，由上限位开关控制时间继电器使料桶在卸料后停留 5～10s。当炉料全部卸后，加料机下降，上限位机构复位，料桶到达下极限位置的料坑，碰撞下限位开关使加料机停止的同时，装填炉料时间继电器开始工作，使料桶停留在料坑内 60s 左右，作为给料桶装填炉料的时间，60s 后光源亮。此时存在两种情况：一是料位仍然低于光控孔以下，则加料机在光源亮的瞬间立即上升，进行自动加料；二是料位已超过光控孔的高度，则光源继续亮，一直亮到料位低于光控孔，当硅光电池接收从光控孔射过来的光束的瞬间熄灭，加料机立即上升进行又一个循环的自动加料。

冲天炉料位光电控制系统如图 12.5 所示。电器元件安装在配电柜内，有全自动、半自动及点动等按钮，以便在线路或电气发生意外时，用手动进行生产。

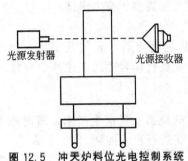

光源发射器   光源接收器

图 12.5 冲天炉料位光电控制系统

2）冲天炉熔炼的单参数控制

目前，单参数控制中主要有定值氧量控制、定值 CO 或 CO_2 含量控制两种方式。

（1）定值氧量控制。普通送风中的氧含量是温度和压力的函数，而送入炉内的氧量还受料柱压力、风口阻力和风口比的影响，即送入同样体积的风量不等于送入同样质量的氧量。增加鼓风中的含氧量可以提高铁水温度，减少焦耗，减少硅及锰的烧损，有利于增碳，因而可用废钢代替一部分新生铁。因此，对冲天炉这样一个多变量、多干扰的调节对象的送风量应当具有下列特征，保证按照熔化的实际需要送入预定的氧量，并且不受温度、压力等因素的影响。

定值氧量控制，可以消除气候变化，送风温度和炉内阻力变化等对氧输入量的影响，配合准确的定量加料，在给定的焦铁比下有效地提高铁水温度及其质量。

① 定值氧量控制原理。

采用节流孔板测量气体流量时，送风的体积流量 Q_v 为

$$Q_v = CA \sqrt{\frac{2\Delta p}{\rho}} \tag{12-1}$$

式中：C 为节流孔板流量系数；A 为空气管道截面积；ρ 为空气的密度；Δp 为压差。

质量流量 Q_m 为

$$Q_m = Q_v \cdot \rho \tag{12-2}$$

实用中将送风看作理想气体，且不考虑湿度的影响，则送风的密度 ρ 可按下式修正：

$$\rho = \frac{T_s}{T} \cdot \frac{p}{p_s} \cdot \rho_s \tag{12-3}$$

式中：T_s 为标准状态下送风的热力学温度；p_s 为标准状态下送风的绝对压力；ρ_s 为标准状态下送风的密度；T 为测量状态下送风的热力学温度；p 为测量状态下送风的绝对压力。

因此，送风的质量流量为

$$Q_m = CA \sqrt{2\Delta p} = CA \sqrt{2\rho_s} \cdot \sqrt{\frac{T_s}{p_s}} \cdot \sqrt{\frac{\Delta p \cdot p}{T}} \tag{12-4}$$

令 $K = CA \sqrt{2\rho_s} \cdot \sqrt{\frac{T_s}{p_s}}$，则：$Q_m = K \sqrt{\frac{p \cdot \Delta p}{T}}$

由上式可知，为保证等重送风，必须按变量 p、Δp 及 T 自动调节风量 Q_m。图 12.6 为等重送风系统框图。

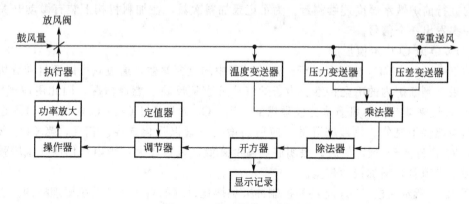

图 12.6 等重送风系统框图

从图 12.6 中可以看出，由于引入了温度和压力扰动信号作补偿校正，按给定值要求，输入风量中的氧量将保持恒定而不受风温、风压波动的影响，这保证了等重送风的要求，即使送风中氧量维持一定。

② 定值氧量自调系统。

图 12.7 所示为采用 DDZ-Ⅱ型电动单元组合仪表配用各种检测元件组成的冲天炉等重送风自调系统。为了全面分析炉况，除测量风量外，还自动测量并记录热风温度、炉气温度，铁水温度和加料次数。

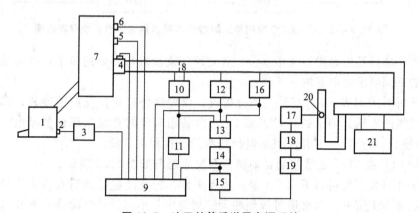

图 12.7 冲天炉等重送风自调系统

1—前炉；2—铁水温度检测头；3，16—温度变送器；4—热风温度检测探头；5—批料检测点；
6—炉气温度检测探头；7—冲天炉；8—节流孔板；9—记录仪；10 差压变送器；
11，14—开方器；12—压力变送器；13—乘除器；15—调节器；17—执行机构；
18—伺服放大器；19—操作器；20—放风阀；21—鼓风机

风温由安置在节流孔板前的铂热电阻进行检测，通过温度变送器输出 $0\sim10\text{mA}$ 电信号。风压是在节流孔板前方 $5\sim6D$（D 为风管直径）处检测，由 12 输出电信号。为了测量流量，采用了标准节流孔板取压，并由 10 将压差转换成电信号，经开方积算器求出体积流量，同时经电子乘除器进行质量流量计算。热风温度由镍铬-镍硅热电偶在热风输出处测定，输出信号由多点记录仪记录。炉气温度同样由镍铬-镍硅热电偶在冲天炉加料口处进行测定。前炉铁水温度采用金属陶瓷保护套管配铂铑-铂热电偶测量，热电偶埋置在前炉壁内进行前炉铁水温度连续测量。为了记录加料次数，在加料机构上装有微动开关，每加料一次发出一个信号。

(2) CO 或 CO_2 定值控制

炉气中 CO 或 CO_2 含量是冲天炉熔炼过程中的重要参数，通过它可以评价和分析炉子热工效果，判断炉内的冶金特性。由于炉气成分直接反映了燃烧情况，因此用炉气中 CO 或 CO_2 含量来调节控制风量是比较理想的。当 CO_2 含量低于(或 CO 含量高于)预定值时表明焦炭燃烧不充分，热效率降低，应适当增大风量以强化燃烧。相反，当 CO_2 含量高于(或 CO 含量低于)预定值时，表明底焦高度降低，风量较大，炉内氧化性气氛增强，应适当减小供风量，增加接力焦量。

图 12.8 所示为按 CO_2(或 CO)控制冲天炉熔化过程的自动调节系统原理框图。当炉气成分含量(表示为 0~10mA 电流信号)在调节器中与预给定值比较后，其偏差值经放大并按一定调节规律运算后，输出相应的电流信号，经执行器把放风阀开大或关小，改变送入冲天炉内的供风量，使炉气成分随之相应的改变。需要手动调节风量时，可操纵手动操作器直接控制电动执行器。

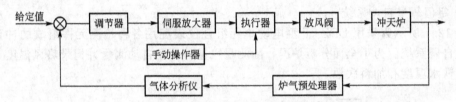

图 12.8　按 CO_2 或 CO 控制冲天炉熔化过程的自动调节系统原理框图

炉气预处理器是为去除炉气中水分，并对炉气流量进行必要的调节，以满足气体分析仪对流量的不同要求而设置的。

炉气分析采用 HW-005 红外气体分析仪，仪表性能稳定，反应速度快，不受炉气中其他干扰气氛的影响。测出的与 CO(或 CO_2)含量相对应的直流电压信号经电压放大和电压/电流转换后，输出 0~10mA 直流电流送给记录仪和调节器。

冲天炉 CO(或 CO_2)定值控制自动调节系统原理图如图 12.9 所示。

炉气采样口位于加料口下 1.7m 处，两点采样，炉气经粗过滤后在混合室混合。大部分炉气经混合室上部的排气管道排放到冲天炉烟道中，小部分炉气经微孔陶瓷过滤器除尘后送入炉气预处理装置。炉气预处理装置及气体分析仪安装在距采样装置 25m 处的仪表室内。采样装置与炉气预处理装置之间用 $\phi6 \times 1mm$ 的铜管连接。据实际测定，从供风量改变到炉气成分发生变化的系统滞后约为 45~50s，可以满足调节系统的要求。

本系统除检测炉气成分并进行供风量自动调节外，还可记录多个熔炼参数，如风量、风压、出铁温度、出铁次数及时间间隔、加料批数及时间间隔、料位等。

3) 冲天炉熔化过程的多参数控制

冲天炉多参数监视和控制系统方案如图 12.10 所示。该系统可以同时输入九个模拟量：炉气成分(CO_2 或 CO)、炉气温度、热风温度、铁水温度、风量、送风湿度、铁水温度、风压及铁水质量。

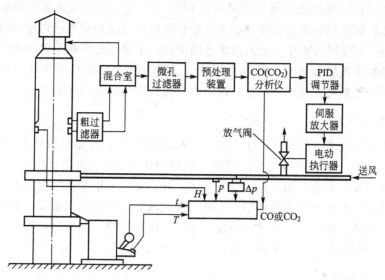

图 12.9　冲天炉 CO(或 CO$_2$)定值控制自动调节系统原理框图

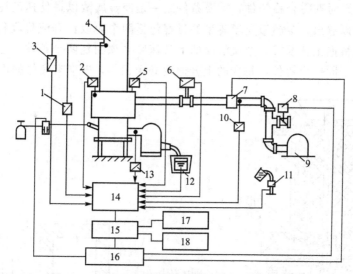

图 12.10　冲天炉熔炼过程多参数监控系统方案图

1，2，13—温度变送器；3—红外线气体分析仪；4—冲天炉；5—压力传感器；6—差压传感器；
7—干燥器；8—电动执行器；9—鼓风机；10—自动湿度计；11—热分析；12—称重传感器；
14—模拟信号输入通道；15—计算机；16—输出通道；17—打印机；18—显示器

　　此系统共有四路输出控制：①由测定的铁水温度值与给定的铁水温度进行比较，当温度出现偏差时，输出通道输出开关量信号打开大供氧气路，以此控制铁水温度；②通过测定炉气成分控制送风量；③通过测定送风湿度控制干燥器的功率，以此来控制送风湿度；④通过热分析法测定铁水的碳、硅含量及铁水质量与给定的铁水成分比较，根据比较偏差，按铁水质量计算出炉前应补加的硅铁量。

12.1.2　低压铸造过程自动控制

　　低压铸造是目前较为广泛应用的铸造成型工艺，它是一种介于重力铸造和压力铸造之间的铸造方法。它的优点是金属利用率高达 80%～98%、可控制金属定向凝固、设备简单、易于实现机械化和自动化。实现低压铸造自动化的关键是对坩埚内金属液面加压系统进行自动控制。在生产过程中，金属液面不断下降，为保证生产每个铸件时具有相同的加压条件，要求加压系统具有自动补偿的能力。通常在低压铸造机结构和铸造工艺确定以后，液面加压控制系统的动态与稳态性能是决定铸件质量和成品率的关键。

1. 低压铸造装置

低压铸造的装置简图如图 12.11 所示。工作过程如下：铸型安放在密封坩埚的上方，坩埚中的金属液由电阻炉进行保温。当通入干燥的压缩空气（或惰性气体）至密封坩埚中时，金属液在气体压力的作用下，沿着升液管上升，从直浇道至内浇道，此时下触点与金属液接触，随后金属液开始充填铸型，当铸型被充满时，上触点与金属液接触。此后，在压力作用下，铸件开始凝固，待铸件凝固完毕，关闭进气阀，同时打开排气阀，使升液管中尚未凝固的金属液流回至坩埚中，然后打开铸型取出铸件。

2. 液面加压控制原理

为使低压铸造时获得合格铸件，重要条件之一是使金属液以最佳速度注入铸型。从低压铸造的过程可以看出，金属液充填铸型的过程包括两个阶段：升液阶段和充型阶段，如图 12.12 所示。根据工艺要求，金属液面的上升速度必须满足两个条件：①上升速度必须是均匀的；②对于同一个铸件，每次的上升速度必须相等，即应有良好的再现性。

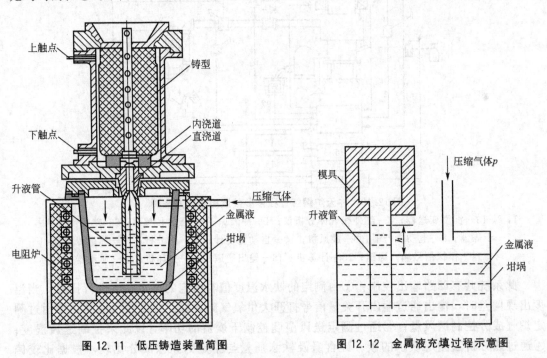

图 12.11　低压铸造装置简图　　　　图 12.12　金属液充填过程示意图

由于上升速度不大，上升液柱 h 与液面上气压 p 间的关系为

$$p = \rho g h \tag{12-5}$$

或

$$h = \frac{p}{\rho g} \qquad (12-6)$$

金属液面上升速度 v 为

$$v = \frac{\mathrm{d}h}{\mathrm{d}t} = \frac{1}{\rho g}\frac{\mathrm{d}p}{\mathrm{d}t} \qquad (12-7)$$

式中：t 为充填时间。

由此可知，若使金属液面均匀上升，就要求 v 为常数，即

$$\frac{\mathrm{d}h}{\mathrm{d}t} = \frac{1}{\rho g}\frac{\mathrm{d}p}{\mathrm{d}t} = 常数 \qquad (12-8)$$

这表明，为保证液面均匀上升，$\mathrm{d}p/\mathrm{d}t$ 为常数，即坩埚内气体加压速率应为定值。

在低压铸造过程中，坩埚内的压力应该按照图 12.13 所示的曲线变化，其中，第一段曲线是金属液在升液管中运动的过程；第二段曲线是金属液填充型腔的过程；第三段曲线是快速增大坩埚中的压力，进行补缩的过程；第四段曲线是保持压力的过程，使得铸件组织致密；第五段曲线是系统排气、卸压的过程。可见低压铸造主要是控制在坩埚中气压的变化，使得这种变化正好能够与规定的压力变化吻合，就可以得到满足要求的铸件。

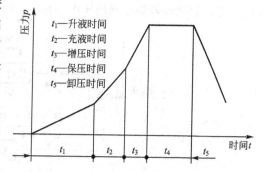

图 12.13 低压铸造过程各阶段所需的压力

从图 12.13 可以看出，在前三段曲线中，要求压力保持匀速增大；在第四段曲线中，要求压力保持恒定。由于过程对象的干扰复杂而且严重，并且过程主要处于动态之中，因此，在前三段曲线的压力跟踪时，调节规律一般为前馈-模糊调节规律，而第四阶段曲线的控制采用 PI 调节规律，它们的切换通过在控制程序中的变量实现。

3. 液面加压控制系统

低压铸造控制系统的结构如图 12.14 所示。

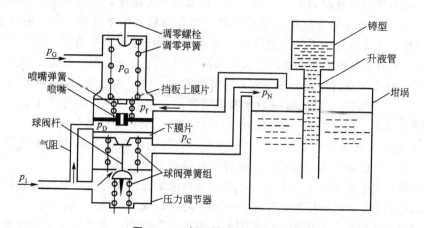

图 12.14　低压铸造控制结构图

该系统应具有以下功能和特点：①分级加压，根据铸件特点，对液体金属升液、充型、结晶和保压等各阶段，系统以不同的加压规范给出不同的加压工艺参数并实时显示；②金属液充填平稳，线性增压能够保证充填过程中液体金属升速均匀，液流平稳充填模具；③重复再现性，液面加压参数不因坩埚液面下降或泄漏而发生变化，即对于相同的铸件，系统有重复再现性，保证每次加压工艺曲线相同；④泄漏补偿能力，金属液充填过程中发生坩埚漏气现象时，加压工艺参数不受影响，液面加压自动控制系统能够自动进行泄漏补偿。

图 12.15 所示为低压铸造液面加压控制系统原理图。给定信号 p_G 由信号发生装置传来，进入压力调节阀的控制室，和由坩埚反馈回来的压力 p_f 比较后，作用在膜片上。膜片变形并带动挡板移动，从而改变喷嘴和挡板间的距离，因此使背压室压力 p_D 发生变化。背压 p_D 和输出压力 p_C 经下膜片、球阀弹簧组相互作用后，带动球阀杆移动，从而调节球阀的开度，起到调节和控制输出的作用。

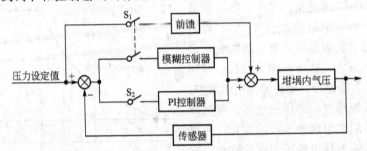

图 12.15　低压铸造液面加压控制系统原理图

当坩埚内气压 p_N 低于给定值 p_G 时，挡板下移，喷嘴挡板间距缩小，从而使 p_D 上升，阀杆下移，球阀开度加大，阀输出流量加大，坩埚内压力提高，起到调节作用；反之，当坩埚内气压高于给定值 p_G 时，调节过程的原理相同，只是最终关小球阀开度，使输出减小。

由于该系统的反馈信号是由被调量引出的，使系统组成闭环控制，因此，本系统控制质量较好，对泄漏的补偿能力也强，对坩埚容积变化和铸件截面变化的敏感性也低。

控制系统的气路原理图如图 12.16 所示。压缩空气经减压后分为两路，一路作为主阀14 的气源，另一路作为信号发生系统的气源。当合型后，按下升液开关，系统自动完成整个工作过程。工作过程如下：金属液沿升液管上升到浇注系统位置时，预埋电触点接通电磁气阀 C，同时切断电磁气阀 B，进入充型阶段。当充型完毕时，预埋电触点关闭电磁气阀 A 和 C，将充型压力值记忆在 5 和 6 的控制腔内；同时接通阀 D，系统以比充型压力值高 p_1 的压力进行结壳，结壳时间由预调好的时间继电器计时。结壳终了时，时间继电器触点使阀 D 关闭，阀 B 打开，同时接通另一时间继电器进行结晶保压计时，系统以比充型压力高 p_2 的压力值进行结晶保压。保压结束后，接通电磁阀 E 和 H，系统排气，控制过程结束。为了测试坩埚内液面高度，设置了电接点压力表。

系统中信号发生装置由 6 及 8 和 9 组成。当升液阶段进行时，电磁气阀 B 打开，充型时电磁气阀 C 打开，6 起恒压差的作用。在保压阶段，阀 B 再次打开。因此，6 在两个工作阶段分别起充型和保压的作用。这样不但 6 有双压降作用，受气源压力波动影响小，同时还节省了一个加法器。

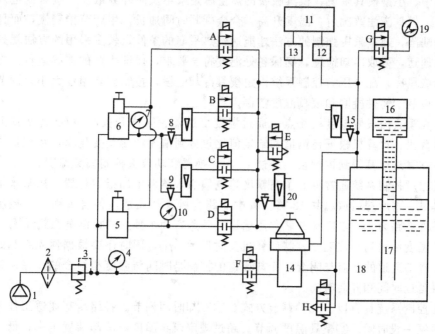

图 12.16　控制系统的气路原理图

1—气源；2—过滤器；3—减压阀；4，7，10—压力表；5，6—压力控制阀；
8，9，15，20—浮子流量计；11—记录仪；12，13—压力变送器；14—压力
调节阀；16—型腔；17—升液管；18—坩埚；19—电接点压力表

4. 模具温度控制系统

浇注后，模具把金属液的热量传走，使金属液凝固形成铸件。对于低压铸造的模具温度，目前一般指铸件容易取出时的模具温度。模具温度决定金属液的凝固方式，并直接影响铸件的内部和表面状况，是铸件产生内部、表面尺寸偏差及变形等诸多缺陷的主要原因之一，同时对生产率也有很大的影响。模具温度随着铸件重量、压铸周期、压铸温度及模具冷却的变化而变化。

模具达到热平衡时的温度为其最佳温度，约为浇注温度的 1/3 左右，铸件存在一个最适合的模具温度范围，高于或低于这个范围，铸件的质量和性能都不合格。模具温度可以划分为四个温度区域，如图 12.17 所示。

图中 A 区模具温度过低，铸件全部发生欠铸、破裂、冷隔、流纹等缺陷，全部为废品；B区模具温度接近理想温度，铸件成型可能，但质量不稳定，多数存在流纹或冷隔；D 区模具温度过高，使保压时间延长，降低生产率，易产生表面气泡、粘膜、收缩、焊合等缺陷；只有 C 区稳定，铸造、成型良好，合格率高。生产中模具温度一般控制在 200～300℃ 之间，且上、下、侧模的温度差尽可能小。

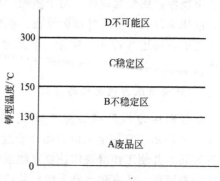

图 12.17　模具温度区域划分

对于中、小型模具来说，模具吸收的热量总是来不及向外界散发，接着就进入下一个压铸循环。模具浇注数次后，温度升高，合金凝固时间加长，生产节拍变慢，而且易造成铸件疏松缺陷，通常采用强制的方法才能达到热平衡的条件。较多采用的方法就是在模具内设冷却通道，采取冷却措施，确保各处温度符合要求，保证生产的连续运行。冷却通道通过水冷或风冷，配合压力控制系统设定模具冷却时段，控制模具温度大小，调节模具温度分布，以利于铸件凝固和模具温度控制。

系统在模具内设置温度检测点，通过温度变送器、采样开关和 A/D 转换器把检测温度送入计算机，计算机根据检测值和给定值比较得到偏差和偏差变化率，系统根据模块内预设的控制算法运算得到控制量，经过 D/A 转换器和功放去控制模具温度。

模具温度控制系统通常将 8 个高精度热电偶插入铸型中的指定位置，用来采集温度信号。模具风、水冷却通道总共 12 路，其中 9 路为风冷却通道，各自采用一个控制电磁阀线圈，另外 3 路为风、水冷却并联共用通道，每路有两个独立的控制电磁阀线圈。PLC 将采集到的温度传送到上位工业控制计算机实时显示出来，同时还要根据预先编制好的程序控制各路冷却通道的开启与闭合。冷却通道的控制是时间与温度相结合的，每一路冷却通道均设置延迟时间和开启时间。

温度控制系统具有以下几种调节方式。①冷却时间调节。各路冷却通道工作一定的时间后，停顿一段时间。②模具温度调节。超过规定模具温度，冷却装置工作；低于规定模具温度，冷却装置断路。③时间与温度的综合调节。若模具温度高于规定模具温度时，冷却装置停顿一段时间后工作一段时间；模具温度低于规定温度时，冷却装置在一定时间间隔内不工作，超过一定的时间间隔冷却装置工作。④模具温度系统的综合调节。模具温度高于上限或低于下限，设备停止工作。

12.2 锻造过程的自动检测与控制

12.2.1 热模锻自动控制

一般在模锻设备上安装有上、下模组成的锻模，当金属毛坯加热后，放在上、下模之间，或冲头与凹模之间，在锻压设备施加打击力或压力时，毛坯在锻模中产生塑性变形，充填满模腔，成形为锻件。用于模锻的设备有模锻锤、热模锻压力机、平锻机、螺旋压力机、液压机以及一些特种模锻设备。模锻的生产过程一般包括毛坯下料、加热、制坯、预锻、终锻、切边和冲孔、矫正、热处理、清理、检验等工序，预锻和终锻是其中的主要工序。

1. 热模锻压力机的自动控制

热模锻压力机是模锻生产中应用比较普遍的设备，热模锻压力机的传动简图如图 12.18 所示。它用电动机驱动，经过带轮及齿轮传动减速后，通过离合器，带动曲轴及连杆旋转，并使工作滑块作往复直线运动，从而使上、下模闭合，压制锻件成形。除上述主传动系统外，还有顶出器系统、装模高度调节系统、气动系统、润滑系统和安全保护系统等辅助系统。

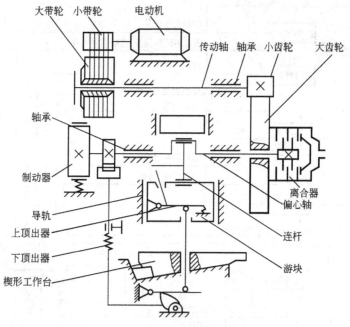

图 12.18 热模锻压力机简图

图 12.19 是一种控制系统框图, 全部锻造过程按照预先编制好的程序自动进行。该系统分成两组: 第一控制系统包括上料装置、加料装置、压力机和机械手 1; 第二控制系统包括机械手 2 和切边压力机。两系统可用单独的程序进行控制, 也可以同步进行。预先确定的程序, 首先作用到信息处理机上, 分析给定的程序后, 发出坯料从加热炉中取出的信号, 同时传递准备信号给上料器。坯料经输送机上的检测机构检测, 当坯料出现问题时, 从信息处理机发出指令, 使坯料落入排除板上排除。合格坯料经导料斜槽送进上料器。装料信号从上料器传到信息处理机, 同时上料器工作, 推动坯料进入热模锻压力机。驱动信号使机械手 1 夹紧坯料放入第一模膛, 操作结束, 完工信号传送到信息处理机, 信息处理机接到完工信号后, 将操作顺序信号传递到热模锻压力机, 压力机开始工作, 坯料在第一模膛锻完后, 完工信号传递到信息处理机, 信息处理机再传递驱动信号到机械手 1, 把锻坯送入下一模膛, 并可同时翻转锻坯, 这时, 闭锁信号始终作用在压力机上, 压力机停止工作。在压力机工作时, 机械手闭锁。由于寸动和停机, 机械手 1 的补偿操作是用控制板和信息处理机直接联系。在终锻模膛锻毕后, 完工信号传到信息处理机, 第一控制系统全部操作就结束。信号交付第二控制系统, 信息处理机将驱动顺序信号传递到机械手 2, 机械手夹紧锻坯, 从终锻模膛取出, 沿导轨后退, 然后回转 90°, 将锻件送到切边机上, 操作结束, 完工信号传递到信息处理机上, 信息处理机传递驱动信号到切边压力机, 压力机工作, 切去飞边, 锻件和飞边分别从切边压力机送出, 切边压力机在机械手 2 操作时的闭锁和切边压力机工作时机械手 2 的闭锁的控制, 和第一控制系统一样, 控制板可指令机械手和切边压力机的寸动和停机。

2. 热模锻液压机的自动控制

30MN 热模锻水压机的结构是一般的三梁四柱式, 配有可动工作台, 水压机由水泵蓄

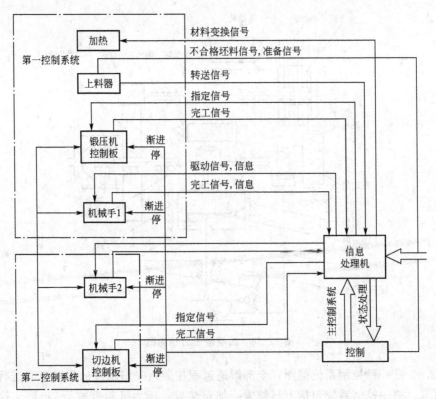

图 12.19　控制系统框图

势器站驱动，工作液体用乳化液，工作压力为 $320\times10^5\,\mathrm{Pa}$。其工艺过程为：装出料机把坯料放到可动工作台的墩粗台上，墩粗台移入水压机中心，用夹钳将坯料定位，夹钳松开，墩粗，活动横梁提升，夹钳抱起坯料，下冲头转入水压机中心，活动横梁下降，夹钳松开，加压模锻，夹钳把坯料抱起，下冲头转出，冲孔模具移入中心，把坯料放在冲盘上，夹钳松开，活动横梁提升，上冲头转入中心，冲孔及整平，活动横梁提升并将下一个坯料放到墩粗台上，上冲头移出，冲盘移出工作台，墩粗台移入中心。

　　图 12.20 和图 12.21 所示为工作缸液压控制系统和提升缸液压控制系统，二者主要控制活动横梁的动作。提升缸进水而主缸排水，动梁提升；主缸进高压水则动梁加压，各阀全部关闭则动梁停止，故而以此来控制活动横梁的快降、慢降、加压、停止和提升的五个动作。图 12.22 所示为可动工作台液压控制系统。工作台可沿两侧方向移动，它的墩粗台和冲盘两个工作位置，可以以较快速度和较慢速度移动，并可在任意位置停止，从而实现动作的左移、左慢移、停止、右慢移、右移。图 12.23 所示为夹钳液压控制系统。夹钳的支点固定在动梁上，因此夹钳随动梁的运动而上、下运动。图 12.24 所示为上、下冲头转臂液压控制系统。其中上冲头转臂随动梁上、下运动，回转臂也是由转臂缸柱塞的直线往复运动通过齿条、齿轮装置转换为回转臂的转动，而上、下转臂之间通过一对齿轮啮合形成联动。因此，回转臂有左转、停止、右转三个动作。控制系统就是通过控制液压系统众多阀的开启、关闭来实现水压机各运动机构的动作，即通过接通或断开各阀相应的电磁铁而控制先导阀的动作，从而实现主阀的开启或关闭，进而实现水压机的各个动作。控制系统结构如图 12.25 所示。

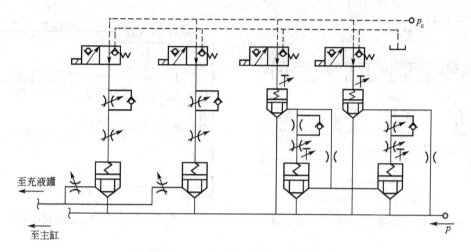

图 12.20　主工作缸液压控制系统

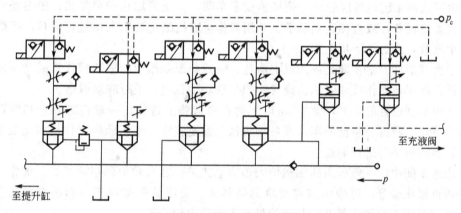

图 12.21　提升缸液压控制系统

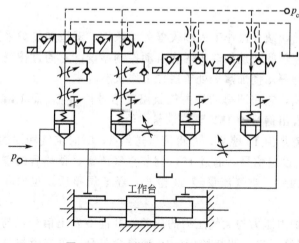

图 12.22　工作台液压控制系统图

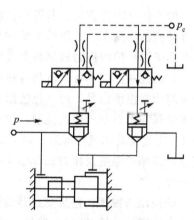

图 12.23　夹钳液压控制系统

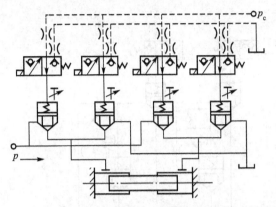

图 12.24　上下冲头转臂液压控制系统

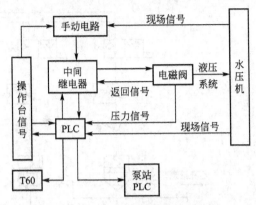

图 12.25　水压机控制系统结构图

12.2.2　自由锻造自动控制

自由锻造的工艺过程应包括：把坯料运至车间，并送到加热炉中加热；把热坯料从加热炉送到锻造设备，或直接送到砧子上，用操作机或机械化装置夹持进行锻打，把锻完的锻件集中堆放，或送往下步工序。

对于大型锻件，常在锻造液压机上锻造，一般都配备相应的锻造操作机或者专用的锻造起重机。此时，操作机和液压机经常构成自动联动机组，进行联动锻造。

对于中小型锻件的生产，常在 3t 以下的自由锻锤上进行。一般在加热炉和锻造设备之间装设单轨、滑道、悬臂吊车以及各种机械化输送装置，采用胎模操作机械化装置，或者用锻造操作机夹持进行锻造。

在锻造车间中，一般所用的加热炉大多为室式炉、台车式炉和半连续炉。通常，坯料装出炉的机械化装置，可采用结构简单的装料叉、装出炉夹钳或者自动吊钳和起重用链等，也可以采用结构较为复杂的装出炉机械手或装出炉机等。

由于加热炉和联动机组在自由锻造中重要性，下面简要介绍它们的自动控制方式。

1. 锻造加热炉的自动控制

为了保证锻件质量，节省燃料消耗，减少操作工人和改善劳动条件、锻造加热炉采用了自动控制。图 12.26 所示为带空气预热的锻造加热炉燃烧自动控制系统。它通过控制加热炉的炉温、炉内压力和燃料空气比例等，使加热炉处于最佳工作状态。

炉温控制：炉内各区段装有热电偶，它将测得的炉内气氛温度信号传给9，而1给出相应的所需温度信号，经2比较后，发出信号给16，调整油量供给。

燃料与助燃空气比例控制：燃料流量由15检测，并将信号送给3，瞬时空气和油的7和8。经过自动比例计算后，向4发出设定信号，通过18，调节空气流量。预热后的空气流量，必须按温度及压力加以修正。因此，空气流量经19检测，经5调整后，也向4发出信号。

炉内压力控制：差压变送器检测炉内压力与大气压力的压差，并向6发出信号，与给定压力比较后，给22发出信号，使闸板开启，调整炉压。13测得含氧量，可知燃烧是否充分，为调整燃料空气比例和炉内压力提供依据。

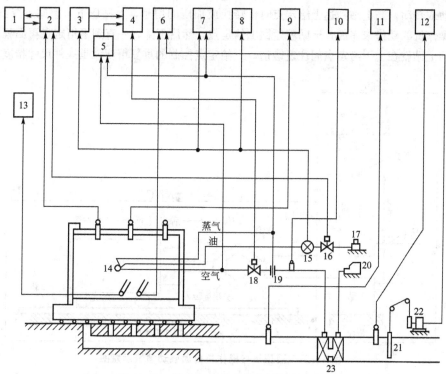

图 12.26 锻造加热炉燃烧自动控制系统

1—程序控制器；2—炉温调节器；3—比例设定器；4—空气流量指示调节器；5—压力温度修正运算器；
6—炉压记录调节器；7—瞬时空气和油流量记录计；8—计油器；9—炉温记录计；
10—预热空气温度记录调节器；11—废气温度记录调节器；12—废气温度记录计；
13—氧分析仪；14—烧嘴；15—油流量计；16—油流量控制阀；17—油泵；
18—空气控制阀；19—孔板；20—鼓风机；21—烟道闸板；
22—闸板开启传动装置；23—预热器

2. 锻造液压机组的自动控制

自从锻造操作机问世后，自由锻造摆脱了繁重的体力劳动，逐渐趋向自动化。锻造操作机可分为有轨、无轨和快锻三类，按传动方式有机械式、液压式和混合式三种。目前，锻造操作机已经成为自由锻造自动化的主要技术手段。在中、大型锻件生产中，锻造操作机经常与液压机配套，构成联动机组，采用集中控制的方式，实现操作机与液压机的联动，组成自动化生产线。

自动联动机组由液压机、操作机、控制系统和转料台、快速换砧、转砧和移砧等辅助装置组成。操作机采用自动控制的有轨快锻操作机，它的大车行走、钳杆旋转以及平行升降的快速回弹复位等动作，能在液压机快锻时联动操作，并通过控制系统实现自动控制。

液压机与操作机自动联动操作是先根据工艺要求，预选液压机的压下量、回程量、操作机送进量和转动角度，由控制机自动实现机组的联动操作。锻造过程的程序控制是根据锻件形状、材料和锻造工艺参数编制的，以穿孔带或其他方式将信号输入控制机，使液压机和操作机按程序自动工作。

液压机和操作机自动联动锻造示意图如图 12.27 所示，当上下砧合在一起时定为 0 点计数，预给定液压机上砧的最上点和最下点。液压机提升时开始计数，经联动点时，发信号给操作机前后移动或转动，当上砧到达上给定点时，转换成加压的信号，上砧压下。上砧下降到联动点时，若操作机的动作未完成，上砧就返回上给定点，然后下降，一直到下给定点再回程。因此，液压机的上砧就在上下给定点间往复锻造，下给定点控制的重复精度就是锻件尺寸精度。

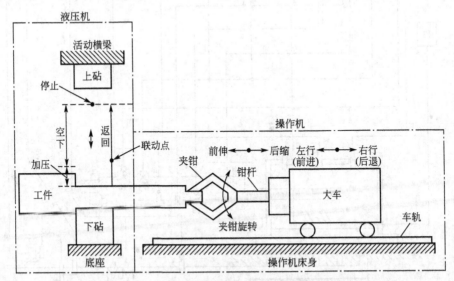

图 12.27 液压机与操作机自动联动锻造示意图

液压机的活动横梁位移量、操作机行走位移量和钳杆转角都由位移脉冲转换器将机械运动参量转换成一定脉冲数值。

液压机活动横梁的位移通过齿条齿轮机构、电磁振荡式转换器，将机械运动参量转换成一定脉冲数值，由显示部分显示出来，此时计数器进行数学运算。液压机活动横梁下降时，计数器进行减法运算，当计数器内累计数和下给定数值相等时，发出信号给快速阀系统并控制液压机活动横梁回程，同时也给操作机发出停锻信号。

活动横梁回程时，计数器进行加法运算，当累计数值和联动给定数值相等时，给操作机的行走或钳杆转动发出信号，操作机开始动作。

液压机继续回程，计数器累计数和上给定数值相等时，发出信号，由快速阀控制系统控制液压机下降，计数器开始进行减法计算。

液压机活动横梁继续下降，当累计数值与联动给定数值相等时，若操作机的平移或转动已完成，液压机便下降进行对锻件加工；若操作机的动作未完成时，则发出信号，使液压机活动横梁回程。

活动横梁下降到使累计数值和联动给定数值相等时，便被锁住，不发出联动信号。

液压机到下给定点后，就又开始提升进行循环动作。

3. 快速自由锻造液压机组自动控制

为了适应对自由锻件尺寸精度和生产率越来越高的要求，随着液压控制、计算机技术的进展，锻造液压机组的性能不断提高，出现了快速锻造液压机组控制系统。该系统具有如下特点：①锻造液压机、操作机、移动砧库等组成机组，由计算机控制，一人操作，劳动生产率大幅度提高；②在每分钟锻造次数高达 80 次以上，且能实现液压机与操作机的自动联动；③锻件精度为 ±1mm。

1) 系统体系结构

图 12.28 为以现场总线为平台的快速锻造液压机组控制系统的体系结构图。整个系统由 PLC 系统、网络控制模块、控制计算机和监测计算机联网组成的现场控制网络构成，采用这种体系结构能通过软件技术对各个对象进行分布控制，具有结构简单、工作可靠、维修方便的优点。

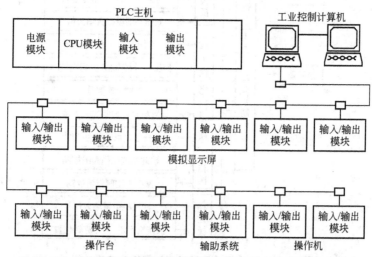

图 12.28 基于现场总线的快速锻造液压机组控制系统体系结构图

控制计算机完成液压机与操作机的手动、自动及联动(程序)控制；监测计算机用来动态显示系统的各种状态和关系曲线；PLC 主机完成系统的各种辅助动作控制及系统网络的管理和协调；网络 I/O 模块完成各种现场信号的输入/输出。控制计算机通过通信口与PLC 系统交换信息；监测计算机通过 RS232 口与控制计算机通信；网络 I/O 模块通过Modbus Plus (MB+)控制总线与 PLC 主机联网。

Modbus 控制总线是一种工业通信和分布式控制系统协议，由美国可编程控制器制造商莫迪康(Modicon)出品，推出的 Modbus Plus (MB+)现场控制总线实现 PC 与 PLC 及其现场设备的互联。MB+是一种高速、对等工业控制网络，这一网络允许多台计算机、PLC 及其他数据源通过低成本的双绞线对等通信。数据传送速度可达 1Mb/s，其通信介质是双绞线。一个 MB+网络最多可以支持 64 台对等通信装置(节点)，最长通信距离为1800m，每个节点的地址通过控制器上的开关来设定，多个 MB+网络可通过网桥进行互联。MB+网络上的节点均为对等逻辑关系，通过获得令牌来传递网络信息，一个节点拥有令牌就可以与所选的目标进行信息传送，或与网络上所有节点交换信息。MB+采用令牌总线结构，网络可靠性高、实时性好。另外，对于高可靠性的应用场合，MB+还可采用双电缆结构，这种结构允许 MB+在两条独立的电缆上通信，如果一条发生故障，系统自动切换到另一条。

2) 计算机控制系统

锻造液压机组中液压机的位移和操作机行走位置及夹钳旋转角度这三个参数，除手动方式外，都需要进行精确控制，现阶段 PLC 系统在处理复杂过程时存在扫描速度慢以及对控制算法处理的灵活性差，因此锻造液压机系统的主控参量采用工业控制机来实现。图12.29 是其计算机系统的组成框图。

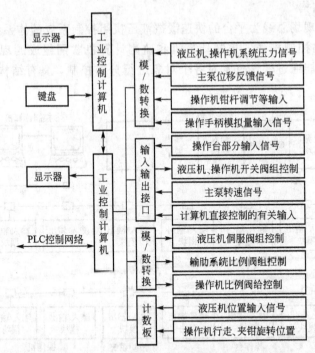

图 12.29 快速锻造液压机组计算机系统组成框图

控制计算机完成系统的主要动作与位置控制以及系统的压力、位移、温度的实时采集,并通过 MB+网络交换信息。同时控制计算机通过人机对话进行参数的设定、编辑与修改,实时显示液压机及操作机夹钳旋转和大车行走的位置,接收控制台的状态信息,协调液压机和操作机之间的运动关系,并根据接收的命令和数据以及位移传感器的位置反馈信号构成液压机位置闭环控制和操作机夹钳旋转及大车行走位置闭环控制。

另一台工控机接收控制机传送过来的信息,以各种图表、曲线等进行实时显示,以利于系统的维护与故障诊断。

3) 控制系统软件

系统软件由 PLC 部分和计算机部分组成。PLC 部分采用 Modicon 公司的集成化软件。Modsoft 在控制计算机上用梯形图编程,然后进行下载,控制方式是典型的逻辑控制,控制流程比较简单;计算机系统软件又分为控制计算机部分和监测计算机部分,根据功能分模块编制,各模块任务独立,由自行研制的实时多任务操作系统调度,实时并行运行。

4) 控制策略

图 12.30 是快速自由锻造液压机组采用的预测型多模态控制器结构图,它由预测部分、Bang-Bang 控制(开关控制)、Fuzzy 速度控制、Fuzzy 位置控制、广义对象及传感器组成的直接数字反馈控制系统。

当控制开始时,偏差 e 较大,即当 $|e| \geqslant E_b$(E_b 为 Bang-Bang 控制时 e 的边界值)时,系统的控制量取最大,实行非线性 Bang-Bang 控制;当偏差 e 逐渐减小到 $E_p < |e| < E_b$(E_p 为转换位置控制时 e 的边界值)时,实行 Fuzzy 速度控制;当 e 减小到 $|e| \leqslant E_p$ 时,实行 Fuzzy 位置控制。这样既能加快过渡过程,提高速度,又能保证系统超调量小,甚至无超调,从而获得好的控制精度。

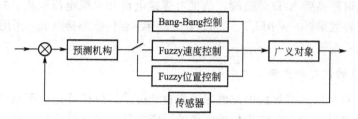

图 12.30　快速锻造液压机组控制策略框图

同时，由预测算法根据当前时刻系统输出的采样值 $y(k)$ 及采样时刻之前几步的采样数据求得系统输出的预测值 $\tilde{y}(k+1)$，进而求出 e 和 de 的预测值，从而获得具有"提前控制"效果的控制输出。由于采用预测算法，减少了液压机动作滞后的影响，同时在不同区段采用不同的控制方式，液压机的控制精度和运行速度都得到了提高，系统的压力冲击（压力波动）也得到了有效控制。

12.3　焊接过程的自动检测与控制

12.3.1　脉冲 GTAW 过程的自动控制

1. 控制系统的组成

图 12.31 为脉冲 GTAW 过程自动控制系统框图，主要组成部分有微型计算机（简称微机）、Compa500P 焊机、焊接工作台、单片机步进电动机驱动系统、熔池图像传感系统、焊接电流和电弧电压检测接口电路、焊接电流设定接口电路等。系统的硬件核心部分为微型计算机，其与焊机的接口部分主要包括两种输入/输出通道：①八通道隔离型 D/A 转换器，负责焊接电流波型的设定，送丝速度的设定，并可利用其他通道进行电弧长度等参数的

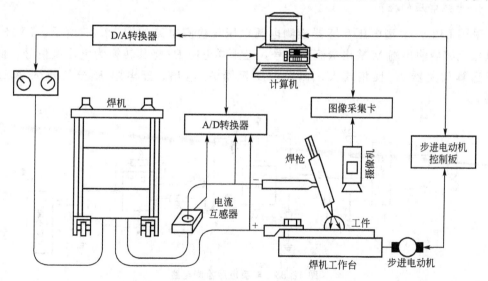

图 12.31　脉冲 GTAW 过程自动控制系统框图

设定；②十六通道隔离型 A/D 转换端，负责对焊接电流和电弧电压采样，并可利用其他通道进行其他焊接参数采样。采用 LT‑300T 型电流互感器传感焊接电流，采用 LV25‑P 型电压互感器传感电弧电压。

2. 脉冲电流的设定与检测

由于焊接过程中需要对焊接电流波形进行自动设定，焊机可通过手动或微机控制进行焊接电流波形的调整。图 12.32 为焊接电流的设定电路，当开关 S 接 1 时进行焊接电流的手动设定，S 接 2 时进行焊接电流的微机设定。

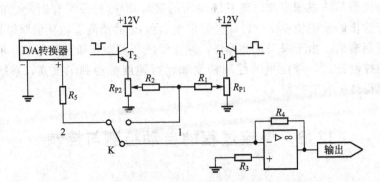

图 12.32　焊接电流设定电路

在脉冲焊接时，当 S 接 1 的情况下，在脉冲峰值期间晶体管 T_1 打开，T_2 关闭，电位器 R_{P_1} 调整峰值电流的大小，在脉冲基值期间晶体管 T_2 打开，T_1 关闭，电位器 R_{P_2} 调整基值电流的大小，运算放大器 A 将两路信号叠加后放大进入焊机的主控板。

为了使微机准确地对焊接电流进行设定，就要进行焊接电流的检测。在焊接系统中焊接电流的检测由 LT‑300T 型电流互感器实现，焊接电流的采样由 HY‑6070 型 A/D 转换器完成。

3. 电弧电压的检测

采用 LV25‑P 型电压互感器检测电弧电压，检测电路如图 12.33 所示。LV25‑P 型电压互感器输出端 M 输出电流型信号，经采样电阻 R_2 将其转换为电压型信号，此信号经运算放大器 A_1 反相放大，再经过反相器 A_2 输出，经电阻 R_9 分压进入 A/D 转换器。

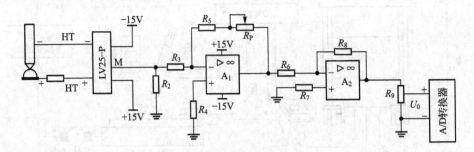

图 12.33　电弧电压检测电路

4. 焊接速度的控制

为了在焊接过程中实现焊接速度的自动控制，设计了具有微机接口的单片机控制的恒流型步进电动机驱动电源，微机与单片机之间采用串行总线连接，主从式结构，工作时微机设定焊接速度后经串行总线发送给单片机系统，由单片机系统负责焊接速度的控制。

焊接速度设定的微机程序流程如图 12.34 所示。首先初始化串行口 1，设定波特率为 2400b/s，由于采用主从控制方式，所以不允许串行口中断，然后判断串行口发送缓冲区是否为空，若不空，则等待；若为空，经过串行总线发送一次焊接速度至单片机串行口，同一速度共发送三次，以提高抗干扰能力。

焊接速度设定的单片机程序流程如图 12.35 所示，(a)为主程序，(b)为单片机串行口接收中断子程序。发生接收中断三次时中断程序将接收标志置位，通知主程序接收到新的焊接速度，主程序根据三次接收的数据进行三模容错判断确定新的焊接速度，然后计算步进电动机的工作频率，环形分配器以新的频率工作，实现焊接速度的控制。

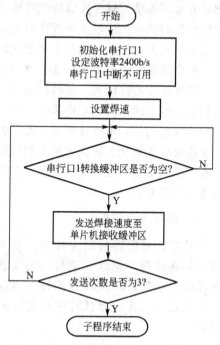

图 12.34　焊接速度发送子程序流程图

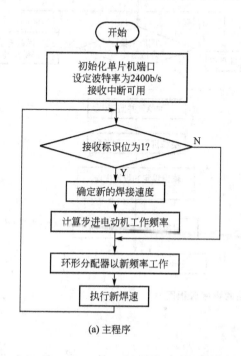

(a) 主程序

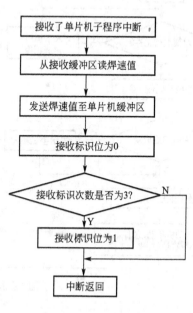

(b) 单片机串行口接收中断子程序

图 12.35　焊接单片机程序流程图

12.3.2 TIG焊机的自动控制

钨极气体保护焊是在氩气保护下，利用钨电极与工件间产生的电弧热熔化母材的一种焊接方法，焊接时氩气从焊枪的喷嘴中连续喷出，在电弧周围形成气体保护层隔绝空气，以防止其对钨极、熔池及邻近热影响区的有害影响。本例采用高频起弧，利用高频振荡器产生的高频高压击穿钨极及工件之间间隙而引燃电弧。

整个设备主要有焊接电源、电气控制系统、操作系统、床身、上下料机构等部分组成，另外还带有打印机、条码识别器、视频捕捉卡以及摄像头等外围设备。条码识别器用在扫描工件上的条码，可提高焊机的自动化程度，同时条码上的编号也是工件的编号，一旦发生焊接问题，可以通过这个编号查询工件的加工资料进行分析。图像采集卡和摄像头一起构成摄像系统，图像采集卡和视频捕捉卡插在工业控制计算机的主板插槽中，接收摄像头的视频信号，在计算机的显示器上输出图像。摄像头安装在云台上，可监视焊接小室和整个加工状态。

1. 焊机工作流程

引弧前先把管内抽为真空，然后充氩气，直至将管内空气置换干净后再进行焊接，焊接过程中焊丝不能与钨极接触或直接深入电弧的弧柱区，否则造成焊缝夹钨和破坏电弧稳定，焊丝端部不得抽离保护区，以避免氧化，影响质量。在填丝过程中切勿扰乱氩气气流，停弧时注意氩气保护熔池，防止焊缝氧化，整个焊接流程如图12.36所示。

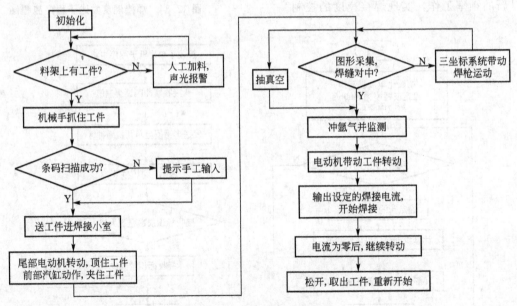

图 12.36　控制程序流程图

2. 工艺参数的选择

钨极氩弧焊的工艺参数主要有焊接电流种类及极性、焊接电流、钨极直径及端部形状、保护气体流量和焊接速度。

钨极端部形状和尖端角度的大小会影响钨极的许用电流、引弧及稳弧性能，选用小直径和小的锥角，可使电弧容易引燃和稳定，减少锥角，焊缝熔身减少，熔宽增大。

在一定条件下，气体流量和喷嘴直径有一个最佳范围，此时气体保护效果最佳，有效保护区最大；气体流量过低，气体挺度差，排除周围空气的能力弱，保护效果差，流量太大，易紊流，使空气卷入。

焊接速度的选择主要根据工件的厚度决定，并和焊接电流、预热温度等配合以保证获得所需的熔深和熔宽。焊接速度过大，保护气体严重偏后，可能使端部、弧柱、熔池暴露在空气中。

3. 控制系统设计

控制系统的基本框图如图 12.37 所示。采用美国 NI 公司的 PCI-6024E 多功能数据采集设备，采用 PCI 总线，模拟输入 16SE/DI，采样速率为 200kS/s（每秒 20 万个样本），输入分辨率为 12 位，最大输入范围 ±10V，输入增益分为三挡 1、10 和 100，模拟输出为 2路，输出分辨率 12 位，数字 I/O 为 8 位。采用 PCI-7334 运动控制卡，4 轴步进控制器，积分编码或模拟反馈。图像采集卡采用 IMAQ PCI-1409，可与 DAQ 同步。

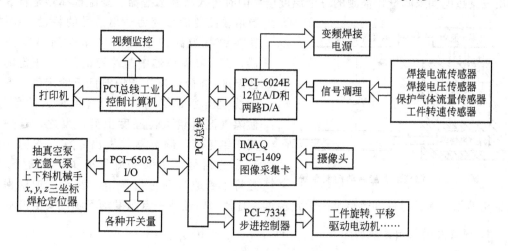

图 12.37　系统控制基本框图

机械手的动作及上下、左右的移动采用气缸驱动，其位置由传感器通过 6503 I/O板卡传给工业控制计算机（工控机），作为下一步程序执行的触发信号。图像采集卡确定出焊枪与焊缝的相对位置是否符合要求。如果不符合，通过 x、y、z 三坐标焊枪定位器进行调节。编好的程序存到的 E^2PROM 中，在程序中采用数学算法，逐渐逼近给定位置。

通过 PC-6024E 对真空度、氩气含量实时监控，工件转速、焊接电压的参数也通过传感器接到 6024E 的 A/D 口，在显示器前面板上动态显示。

整个系统的各种焊接参数都利用数据库存储，在程序中，LabVIEW 的 DB 模块可以利用 SQL 方便地排序、修改、调用。另外，外设电路可以分为三大模块：数字输入、数字输出、模拟输入/输出。数字输入主要来自机械手各个位置传感器，以及 x、y、z 三坐标(上面固定焊枪)的限位开关，数字输出主要连接各个汽缸的三位五通阀，决定活塞的运动状态，而模拟输入/输出一方面接各传感器，通过 A/D 转换器转换后，显示在主面板上，另一方面，模拟信号又可以控制焊接电流的大小以及氩气流量。

12.4　热处理工艺参数的自动控制

热处理生产中主要的工艺参数有温度、时间、介质成分、压力和流量等，其中时间的控制属顺序控制范畴，温度和碳势(介质成分)需要进行自动控制。

12.4.1　温度的控制

根据热处理工艺要求，温度一般均需要保持恒值或按一定规律变化，因此广泛采用反馈控制。图 12.38 所示是一个炉子温度自动控制的例子。在大型加热炉中，炉内温度的分布随装炉量及被加热零件在炉内的分布而变化。为了保护炉墙及零件的加热质量，可在炉内设几个测温点同时测量温度，选择其中最高的温度信号进行温度定值调节，炉内温度分别用三支热电偶来测量，被测的三个温度信号同时送入高温选择器。高温选择器是将其中数值较高的信号变为输出信号的装置。这样，就将炉温最高的温度信号输送到温度调节器，信号在调节器中与给定值(人为规定的工艺温度)进行比较，若炉温低于给定值，调节器就发出令煤气调节阀门开度增大的信号，使煤气流量增大，温度上升；反之，若炉温高于给定值，调节器就发出令煤气阀门开度减小的信号，使煤气流量减少，温度下降，这样不断地自动进行调节，就能使炉温保持

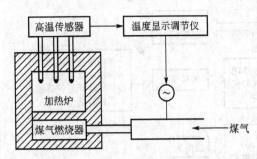

图 12.38　燃气炉温度自动控制系统

在给定范围，保证零件加热至某一恒定温度，且使炉内任何一点温度均不越过安全极限。

1. 温度自动控制系统的组成

温度自动控制系统可由基地式仪表组成，也可由单元组合仪表组成。基地式仪表是指同时具有几种功能的仪表，常以显示部分为主体，附带装上给定、比较、调节部分，通称显示调节仪。图 12.39 所示是由基地式仪表组成的温度控制系统。炉温由热电偶检测，温度信号在显示调节仪中与给定值进行比较，并显示温度，显示调节仪中的调节器输出信号与温度偏差呈选定的调节规律关系，执行器根据调节器的输出信号，按选定的调节规律改变输入到炉子的能量大小，使炉温保持在给定值。

单元组合仪表是将自动控制的整套仪表划分成若干能独立完成某项功能的典型单元，各单元之间的联系都采用统一的信号。图 12.40 是用单元组合仪表组成的温度控制系统。变送器将测量元件测得的温度信号转换成与之相对应的统一标准信号，传给显示单元和调节器，进行显示、记录或调节，其他各环节的功用与基地式仪表组成的温度控制系统相同。

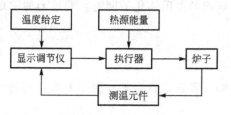

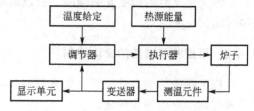

图 12.39　基地式仪表组成的温度控制系统　　**图 12.40　单元组合式仪表组成的温度控制系统**

2. 温度控制参数

1）热处理炉有效加热区的确定

由于炉膛各处的温度不均匀，为了保证在处理过程中所有的工件和工件的所有部位均处于工艺要求的温度范围，热处理炉有效加热区内的所有区域的保温精度均应满足被处理工件的加热要求，热处理操作时还要保证热处理工件均应摆放在热处理炉内有效加热区内。

保温精度是实际加热温度相对于工艺规定温度的精确程度，它以各检测点的温度真实值减去设定温度，用所得到的最大温度偏差表示。有效加热区是经温度检测后所确定的满足热处理工艺温度及其保温精度的工作空间尺寸，是热处理炉膛内满足热处理工艺要求的允许装料区域。为了判断热处理炉的有效加热区，在进行测定之前，根据热处理炉的结构、控制方式及其他条件，先假定一个测温空间，称为假设有效加热区。也可用热处理炉制造厂或有关标准规定的工作空间尺寸作为假设有效加热区。

2）加热温度

一般工件热处理加热温度是根据化学成分确定的。如淬火加热温度主要根据钢的临界点确定，亚共析钢通常加热至 $Ac_3 + (30 \sim 50℃)$，共析钢和过共析钢是 $Ac_1 + (30 \sim 50℃)$。但快速加热的淬火加热温度比一般炉内加热淬火温度高。确定加热温度时也要考虑后序工艺的要求，如碳钢和低合金钢油淬比水淬的加热温度可高些，分组或等温淬火的加热温度比普通淬火高；为了减少淬火畸变和开裂倾向，形状复杂的工件可适当降低淬火加热温度；为了提高淬透性差的钢制工件的表面硬度和硬化层深度，可适当提高淬火加热温度；为了提高钢件的韧性，可适当降低加热温度。对于低合金钢，考虑合金元素的作用，为了加速奥氏体化，淬火温度可偏高些，一般为临界点以上 $50 \sim 100℃$。高合金工具钢含较多强碳化物形成元素，奥氏体晶粒粗化温度高，则可采取更高的淬火加热温度。

需要注意的是加热温度过高，会引起过烧。过烧后性能严重恶化，淬火时形成龟裂，过烧组织无法挽救，只能判作废料。

3）加热速度

为了提高生产效率，大多数工件常采用快的加热速度。但加热速度加快，加热时的应力会增大。为了防止形状复杂的高合金钢工件和大截面工件加热时的畸变开裂，通常采用低温入炉随炉升温的方式或进行预热。

4）保温时间

保温时间取决于工件成分、原始组织、形状尺寸、加热方式、加热介质，炉子功率及装炉方式等。在加热和保温过程中，钢制零件与周围加热介质相互作用往往会产生氧化和脱碳等缺陷。另外，保温时间过长会引起过热现象，导致钢的强韧性降低，脆性转变温度

升高，增大淬火时的畸变开裂倾向，所以通常在保证均匀奥氏体化的同时，要适当地缩短保温时间。

12.4.2 可控气氛碳势的自动控制

可控气氛碳势的自动控制主要是调节气氛的碳势，碳势是指在某一温度下气氛与钢处于平衡时钢中对应的含碳量。

1. 可控气氛碳势控制的基本原理

可控气氛碳势的控制，通常是先通过测定吸热式气氛中某些与碳势关系很敏感的组分含量，再根据这些组分含量的多少来间接地控制碳势，这些敏感的组分有 CO_2、H_2O 和 O_2。

1) 利用 CO_2 和 H_2O 含量控制碳势的原理

气体渗碳气氛中炉气的主要成分有 CO、H_2、CH_4、CO、H_2O、O_2、N_2，若认为 N_2 不参与化学反应，则可能产生的化学反应如下：

$$2CO = CO_2 + C(\gamma - Fe) \qquad (12-9)$$

$$CO + H_2 = H_2O + C(\gamma - Fe) \qquad (12-10)$$

$$CH_4 = 2H_2 + C(\gamma - Fe) \qquad (12-11)$$

$$CH_4 + CO_2 = 2CO + 2H_2 \qquad (12-12)$$

$$CO + H_2O = CO_2 + H_2 \qquad (12-13)$$

可见，钢在吸热式气氛中是进行脱碳还是渗碳，主要取决于 $\dfrac{(c_{CO})^2}{c_{CO_2}}$ 与 $\dfrac{c_{CO} \cdot c_{H_2}}{c_{H_2O}}$ 的比值，反应平衡常数 K 为

$$K = \frac{c_{CO} \cdot c_{H_2O}}{c_{CO_2} \cdot c_{H_2}} = \frac{p_{CO} \cdot p_{H_2O}}{p_{CO_2} \cdot p_{H_2}} \qquad (12-14)$$

式中：c_{CO}，c_{H_2O}，c_{CO_2}，c_{H_2} 为相应气体的体积分数；p_{CO}，p_{H_2O}，p_{CO_2}，p_{H_2} 为相应气体的分压。

吸热式气氛中 CO 和 H_2 的含量很高，微量调整对二者的体积分数影响很小，可认为它们的含量是固定的，因此 CO_2 和 H_2O 的含量有如下对应关系：

$$c_{H_2O} = K \frac{c_{H_2}}{c_{CO}} c_{CO_2} = k \cdot c_{CO_2} \qquad (12-15)$$

其中，k 为常数。

可见，只要控制 CO_2 和 H_2O 之一，就可以达到控制碳势的目的。

2) 利用氧势控制碳势的原理

吸热式气氛中还存在如下反应：

$$2CO + O_2 = 2CO_2 \qquad (12-16)$$

所以，只要控制了与 CO、CO_2 处于平衡的微量 O_2 的含量，就控制了气氛的碳势。

氧势 (μ_{O_2}) 与温度和氧分压 (氧含量) 有关，存在如下关系式：

$$\mu_{O_2} = 0.00457 T lg(p_{O_2} \times 10^{-5}) \qquad (12-17)$$

式中：T 为绝对温度；p_{O_2} 为氧分压。

也可根据处于平衡时的 CO_2 和 CO 含量，按下式进行计算：

$$\mu_{O_2} = 0.0415T - 135.00 - 0.009151g\frac{c_{CO}}{c_{CO_2}} \tag{12-18}$$

式中：T 为绝对温度；c_{CO} 和 c_{CO_2} 为相应气体的体积分数。

2. 气体渗碳炉的自动控制

图 12.41 是气体渗碳炉的自动控制系统示意图，控制对象主要有炉温、碳势预热时间、渗碳时间和扩散时间等。下面主要介绍炉温控制和碳势控制。

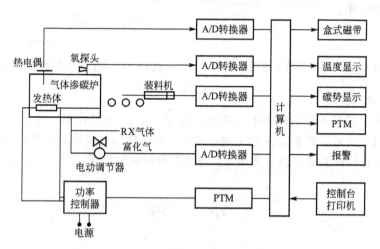

图 12.41　气体渗碳炉的自动控制系统示意图

1）炉温控制

通过镍铬-镍硅热电偶测炉温，然后通过模/数转换器将热电偶输出的模拟信号电压转换成数字信号。温度检测电路如图 12.42 所示，其具体控制过程为：热电偶的输出电压经放大器放大到适合模/数转换器要求的电位，模/数转换器通过输入/输出接口（PIO）的电子元件连接到计算机。每接收启动脉冲，就把输入电压转换成数字信号，转换结束后，输出终了信号，接收了该信号的 PIO 将这时的值暂时记忆，炉温采用 PID 调节规律。设电子计算机读取温度的周期为 Δt，某一时刻 $n\Delta t$ 的调节量 p_n 可由下式算出：

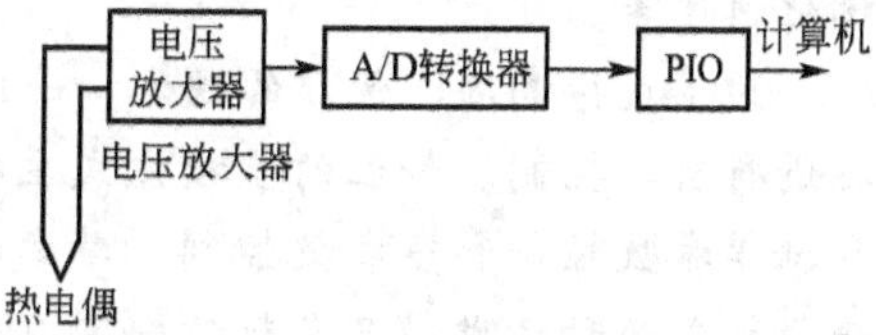

图 12.42　温度检测回路

$$p_n = K_P e_n + K_I \sum_{i=0}^{n} e_i \Delta t + K_D \frac{\Delta e_n}{\Delta t} \tag{12-19}$$

式中：K_P、K_I、K_D 均为常数，由炉子结构决定；e_n 为第 n 次调节时的输入偏差信号。

2）碳势控制

采用氧探头控制碳势，碳势调节示意图如图 12.43 所示。首先将氧探头的输出电动势放大到适合模/数转换器的要求，由于电动势为 1000mV 以上，通常先减去 1000mV，再通过模/数转换器，转换成数字信号，并将数据存储在计算机内，把电动势换算成碳势，氧探头输出电动势与碳势之间的关系曲线如图 12.44 所示，然后按下式进行 PID 运算：

$$p_k = K_p\left(e_k + \frac{1}{T_I}\sum_{i=0}^{k} e_i \Delta t + T_D \frac{\Delta e_k}{\Delta t}\right) \tag{12-20}$$

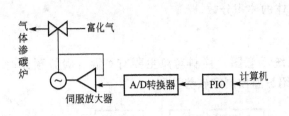

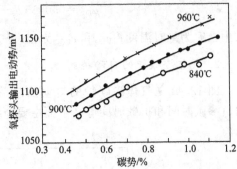

图 12.43　碳势调节示意图　　　　图 12.44　氧探头的输出电动势与碳势的关系

式中：δ 为比例度。

　　将调节量 P 换算成供给伺服电动机的电压 U，经数/模转换器，将数字信号转换成模拟信号，由伺服放大器将电压 U 放大到足够的功率，使伺服电动机动作，伺服电动机带动调节富化气流量的调节阀，改变其开度，使碳势维持在给定值。

小　　结

　　本章以实例的形式分别介绍了自动检测与控制技术在铸造、锻造、焊接和热处理中的应用。

　　从控制角度来说，影响冲天炉熔炼的因素包括控制因素、干扰因素、输出变量和监测参数四大类。根据影响冲天炉熔炼的因素，炉熔炼过程需要检测的参数有送风量、送风湿度、送风温度、送风压力、炉气温度、炉气成分、铁水温度、铁水化学成分和熔化速度等。

　　为了获得高温、优质的铁水，一般可分从配料和熔炼两个方面对冲天炉的熔炼过程进行自动控制。料位的监控方式主要有炉气压差式和光电式两种。而对熔炼的控制包括单参数控制和多参数控制。单参数控制中主要有定值氧量控制、定值 CO 或 CO_2 含量控制两种方式。多参数控制可以全面反映冲天炉的炉况。

　　低压铸造是一种介于重力铸造和压力铸造之间的铸造方法。实现低压铸造自动化的关键是对坩埚内金属液面加压系统进行自动控制。在低压铸造过程中，坩埚内的压力曲线变化包括升液、充液、增压、保压、卸压五个阶段。在前三段阶段，要求压力保持匀速增大，调节规律一般为前馈-模糊控制；在第四段曲线中，要求压力保持恒定，一般采用 PI 调节。此外，对模具温度进行控制也非常重要，其温度控制系统主要有以下四种调节方式：冷却时间调节，模具温度调节，时间与温度的综合调节和模具温度系统的综合调节。

　　当金属毛坯加热后，放在上、下锻模之间，在锻压设备施加打击力或压力时，毛坯在锻模中产生塑性变形，充填满模腔，成形为锻件。因此，热模锻的自动控制也就是对压力机和液压机的控制。

在自由锻造中，加热炉和由液压机和操作机等构成的联动机组非常重要。通过控制加热炉的炉温、炉内压力和燃料空气比例等，可以使加热炉处于最佳工作状态。而液压机与操作机自动联动操作是先根据工艺要求，预选液压机的压下量、回程量、操作机送进量和转动角度，由控制机自动实现机组的联动操作的。为了提高自由锻件的尺寸精度，发展了以现场总线为平台的快速锻造液压机组控制系统，该控制系统可以根据偏差值不同分别采用 Bang－Bang 控制、Fuzzy 速度控制或 Fuzzy 位置控制，以达到最优的控制效果。

脉冲 GTAW 过程自动控制系统主要由计算机、焊机、焊接工作台、单片机步进电动机驱动系统、熔池图像传感系统等组成。该系统通过检测焊接电流和电弧电压，可以自动设定焊接电流波形和送丝速度，实现焊接速度的自动控制。钨极氩弧焊的工艺参数主要有焊接电流种类及极性、焊接电流、钨极直径及端部形状、保护气体流量和焊接速度。通过检测这些参数，可实现 TIG 焊的自动控制。

热处理生产中主要的工艺参数有温度、时间、介质成分、压力和流量等，其中时间的控制属顺序控制范畴，温度和碳势需要进行自动控制。

温度自动控制系统可由基地式仪表组成，也可由单元组合仪表组成。在确定有效加热区的基础上，所控制的参数包括加热温度、加热速度和保温时间。加热温度过高，会引起过烧。为了提高生产效率，大多数工件常采用快的加热速度。但加热速度加快，加热时的应力会增大。

可控气氛碳势的自动控制主要是调节气氛的碳势，通常是先通过测定吸热式气氛中某些与碳势关系很敏感的组分（CO_2、H_2O 和 O_2）含量，再根据这些组分含量的多少来间接地控制碳势。

【关键术语】

应用举例　冲天炉熔炼　低压铸造　热模锻　自由锻　脉冲 GTAW　TIG 焊渗碳炉温度和碳势控制　热处理工艺参数控制

综合习题

一、填空题

1. 冲天炉熔炼过程中的送风量是指送入炉内的实际风量，通常采用_____、_____或_____测定。

2. 底焦高度是指从第一排风口中心到底焦顶面的垂直距离。偏高或偏低都会直接影响铁水温度、焦炭消耗和及熔化速度等。通常，底焦高度可以采用_____法、_____法和_____法测量。为了保持底焦高度在一定的波动范围之内，可采用_____来保证。

3. 风压的测量位置通常选择在冲天炉风带的上部气流平稳处，测量时，需要在_____取压，可选用_____、_____、_____、_____或_____等来测量。

4. 炉气成分的测定可采用_____或_____。

5. 铁水温度是评价铁水质量的重要指标，它主要决定于_____、_____以及_____。一般可选用_____或者_____热电偶来测量。

6. 为了获得高温、优质的铁水，提高生产率，通常需对冲天炉的熔炼过程进行自动控制，一般可从_____和_____两个方面进行自动控制。

7. 目前，冲天炉熔炼的单参数控制中主要有_____和_____两种控制方式。

8. 低压铸造中，根据工艺要求，金属液面的上升速度必须满足两个条件，即：_____和_____。

9. 在低压铸造的升液、充液和增压阶段，要求压力_____，为此，一般采用_____规律调节；而在保压阶段则要求压力保持恒定。一般采用_____规律调节。

10. 在自由锻造中，对于大型锻件，常在_____上锻造，一般都配备专用的锻造起重机或_____。对于中小型锻件，通常在_____上进行。

11. 在锻造车间中，一般所用的加热炉大多为_____、_____和_____。

12. 带空气预热的锻造加热炉燃烧自动控制系统是通过控制_____、_____和_____，从而使加热炉处于最佳工作状态的。

13. 锻造操作机可分为_____、_____和_____三类，按传动方式有_____、_____和_____三种。

14. 在脉冲 GTAW 过程自动控制中，通常通过检测_____和_____，从而自动的设定相关参数，实现焊接速度的自动控制。

15. 钨极氩弧焊的工艺参数主要有_____、_____、_____、_____和_____等，通过检测这些参数，可实现 TIG 焊的自动控制。

16. 热处理温度自动控制系统可由_____仪表组成，也可由_____仪表组成。

17. 对热处理温度参数的控制可从_____、_____、_____、_____方面来实现。

二、简答题

1. 影响冲天炉熔炼过程中的影响因素有哪些？

2. 简要说明低压铸造的工作过程。

3. 说明低压铸造液面加压控制的原理。

4. 在低压铸造中，模具温度对铸件质量有重要的影响，一般可将模具温度划分为哪几个温度区域？它们是如何划分的？

5. 简述自由锻造的工艺过程。

6. 简述液压机与操作机自动联动锻造的操作控制过程。

7. 简要说明可控气氛碳势控制的基本原理。

附　　录

附录1　压力单位换算表

帕 (Pa)	工程大气压 (kgf/cm²)	标准大气压 (atm)	毫米水柱 (mmH₂O)	毫米汞柱 (mmHg)	巴 (bar)	磅/英寸² (lb, psi)
1	1.01972×10^{-5}	9.86923×10^{-6}	0.101972	7.50062×10^{-3}	1.0×10^{-5}	1.450442×10^{-4}
9.8066×10^{4}	1	0.967841	1.0×10^{4}	735.56	0.980665	14.22389
1.01325×10^{5}	1.03323	1	1.033227×10^{4}	760	1.01325	14.6959
9.8066	1.0×10^{-4}	9.678×10^{-5}	1	7.3556×10^{-2}	0.0980665	1.4223×10^{-3}
133.322	1.35951×10^{-3}	1.316×10^{-3}	13.5951	1	1.333224	1.934×10^{-2}
100	1.019716×10^{-3}	9.86923×10^{-4}	10.19716	0.75006	1	1.450442×10^{-2}
6.8949×10^{3}	0.070307	0.0680462	7.0307×10^{2}	51.715	68.949	1

附录2　常用热电偶分度表

表1　铂铑10￣铂热电偶分度表

分度号：S　　　　　　　　　　　　　　　　　　　　　　　　　　　　　　（参考端温度为0℃）

温度 (℃)	0	1	2	3	4	5	6	7	8	9
	热电势（mV）									
−50	−0.236	—	—	—	—	—	—	—	—	—
−40	−0.194	−0.199	−0.203	−0.207	−0.211	−0.215	−0.220	−0.224	−0.228	−0.232
−30	−0.150	−0.155	−0.159	−0.164	−0.168	−0.173	−0.177	−0.181	−0.186	−0.190
−20	−0.103	−0.108	−0.112	−0.117	−0.122	−0.127	−0.132	−0.136	−0.141	−0.145
−10	−0.053	−0.058	−0.063	−0.068	−0.073	−0.078	−0.083	−0.088	−0.093	−0.098
0	−0.000	−0.005	−0.011	−0.016	−0.021	−0.027	−0.032	−0.037	−0.042	−0.048
0	0.000	0.005	0.011	0.016	0.022	0.027	0.033	0.038	0.044	0.050
10	0.055	0.061	0.067	0.072	0.078	0.084	0.090	0.095	0.101	0.107
20	0.113	0.119	0.125	0.131	0.137	0.142	0.148	0.154	0.161	0.167
30	0.173	0.179	0.185	0.191	0.197	0.203	0.210	0.216	0.222	0.228
40	0.235	0.241	0.247	0.254	0.260	0.266	0.273	0.279	0.286	0.292
50	0.299	0.305	0.312	0.318	0.325	0.331	0.338	0.345	0.351	0.358
60	0.365	0.371	0.378	0.385	0.391	0.398	0.405	0.412	0.419	0.425
70	0.432	0.439	0.446	0.453	0.460	0.467	0.474	0.481	0.488	0.495
80	0.502	0.509	0.516	0.523	0.530	0.537	0.544	0.551	0.558	0.566

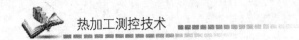
（续）

温度 （℃）	0	1	2	3	4	5	6	7	8	9
	热电势（mV）									
90	0.573	0.580	0.587	0.594	0.602	0.609	0.616	0.623	0.631	0.638
100	0.645	0.653	0.660	0.667	0.675	0.682	0.690	0.697	0.704	0.712
110	0.719	0.727	0.734	0.742	0.749	0.757	0.764	0.772	0.780	0.787
120	0.795	0.802	0.810	0.818	0.825	0.833	0.841	0.848	0.856	0.864
130	0.872	0.879	0.887	0.895	0.903	0.910	0.918	0.926	0.934	0.942
140	0.950	0.957	0.965	0.973	0.981	0.989	0.997	1.005	1.013	1.021
150	1.029	1.037	1.045	1.053	1.061	1.069	1.077	1.085	1.093	1.101
160	1.109	1.117	1.125	1.133	1.141	1.149	1.158	1.166	1.174	1.182
170	1.190	1.198	1.207	1.215	1.223	1.231	1.240	1.248	1.256	1.264
180	1.273	1.281	1.289	1.297	1.306	1.314	1.322	1.331	1.339	1.347
190	1.356	1.364	1.373	1.381	1.389	1.398	1.406	1.415	1.423	1.432
200	1.440	1.448	1.457	1.465	1.474	1.482	1.491	1.499	1.508	1.516
210	1.525	1.534	1.542	1.551	1.559	1.568	1.576	1.585	1.594	1.602
220	1.611	1.620	1.628	1.637	1.645	1.654	1.663	1.671	1.680	1.689
230	1.698	1.706	1.715	1.724	1.732	1.741	1.750	1.759	1.767	1.776
240	1.785	1.794	1.802	1.811	1.820	1.829	1.838	1.846	1.855	1.864
250	1.873	1.882	1.891	1.899	1.908	1.917	1.926	1.935	1.944	1.953
260	1.962	1.971	1.979	1.988	1.997	2.006	2.015	2.024	2.033	2.042
270	2.051	2.060	2.069	2.078	2.087	2.096	2.105	2.114	2.123	2.132
280	2.141	2.150	2.159	2.168	2.177	2.186	2.195	2.204	2.213	2.222
290	2.232	2.241	2.250	2.259	2.268	2.277	2.286	2.295	2.304	2.314
300	2.323	2.332	2.341	2.350	2.360	2.369	2.378	2.389	2.396	2.405
310	2.415	2.424	2.433	2.442	2.451	2.461	2.470	2.479	2.488	2.497
320	2.507	2.516	2.525	2.534	2.544	2.553	2.562	2.571	2.581	2.590
330	2.599	2.609	2.618	2.617	2.636	2.646	2.655	2.644	2.674	2.683
340	2.692	2.702	2.711	2.720	2.730	2.739	2.748	2.758	2.767	2.776
350	2.786	2.795	2.805	2.814	2.823	2.833	2.842	2.851	2.861	2.870
360	2.880	2.889	2.899	2.908	2.917	2.927	2.936	2.946	2.955	2.965
370	2.974	2.983	2.993	3.008	3.012	3.021	3.031	3.040	3.050	3.059
380	3.069	3.078	3.088	3.097	3.107	3.116	3.126	3.135	3.145	3.154
390	3.164	3.173	3.183	3.192	3.202	3.212	3.221	3.231	3.240	3.250
400	3.259	3.269	3.279	3.288	3.298	3.307	3.317	3.326	3.336	3.346
410	3.355	3.365	3.374	3.384	3.394	3.403	3.413	3.423	3.432	3.442
420	3.451	3.461	3.471	3.480	3.490	3.500	3.509	3.519	3.529	3.538
430	3.548	3.558	3.567	3.577	3.587	3.596	3.606	3.616	3.626	3.635

（续）

温度 （℃）	0	1	2	3	4	5	6	7	8	9
	热电势（mV）									
440	3.645	3.655	3.664	3.674	3.684	3.694	3.703	3.713	3.723	3.732
450	3.742	3.752	3.762	3.771	3.781	3.791	3.801	3.810	3.820	3.830
460	3.840	3.850	3.859	3.869	3.879	3.889	3.898	3.908	3.918	3.928
470	3.938	3.947	3.957	3.967	3.977	3.987	3.997	4.006	4.016	4.026
480	4.036	4.046	4.056	4.065	4.075	4.085	4.095	4.105	4.115	4.125
490	4.134	4.144	4.154	4.164	4.174	4.184	4.194	4.204	4.213	4.223
500	4.233	4.243	4.253	4.263	4.273	4.283	4.293	4.303	4.313	4.323
510	4.332	4.342	4.352	4.362	4.372	4.382	4.392	4.402	4.412	4.422
520	4.432	4.442	4.452	4.462	4.472	4.482	4.492	4.502	4.512	4.522
530	4.532	4.542	4.552	4.562	4.572	4.582	4.592	4.602	4.612	4.622
540	4.632	4.642	4.652	4.662	4.672	4.682	4.692	4.702	4.712	4.722
550	4.732	4.742	4.752	4.762	4.772	4.782	4.793	4.803	4.813	4.823
560	4.833	4.843	4.853	4.863	4.873	4.883	4.893	4.904	4.914	4.924
570	4.934	4.944	4.954	4.964	4.974	4.984	4.995	5.005	5.015	5.025
580	5.035	5.045	5.055	5.066	5.076	5.086	5.096	5.106	5.116	5.127
590	5.137	5.147	5.157	5.167	5.178	5.188	5.198	5.208	5.218	5.228
600	5.239	5.249	5.259	5.269	5.280	5.290	5.300	5.310	5.320	5.331
610	5.341	5.351	5.361	5.372	5.382	5.392	5.402	5.413	5.423	5.433
620	5.443	5.454	5.464	5.474	.5.485	5.495	5.505	5.515	5.526	5.536
630	5.546	5.557	5.567	5.577	5.588	5.598	5.608	5.618	5.629	5.639
640	5.649	5.660	5.670	5.680	5.691	5.701	5.712	5.722	5.732	5.743
650	5.753	5.763	5.774	5.784	5.794	5.805	5.815	5.826	5.836	5.846
660	5.857	5.867	5.878	5.888	5.898	5.909	5.919	5.930	5.940	5.950
670	5.961	5.971	5.982	5.992	6.003	6.013	6.024	6.034	6.044	6.055
680	6.065	6.076	6.086	6.097	6.107	6.118	6.128	6.139	6.149	6.160
690	6.170	6.181	6.191	6.202	6.212	6.223	6.233	6.244	6.254	6.265
700	6.275	6.286	6.296	6.307	6.317	6.328	6.338	6.349	6.360	6.370
710	6.381	6.391	6.402	6.412	6.423	6.434	6.444	6.455	6.465	6.476
720	6.486	6.497	6.508	6.518	6.529	6.539	6.550	6.561	6.571	6.582
730	6.593	6.603	6.614	6.624	6.635	6.646	6.656	6.667	6.678	6.688
740	6.699	6.710	6.720	6.731	6.742	6.752	6.763	6.744	6.784	6.795
750	6.806	6.817	6.827	6.838	6.849	6.859	6.870	6.881	6.892	6.902
760	6.913	6.924	6.934	6.945	6.956	6.967	6.977	6.988	6.999	7.010
770	7.020	7.031	7.042	7.053	7.064	7.074	7.085	7.096	7.107	7.117
780	7.128	7.139	7.150	7.161	7.172	7.182	7.193	7.204	7.215	7.226

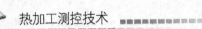

（续）

温度 （℃）	0	1	2	3	4	5	6	7	8	9
	热电势（mV）									
790	7.236	7.247	7.258	7.269	7.280	7.291	7.302	7.312	7.323	7.334
800	7.345	7.356	7.367	7.378	7.388	7.399	7.410	7.421	7.432	7.443
810	7.454	7.465	7.476	7.487	7.497	7.508	7.519	7.530	7.541	7.552
820	7.563	7.574	7.585	7.596	7.607	7.618	7.629	7.640	7.651	7.662
830	7.673	7.684	7.695	7.706	7.717	7.728	7.739	7.750	7.761	7.772
840	7.783	7.794	7.805	7.816	7.827	7.838	7.849	7.860	7.871	7.882
850	7.893	7.904	7.915	7.926	7.933	7.948	7.959	7.970	7.981	7.992
860	8.003	8.014	8.026	8.037	8.048	8.059	8.070	8.081	8.092	8.103
870	8.114	8.125	8.137	8.148	8.159	8.170	8.181	8.192	8.203	8.214
880	8.226	8.237	8.248	8.259	8.270	8.281	8.293	8.304	8.315	8.326
890	8.337	8.348	8.360	8.371	8.382	8.393	8.404	8.416	8.427	8.438
900	8.449	8.460	8.472	8.483	8.494	8.505	8.517	8.528	8.539	8.550
910	8.562	8.573	8.584	8.595	8.607	8.618	8.629	8.640	8.652	8.663
920	8.674	8.685	8.697	8.708	8.719	8.731	8.742	8.753	8.765	8.776
930	8.787	8.798	8.810	8.821	8.832	8.844	8.855	8.866	8.878	8.889
940	8.900	8.912	8.923	8.935	8.946	8.957	8.969	8.980	8.991	9.003
950	9.014	9.025	9.037	9.048	9.060	9.071	9.082	9.094	9.105	9.117
960	9.128	9.139	9.151	9.162	9.174	9.185	9.197	9.208	9.219	9.231
970	9.242	9.254	9.265	9.277	9.288	9.300	9.311	9.323	9.334	9.345
980	9.357	9.368	9.380	9.391	9.403	9.414	9.426	9.437	9.449	9.460
990	9.472	9.483	9.495	9.506	9.518	9.529	9.541	9.552	9.564	9.576
1000	9.587	9.599	9.610	9.622	9.633	9.645	9.656	9.668	9.680	9.691
1010	9.703	9.714	9.726	9.737	9.749	9.761	9.772	9.784	9.795	9.807
1020	9.819	9.830	9.842	9.853	9.865	9.877	9.888	9.900	9.911	9.923
1030	9.935	9.946	9.958	9.970	9.981	9.993	10.005	10.016	10.028	10.040
1040	10.051	10.063	40.075	10.086	10.098	10.110	10.121	10.133	10.145	10.156
1050	10.0168	10.180	10.191	10.203	10.215	10.227	10.238	10.250	10.262	10.273
1060	10.285	10.297	10.309	10.320	10.332	10.344	10.356	10.367	10.379	10.391
1070	10.403	10.414	10.426	10.438	10.450	10.461	10.473	10.485	10.491	10.509
1080	10.520	10.532	10.544	10.556	10.567	10.579	10.591	10.603	10.615	10.626
1090	10.638	10.650	10.662	10.674	10.686	10.697	10.709	10.721	10.733	10.745
1100	10.757	10.768	10.780	10.792	10.804	10.816	10.828	10.839	10.851	10.863
1110	10.875	10.887	10.899	10.911	10.922	10.934	10.946	10.958	10.970	10.982
1120	10.994	11.006	11.017	11.029	11.041	11.053	11.065	11.077	11.089	11.101
1130	11.113	11.125	11.136	11.148	11.160	11.172	11.184	11.196	11.208	11.220

温度 （℃）	0	1	2	3	4	5	6	7	8	9
	热电势（mV）									
1140	11.232	11.244	11.256	11.268	11.280	11.291	11.303	11.315	11.327	11.339
1150	11.351	11.363	11.375	11.387	11.399	11.411	11.423	11.435	11.447	11.459
1160	11.471	11.483	11.495	11.507	11.519	11.531	11.542	11.554	11.566	11.578
1170	11.590	11.602	11.614	11.626	11.638	11.650	11.662	11.674	11.686	11.698
1180	11.710	11.722	11.734	11.746	11.758	11.770	11.782	11.794	11.806	11.818
1190	11.830	11.842	11.854	11.866	11.878	11.890	11.902	11.914	11.926	11.939
1200	11.951	11.963	11.975	11.987	11.999	12.011	12.023	12.035	12.047	12.059
1210	12.071	12.083	12.095	12.107	12.119	12.131	12.143	12.155	12.167	12.179
1220	12.191	12.203	12.216	12.228	12.240	12.252	12.264	12.276	12.288	12.300
1230	12.312	12.324	12.336	12.348	12.360	12.372	12.384	12.397	12.409	12.421
1240	12.433	12.445	12.457	12.469	12.481	12.493	12.505	12.517	12.529	12.542
1250	12.554	12.566	12.578	12.590	12.602	12.614	12.626	12.638	12.650	12.662
1260	12.675	12.687	12.699	12.711	12.723	12.735	12.747	12.759	12.771	12.783
1270	12.796	12.808	12.820	12.832	12.844	12.856	12.868	12.880	12.892	12.905
1280	12.917	12.929	12.941	12.953	12.965	12.977	12.989	13.001	13.014	13.026
1290	13.038	13.050	13.062	13.074	13.086	13.098	13.111	13.123	13.135	13.147
1300	13.159	13.171	13.183	13.195	13.208	13.220	13.232	13.244	13.256	13.268
1310	13.280	13.292	13.305	13.317	13.329	13.341	13.353	13.365	13.377	13.390
1320	13.402	13.414	13.426	13.438	13.450	13.462	13.474	13.487	13.499	13.511
1330	13.523	13.535	13.547	13.559	13.572	13.584	13.596	13.608	13.620	13.632
1340	13.644	13.657	13.669	13.681	13.693	13.705	13.717	13.729	13.742	13.754
1350	13.766	13.778	13.790	13.802	814	13.826	13.839	13.851	13.863	13.875
1360	13.887	13.899	13.911	13.924	13.936	13.948	13.960	13.972	13.984	13.996
1370	14.009	14.021	14.033	14.045	14.057	14.069	14.081	14.094	14.106	14.118
1380	14.130	14.142	14.154	14.166	14.178	14.191	14.203	14.215	14.227	14.239
1390	14.251	14.263	14.276	14.288	14.300	14.312	14.324	14.336	14.348	14.360
1400	14.373	14.385	14.397	14.409	14.421	14.433	14.445	14.457	14.470	14.482
1410	14.494	14.506	14.518	14.530	14.542	14.554	14.567	14.579	14.597	14.603
1420	14.615	14.627	14.639	14.651	14.664	14.676	14.688	14.700	14.712	14.724
1430	14.736	14.748	14.760	14.773	14.785	14.797	14.809	14.821	14.833	14.845
1440	14.857	14.869	14.881	14.894	14.906	14.918	14.930	14.942	14.954	14.966
1450	14.978	14.990	15.002	15.015	15.027	15.039	15.051	15.063	15.075	15.087
1460	15.099	15.111	15.123	15.135	15.148	15.160	15.172	15.184	15.196	15.208
1470	15.220	15.232	15.244	15.256	15.268	15.280	15.292	15.304	15.317	15.329
1480	15.341	15.353	15.365	15.377	15.389	15.401	15.413	15.425	15.437	15.449

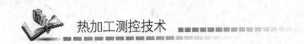

(续)

温度 (℃)	0	1	2	3	4	5	6	7	8	9
	热电势(mV)									
1490	15.461	15.473	15.485	15.497	15.509	15.521	15.534	15.546	15.558	15.570
1500	15.582	15.594	15.606	15.618	15.630	15.642	15.645	15.666	15.678	15.690
1510	15.702	15.714	15.726	15.738	15.750	15.762	15.774	15.786	15.798	15.810
1520	15.822	15.834	15.846	15.858	15.870	15.882	15.894	15.906	15.918	15.930
1530	15.942	15.954	15.996	15.978	15.990	16.002	16.014	16.026	16.038	16.050
1540	16.062	16.074	16.086	16.098	16.110	16.122	16.134	16.146	16.158	16.170
1550	16.182	16.194	16.205	16.217	16.229	16.241	16.253	16.265	16.277	16.289
1560	16.301	16.313	16.325	16.337	16.349	16.361	16.373	16.385	16.396	16.408
1570	16.420	16.432	16.444	16.456	16.468	16.480	16.492	16.504	16.516	16.527
1580	16.539	16.551	16.563	16.575	16.587	16.599	16.611	16.623	16.634	16.646
1590	16.658	16.670	16.682	16.694	16.706	16.718	16.729	16.741	16.753	16.765
1600	16.777	16.789	16.801	16.812	16.824	16.836	16.848	16.860	16.872	16.883
1610	16.895	16.907	16.919	16.931	16.943	16.954	16.966	16.978	16.990	17.002
1620	17.013	17.025	17.037	17.049	17.061	17.072	17.084	17.096	17.108	17.120
1630	17.131	17.143	17.155	17.167	17.178	17.190	17.202	17.214	17.225	17.237
1640	17.249	17.261	17.272	17.224	17.296	17.308	17.317	17.331	17.343	17.355
1650	17.366	17.378	17.390	17.401	17.413	17.425	17.437	17.448	17.460	17.472
1660	17.483	17.495	17.507	17.518	17.530	17.542	17.553	17.565	17.577	17.588
1670	17.600	17.612	17.623	17.635	17.647	17.658	17.670	17.682	17.693	17.705
1680	17.717	17.728	17.740	17.751	17.763	17.775	17.786	17.798	17.809	17.821
1690	17.832	17.844	17.855	17.867	17.878	890	17.901	17.913	17.924	17.936
1700	17.947	17.959	17.970	17.982	17.993	18.004	18.016	18.027	18.039	18.050
1710	18.061	18.073	18.084	18.095	18.107	18.118	18.129	18.140	18.152	18.163
1720	18.174	18.185	18.196	18.208	18.219	18.230	18.241	18.252	18.263	18.274
1730	18.285	18.297	18.308	18.319	18.330	18.341	18.352	18.362	18.373	18.384
1740	18.395	18.406	18.417	18.428	18.439	18.449	18.460	18.471	18.482	18.493
1750	18.503	18.514	18.525	18.535	18.546	18.557	18.567	18.578	18.588	18.599
1760	18.609	18.620	18.630	18.641	18.651	18.661	18.672	18.682	18.693	

表2　铂铑30－铂铑6热电偶分度表

分度号：B　　　　　　　　　　　　　　　　　　　　　　　　（参考端温度为0℃）

温度 (℃)	0	1	2	3	4	5	6	7	8	9
	热电势(mV)									
0	0.000	−0.000	−0.000	−0.001	−0.001	−0.001	−0.001	−0.001	−0.002	−0.002
10	−0.002	−0.002	−0.002	−0.002	−0.002	−0.002	−0.002	−0.002	−0.003	−0.003

（续）

温度 （℃）	0	1	2	3	4	5	6	7	8	9
	热电势（mV）									
20	−0.003	−0.003	−0.003	−0.003	−0.003	−0.002	−0.002	−0.002	−0.002	−0.002
30	−0.002	−0.002	−0.002	−0.002	−0.002	−0.001	−0.001	−0.001	−0.001	−0.001
40	−0.000	−0.000	−0.000	0.000	0.000	0.001	0.001	0.001	0.002	0.002
50	0.002	0.003	0.003	0.003	0.004	0.004	0.004	0.005	0.005	0.006
60	0.006	0.007	0.007	0.008	0.008	0.009	0.009	0.010	0.010	0.011
70	0.011	0.012	0.012	0.013	0.014	0.014	0.015	0.015	0.016	0.017
80	0.017	0.018	0.019	0.020	0.020	0.021	0.022	0.022	0.023	0.024
90	0.025	0.026	0.026	0.027	0.028	0.029	0.030	0.031	0.031	0.032
100	0.033	0.034	0.035	0.036	0.037	0.038	0.039	0.040	0.041	0.042
110	0.043	0.044	0.045	0.046	0.047	0.048	0.049	0.050	0.051	0.052
120	0.053	0.055	0.056	0.057	0.058	0.059	0.060	0.062	0.063	0.064
130	0.065	0.066	0.068	0.069	0.070	0.072	0.073	0.074	0.075	0.077
140	0.078	0.079	0.081	0.082	0.084	0.085	0.086	0.088	0.089	0.091
150	0.092	0.094	0.095	0.096	0.098	0.099	0.101	0.102	0.104	0.106
160	0.107	0.109	0.110	0.112	0.113	0.115	0.117	0.118	0.120	0.122
170	0.123	0.125	0.127	0.128	0.130	0.132	0.134	0.135	0.137	0.139
180	0.141	0.142	0.144	0.146	0.148	0.150	0.151	0.153	0.155	0.157
190	0.159	0.161	0.163	0.165	0.166	0.168	0.170	0.172	0.174	0.176
200	0.178	0.180	0.182	0.184	0.186	0.188	0.190	0.192	0.195	0.197
210	0.199	0.201	0.203	0.205	0.207	0.209	0.212	0.214	0.216	0.218
220	0.220	0.222	0.225	0.227	0.229	0.231	0.234	0.236	0.238	0.241
230	0.243	0.245	0.248	0.250	0.252	0.255	0.257	0.259	0.262	0.264
240	0.267	0.269	0.271	0.274	0.276	0.279	0.281	0.284	0.286	0.289
250	0.291	0.294	0.296	0.299	0.301	0.304	0.307	0.309	0.312	0.314
260	0.317	0.320	0.322	0.325	0.328	0.330	0.333	0.336	0.338	0.341
270	0.344	0.347	0.349	0.352	0.355	0.358	0.360	0.363	0.366	0.369
280	0.372	0.375	0.377	0.380	0.383	0.386	0.389	0.392	0.395	0.398
290	0.401	0.404	0.407	0.410	0.413	0.416	0.419	0.422	0.425	0.428
300	0.431	0.434	0.437	0.440	0.443	0.446	0.449	0.452	0.455	0.458
310	0.462	0.465	0.468	0.471	0.474	0.478	0.481	0.484	0.487	0.490
320	0.494	0.497	0.500	0.503	0.507	0.510	0.513	0.517	0.520	0.523
330	0.527	0.530	0.533	0.537	0.540	0.544	0.547	0.550	0.554	0.557
340	0.561	0.564	0.568	0.571	0.575	0.578	0.582	0.585	0.589	0.592
350	0.596	0.599	0.603	0.607	0.610	0.614	0.617	0.621	0.625	0.628
360	0.632	0.636	0.639	0.643	0.647	0.650	0.654	0.658	0.662	0.665

（续）

温度 （℃）	0	1	2	3	4	5	6	7	8	9
	热电势（mV）									
370	0.669	0.673	0.677	0.680	0.684	0.688	0.692	0.696	0.700	0.703
380	0.707	0.711	0.715	0.719	0.723	0.727	0.731	0.735	0.738	0.742
390	0.746	0.750	0.754	0.758	0.762	0.766	0.770	0.774	0.778	0.782
400	0.787	0.791	0.795	0.799	0.803	0.807	0.811	0.815	0.819	0.824
410	0.828	0.832	0.836	0.840	0.844	0.849	0.853	0.857	0.861	0.866
420	0.870	0.874	0.878	0.883	0.887	0.891	0.896	0.900	0.904	0.909
430	0.913	0.917	0.922	0.926	0.930	0.935	0.939	0.944	0.948	0.953
440	0.957	0.961	0.966	0.970	0.975	0.979	0.984	0.988	0.993	0.997
450	1.002	1.007	1.011	1.016	1.020	1.025	1.030	1.034	1.039	1.043
460	1.048	1.053	1.057	1.062	1.067	1.071	1.076	1.081	1.086	1.090
470	1.095	1.100	1.105	1.109	1.114	1.119	1.124	1.129	1.133	1.138
480	1.143	1.148	1.153	1.158	1.163	1.167	1.172	1.177	1.182	1.187
490	1.192	1.197	1.202	1.207	1.212	1.217	1.222	1.227	1.232	1.237
500	1.242	1.247	1.252	1.257	1.262	1.267	1.272	1.277	1.282	1.288
510	1.293	1.298	1.303	1.308	1.313	1.318	1.324	1.329	1.334	1.339
520	1.344	1.350	1.355	1.360	1.365	1.371	1.376	1.381	1.387	1.392
530	1.397	1.402	1.408	1.413	1.418	1.424	1.429	1.435	1.440	1.445
540	1.451	1.456	1.462	1.467	1.472	1.478	1.483	1.489	1.494	1.500
550	1.505	1.511	1.516	1.522	1.527	1.533	1.539	1.544	1.550	1.555
560	1.561	1.566	1.572	1.578	1.583	1.589	1.595	1.600	1.606	1.612
570	1.617	1.623	1.629	1.634	1.640	1.646	1.652	1.657	1.663	1.669
580	1.675	1.680	1.686	1.692	1.698	1.704	1.709	1.715	1.721	1.727
590	1.733	1.739	1.745	1.750	1.756	1.762	1.768	1.774	1.780	1.786
600	1.792	1.798	1.804	1.810	1.816	1.822	1.828	1.834	1.840	1.846
610	1.852	1.858	1.864	1.870	1.876	1.882	1.888	1.894	1.901	1.907
620	1.913	1.919	1.925	1.931	1.937	1.944	1.950	1.956	1.962	1.968
630	1.975	1.981	1.987	1.993	1.999	2.006	2.011	2.018	2.025	2.031
640	2.037	2.043	2.050	2.056	2.062	2.069	2.075	2.082	2.088	2.094
650	2.101	2.107	2.113	2.120	2.126	2.133	2.139	2.146	2.152	2.158
660	2.165	2.171	2.178	2.184	2.191	2.197	2.204	2.210	2.217	2.224
670	2.230	2.237	2.243	2.250	2.256	2.263	2.270	2.276	2.283	2.289
680	2.296	2.303	2.309	2.316	2.323	2.329	2.336	2.343	2.350	2.356
690	2.363	2.370	2.376	2.383	2.390	2.397	2.403	2.410	2.417	2.424
700	2.431	2.437	2.444	2.451	2.458	2.465	2.472	2.479	2.485	2.492
710	2.499	2.506	2.513	2.520	2.527	2.534	2.541	2.548	2.555	2.562

（续）

温度 （℃）	0	1	2	3	4	5	6	7	8	9
	热电势（mV）									
720	2.569	2.576	2.583	2.590	2.597	2.604	2.611	2.618	2.625	2.632
730	2.639	2.646	2.653	2.660	2.667	2.674	2.681	2.688	2.696	2.703
740	2.710	2.717	2.724	2.731	2.738	2.746	2.753	2.760	2.767	2.775
750	2.782	2.789	2.796	2.803	2.811	2.818	2.825	2.833	2.840	2.847
760	2.854	2.862	2.869	2.876	2.884	2.891	2.898	2.906	2.913	2.921
770	2.928	2.935	2.943	2.950	2.958	2.965	2.973	2.980	2.987	2.995
780	3.002	3.010	3.017	3.025	3.032	3.040	3.047	3.055	3.062	3.070
790	3.078	3.085	3.093	3.100	3.108	3.116	3.123	3.131	3.138	3.146
800	3.154	3.161	3.169	3.177	3.184	3.192	3.200	3.207	3.215	3.223
810	3.230	3.238	3.246	3.254	3.261	3.269	3.277	3.285	3.292	3.300
820	3.308	3.316	3.324	3.331	3.339	3.347	3.355	3.363	3.371	3.379
830	3.386	3.394	3.402	3.410	3.418	3.426	3.434	3.442	3.450	3.458
840	3.466	3.474	3.482	3.490	3.498	3.506	3.514	3.522	3.530	3.538
850	3.546	3.554	3.562	3.570	3.578	3.586	3.594	3.602	3.610	3.618
860	3.626	3.634	3.643	3.651	3.659	3.667	3.675	3.683	3.692	3.700
870	3.708	3.716	3.724	3.732	3.741	3.749	3.757	3.765	3.774	3.782
880	3.790	3.798	3.807	3.815	3.823	3.832	3.840	3848	3.857	3.865
890	3.873	3.882	3.890	3.898	3.907	3.915	3.923	3.932	3.940	3.949
900	3.957	3.965	3.974	3.982	3.991	3.999	4.008	4.016	4.024	4.033
910	4.041	4.050	4.058	4.067	4.075	4.084	4.093	4.101	4.110	4.118
920	4.127	4.135	4.144	4.152	4.161	4.170	4.178	4.187	4.195	4.204
930	4.213	4.221	4.230	4.239	4.247	4.256	4.265	4.273	4.282	4.291
940	4.299	4.308	4.317	4.326	4.334	4.343	4.352	4.360	4.369	4.378
950	4.387	4.396	4.404	4.413	4.422	4.431	4.440	4.448	4.457	4.466
960	4.475	4.484	4.493	4.501	4.510	4.519	4.528	4.537	4.546	4.555
970	4.564	4.573	4.582	4.591	4.599	4.608	4.617	4.626	4.635	4.644
980	4.653	4.662	4.671	4.680	4.689	4.698	4.707	4.716	4.725	4.734
990	4.743	4.753	4.762	4.771	4.780	4.789	4.798	4.807	4.816	4.825
1000	4.834	4.843	4.853	4.862	4.871	4.880	4.889	4.898	4.908	4.917
1010	4.926	4.935	4.944	4.954	4.963	4.972	4.981	4.990	5.000	5.009
1020	5.018	5.027	5.037	5.046	5.055	5.065	5.074	5.083	5.092	5.102
1030	5.111	5.120	5.130	5.139	5.148	5.158	5.167	5.176	5.186	5.195
1040	5.205	5.214	5.223	5.233	5.242	5.252	5.261	5.270	5.280	5.289
1050	5.299	5.308	5.318	5.327	5.337	5.346	5.356	5.365	5.375	5.384
1060	5.394	5.403	5.413	5.422	5.432	5.441	5.451	5.460	5.470	5.480

（续）

温度 （℃）	0	1	2	3	4	5	6	7	8	9
	热电势（mV）									
1070	5.489	5.499	5.508	5.518	5.528	5.537	5.547	5.556	5.566	5.576
1080	5.585	5.595	5.605	5.614	5.624	5.634	5.643	5.653	5.663	5.672
1090	5.682	5.692	5.702	5.711	5.721	5.731	5.740	5.750	5.760	5.770
1110	5.780	5.789	5.799	5.809	5.819	5.828	5.838	5.848	5.858	5.868
1120	5.878	5.887	5.897	5.907	5.917	5.927	5.937	5.947	5.956	5.966
1130	5.976	5.986	5.996	6.006	6.016	6.026	6.036	6.046	6.055	6.065
1140	6.075	6.085	6.095	6.105	6.115	6.125	6.135	6.145	6.155	6.165
1150	6.175	6.185	6.195	6.205	6.215	6.225	6.235	6.245	6.256	6.266
1160	6.276	6.286	6.296	6.306	6.316	6.326	6.336	6.346	6.356	6.367
1170	6.377	6.387	6.397	6.407	6.417	6.427	6.438	6.448	6.458	6.468
1180	6.478	6.488	6.499	6.509	6.519	6.529	6.539	6.550	6.560	6.570
1190	6.580	6.591	6.601	6.611	6.621	6.632	6.642	6.652	6.663	6.673
1200	6.683	6.693	6.704	6.714	6.724	6.735	6.745	6.755	6.766	6.776
1210	6.890	6.901	6.911	6.922	6.932	6.942	6.953	6.963	6.974	6.984
1220	6.995	7.005	7.016	7.026	7.037	7.047	7.058	7.068	7.079	7.089
1230	7.100	7.110	7.121	7.131	7.142	7.152	7.163	7.173	7.184	7.194
1240	7.205	7.216	7.226	7.237	7.247	7.258	7.269	7.279	7.290	7.300
1250	7.311	7.322	7.332	7.343	7.353	7.364	7.375	7.385	7.396	7.407
1260	7.417	7.428	7.439	7.449	7.460	7.471	7.482	7.492	7.503	7.514
1270	7.524	7.535	7.546	7.557	7.567	7.578	7.589	7.600	7.610	7.621
1280	7.632	7.643	7.653	7.664	7.675	7.686	7.697	7.707	7.718	7.729
1290	7.740	7.751	7.761	7.772	7.783	7.794	7.805	7.816	7.827	7.837
1300	7.848	7.859	7.870	7.881	7.892	7.903	7.914	7.924	7.935	7.946
1310	7.957	7.968	7.979	7.990	8.001	8.012	8.023	8.034	8.045	8.056
1320	8.066	8.077	8.088	8.099	8.110	8.121	8.132	8.143	8.154	8.465
1330	8.176	8.187	8.198	8.209	8.220	8.231	8.242	8.253	8.264	8.275
1340	8.286	8.298	8.309	8.320	8.331	8.342	8.353	8.364	8.375	8.386
1350	8.397	8.408	8.419	8.430	8.441	8.453	8.464	8.475	8.486	8.497
1360	8.508	8.519	8.530	8.542	8.553	8.564	8.575	8.586	8.597	8.608
1370	8.620	8.631	8.642	8.653	8.664	8.675	8.687	8.698	8.709	8.720
1380	8.731	8.734	8.754	8.765	8.776	8.787	8.799	8.810	8.821	8.832
1390	8.844	8.855	8.866	8.877	8.889	8.900	8.911	8.922	8.934	8.945
1400	8.956	8.967	8.979	8.990	9.001	9.013	9.024	9.035	9.047	9.058
1410	9.069	9.080	9.092	9.103	9.114	9.126	9.137	9.148	9.160	9.171
1420	9.182	9.194	9.205	9.216	9.228	9.239	9.251	9.262	9.273	9.285

（续）

温度 （℃）	0	1	2	3	4	5	6	7	8	9
	热电势（mV）									
1430	9.296	9.307	9.319	9.330	9.342	9.353	9.364	9.376	9.387	9.398
1440	9.410	9.421	9.433	9.444	9.456	9.467	9.478	9.490	9.501	9.513
1450	9.524	9.536	9.547	9.558	9.570	9.581	9.593	9.604	9.616	9.627
1460	9.639	9.650	9.662	9.673	9.684	9.696	9.707	9.719	9.730	9.742
1470	9.753	9.765	9.776	9.788	9.799	9.811	9.822	9.834	9.845	9.857
1480	9.868	9.880	9.891	9.903	9.914	9.926	9.937	9.945	9.961	9.972
1490	9.984	9.995	10.007	10.018	10.030	10.041	10.053	10.064	10.076	10.088
1500	10.099	10.111	10.122	10.134	10.145	10.157	10.168	10.180	10.192	10.203
1510	10.215	10.226	10.238	10.249	10.261	10.273	10.284	10.296	10.307	10.319
1520	10.331	10.342	10.354	10.365	10.377	10.389	10.400	10.412	10.423	10.435
1530	10.447	10.458	10.470	10.482	10.493	10.505	10.516	10.528	10.540	10.551
1540	10.563	10.575	10.586	10.598	10.609	10.621	10.633	10.644	10.656	10.668
1550	10.679	10.691	10.703	10.714	10.726	10.738	10.749	10.761	10.773	10.784
1560	10.796	10.808	10.819	10.831	10.843	10.854	10.866	10.877	10.889	10.901
1570	10.913	10.924	10.936	10.948	10.959	10.971	10.983	10.994	11.006	11.018
1580	11.029	11.041	11.053	11.064	11.076	11.088	11.099	11.111	11.123	11.134
1590	11.146	11.158	11.169	11.181	11.193	11.205	11.216	11.228	11.240	11.251
1600	11.263	11.275	11.286	11.298	11.310	11.321	11.333	11.345	11.357	11.368
1610	11.380	11.392	11.403	11.415	11.427	11.438	11.450	11.462	11.474	11.485
1620	11.497	11.509	11.520	11.532	11.544	11.555	11.567	11.579	11.591	11.602
1630	11.614	11.626	11.637	11.649	11.661	11.673	11.684	11.696	11.708	11.719
1640	11.731	11.743	11.754	11.766	11.778	11.790	11.801	11.813	11.825	11.836
1650	11.848	11.860	11.871	11.883	11.895	11.907	11.918	11.930	11.942	11.953
1660	11.965	11.977	11.988	12.000	12.012	12.024	12.035	12.047	12.059	12.070
1670	12.080	12.094	12.105	12.117	12.129	12.141	12.152	12.164	12.176	12.187
1680	12.199	12.211	12.222	12.234	12.246	12.257	12.269	12.281	12.292	12.304
1690	12.316	12.327	12.339	12.351	12.363	12.374	12.386	12.398	12.409	12.421
1700	12.433	12.444	12.456	12.468	12.479	12.491	12.503	12.514	12.526	12.538
1710	12.549	12.561	12.572	12.584	12.596	12.607	12.619	12.631	12.642	12.654
1720	12.666	12.677	12.689	12.701	12.712	12.724	12.739	12.747	12.759	12.770
1730	12.782	12.794	12.805	12.817	12.829	12.840	12.852	12.863	12.875	12.887
1740	12.898	12.910	12.921	12.933	12.945	12.956	12.968	12.980	12.991	13.003
1750	13.014	13.026	13.037	13.049	13.061	13.072	13.084	13.095	13.107	13.119
1760	13.130	13.142	13.153	13.165	13.176	13.188	13.200	13.211	13.223	13.234
1770	13.246	13.257	13.269	13.280	13.292	13.304	13.315	13.327	13.338	13.350

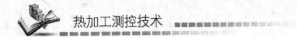
（续）

温度 (℃)	0	1	2	3	4	5	6	7	8	9
	热电势(mV)									
1780	13.361	13.373	13.384	13.396	13.407	13.419	13.430	13.442	13.453	13.465
1790	13.476	13.488	13.499	13.511	13.522	13.534	13.545	13.557	13.568	13.580
1800	13.591	13.603	13.614	13.616	13.637	13.649	13.660	13.672	13.683	13.694
1810	13.706	13.717	13.729	13.740	13.752	13.763	13.775	13.786	13.797	13.809
1820	13.814	—	—	—	—	—	—	—	—	—

表 3　镍铬—镍硅(镍铬—镍铝)热电偶分度表

分度号：K　　　　　　　　　　　　　　　　　　　　（参考端温度为0℃）

温度 (℃)	0	1	2	3	4	5	6	7	8	9
	热电势(mV)									
−270	−6.458	—	—	—	—	—	—	—	—	—
−260	−6.441	−6.444	−6.446	−6.448	−6.450	−6.452	−6.453	−6.455	−6.456	−6.457
−250	−6.404	−6.408	−6.413	−6.417	−6.421	−6.425	−6.429	−6.432	−6.435	−6.438
−240	−6.344	−6.351	−6.358	−6.364	−6.370	−6.377	−6.382	−6.388	−6.393	−6.399
−230	−6.262	−6.271	−6.280	−6.289	−6.297	−6.306	−6.314	−6.322	−6.329	−6.337
−220	−6.158	−6.170	−6.181	−6.192	−6.202	−6.213	−6.223	−6.233	−6.243	−6.252
−210	−6.035	−6.048	−6.061	−6.074	−6.087	−6.099	−6.111	−6.123	−6.135	−6.147
−200	−5.891	−5.907	−5.922	−5.936	−5.951	−5.965	−5.980	−5.994	−6.007	−6.021
−190	−5.730	−5.747	−5.763	−5.780	−5.797	−5.813	−5.829	−5.845	−5.861	−5.876
−180	−5.550	−5.569	−5.588	−5.606	−5.624	−5.624	−5.660	−5.678	−5.695	−5.713
−170	−5.354	−5.374	−5.395	−5.415	−5.435	−5.454	−5.474	−5.493	−5.512	−5.531
−160	−5.141	−5.163	−5.185	−5.207	−5.228	−5.250	−5.271	−5.292	−5.313	−5.333
−150	−4.913	−4.936	−4.960	−4.983	−5.006	−5.029	−5.052	−5.074	−5.097	−5.119
−140	−4.669	−4.694	−4.719	−4.744	−4.768	−4.793	−4.817	−4.841	−4.865	−4.889
−130	−4.411	−4.437	−4.463	−4.490	−4.516	−4.542	−4.567	−4.593	−4.618	−4.644
−120	−4.138	−4.166	−4.194	−4.221	−4.249	−4.276	−4.303	−4.330	−4.357	−4.384
−110	−3.852	−3.882	−3.911	−3.939	−3.968	−3.997	−4.025	−4.054	−4.082	−4.110
−100	−3.554	−3.584	−3.614	−3.645	−3.675	−3.705	−3.734	−3.764	−3.794	−3.823
−90	−3.243	−3.274	−3.306	−3.337	−3.368	−3.400	−3.431	−3.462	−3.492	−3.523
−80	−2.920	−2.953	−2.986	−3.081	−3.050	−3.083	−3.115	−3.147	−3.179	−3.211
−70	−2.875	−2.620	−2.654	−2.688	−2.721	−2.755	−2.788	−2.821	−2.854	−2.887
−60	−2.243	−2.278	−2.312	−2.347	−2.382	−2.416	−2.450	−2.480	−2.519	−2.553
−50	−1.889	−1.925	−1.961	−1.996	−2.032	−2.067	−2.103	−2.138	−2.173	−2.208
−40	−1.527	−1.564	−1.600	−1.637	−1.673	−1.709	−1.745	−1.782	−1.818	−1.854
−30	−1.156	−1.194	−1.231	−1.268	−1.305	−1.343	−1.380	−1.417	−1.453	−1.490

（续）

温度 （℃）	0	1	2	3	4	5	6	7	8	9
	热电势（mV）									
−20	−0.778	−0.816	−0.854	−0.892	−0.930	−0.968	−1.006	−1.043	−1.081	−1.119
−10	−0.392	−0.431	−0.470	−0.508	−0.574	−0.586	−0.624	−0.663	−0.701	−0.739
−0	0.000	−0.039	−0.079	−0.118	−0.157	−0.197	−0.236	−0.275	−0.341	−0.353
0	0.000	0.039	0.079	0.119	0.158	0.198	0.238	0.277	0.317	0.357
10	0.397	0.437	0.477	0.517	0.557	0.597	0.637	0.677	0.718	0.758
20	0.798	0.838	0.879	0.919	0.960	1.000	1.041	1.081	1.122	1.163
30	1.203	1.244	1.258	1.326	1.366	1.407	1.448	1.489	1.530	1.571
40	1.612	1.653	1.694	1.735	1.776	1.817	1.858	1.899	1.941	1.982
50	2.023	2.064	2.106	2.147	2.188	2.230	2.271	2.312	2.354	2.395
60	2.436	2.478	2.519	2.561	2.602	2.644	2.689	2.727	2.768	2.810
70	2.851	2.893	2.934	2.976	3.017	3.059	3.100	3.142	3.184	3.225
80	3.267	3.308	3.350	3.391	3.433	3.474	3.516	3.557	3.599	3.640
90	3.682	3.723	3.756	3.806	3.848	3.889	3.931	3.972	4.013	4.055
100	4.096	4.138	4.179	4.220	4.262	4.303	4.344	4.385	4.428	4.468
110	4.509	4.550	4.591	4.633	4.674	4.715	4.756	4.797	4.838	4.879
120	4.920	4.961	5.002	5.043	5.084	5.124	5.165	5.206	5.247	5.288
130	5.328	5.369	5.410	5.450	5.491	5.532	5.572	5.613	5.653	5.694
140	5.735	5.775	5.815	5.856	5.896	5.937	5.977	6.017	6.058	6.098
150	6.138	6.179	6.219	6.259	6.299	6.339	6.380	6.420	6.460	6.500
160	6.540	6.580	6.620	6.660	6.701	6.741	6.781	6.821	6.861	6.901
170	6.941	6.981	7.021	7.060	7.100	7.140	7.180	7.220	7.260	7.300
180	7.340	7.380	7.420	7.460	7.500	7.540	7.579	7.619	7.659	7.699
190	7.739	7.779	7.819	7.859	7.899	7.939	7.979	8.019	8.059	8.099
200	8.138	8.178	8.218	8.258	8.298	8.338	8.378	8.418	8.458	8.499
210	8.539	8.579	8.619	8.659	8.699	8.739	8.799	8.819	8.860	8.900
220	8.940	8.980	9.020	9.061	9.101	9.141	9.181	9.222	9.262	9.302
230	9.343	9.383	9.423	9.464	9.504	9.545	9.585	9.626	9.666	9.707
240	9.747	9.788	9.828	9.869	9.909	9.950	9.991	10.031	10.072	10.113
250	10.153	10.194	10.235	10.276	10.316	10.357	10.398	10.439	10.480	10.520
260	10.561	10.602	10.643	10.684	10.725	10.766	10.807	10.848	10.889	10.930
270	10.971	11.021	11.053	11.049	11.135	11.176	11.217	11.259	11.300	11.341
280	11.382	11.423	11.456	11.506	11.547	11.588	11.630	11.671	11.712	11.753
290	11.795	11.836	11.877	11.919	11.960	12.001	12.043	12.084	12.126	12.167
300	12.209	12.250	12.291	12.333	12.374	12.416	12.457	12.499	12.540	12.582
310	12.624	12.665	12.707	12.748	12.790	12.831	12.873	12.915	12.956	12.998

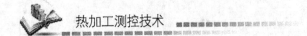
(续)

温度 (℃)	0	1	2	3	4	5	6	7	8	9
	热电势(mV)									
320	13.040	13.081	13.123	13.165	13.206	13.248	13.290	13.331	13.373	13.415
330	13.457	13.498	43.540	13.582	13.624	13.665	13.707	13.749	13.791	13.833
340	13.847	13.916	13.958	14.000	14.042	14.084	14.126	14.167	14.209	14.251
350	14.293	14.335	14.377	14.419	14.461	14.503	14.545	14.587	14.629	14.671
360	14.713	14.755	14.797	14.839	14.881	14.923	14.965	15.007	15.049	15.091
370	15.133	15.175	15.217	15.259	15.301	15.343	15.385	15.427	15.469	15.511
380	15.554	15.596	15.638	15.680	15.7232	15.764	15.806	15.849	15.891	15.933
390	15.975	16.017	16.059	16.102	16.144	16.186	16.228	16.270	16.313	16.335
400	16.397	16.439	16.482	16.566	16.608	16.651	16.693	16.735	16.778	16.608
410	16.820	16.862	16.904	16.947	16.989	17.031	17.074	17.116	17.158	17.201
420	17.243	17.258	17.328	17.370	17.413	17.455	17.497	17.540	17.582	17.624
430	17.667	17.709	17.752	17.794	17.837	17.879	17.921	17.964	18.006	18.049
440	18.091	18.134	18.176	18.218	18.261	18.303	18.346	18.388	18.431	18.473
450	18.516	18.558	18.601	18.643	18.686	18.728	18.771	18.813	18.856	18.898
460	18.941	18.983	19.026	19.068	19.111	19.154	19.196	19.239	19.281	19.324
470	19.366	19.409	19.451	19.494	19.537	19.579	19.622	19.664	19.707	19.705
480	19.792	19.835	19.877	19.920	19.962	20.005	20.048	20.090	20.133	20.175
490	20.218	20.261	20.303	20.346	20.389	20.431	20.474	20.516	20.559	20.602
500	20.644	20.687	20.730	20.773	20.815	20.857	20.900	20.943	20.985	21.028
510	21.071	21.113	21.156	21.199	21.241	21.284	21.326	21.369	21.412	21.454
520	21.497	21.540	21.582	21.625	21.668	21.710	21.753	21.796	21.838	21.881
530	21.924	21.966	22.009	22.052	22.094	22.137	22.179	22.222	22.265	22.307
540	22.350	22.393	22.435	22.478	22.521	22.563	22.606	22.649	22.691	22.734
550	22.776	22.819	22.862	22.904	22.947	22.990	23.032	23.075	23.117	23.160
560	23.203	23.245	23.288	23.331	23.373	23.416	23.458	23.501	23.544	23.586
570	23.629	23.671	23.714	23.757	23.799	23.842	23.884	23.927	23.970	24.012
580	24.055	24.097	24.140	24.182	24.225	24.267	24.310	24.353	24.395	24.438
590	24.480	24.523	24.565	24.608	24.650	24.693	24.735	24.778	24.820	24.863
600	24.905	24.948	24.990	25.033	25.075	25.118	25.160	25.203	25.245	25.288
610	25.330	25.373	25.415	25.458	25.500	25.543	25.585	25.627	25.670	25.712
620	25.755	25.797	25.840	25.882	25.924	25.967	26.009	26.052	26.094	26.136
630	26.179	26.221	26.263	26.306	26.348	26.390	26.433	26.475	26.517	26.560
640	26.602	26.644	26.687	26.729	26.771	26.814	26.856	26.898	26.940	26.983
650	27.025	27.067	27.109	27.152	27.194	27.236	27.278	27.320	27.363	27.405
660	27.447	27.489	27.513	27.574	27.616	27.658	27.700	27.742	27.784	27.826

（续）

温度(℃)	0	1	2	3	4	5	6	7	8	9
	热电势(mV)									
670	27.869	27.911	27.953	27.995	28.037	28.079	28.121	28.163	28.205	28.247
680	28.289	28.332	28.374	28.416	28.458	28.500	28.542	28.584	28.626	28.668
690	28.710	28.752	28.794	28.835	28.877	28.919	28.961	29.003	29.045	29.087
700	29.129	29.171	29.213	29.255	29.297	29.338	29.380	29.422	29.464	29.506
710	29.548	29.589	29.631	29.673	29.715	29.757	29.798	29.840	29.882	29.924
720	29.965	30.007	30.049	30.090	30.132	30.147	30.216	30.257	30.299	30.341
730	30.382	30.424	30.466	30.507	30.549	30.590	30.632	30.674	30.715	30.757
740	30.798	30.840	30.881	30.923	30.964	31.006	31.047	31.089	31.130	31.172
750	31.213	31.255	31.296	31.338	31.379	31.421	31.426	31.504	31.545	31.586
760	31.628	31.669	31.710	31.752	31.793	31.834	31.876	31.917	31.958	32.000
770	32.041	32.082	32.124	32.165	32.206	32.247	32.289	32.330	32.371	32.412
780	32.453	32.495	32.536	32.577	32.618	32.659	32.700	32.742	32.783	32.824
790	32.865	32.906	32.947	32.988	33.029	33.070	33.111	33.152	33.193	33.234
800	33.275	33.316	33.357	33.398	33.439	33.480	33.521	33.562	33.603	33.644
810	33.685	33.726	33.767	33.808	33.848	33.889	33.930	33.971	34.012	34.053
820	34.093	34.134	34.175	34.216	34.257	34.297	34.338	34.379	34.420	34.460
830	34.501	34.542	34.582	34.623	34.664	34.704	34.745	34.786	34.826	34.867
840	34.908	34.948	34.989	35.029	35.070	35.110	35.151	35.192	35.232	35.273
850	35.313	35.354	35.394	35.435	35.475	35.516	35.556	35.596	35.637	35.677
860	35.718	35.758	35.798	35.839	35.879	35.920	35.960	36.000	36.041	36.081
870	36.121	36.162	36.202	36.242	36.282	36.323	36.363	36.403	36.443	36.484
880	36.524	36.564	36.604	36.644	36.685	36.725	36.765	36.805	36.845	36.885
890	36.925	36.965	37.006	37.046	37.086	37.126	37.166	37.206	37.246	37.286
900	37.326	37.366	37.406	37.446	37.486	37.526	37.566	37.606	37.646	37.686
910	37.725	37.765	37.805	37.845	37.885	37.925	37.965	38.005	38.044	38.084
920	38.124	38.164	38.204	38.243	38.283	38.323	38.363	38.402	38.442	38.482
930	38.522	38.561	38.601	38.641	38.680	38.720	38.760	38.799	38.839	38.878
940	38.918	38.958	38.997	39.037	39.076	39.116	39.155	39.195	39.235	39.274
950	39.314	39.353	35.393	39.432	39.471	39.511	39.550	39.590	39.629	39.669
960	39.708	39.747	39.787	39.826	39.866	39.905	39.944	39.984	40.023	40.062
970	40.101	40.141	40.180	40.219	40.259	40.298	40.337	40.376	40.415	40.455
980	40.494	40.533	40.572	40.611	40.651	40.690	40.729	40.768	40.807	40.846
990	40.885	40.924	40.963	41.022	41.042	41.081	41.120	41.159	41.198	41.237
1000	41.276	41.315	41.354	41.393	41.431	41.470	41.509	41.548	41.587	41.626
1010	41.665	41.704	41.743	41.781	41.820	41.859	41.898	41.937	41.976	42.014

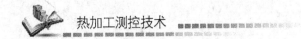
（续）

温度 （℃）	0	1	2	3	4	5	6	7	8	9
	热电势（mV）									
1020	42.053	42.092	43.131	42.169	42.208	42.247	42.286	42.324	42.363	42.402
1030	42.440	42.479	42.518	42.556	42.595	42.633	42.672	42.711	42.749	42.788
1040	42.826	42.865	42.903	42.942	42.980	43.019	43.057	43.096	43.134	43.173
1050	43.211	43.250	43.288	43.327	43.365	43.403	43.442	43.480	43.518	43.557
1060	43.595	43.633	43.672	43.710	43.748	43.787	43.825	43.863	43.901	43.940
1070	43.978	44.016	44.045	44.092	44.130	44.169	44.207	44.245	44.283	44.321
1080	44.359	44.397	44.435	44.473	44.512	44.550	44.588	44.626	44.664	44.702
1090	44.740	44.778	44.816	44.853	44.891	44.929	44.967	45.005	45.043	45.081
1110	45.119	45.157	45.194	45.232	45.270	45.308	45.346	45.383	45.421	45.459
1120	45.497	45.534	45.572	45.610	45.647	45.685	45.723	45.760	45.798	45.836
1130	45.873	45.911	45.948	45.986	46.024	46.061	46.099	46.136	46.174	46.211
1140	46.249	46.286	46.324	46.361	46.398	46.436	46.473	46.511	46.548	46.585
1150	46.623	46.660	46.697	46.735	46.772	46.809	46.847	46.884	46.921	46.958
1160	46.995	47.033	47.070	47.107	17.144	47.181	47.218	47.256	47.293	47.330
1170	47.367	47.404	47.441	47.478	47.515	47.552	47.589	47.626	47.663	47.700
1180	47.737	47.774	47.811	47.848	47.884	47.921	47.958	47.995	48.032	48.069
1190	48.105	480142	48.179	48.216	48.252	48.289	48.326	48.363	48.399	48.436
1200	48.473	48.509	48.546	48.582	48.619	48.656	48.692	48.729	48.765	48.802
1210	483838	48.875	48.911	48.948	48.984	49.021	49.057	49.093	49.130	49.166
1220	49.202	49.239	49.275	49.311	49.348	49.384	49.420	49.456	49.493	49.529
1230	49.565	49.601	49.673	49.674	49.710	49.746	49.782	49.818	49.854	49.890
1240	49.926	49.962	49.998	50.034	50.070	50.106	50.142	50.178	50.214	50.250
1250	50.286	50.322	50.358	50.393	50.429	50.465	50.501	50.537	50.572	50.608
1260	50.644	50.680	50.715	50.751	50.787	50.822	50.858	50.894	50.929	50.965
1270	51.000	51.036	51.071	51.107	51.142	51.178	51.213	51.249	51.284	51.320
1280	51.355	51.391	51.426	51.461	51.497	51.532	51.567	51.603	51.638	51.673
1290	51.708	51.744	51.779	51.814	51.849	51.885	51.920	51.955	51.990	52.025
1300	52.060	52.095	52.130	52.165	52.200	52.235	52.270	52.305	52.340	52.375
1310	52.410	52.445	52.480	52.515	52.550	52.585	52.620	52.654	52.689	52.724
1320	52.759	52.794	52.828	52.863	52.898	52.932	52.967	53.002	53.037	53.071
1330	53.106	53.140	53.175	53.210	53.244	53.279	53.313	53.348	53.382	53.417
1340	53.451	53.486	53.520	53.555	53.589	53.623	53.658	53.692	53.727	53.761
1350	54.138	54.172	54.206	54.240	54.274	54.308	54.343	54.377	54.411	54.445
1360	54.479	54.513	54.547	54.581	54.615	54.649	54.683	54.717	54.751	54.785
1370	54.819	54.852	54.886	—	—	—	—	—	—	—

附录3　常用热电阻分度表

表1　Pt100 热电阻分度表

分度号：Pt100　　　　　　$R_0 = 100.00\Omega$　　　　　　$\alpha = 0.00385$

温度 （℃）	0	10	20	30	40	50	60	70	80	90
	电阻值（Ω）									
−200	18.49	—	—	—	—	—	—	—	—	—
−100	60.25	56.19	52.11	48.00	43.87	39.71	35.53	31.32	27.08	22.80
−0	100.00	96.09	92.16	88.22	84.27	80.31	76.33	72.33	68.33	64.30
0	100.00	103.90	107.79	111.67	115.54	119.40	123.24	127.07	130.89	134.70
100	138.50	142.29	146.06	149.82	151.58	157.31	161.04	164.75	168.46	172.15
200	175.84	175.51	183.17	186.32	190.45	194.07	197.69	201.29	204.88	208.45
300	212.02	215.57	219.12	222.65	226.17	229.67	233.17	236.65	240.13	243.59
400	247.04	250.48	253.90	257.32	260.72	264.11	267.49	270.86	272.22	277.56
500	280.90	284.22	287.53	290.83	294.11	297.39	300.65	303.91	307.15	310.38
600	313.59	316.80	319.99	323.18	326.35	329.51	332.66	335.79	338.92	342.03
700	345.13	348.2	351.30	354.37	357.42	360.47	363.50	366.52	369.53	372.52
800	375.51	378.48	381.45	384.40	387.34	390.26				

表2　Cu50 热电阻分度表

分度号：Cu50　　　　　　$R_0 = 50.00\Omega$　　　　　　$\alpha = 0.00428$

温度 （℃）	0	10	20	30	40	50	60	70	80	90
	电阻值（Ω）									
−50	39.24	—	—	—	—	—				
−0	50.00	47.85	45.70	43.55	41.40	39.24	—	—		
0	50.00	52.14	54.28	56.42	58.56	60.84	62.84	64.98	67.12	69.26
100	71.40	73.54	75.68	77.88	79.98	82.13				

表2　Cu100 热电阻分度表

分度号：Cu100　　　　　　$R_0 = 100.00\Omega$　　　　　　$\alpha = 0.00428$

温度 （℃）	0	10	20	30	40	50	60	70	80	90
	电阻值（Ω）									
−50	78.49					—	—	—	—	—
−0	100.00	95.70	91.40	87.10	82.80	78.49	—	—		—
0	100.00	104.28	108.56	112.84	117.12	121.40	125.68	129.96	134.24	138.52
100	142.80	147.08	151.36	155.66	159.96	164.27	—	—	—	

参 考 文 献

[1] 郁汉琪，郭健. 可编程序控制器原理及应用 [M]. 北京：中国电力出版社，2004.

[2] 郁汉琪. 电气控制与可编程序控制器应用技术 [M]. 南京：东南大学出版社，2006.

[3] 方建军. 光机电一体化系统设计 [M]. 北京：化学工业出版社，2003.

[4] 何离庆. 过程控制系统与装置 [M]. 重庆：重庆大学出版社，2003.

[5] 张涛. 机电控制系统 [M]. 北京：高等教育出版社，1998.

[6] 王伟，张晶涛，柴天. PID 参数先进整定方法综述 [J]. 自动化学报，2000，26(3).

[7] 朱大奇. 计算机过程控制技术 [M]. 南京：南京大学出版社，2001.

[8] 翁维勤，孙洪程. 过程控制系统及工程 [M]. 北京：化学工业出版社，2002.

[9] 叶明超. 自动控制原理与系统 [M]. 北京：北京理工大学出版社，2008.

[10] 刘舒. 自动控制原理 [M]. 北京：中国人民公安大学出版社，2002.

[11] 涂植英，陈今润. 自动控制原理 [M]. 重庆：重庆大学出版社，2005.

[12] 杨黎明. 机电传动控制技术 [M]. 北京：国防工业出版社，2007.

[13] 刘立君，杜贤昌，孙振忠. 材料成型设备与计算机控制技术 [M]. 北京：电子工业出版社，2004.

[14] 王香，马旭梁. 材料加工过程控制技术 [M]. 哈尔滨：哈尔滨工业大学出版社，2006.

[15] 吴丰顺，熊晓红，万里. 材料成形装备控制技术 [M]. 北京：机械工业出版社，2008.

[16] 雷毅. 材料成型微机控制技术 [M]. 东营：中国石油大学出版社，2005.

[17] 严学华，司乃潮. 检测技术与自动控制工程基础 [M]. 北京：化学工业出版社，2006.

[18] 杨思乾，李付国，张建国. 材料加工工艺过程的检测与控制 [M]. 西安：西北工业大学出版社，2006.

[19] 雷霖. 微机自动检测与系统设计 [M]. 北京：电子工业出版社，2003.

[20] 陈瑞阳，毛智勇. 机械工程检测技术 [M]. 北京：高等教育出版社，2000.

[21] 朱自勤. 传感器与检测技术 [M]. 北京：机械工业出版社，2005.

[22] 李学琪，贾峰，王祝宁. 自动控制基础与控制仪表 [M]. 北京：中国计量出版社，2003.

[23] 陈树川，陈凌冰. 材料物理性能 [M]. 上海：上海交通大学出版社，1999.

[24] 工业自动化仪表与系统手册编辑委员会. 工业自动化仪表与系统手册(上) [M]. 北京：中国电力出版社，2008.

[25] 梁威. 智能传感器与信息系统 [M]. 北京：北京航空航天大学出版社，2004.

[26] 中国冶金建设协会. 钢铁企业过程检测和控制自动化设计手册 [M]. 北京：冶金工业出版社，2000.

[27] 陈善本. 焊接过程现代焊接技术 [M]. 哈尔滨：哈尔滨工业大学出版社，2001.

[28] 李翠英，刘彦朝，王忠民. 冲天炉加料自动控制系统的研制及应用 [J]. 江苏电器，2004，1：20-24.

[29] 马东辉，方宇栋，郭清华. TIG 焊机的自动控制 [J]. 中国测试技术，2004，3：42-44.

[30] 李双寿，靖林，陆劲昆. 低压铸造压力和模具温度自动控制系统 [J]. 中国铸造装备与技术，2004，2：45-48.

[31] 齐志才，盖爽，李西林. 渗碳炉温度和碳势在线测控系统 [J]. 仪表技术与传感器，2003，12：40-41，47.

[32] 朱波，蔡珣. 现代材料热处理工艺过程计算机控制 [M]. 哈尔滨：哈尔滨工业大学出版社，2004.

[33] 刘立君. 材料成型控制工程基础 [M]. 北京：北京大学出版社，2009.

[34] 李英民，崔宝侠，苏仕方. 计算机在材料热加工领域中的应用 [M]. 北京：机械工业出版社，2001.

[35] 熊晓红，陈柏金，黄树槐. 基于现场总线的锻造液压机组计算机控制系统 [J]. 锻压技术，2002，1：48 - 5.